2022

로봇기구
개발기사

필기 한권으로 끝내기

● Engineer Robot Mechanism Development ●

Always with you

사람이 길에서 우연하게 만나거나 함께 살아가는 것만이 인연은 아니라고 생각합니다.
책을 펴내는 출판사와 그 책을 읽는 독자의 만남도 소중한 인연입니다.
(주)시대고시기획은 항상 독자의 마음을 헤아리기 위해 노력하고 있습니다.
늘 독자와 함께하겠습니다.

PREFACE

최근 자율주행자동차, 인공지능 로봇 등이 인간의 삶을 변화시키는 핵심적인 기술로 주목받고 있습니다. 이처럼 로봇기술은 4차 산업혁명의 실현을 위한 혁신 원천이자 산업 성장과 새로운 가치를 창출할 수 있는 사회적·경제적 파급력을 보유하고 있습니다. 이미 로봇기술은 여러 산업 분야에 활용되고 있으며 앞으로 더 다양한 분야로 확대될 것으로 기대됩니다.

로봇공학의 내용을 살펴보면 기계공학과 전기공학이 중점적으로 다루어지고 있습니다. 로봇공학 전공이 아닌 일반 기계 혹은 전기공학도들이 로봇기구개발기사 자격증에 도전하기가 처음에는 많이 낯설 수도 있습니다. 아무래도 로봇의 기구개발 분야이다 보니 기계공학이 전공인 수험생들이 더 접근하기 쉬울 것으로 예상합니다. 또한 자격시험이 시행된 지 얼마 안 된 종목이고 로봇기구개발 자격증에 대한 인지도가 많이 낮아 이에 관련된 자료가 많이 부족하여 수험생들이 자격시험을 준비하는 데 많은 어려움이 있을 것으로 판단됩니다.

이에 본 도서는 로봇공학을 접하는 수험생 중 로봇기구개발기사 자격증을 취득하는 데 많은 도움을 주고자 다음과 같이 구성하였습니다.
- 로봇기구개발기사 자격시험은 국가직무능력표준(NCS)를 기반으로 출제되기 때문에 이론은 국가직무능력표준 내용을 바탕으로 최신 출제경향을 분석하여 중요한 내용으로 구성하였습니다.
- 각 단원별 적중예상문제를 수록하여 이론을 공부한 후 적중예상문제를 풀어보면서 실력을 다질 수 있도록 하였습니다.
- 부록에 수록된 최종 모의고사와 최근 기출문제에 대한 해설을 상세하게 풀이하였으며 최신 출제기준과 출제경향을 분석하여 중요하고 자주 출제되는 문제는 반드시 맞추고, 새로운 유형의 문제에도 대비할 수 있도록 하였습니다.

본 도서가 미래 로봇산업의 전망 및 발전을 위한 초석이 되는 데 이바지할 수 있기를, 수험생들의 로봇기구개발기사 자격증 취득이라는 관문을 넘을 수 있기를 기원합니다.

편저자 씀

로봇기구개발기사 시험안내

개 요

로봇 기술은 4차 산업혁명의 실현을 위한 혁신 원천이자 산업 성장과 새로운 가치를 창출할 수 있는 사회, 경제적 파급력을 보유하고 있으며, 로봇 인력 양성 시 로봇산업뿐만 아니라 다양한 산업 전반의 핵심 및 융합 역할 수행이 기대된다. 이에 따라 로봇기구, 주변장치, 툴 등을 설계 및 제작할 수 있는 개발인력 양성을 위한 자격으로 제정되었다.

수행직무

로봇 수요자의 요구사항을 파악하고, 이를 바탕으로 운용환경 및 규정 검토, 로봇기구 및 주변장치 설계, 부품 선정 및 기구 제작, 역학적 해석 및 통합 시험 등의 직무를 수행할 수 있다.

진로 및 전망

우리나라는 여러 산업분야에서 로봇 활용도가 높으며, 첨단기술의 수용도가 높아 로봇산업 확대의 최적지라고 할 수 있다. 첨단제조, 사회 안전, 항공, 가전 등 국가 핵심 산업 전반의 트리거 역할 및 창조 융합 역할을 수행할 수 있는 로봇산업 인력에 대한 수요가 증가할 전망이다.

시험일정

구 분	필기원서접수 (인터넷)	필기시험	필기 합격 (예정자)발표	실기원서 접수	실기시험	최종합격자 발표일
제4회	8월 하순	9월 중순	10월 초순	10월 중순	11월 중순	12월 하순

※ 상기 시험일정은 시행처의 사정에 따라 변경될 수 있으니, www.q-net.or.kr에서 확인하시기 바랍니다.

● 시험요강

① 시행처 : 한국산업인력공단(www.q-net.or.kr)

② 관련 학과 : 로봇공학과, 메커트로닉스공학과, 기계공학과 등 관련 학과

③ 시험과목

 ㉠ 필기 : 1. 로봇기구 사양 설계 2. 로봇기구 설계 3. 로봇기구 해석 4. 로봇 통합 및 시험

 ㉡ 실기 : 로봇기구개발 실무

④ 검정방법

 ㉠ 필기 : 객관식 4지 택일형 과목당 20문항(과목당 30분)

 ㉡ 실기 : 복합형[필답형(2시간, 60점) + 작업형(5시간 정도, 40점)]

⑤ 합격기준

 ㉠ 필기 : 100점 만점 40점 이상, 전 과목 평균 60점 이상

 ㉡ 실기 : 100점 만점 60점 이상

● 검정현황

필 기	응 시	합 격	합격률(%)
2020년	14	5	35.7%
2019년	16	3	18.8%

실 기	응 시	합 격	합격률(%)
2020년	4	1	25%
2019년	0	0	0%

● 출제기준(필기)

필기 과목명	주요 항목	세부 항목
로봇기구 사양 설계	로봇기구 개발작업 요구사항 분석	• 요구사항 파악 • 작업 분석
	로봇기구 개발환경 및 규정 검토	• 운용환경 및 제약조건 검토 • 최신 기술 및 규정 검토
	로봇기구 개발 기획	• 개발 사양 결정 • 개발 기획 보고서 작성
	로봇시스템 사양 설계	• 시스템 요구사항 분석 • 시스템 요구사항의 유효성 파악
로봇기구 설계	로봇기구 개념 설계	• 레이아웃 작성 • 개념도 작성 • 외관 디자인
	로봇 요소 부품 설계	• 요소 부품 리스트 작성 • 표준요소 부품 선정 • 비표준요소 부품 설계
	로봇기구 상세 설계	• 상세 설계모델링 • 세부 구조도 작성
	로봇 엔드이펙터 설계	• 조립 및 핸들링용 핸드 설계 • 공정용 Tool 설계 • 엔드이펙터 어댑터 설계
	로봇기구 주변장치 설계	• 로봇 주행장치 설계 • 로봇 설치대 설계 • 치공구 설계
로봇기구 해석	로봇기구 동역학 해석	• 동역학 해석 • 해석 결과 설계 반영
	로봇기구 구조 해석	• 모델링 • 구조 해석
로봇 통합 및 시험	로봇 통합 및 기능 시험	• 로봇 통합 • 기능 시험
	로봇 성능 및 신뢰성 시험	• 성능 시험 • 신뢰성 시험 • 필드 테스트
	로봇시스템 통합	• 로봇시스템 설계 • 로봇시스템 조립 • 로봇시스템 시험평가

● 출제기준(실기)

실기 과목명	주요 항목	세부 항목
로봇기구개발 실무	로봇기구 개발작업 요구사항 분석	• 요구사항 파악하기 • 작업 분석하기
	로봇기구 개발환경 및 규정 검토	• 운용 환경 및 제약조건 검토하기 • 최신 기술 및 규정 검토하기
	로봇기구 개념 설계	• 레이아웃 작성하기 • 개념도 작성하기 • 외관 디자인하기
	로봇기구 요소 부품 설계	• 요소 부품 리스트 작성하기 • 표준요소 부품 선정하기 • 신규요소 부품 설계하기
	로봇기구 구조 해석	• 모델링하기 • 구조 해석히기
	로봇기구 상세 설계	• 상세 설계모델링하기 • 세부 구조도 작성하기
	로봇기구 동역학 해석	• 동역학 해석하기 • 해석 결과 설계에 반영하기
	로봇 통합 및 기능 시험	• 로봇 통합하기 • 기능 시험하기
	로봇 성능 및 신뢰성 시험	• 성능 시험하기 • 신뢰성 시험하기 • 필드 테스트하기
	로봇시스템 통합	• 로봇시스템 설계하기 • 로봇시스템 조립하기 • 로봇시스템 시험 평가하기

목 차

제 **1** 과목

로봇기구 사양 설계

로봇기구개발기사

한권으로 끝내기

합격의 공식
시대에듀

로봇기구 개발작업 요구사항 분석

01 | 요구사항 파악

1. 로봇시스템 구성

(1) 로봇의 정의 및 분류

① 산업용 로봇

㉠ 국제표준화기구(ISO)에 의하면 산업용 로봇은 자동적으로 제어되고 재프로그램할 수 있으며, 3개 이상의 축을 갖는 다목적 머니퓰레이터(Manipulator)로 정의하고 있다.

㉡ 산업용 로봇은 프로그램된 순서대로 작업을 수행하는 것은 기존의 기계들과 같지만, 다른 일을 하기 위하여 프로그램을 바꿀 수 있다는 차이점이 있다.

② 서비스 로봇

㉠ 국제로봇연맹(IFR)에 의하면 서비스 로봇은 제조작업을 제외한 분야에서 인간이나 장비에 유용한 서비스를 제공하면서 반자동 또는 완전 자동으로 작동하는 로봇으로 정의하고 있다. 서비스 로봇의 가장 큰 특징은 자율성이다.

㉡ 서비스 로봇은 프로그램된 순서대로 움직이는 것이 아니라 상황에 반응해서 스스로 움직일 수 있다.

㉢ 개인서비스용 로봇은 단순한 기능적 작업뿐만 아니라 감성 기반의 상호작용이 동반되어야 하므로 기술적으로 가장 진보적인 수준이 요구된다.

분 류	제조업용 로봇	서비스 로봇	
		전문 서비스용 로봇	개인 서비스용 로봇
정 의	각 산업의 제조현장에서 제품 생산부터 출하까지의 공정 내 작업을 수행하기 위한 로봇	불특정 다수를 위한 서비스 제공 및 전문화된 작업을 수행하는 로봇	인간의 생활범주에서 제반서비스를 제공하는 인간공생형 대인 지원 로봇
	• 조선 제조용 로봇 • 전자제품 제조용 로봇 • 자동차 제조용 로봇	• 의료복지 로봇 • 군사 로봇 • 안심생활 로봇 • 특수환경 로봇 • 물류서비스 로봇	• 가사 지원 로봇 • 노인 · 장애인 지원 로봇 • 오락 · 건강 지원 로봇 • 교육 로봇 • 활동 지원 로봇
일본공업 협회 분류	산업용		비산업용(개인용)
	제조업용	비제조업용	
IFR 분류	Industrial Robot	Service Robot for Professional Use	Service Robot for Personal Use

(2) 산업용 로봇의 분류

① 산업 분야별 분류

㉠ 자동차 산업용 로봇

- 스폿용접용 로봇 : 주로 자동차 차체의 박판용접에 사용된다.
- 아크용접용 로봇 : 자동차 차체의 이음새나 자동차 부품 용접에 사용된다.
- 도장용 로봇 : 주로 자동차 차체 또는 자동차 부품의 도장에 사용된다.
- 조립용 로봇 : 자동차 엔진, 감속기 등의 자동차 부품의 조립에 사용된다.
- 핸들링용 로봇 : 자동차용 주조물, 단조 부품, 가공 부품, 프레스 부품 등의 핸들링에 사용된다.
- 이적재용 로봇 : 자동차 부품의 이적재에 사용된다.
- 부품가공용 로봇 : 자동차용 부품의 연산, 디버링 등의 가공에 사용된다.
- 검사용 로봇 : 자동차 엔진 또는 자동차용 부품의 검사에 사용된다.
- 최종 조립용 로봇 : 자동차용 좌석, 배터리, 연료탱크, 타이어, 유리창 등의 자동차 최종 조립라인의 조립에 사용된다.

㉡ 조선산업용 로봇

- 아크용접용 로봇 : 선체의 블록 또는 파이프 등의 선체 부품 용접에 사용된다.
- 도장용 로봇 : 선체 외판 또는 블록 등의 선체 부품의 도장에 사용된다.
- 부품가공용 로봇 : 선체 부품의 연삭, 외판 부재의 열가공 등에 사용된다.
- 검사용 로봇 : 배관 내부 검사, 수중 구조물 검사 등에 사용된다.

㉢ 전기 및 전자산업용 로봇

- 조립용 로봇 : PCB 장착용 또는 전기·전자산업의 제품 및 부품 조립에 사용된다.
- 핸들링용 로봇 : 전기·전자산업의 제품 및 부품의 핸들링에 사용된다.
- 아크용접용 로봇 : 변전기, TV 프레임 등의 전기·전자제품 용접에 사용된다.
- 도장용 로봇 : 휴대폰, TV 등의 전기·전자산업의 제품 및 부품 도장에 사용된다.
- 이적재용 로봇 : 전기·전자산업의 제품 및 부품 이적재에 사용된다.
- 검사용 로봇 : 휴대폰, PC 등의 전기·전자산업의 제품 및 부품 검사에 사용된다.

㉣ 반도체, 디스플레이 산업용 로봇

- 핸들링용 로봇 : 웨이퍼 및 LCD 등의 부품 및 제품 핸들링에 사용된다.
- 이적재용 로봇 : 웨이퍼 및 LCD 등의 부품 및 제품 이적재에 사용된다.
- 이동형 로봇 : 공정 간의 다른 장비로의 웨이퍼 이송에 사용된다.

② 용도별 분류

㉠ 조립용 로봇 : 산업체에서 가장 널리 사용되는 분야의 로봇으로서, 기계 부품이나 PCB와 전자 부품을 단순 조립하는 로봇부터 양팔을 사용하여 정밀 조립하는 로봇까지 다양하다.

㉡ 이송용(핸들링) 로봇

- 주조물, 단조 부품, 가공 부품, 프레스 부품 등의 기계 부품과 완제품의 핸들링에 사용된다.
- 전자 부품과 완제품의 핸들링용에 널리 사용되며, 웨이퍼 및 LCD용은 클린룸 내에서 사용되므로, 로봇 내의 분진 등의 오염물질이 외부로 배출되지 않는 밀폐된 구조이다.
- 식품용의 핸들링용에도 널리 사용되고 있으며 방수, 방진 등의 구조를 가진다.

ⓒ 용접용 로봇
- 기계 부품용 철판재나 선체 블록 등의 용접을 위한 아크용접용이나 자동차 차체의 박판용접을 위한 스폿용접용이 대부분이다.
- 스폿용접용 로봇, 아크용접용 로봇, 레이저용접용 로봇 등이 있다.
- 사용 공간이 협소하고 복잡한 동작이 가능해야 하므로 주로 수직관절형 로봇이 사용된다.

ⓔ 도장용 로봇
- 가전제품, 자동차, 선박 등의 부품, 완제품의 외관 도장 용도로 사용된다.
- 도료가 로봇 내부로 침투하지 못하도록 밀폐되어 있고 모터 과열 등을 통한 불꽃과 도료의 폭발 방지를 위해 방폭구조로 되어 있다.
- 일반 작업자보다 더 균일한 도장을 할 수 있다.
- 재료의 낭비를 줄이고 유해한 물질에 노출되는 것을 줄여준다.
- 도료의 원활한 분사를 목적으로 특수한 손목을 장착한 수직관절형 로봇이 사용된다.

ⓜ 가공용 로봇
- 주로 가스, 플라스마, 레이저, 워터젯을 이용한 철판 절단용이나 기계 부품의 디버링용이며, 최근에는 모형 제작용으로도 사용되고 있다.
- 가공 시의 반력을 고려해야 하므로 강건한 구조의 수직관절형 로봇이나 직각좌표형 로봇이 사용된다.

ⓗ 검사용 로봇
- 기계 및 전자 부품이나 완제품의 검사용이며, 최근에 품질 강화를 위해 수요가 증가하고 있다.
- 카메라, 레이저, 초음파, 자기센서 등을 이용한다.
- 부품의 위치를 알아내거나 불량품을 찾아내고, 제품을 기준에 따라 분류하는 작업을 한다.
- 용도에 따라 직각좌표형, SCARA, 수직관절형 로봇을 선택하여 사용한다.

(3) 로봇시스템의 구성
로봇시스템은 로봇을 포함하여 기계, 장치 등의 조합을 통해 필요한 기능을 실현한 집합체로서 로봇기구부, 로봇 하드웨어, 로봇 소프트웨어로 구성되어 있다.

① **로봇기구부**
- ㉠ 팔(Arm)과 조인트(Joint)로 구성되는 로봇기구
- ㉡ 말단장치(End-effector)
- ㉢ 로봇기구 주변 장치 등

② **로봇 하드웨어**
- ㉠ 액추에이터
- ㉡ 센 서
- ㉢ 모션제어기
- ㉣ 전원부
- ㉤ 마이크로컨트롤러

③ 로봇 소프트웨어

    ㉠ 미들웨어

    ㉡ 액추에이터 제어 소프트웨어

    ㉢ 센서 인터페이스

    ㉣ 모션제어 소프트웨어

    ㉤ UX, UI

    ㉥ 지능 소프트웨어

    ㉦ 콘텐츠 소프트웨어

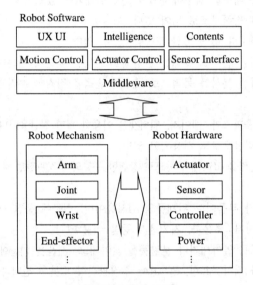

[로봇시스템의 구성]

2. 요구사항

(1) 요구사항의 정의

    ① 시스템 개발 분야에서 고객이나 사용자의 목적을 수행하기 위하여 기획서상에 명시된 시스템이 반드시 수행하여야 할 조건이나 능력이다.

    ② 제품 또는 시스템 설계의 기반이자 시스템 구현의 품질을 판단하는 기준이 되며, 평가 시 테스트 케이스를 생성하는 기반이라고 할 수 있다.

(2) 요구사항 분석

    ① 요구사항의 수집 : 요구사항이 무엇인지를 결정하기 위해 개발자가 고객 및 사용자와 대화하는 작업이다.

    ② 요구사항의 분석 : 언급된 요구사항이 불명확하거나 불완전하거나 모호하거나 모순되는지를 결정하고 해결하는 것을 가리킨다.

    ③ 요구사항의 기록 : 요구사항은 자연 언어 문서, 유스 케이스, 사용자 스토리 또는 공정명세서와 같은 다양한 형식으로 문서화되어야 한다.

(3) 요구사항의 종류

① 고객 요구사항 : 시스템의 목적, 주어진 환경과 제한조건, 변경의 유효성과 적합성의 관점에서 시스템의 기대사항을 정의하는 사실 및 가정을 서술한 것이다.

② 기능적(Functional) 요구사항 : 기능 요구사항은 반드시 구현되어야 할 필수적인 작업과 동작 등을 정의함으로써 어떤 기능이 구현되어야 하는지를 설명한다.

③ 비기능적(Non-functional) 요구사항 : 비기능 요구사항은 특정 기능보다는 전체 시스템의 동작을 평가하는 척도를 정의한다.

④ 성능적 요구사항 : 어떤 기능이 동작해야 하는 한계를 정의한다. 이는 보통 자료의 양이나 질, 동작의 적시성과 민첩성 등의 척도로 기술된다.

3. 요구사항 추출

요구사항 추출은 고객이나 사용자가 무엇을 원하는지 결정을 내리는 작업이다.

(1) 시스템에 대한 정보 출처 파악

① 정부나 전문기관의 법령이나 표준

② 정부나 정부 산하기관에서 발표되는 각종 정책

③ 통계, 특허청에 등록된 특허, 전문기관 등에서 출판되는 동향 분석 보고서

④ 시장 분석 보고서, 학술기관 등에서 출판되는 논문과 세미나 자료

⑤ 전문가들의 의견이 들어 있는 인터넷 정보

⑥ 책과 같은 각종 출판물

⑦ 신문이나 방송의 각종 보도자료

(2) 요구사항에 대한 정부 수집

① 고객이나 사용자의 발표를 직접 듣거나 인터뷰하는 방법

② 문헌이나 인터넷 등을 직접 조사하는 방법

③ 설문지를 이용해 관련자나 전문가들의 의견을 취합하는 방법

④ 엔지니어들 간의 브레인스토밍 회의를 통해 요구사항을 이끌어 내는 방법

⑤ 사용 사례를 찾아서 작성해 보는 방법

(3) 요구사항과 제한사항의 정의

시스템의 요구란 주로 시스템이 수행하여야 하는 기능적 요구사항과 비기능적 요구사항, 성능적 요구사항을 찾아내는 것이다. 이러한 요구들은 개발될 시스템의 기능이나 성능을 구체적으로 나타낸다.

4. 요구사항의 수집, 분석 및 추출하기

(1) 로봇시스템에 대한 요구사항을 수집한다.

① 로봇시스템 시장의 흐름과 기술 동향에 대해 조사한다. 현재 시장에서 어떠한 로봇시스템들이 판매되고 있는지, 판매되고 있는 로봇시스템의 기능적·비기능적·성능적 요구사항은 어떠한 지를 파악하기 위하여 인터넷·카탈로그 등을 통하여 현재 판매되고 있는 자사 및 경쟁사의 로봇시스템 사양에 대해 조사해본다.

② 로봇시스템을 적용하기 위한 대상 시스템의 특성에 대하여 조사한다. 로봇시스템의 경우 적용 분야에 따라 요구사항이 다양하다.

   ㉠ 전자부품 조립용 로봇 : 산업현장에 설치할 수 있어야 하며, 취급하는 대상물의 중량이 작고, 작업 속도가 매우 빨라야 하기 때문에 고정형, 적은 가반 하중, 빠른 속도 등과 같은 요구사항이 필요하다.

   ㉡ 화재현장에서 구난을 위한 로봇 : 장애물이 많은 환경에서 이동할 수 있어야 하므로 이동형, 장애물 탐지 및 회피 등과 같은 지능에 대한 요구사항이 필요하다.

   ㉢ 산업용으로 많이 사용되는 Pick and Place 로봇의 경우 가반하중이나 작업물 인식률, 파지(Pick) 시 대상 종류 등이 중요한 요구사항이 필요하다.

   ㉣ 재난 구조 로봇의 경우 무게 이송 능력, 경사 등판 능력 등의 중요한 요구사항이 필요하다.

[대상 시스템의 특성에 따른 로봇의 주요 요구사항]

Pick & Place 로봇	형 태	고정형, 6축 다관절 로봇
	가반하중	1kg
	작업물 인식률	98%
	Pick 시 대상 종류	10종
	Place 시 위치 정밀도	±0.3mm
	사이클 타임	5s
재난 구조 로봇	형 태	이동형, 6축 다관절 양팔로봇, 접이식 2단 캐터필더
	무게 이송 능력	60kg
	경사 등판 능력	30°

③ 다양한 수집방법을 이용하여 요구사항을 수집한다.

   ㉠ 대상 시스템이 정해지고 나면, 다양한 요구사항 수집방법을 이용하여 요구사항을 수집한다.

      • 인터넷을 통한 조사

      • 논문 조사

      • 해당 분야에 적용된 해외 선진사의 제품 관련 자료 조사

   ㉡ 가능한 경우, 해당 분야의 전문가들에게 설문조사를 하거나 전문가와의 인터뷰를 통해서 해당 분야에 대한 특성을 파악한다.

   ㉢ 다양한 항목들이 수집되면, 개발자들 간에 브레인스토밍 회의를 통하여 어떠한 항목들을 요구사항으로 선택할 건지를 결정한다.

(2) 수집된 요구사항을 문서 또는 기타 방법으로 정리한다.

① Pick & Place 로봇을 위한 요구사항의 예시

번 호	요구사항	유형분석			중요도	난이도
		기 능	비기능	성 능		
1	0.5kg 이하의 작업물을 집어야 한다.			○	상	중
2	사람과 충돌하지 않도록 하여야 한다.		○		중	하
3	작업물을 지그에 올리는 데 소요되는 시간이 5초 이하여야 한다.			○	상	상
4	동시에 작업해야 될 작업 대상은 1종류이다.	○			하	하
5	작업 대상물은 지름 30cm 이내의 플라스틱 부품이다.	○			하	하
6	공장 내의 설치 공간은 2×2m 이내여야 한다.		○		중	중

② 재난 구조용 모바일 로봇을 위한 요구사항의 예시

번 호	요구사항	유형분석			중요도	난이도
		기 능	비기능	성 능		
1	장애물이 있는 작업 공간에서 100m를 움직이는 데 10분 이내의 시간이 걸려야 한다.	○			중	상
2	10kg의 작업물을 잡을 수 있는 로봇 팔이 있어야 한다.	○			중	하
3	작업 공간의 경우 돌덩이나 깨진 건물 잔해 등이 있을 수 있다.			○	중	하
4	30°의 경사로를 올라갈 수 있어야 한다.	○			상	상
5	로봇은 두 사람이 들어 움직일 수 있는 무게여야 한다.		○		하	중
6	사람이나 장애물과 부딪쳤을 때에는 정지할 수 있어야 한다.			○	중	중
7	사람과 장애물을 구분할 수 있어야 한다.		○		하	중

(3) 수집된 요구사항을 분석하여 선별한 후 로봇시스템의 개발 목표를 확정한다.

① 요구사항에 대한 정리표를 완성하고 나면, 요구사항들 중에서 로봇시스템의 사양에 포함되어야 하는 내용들을 분석하여 선별한다.

㉠ Pick & Place 로봇을 위한 요구사항 선정 결과의 예시

번 호	고객의 요구사항	요구사항 선정 결과
1	0.5kg 이하의 작업물을 집어야 한다.	가반 하중
2	사람과 충돌하지 않도록 하여야 한다.	
3	작업물을 지그에 올리는 데 소요되는 시간이 5초 이하여야 한다.	최대 속도
4	동시에 작업해야 될 작업 대상은 1종류이다.	
5	작업 대상물은 지름 30cm 이내의 플라스틱 부품이다.	
6	공장 내의 설치 공간은 2×2m 이내여야 한다.	작업반경 또는 선회반경

ⓛ 재난 구조용 모바일 로봇을 위한 요구사항 선정 결과의 예시

번 호	고객의 요구사항	요구 선정 결과
1	장애물이 있는 작업 공간에서 100m를 움직이는 데 10분 이내의 시간이 걸려야 한다.	최대 속도
2	10kg의 작업물을 잡을 수 있는 로봇 팔이 있어야 한다.	무게 이송 능력
3	작업 공간의 경우 돌덩이나 깨진 건물 잔해 등이 있을 수 있다.	
4	30°의 경사로를 올라갈 수 있어야 한다.	경사 등판 능력
5	로봇은 두 사람이 들어 움직일 수 있는 무게여야 한다.	
6	사람이나 장애물과 부딪쳤을 때에는 정지할 수 있어야 한다.	
7	사람과 장애물을 구분할 수 있어야 한다.	

② 요구사항이 선별되고 나면, 선별된 요구사항들을 중심으로 로봇시스템의 핵심 개발 목표를 설정하여야 하다.

㉠ Pick & Place 로봇의 개발 목표 예시

번 호	개발 항목	목표값
1	가반 하중	1kg 이상
2	최대 속도	3m/s 이상
3	선회 반경	반지름 1m 이내

ⓛ 재난 구조용 모바일 로봇의 개발 목표

번 호	개발 항목	목표값
1	최대 속도	4km/h 이상
2	무게 이송 능력	60kg 이상
3	경사 등판 능력	30° 이상

02 작업 및 운용 환경 분석

1. 로봇 응용 분야

(1) 산업용 로봇

① 가공 및 조립 공정 분야 : 산업용 로봇은 대량 생산 체제를 갖춘 기계 부품, 전자제품, 자동차 생산라인에서 단순 가공·조립 공정작업에 적용되었다. 최근에는 고속 정밀화 및 지능화 기능을 갖추고 다양한 형태의 작업이 가능하게 되어 적용 영역의 범위를 확대하고 있다.

② 물류 및 핸들링 공정 분야 : 기계가공라인이나 가전제품 생산라인에서 직교 로봇에 의해 핸들링 작업이 많이 이루어졌다. LCD, 반도체 생산라인에서 6축 다관절 이외에도 다양한 형태의 로봇이 등장하여 고중량물이나 다양한 형태의 공작물을 핸들링할 수 있다.

③ 용접 및 도장 공정 분야 : 주로 다관절 로봇을 이용하여 자동차 생산라인의 스폿용접 공정에 많이 적용되었으나 최근에는 레이저용접 공정에도 적용되고 있다. 특히, 다양한 형태의 로봇이 등장하여 선박 제조의 용접 및 도장 공정에 적용되어 생산성 향상을 꾀하고 있다.

④ 고속 정밀화, 지능화가 이루어져 스마트폰이나 바이오(Bio), 신약 제조 공정과 같은 복잡한 작업의 경우에도 제조업용 로봇의 도입이 활발하게 이루어지고 있다.

(2) 전문 서비스용 로봇

① 재난 극복 로봇 분야

　㉠ 화재 감시 및 진압 로봇

　㉡ 매몰자 수색 로봇

　㉢ 구조물 검사 로봇

　㉣ 수중 인명 탐색·구조 로봇

② 군사용·사회 안전 로봇 분야

　㉠ 정찰 로봇

　㉡ 전투 로봇

　㉢ 병사 지원 로봇

　㉣ 화생방 로봇

　㉤ 지뢰·폭발물 처리 로봇

　㉥ 스마트 경비 로봇

③ 활선작업용 로봇 분야

　㉠ 전선로 전선 보수 로봇

　㉡ 애자 검사·청소 로봇

④ 건설작업용 로봇 분야

　㉠ 대형 구조물 외벽작업 로봇

　㉡ 터널 유지 보수 로봇

　㉢ 관로 매설 및 검사·보수 로봇

　㉣ 콘크리트 평면 타설·바닥 마감 로봇

　㉤ 조선 선박 배관 및 탱크 검사 로봇

⑤ 의료용 로봇 분야

　㉠ 수술 로봇

　㉡ 진단 로봇

　㉢ 재활 기능 지원시스템 지능형 개인맞춤 의약 로봇

　㉣ 신약 개발 로봇

(3) 개인서비스용 로봇

① 청소 및 경비 로봇 분야

　㉠ 고성능 청소 로봇

　㉡ 원격제어·모니터링 로봇

　㉢ 침입 감지 경비 로봇

        ② 자기 빙이 경비 로봇

        ⑩ 홈 네트워크 연동 청소·경비 로봇

  ② 여가 지원 로봇 분야

        ㉠ 건강 모니터링·케어 지원 로봇

        ㉡ 인간 로봇 인터렉션에 의한 오락 지원 로봇

        ㉢ 자세 교정 및 상호 작용에 의한 운동 지원 로봇

  ③ 노약자 재활 지원 로봇 분야

        ㉠ 지능형 보행 보조 로봇

        ㉡ 노약자 건강 관리 로봇

        ㉢ 노약자 생활 지원 로봇

  ④ 교육용 로봇 분야

        ㉠ 학습 보조 로봇

        ㉡ 가정 교사용 로봇

  ⑤ 가사 지원 로봇 분야

        ㉠ 단순 서비스형 가사 지원 로봇

        ㉡ 지능형 가사 지원 로봇

2. 작업 및 운용환경 분석하기

(1) 적용할 공정과 작업의 특성에 대해 분석한다.

  ① 공정 분석이란 대상물이 어떤 경로로 처리되었는지를 발생 순서에 따라 분류하고, 각 공정조건(가공조건, 경과시간, 이동거리 등)과 함께 분석하는 것이다.

  ② 작업 분석이란 공정을 구성하고 있는 개개의 작업에 대한 작업방법을 분석하는 것이다.

(2) 공정 분석 결과를 바탕으로 공정에서 로봇을 운용하는 데 필요한 로봇시스템의 기능을 도출한다.

  ① 로봇시스템은 적용할 공정과 작업에 따라 로봇시스템에서 요구하는 중요한 요구사항, 즉 로봇의 형상, 가반하중, 속도, 작업 반경 등이 결정된다.

  ② 적용 공정에 적합한 로봇시스템의 기능을 직관적으로 이해하는 것은 매우 어렵기 때문에 로봇시스템의 기능에 대한 분석은 로봇 SI(System Integration) 엔지니어와 공정 및 작업 분석 엔지니어 간의 무수한 협의를 통해서 이루어진다.

로봇기구 개발환경 및 규정 검토

01 표준 및 인증 관련 규정 검토

1. 표 준

(1) 국가표준

국가표준이란 국가사회의 모든 분야에서 정확성, 합리성 및 국제성을 높이기 위하여 국가적으로 공인된 과학적·기술적 공공 기준으로서 산업표준·측정표준·참조표준 등 '국가표준기본법'에서 규정하는 모든 표준을 말한다.

① **측정표준** : 측정표준이란 산업 및 과학기술 분야에서 물상 상태의 양의 측정단위 또는 특정량의 값을 정의하고, 현시하며, 보존 및 재현하기 위한 기준으로 사용되는 물적 척도, 측정기기, 표준물질, 측정방법 또는 측정체계이다.

② **참조표준**

㉠ 참조표준이란 측정 데이터 및 정보의 정확도와 신뢰도를 과학적으로 분석·평가하여 공인된 것이다.

㉡ 국가사회의 모든 분야에서 널리 지속적으로 사용되거나 반복 사용할 수 있도록 마련된 물리화학적 상수, 물성값, 과학기술적 통계 등이다.

③ **산업표준**

㉠ 산업표준이란 광공업품의 종류, 형상, 품질, 생산방법, 시험·검사·측정방법 및 산업활동과 관련된 서비스의 제공방법·절차 등을 통일하고, 단순화하기 위한 기준이다.

㉡ 한국산업표준(KS ; Korean Industrial Standards)은 산업표준화법에 의거하여 산업표준심의회의 심의를 거쳐 국가기술표준원장 및 소관부처의 장이 고시함으로써 확정되는 국가표준으로서, 약칭하여 KS로 표시한다.

㉢ 한국산업표준은 기본 부문(A)부터 정보 부문(X)까지 21개 부문으로 구성되며, 크게 다음 세 가지로 분류할 수 있다.

• 제품표준 : 제품의 향상·치수·품질 등을 규정한 것

• 방법표준 : 시험·분석·검사 및 측정방법, 작업표준 등을 규정한 것

• 전달표준 : 용어·기술·단위·수열 등을 규정한 것

(2) 한국산업표준(KS)의 제·개성 절차

① 한국산업표준 제·개정안 제안

　㉠ 국가에서 직접 제안 : 국제표준의 제정 및 신제품 개발 등으로 광공업품의 품질 향상, 소비자 보호 및 호환성 확보 등의 필요에 의해 국가기술표준원장 또는 소관 중앙행정기관의 장이 제안하는 경우로, 자체적으로 표준안을 작성하거나 학회·연구기관 등에 용역을 주어 작성한다.

　㉡ 이해관계인의 제안 : 산업체 등 이해관계자는 언제든지 국가에 KS의 제·개정을 신청할 수 있으며, 정해진 신청서에 표준안 및 설명서를 첨부하여 국가기술표준원장 또는 소관 중앙행정기관의 장에게 신청한다.

② 관계부처와 협의

　㉠ 관계기관과의 협의 : KS 제·개정 신청 또는 자체적으로 표준안이 작성되면 관계 행정기관과 협의를 거치게 되는데, 이는 관련 행정기관의 소관사항과 호환성을 유지하고 표준의 적용 및 사용에 지장이 없는지를 검증하는 것이다.

　㉡ 공청회 개최

　　• 한국산업표준을 제·개정하고자 하는 경우 공청회를 개최하여 이해관계인의 의견을 들을 수 있다.

　　• 이해관계가 있는 자는 서면으로 공청회 개최를 요구할 수 있으며, 요구받은 국가기술표준원장 또는 소관 중앙행정기관의 장은 반드시 개최하여야 한다.

③ 산업표준심의회의 심의

　㉠ 표준회의 심의 : 소관부처의 분야별 기술심의회를 거친 최종 표준안에 대해 부처 간 중복 여부, 국가표준의 형식부합화 등 심의를 거쳐야 하며, 기술심의회의 검토가 필요하다고 인정되면 해당 기술심의회로 이송시켜 검토하게 할 수 있다.

　㉡ 기술심의회 심의 : 산업표준심의회의 전문 분야별로 구성되어 있는 해당 표준의 소관 기술심의회에 표준안을 상정하여 심의를 거쳐야 하며, 전문기술 분야 등 전문위원회의 검토가 필요하다고 인정되면 해당 전문위원회로 이송시켜 검토하게 할 수 있다.

　㉢ 전문위원회 심의 : 전문 분야별로 구성된 전문위원회는 기술심의회로부터 이송된 표준안에 대하여 심의하고 심의 결과를 기술심의회에 통보한다.

④ 한국산업표준 제·개정 및 폐지 예고 : 한국산업표준을 제·개정 또는 폐지하고자 하는 경우 예정일 60일 전까지 해당 표준의 명칭, 표준번호, 주요 골자 및 사유 등을 관보에 고시하여야 한다.

⑤ 한국산업표준(KS)의 확정

　㉠ 표준회의 심의

　　• 전문 분야별 기술심의회, 표준회의 등 정해진 절차를 완료하고 표준안이 확정되면 국가기술표준원장 또는 소관 중앙행정기관의장은 한국산업표준으로 제·개정 또는 폐지 고시하고 관보에 게재함으로써 KS로 확정된다.

　　• 한국산업표준은 제정일로부터 5년마다 적정성을 검토하여 개정·확인·폐지 등의 조치를 하게 되며, 필요한 경우 5년 이내라도 개정 또는 폐지할 수 있다.

⑥ 한국산업표준(KS)의 보급

　㉠ KS표시인증 : KS표시인증은 산업표준을 널리 활용함으로써 업계의 사내표준화와 품질경영을 도입·촉진하고, 우수 공산품의 보급·확대 및 소비자 보호를 위하여 특정상품이나 기술 또는 서비스가 한국산업표준 수준에 해당함을 인정하는 제품인증제도이다.

ⓛ 인쇄 · 배포 : 일반 국민에게 정확한 내용과 합리적인 가격의 표준 공급을 위하여 정부는 한국표준협회로 하여금 한국산업표준(KS)의 인쇄 및 보급(배포)을 지원하고 이를 감독하고 있으며, 국가기술표준원 도서관에 표준 원본을 비치하여 언제든지 표준 내용을 열람할 수 있도록 상시 개방하고 있다.

ⓒ 한국산업표준 준수 의무규정 : 정부는 한국산업표준의 활용을 촉진하기 위하여 산업표준화법 제24조(한국산업표준의 준수)에 의거, 국가 · 지방자치단체 · 공공기관 및 공공단체는 물자 및 용역의 조달 · 생산관리 · 시설공사 등을 함에 있어서 한국산업표준을 준수하도록 규정하고 있다.

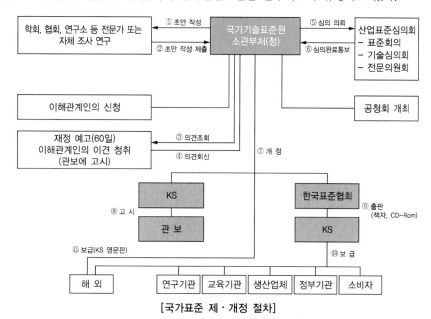

[국가표준 제 · 개정 절차]

출처 : http://standard.go.kr

(3) 단체표준 및 로봇 분야 단체표준 제안 절차

① 단체표준

ⓐ 산업표준화와 관련된 단체 중 산업통상자원부령으로 정하는 단체가 공공의 안전성 확보, 소비자 보호 및 구성원들의 편의를 도모하기 위하여 특정의 전문 분야에 적용되는 기호 · 용어 · 성능 · 절차 · 방법 · 기술 등에 대해 제정한 표준이다.

ⓑ 단체표준의 목적
- 동일 업종 생산자의 생산성 향상, 원가 절감, 호환성 확대, 공동의 이익 추구
- 제품 품질 향상, 거래의 공정화 및 단순화를 통해 소비자의 권익 보호
- 한국산업표준(KS)이 규정하지 않는 부분의 보완
- KS와 사내표준의 교량 역할
- 급속한 기술 발전과 다양한 소비자 요구에 신속 대응

② 단체표준 제안 절차

ⓐ 표준 제안
- 표준에 관하여 이해관계를 가진 개인 및 단체는 누구나 표준의 개정, 제정, 폐지를 제안할 수 있다.

• 제안자가 제안서를 작성하고 표준안을 첨부하여 이메일로 전송하면 표준 제안 절차가 시작된다.

ⓛ 표준 제안 절차

• 해당 분과위원장은 제안된 표준안을 검토하고, 운영위원회에서는 표준화 과제의 채택 여부를 결정한다.

• 채택된 표준화 과제에 대하여 해당 분과위원회에서는 분과위원회 초안을 작성한다.

• 운영위원회에서 분과위원회 초안에 대하여 심의·의결하고 포럼표준으로 채택한다.

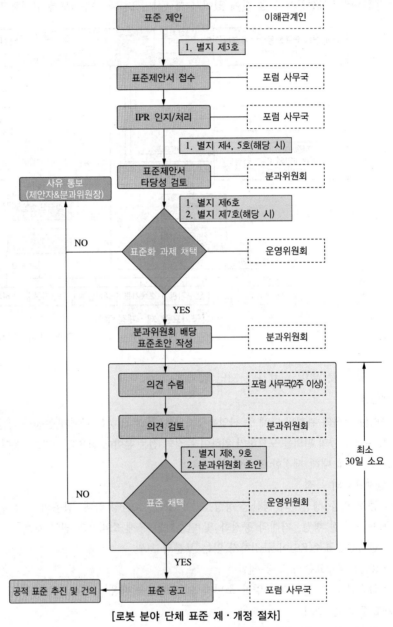

[로봇 분야 단체 표준 제·개정 절차]

출처 : http://www.koros.or.kr

02 특허 조사

1. 특허 조사 및 분석

(1) 특 허

① 지금까지 없었던 물건 또는 방법을 최초로 발명하였을 경우 그 발명자에게 주어지는 권리이다.

② 산업재산권제도의 대표적인 권리라고 할 수 있으며 기업 활동에서 점차 그 중요성이 부각되는 중요한 무형의 독점적 권리이다.

③ 특허청에 출원, 심사관의 심사 및 등록이라는 일련의 절차를 거쳐 발생하며 출원일로부터 20년 동안 특허권자 이외의 제3자의 실시를 배척할 수 있는 배타적인 권리이다.

(2) 특허 출원

① 발명자 및 출원인

㉠ 원칙적으로 발명자가 특허를 받을 수 있으며, 이때 발명자는 해당 발명에 대해 특허를 받을 수 있는 권리를 갖는다고 말한다.

㉡ 발명자가 아닌 경우라도 발명자로부터 적법하게, 특허받을 수 있는 권리를 승계받은 자는 특허를 받을 수 있다.

㉢ 특허출원서에 발명자로 표기한 자는 출원인에게 특허받을 수 있는 권리를 양도한 것으로 추정할 수 있다.

㉣ 기업도 특허받을 수 있는 권리를 양도받아 특허권자가 될 수 있으며, 종업원이 자기의 직무와 관련하여 한 발명(직무 발명)에 대해서는 특별한 취급을 받을 수 있다.

② 특허의 대상

㉠ 자연법칙을 이용한 기술적 사상의 창작으로서 독창적이며, 산업상 이용할 수 있는 것이 특허 출원의 대상이다.

㉡ 모든 새로운 기술이 특허받을 수 있는 것은 아니며 일정한 요건, 즉 특허요건을 갖추어야 한다.

㉢ 특허권을 받기 위하여 출원 발명이 갖추어야 할 요건

- 출원 발명은 산업에 이용할 수 있어야 한다(산업상 이용 가능성).
- 출원하기 전에 이미 알려진 기술이 아니어야 한다(신규성).
- 선행기술과 다른 것이라도 그 선행기술로부터 쉽게 생각해 낼 수 없는 것이어야 한다(진보성).

㉣ 특허 출원에 앞서 발명의 출원 타당성 검토 및 선행기술의 존재 여부에 대한 자료 조사를 하면 불필요한 출원비용을 줄일 수 있을 뿐만 아니라, 적정한 권리의 확보가 가능하다.

③ 선출원주의 : 동일한 발명이 2개 이상 출원되었을 때 어느 출원인에게 권리를 부여할 것인가를 결정하는 기준으로 선출원주의와 선발명주의가 있다. 우리나라는 선출원주의를 채택하고 있다.

㉠ 선출원주의

- 발명이 이루어진 시기에 관계없이 특허청에 먼저 출원한 발명에 권리를 부여한 것이다.
- 기술의 공개에 대한 대가로 권리를 부여한다는 의미에서 합리적이며, 신속한 발명의 공개를 유도할 수 있다.
- 발명의 조속한 공개로 산업 발전을 도모하려는 특허제도의 취지에 부합한다고 볼 수 있다.

ⓛ 선발명주의
- 출원의 순서와 관계없이 먼저 발명한 출원인에게 권리를 부여하는 것이다.
- 발명가 보호에 장점이 있으며, 특허 사업체를 가지고 있지 않은 개인 발명가들이 선호하는 제도이다.
- 발명가는 발명에 관련된 일지를 작성하고 증인을 확보해야 하며, 특허청은 발명의 시기를 확인하여야 하는 불편이 있다.

(3) 특허 심사 절차

① **방식 심사** : 서식의 필수사항 기재 여부, 기간의 준수 여부, 증명서 첨부 여부, 수수료 납부 여부 등 절차상의 흠결을 점검하는 심사이다.

② **심사 청구**
ⓙ 심사 업무를 경감하기 위하여 모든 출원을 심사하는 대신 출원인이 심사를 청구한 출원에 대해서만 심사하는 제도로서, 특허 출원에 대하여 출원 후 5년간 심사 청구를 하지 않으면 출원이 없었던 것으로 간주(실용신안등록출원의 심사 청구 기간은 3년)한다.
- 특허권을 얻기보다는 타인의 권리 획득을 막기 위한 출원을 방어 출원이라고 한다.

③ **출원 공개**
ⓙ 출원 공개 제도는 출원 후 1년 6개월이 경과하면 그 기술 내용을 특허청이 공보의 형태로 일반인에게 공개하는 제도이다.
ⓛ 심사가 지연될 경우 출원 기술의 공개가 늦어지는 것을 방지하기 위하여 도입되었다.
ⓒ 출원 공개가 없다면, 출원 기술은 설정 등록 후 특허공보로서 공개된다.
ⓔ 출원 공개 후 제3자가 공개된 기술 내용을 실시하는 경우 출원인은 그 발명이 출원된 발명임을 서면으로 경고할 수 있으며, 경고일로부터 특허권 설정 등록일까지의 실시에 대한 보상금을 권리 획득 후 청구할 수 있다.

④ **실체 심사**
ⓙ 특허 요건, 즉 산업상 이용 가능성, 신규성 및 진보성을 판단하는 심사이다.
ⓛ 이와 함께 공개의 대가로 특허를 부여하게 되므로, 일반인이 쉽게 실시할 수 있도록 기재하고 있는가를 동시에 심사한다.
ⓒ 심사관은 심사에 착수하여 거절 이유를 발견하면 최초 거절 이유를 통지하고, 심사 착수 후 보정서가 제출되어 다시 심사한 결과 보정에 의해 발생한 거절 이유를 발견하면 최후 거절 이유를 통지한다.
ⓔ 심사관은 최후 거절 이유를 통지한 후 보정에 보정 각하 사유를 발견하면 결정으로 보정을 각하하고 이전 명세서로 심사한다.

⑤ **특허 결정** : 해당 출원이 특허 요건을 충족하는 경우, 심사관이 특허를 부여한다.

⑥ **설정 등록과 등록 공고**
ⓙ 특허 결정이 되면 출원인은 등록료를 납부하여 특허권 설정을 등록하여야 한다. 이때부터 권리가 발생된다.
ⓛ 설정 등록된 특허 출원 내용을 등록 공고로 발행하여 일반인에게 공표한다.

⑦ **거절 결정** : 출원인이 제출한 의견서 및 보정서에 의하여도 거절 이유가 해소되지 않은 경우 특허를 부여하지 않는다.

⑧ **거절 결정 불복 심판** : 거절 결정을 받은 자가 특허심판원에 거절 결정이 잘못되었음을 주장하면서 그 거절 결정의 취소를 요구하는 심판 절차이다.

⑨ **무효 심판**

ㄱ 심사관 또는 이해관계인(다만, 특허권의 설정 등록이 있는 날부터 등록 공고일 후 3월 이내에는 누구든지)이 특허에 대하여 무효 사유(특허요건, 기재불비, 모인출원 등)가 있음을 이유로 그 특허권을 무효시켜 줄 것을 요구하는 심판 절차이다.

ㄴ 무효 심결이 확정되면 그 특허권은 처음부터 없었던 것으로 간주한다.

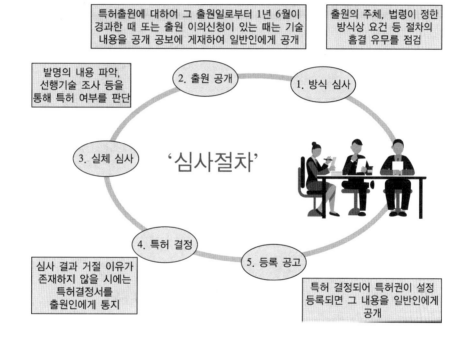

특허 출원 후 심사 흐름도

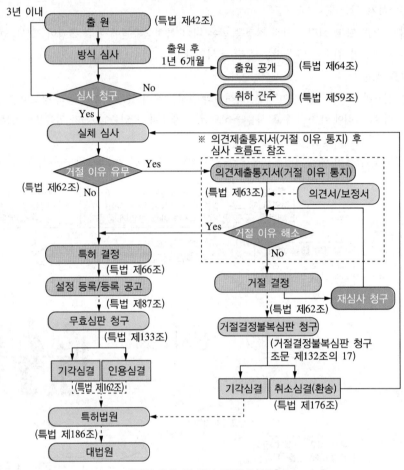

[특허 출원 및 심사 절차 흐름도]

출처 : http://www.kipo.go.kr

제3장 로봇기구 개발 기획

01 | 개발 기획 보고서 작성

1. 제품 개발과정(PDP ; Product Development Process)

(1) 단계 0 : 기획(Planning) 단계

① 단계 0은 제품 개발 과제의 승인 전에 필히 수행 완료되어야 할 기획 단계이다.

② 제품 기획은 2개의 소단계로 나누어진다.

　㉠ 초기 평가 : 제품 개발이 시장에서의 판매 가능성과 회사의 전략과 일치하는지를 결정하기 위한 빠른 조사가 필요하다. 또 기술성 및 생산 가능성을 결정할 수 있는 초기 공학적 평가를 포함한다. 이러한 초기 평가는 보통 1개월 이내에 수행된다.

　㉡ 사업적 평가 : 사업적 평가를 수행하는 데는 마케팅, 설계, 제조, 자금, 그리고 관련된 법률 관련자를 포함하여 몇 달의 기간이 걸릴 수도 있다.

　　• 마케팅 : 시장의 목표를 정하기 위한 시장 세분화, 제품의 시장에서의 위치, 제품의 수익성 평가 등 자세한 분석이 필요하다.

　　• 설계 및 제조 : 더욱더 심도 있게 평가되어야 하는데 기술적 가능성, 개념 설계의 증명 및 분석, 기초가 되는 설계 개념의 증명을 위한 시험과정 등과 제조상의 제한조건이나 비용, 제품 공급 과정에서의 여러 전략들도 같이 포함된다.

　　• 자금 : 사업적 평가에서 주요한 부분이다. 이는 판매와 기획에서 과제 이득의 회수까지의 비용을 예상하는 데 사용된다. 전형적으로 이러한 과정은 과제 실패 위험성에 대한 변수를 고려하여 할인된 자금 흐름 분석까지 고려해야 한다.

③ 기업에서의 결정권자는 관련된 회사의 전략과 잘 맞는지 그리고 필수조건을 충분히 만족하는지를 확인해야 한다.

④ 특히 기준 투자수익률을 넘을 수 있는지가 중요하다.

(2) 단계 1 : 개념 정립(Concept Development) 단계

① 단계 0에서 나온 기존의 고객 자료를 기반으로, 관련 지식을 추가하여 매우 정교한 제품설계사양(PDS ; Product Design Specification)을 만든다.

② 소비 고객의 요구조건과 수요를 결정하는 과정으로, 단계 0에서의 초기 시장 조사에 비해서 보다 더 정밀하게 이루어져야 한다.

③ 소비자 그룹의 선정, 설문, 벤치마킹, 그리고 품질 기능 전개와 같은 기법을 추가로 사용한다.

④ 제품의 개념은 여러 개 나올 수 있으며, 제품에 대한 새로운 개념들을 창출하기 위해서 설계자의 창의적 사교가 중요하다. 또 우수한 제품의 개념을 도출하기 위해서는 이러한 기법들이 동시에 적용되어야 한다.

⑤ 몇 개의 가능한 제품 개념이 정리되면 이 중에서 제품화를 위한 가장 적합한 1개의 개념이 적절한 판정 기법에 의해 결정된다.

⑥ 개념 설계는 제품 개발과정(PDP ; Product Development Process)에서 가장 중요하고 핵심이 되는 부분으로 우수한 개념 설계가 시장에서 성공하는 제품으로 이어진다.

(3) 단계 2 : 시스템 설계(System-level Design) 단계

① 시스템 수준의 설계로서 제품의 기능을 분석 평가하여 여러 개의 세부 하위 시스템으로 나눈다. 세부 하위 시스템을 다른 방법으로 재조합하여 다른 하나의 제품을 구조가 되는지도 고려해 보고 하위 시스템 간의 상호 연결성도 검토한다.

② 전체 시스템이 잘 작동하기 위해서는 각 하위 시스템 간의 연결성과 소통이 잘되어야만 전체 시스템의 작동이 잘될 수 있다.

③ 제품의 형태나 특징이 차츰 자리를 잡아가는 단계이므로 이를 구조 형태 설계라고 한다. 재료와 제조 공정의 선정, 부품의 형상과 치수 작업이 이루어진다. 품질에 직접 영향을 주는 부품들은 표시되어 특별히 설계의 강건성을 보장하는 분석이 되어야 한다.

④ 제품과 사용자 간의 인간공학적 소통의 문제도 주의 깊게 고려되어야 하며, 필요에 따라서는 기존의 형태가 수정도 되어야 한다. 마찬가지로 산업 디자인 측면에서 스타일도 다시 한번 점검되어야 한다.

⑤ 제품의 기하학적 CAD모델을 완성하기 위해서는 주요 부품의 쾌속모형(Rapid Prototyping)도 제작하고 시험해 보아야 한다.

⑥ 마케팅은 제품의 목표 가격을 정하는 충분한 정보를 제공해 주어야 한다. 제조 측면에서는 긴 납기가 소요되는 가공용 도구의 준비나 조립 공정에 대한 고려가 시작되어야 한다. 법규 등 법률적인 요소도 이 시점에서 확인되고, 특허권 문제도 완전히 정리되어야 한다.

(4) 단계 3 : 상세 설계(Detail Design) 단계

① 제품의 시험 및 생산 가능성이 포함된 완전한 공학적 시방서가 나오는 단계이다.

② 제품의 각 부품별로 위치, 형상, 치수, 공차, 표면 특정, 재료, 제조 공정이 명기되어야 한다. 결과로 가공이 되어야 할 각각의 부품들의 사양과 회사의 어느 공장에서 제작되어야 하는지, 아니면 외부에서 가공되어야 하는지가 정해진다.

③ 동시에 설계자는 이러한 모든 자세한 내용을 정리하고, 제조 담당자는 각 부품을 가공하는 도구 및 가공 방법에 대한 검토를 마쳐야 한다. 또 설계자와 제조 담당자는 제품의 견고성에 대한 주요 사안을 정리하고 해결 및 품질보증체계를 정립해야 한다.

④ 상세 설계의 최종 결과물은 제품에 대한 종합시방서로서, 각 부품의 조립 및 가공에 대한 정보가 포함된 CAD 파일 형태이다. 여기에는 생산과 품질보증, 관련 법규나 규정, 저작권 보호에 대한 내용도 시방서 또는 문서로서 포함되어야 한다.

⑤ 마지막에는 개발 일정 대비 긴 기간이 소요되는 생산설비 구축의 계획들이 적절한지를 판단할 수 있는 경영층의 투자 검토도 이루어져야 한다.

(5) 단계 4 : 제작과 시험(Testing and Refinement) 단계

① 최초의 시작품은 주로 양산 기능 부품으로 만들어진다. 제품의 양산 단계에서 사용되는 동일한 크기와 동일한 재료를 사용한 부품으로 작동모델을 만들기도 하는데, 양산 단계에서 적용되는 도구나 절차를 반드시 준수해야 하는 것은 아니다. 보통 부품을 확보하고 제품 개발과정의 비용을 절감하기 위해 이루어진다.

② 알파테스트(Alpha Test) : 제품이 설계된 대로 실제로 동작하는지, 고객의 중요한 요구사항을 만족하는지 판단하기 위한 것이다.

③ 베타테스트(Beta Test) : 시장 출하 전에 제품의 성능 및 신뢰성 테스트로서, 꼭 필요한 공학적 개선을 하기 위해 실시된다. 여기서 베타테스트는 실제 생산 공정 및 장비로 만든 부품에 의해 만들어진 제품을 사용하며, 가혹시험과 함께 사용환경에 맞는 선택된 사용자에 의해 실시된다. 이 단계의 최종 판정은 완전히 엉망인 설계의 경우 제품 실패로 결정하지만, 대부분 심각한 오류 수정이나 제품 출하 연기 등으로 기간이 지연될 수 있다.

④ 마케팅 부서의 사람은 제품 출시에 맞춘 홍보용 물품을 준비하고, 제작 부서는 가공 및 조립 공정을 재조정하고 제품 생산을 위한 인력들을 훈련시키게 된다. 최종적으로는 영업 부서에서 판매에 대한 최종 손질을 한다.

⑤ 마지막으로 품질에 대한 일련의 작업들이 문제가 없었는지, 개발품이 지속적으로 처음과 같은 품질을 유지할 수 있는지에 대한 중요한 점검이 이루어진다. 왜냐하면 많은 금전적 액수가 이 시점을 기준으로 투자되므로 투자 전에 반드시 재정적 검토와 시장 예측이 주의 깊게 검토되어야 한다.

(6) 단계 5 : 초두 생산(Production Ramp-up) 단계(시양산 단계)

① 준비된 생산시스템에 의해서 제품의 생산 및 조립이 이루어지는 단계이다. 대부분 생산의 수율과 품질 문제를 겪으면서 학습곡선을 따라가게 된다. 생산 초기에 제품들은 선택된 우호적 고객에게 의뢰해서 사용상의 다른 문제점이 없는지 세밀하게 검토받기도 한다.

② 일반적으로 생산은 점차 증가하여 완전한 본생산 단계에 이르면 제품을 출시하고 일반 대리점 등 공급선을 위한 생산에 들어간다.

③ 주요 제품들은 대중매체를 통하여 발표하고 고객 유치를 위한 광고도 한다. 제품 출시 후 6개월에서 12개월 사이에 제품에 대한 최종 검토가 이루어진다. 가장 최근의 판매에 대한 회계자료, 제조원가, 이익, 개발비용, 그리고 기간 등에 대한 사항을 재검토한다.

④ 주요 관점은 제품 개발과정의 강점과 약점이 무엇인지 검토하여 다음 제품 개발팀이 더욱 개선되도록 하는 데 있다.

2. 로봇 개발 절차

(1) 개발 기획 단계

로봇을 상품화된 제품으로 기획하는 데 있어서 그 목표는 고객의 니즈를 명확히 파악하여 시장성과 가격, 편의성, 그리고 기능, 성능, 신뢰성을 포함한 제품 품질을 만족시킴으로써 타사의 제품과 대비하여 제품 경쟁력을 확보하는 것이다.

① 시장 조사를 통한 시장환경 및 매출 계획

② 고객 니즈 체계 및 니즈 충족 방안

③ 제품 콘셉트 및 세일즈 포인트

④ 제품 개발 방향 정립, 개발 제품의 레이아웃 및 이미지

⑤ 개발 제품의 사양과 성능 목표

⑥ 원가 계획, 일정 계획, 개발 인력 및 개발비 투입 계획

⑦ 제품 개발계획서 및 시행품의서

(2) 개념 설계 단계

① 기구 설계 목표 정의 및 설계 개념 정립

  ㉠ 로봇은 용도에 따라서 구조 및 설계가 달라지므로 로봇의 주용도를 결정하고 그 사용 목적 및 환경, 시장 여건 및 응용시스템의 기술적 여건 등을 고려한 주요 요구사항을 검토한다.

  ㉡ 로봇기구의 전체 기본 구조를 정하고 각 축의 구성 및 축 구동을 위한 동력전달 구조 등의 기구 설계 목표를 정하고 설계 개념을 정립한다.

② 기구 설계 사양 검토 및 설계시방서 작성

  ㉠ 로봇의 주요 설계 사양은 가반하중(Payload), 최대 속도(Max Speed), 위치 반복 정밀도(Pose Repeatability), 작업영역(Work Space) 등이다.

  ㉡ 이 설계 사양은 설계 개념에 부합되도록 해야 하며, 설계시방서는 사용자의 요구 사항, 가격, 성능, 기술적 문제점 등을 고려하여 작성되어야 한다.

③ 개념 설계 평가

  ㉠ 설계 개념과 설계시방이 수평 다관절 로봇의 용도, 사용환경, 시장 여건 등에 부합하며, 기술적 타당성, 기술적 추이에 적합한가를 평가한다.

  ㉡ 평가 후에 원래의 설계 목표와 상이한 부분이 발생하면, 신중히 검토하여 관련 부분을 수정·보완하여 설계 사양을 준수하도록 한다.

(3) 기본 설계 단계

① 개략적인 관절 구성과 운동학적 해석 및 평가 : 로봇의 형태 및 요구자유도와 부합하도록 개략적으로 관절을 구성한다. 관절 구성에 따라 작업영역, 관절의 속도, 가속도, 최대 속도 등 운동학적 해석을 하여 설계시방을 만족하는지 평가하며, 요구조건을 만족하도록 관절을 구성한다.

② **개략적인 구조 설계** : 운동학적 요구조건을 만족하도록 관절이 구성되면, 모터의 배치, 모터의 종류 및 용량 가선정, 동력전달기구 및 방법 등 결정, 감속기의 종류와 감속비 및 용량 가선정, 로봇 암의 크기 가선정, 배선 구조 등을 개략적으로 설계한다.

③ **질량 특성(Mass Property) 계산** : 개략 구조 설계된 로봇에 대하여 CAD 툴을 이용하여 솔리드모델링을 수행하고 로봇 암의 질량 및 각 관절에 부가되는 관성 모멘트를 구한다.

④ **동역학적 해석** : 각 관절에 부가되는 반력과 소요토크를 계산하기 위하여 듀티 사이클(Duty Cycle)을 사용조건과 유사하게 정한다. 계산된 질량 특성과 듀티 사이클을 로봇모델에 입력하고 각 관절의 운동조건, 구속조건 등을 정하고 동역학 해석 패키지를 이용하여 각 관절의 소요토크와 하중조건을 구한다.

⑤ **역학 해석**
　㉠ 설계된 로봇 암 및 베이스들의 구조물에 대해서는 구조 해석 패키지를 통해 구조 해석을 수행하여 구조물의 응력이 소재의 인장강도를 고려한 설계 기준치를 만족하는지 검증한다.
　㉡ 설계 기준치를 만족하지 못할 시에는 두께 보강을 통해 기준치를 만족할 때까지 구조 해석 업무를 수행한다.

⑥ **주요 부품 선정** : 계산된 질량 특성과 동역학 해석 결과를 이용하여 주요 부품을 선정한다. 즉, 부하관성과 소요토크를 고려하여 모터와 감속기를 선정한다.

⑦ **기본 설계 평가** : 기본 설계 시에는 기본 구조도가 작성되고 주요 부품이 선정되므로, 기본 설계된 로봇의 시방이 설계시방에 만족하는지 평가하고 선정된 주요 부품의 용량과 특성이 적합한 것인지를 검토하여 평가를 완료하고 기본 조립도를 완성한다.

(4) 상세 설계 단계

① **세부 부품 설계 및 설계 계산** : 각 관절의 전달토크와 반력 및 크기 등을 고려하여 베어링, 볼트 등의 기계요소 부품을 설계한다.

② **상세 구조 설계 및 부품도 작성** : 상세 설계 시에는 기본 설계에서 선정한 주요 부품과 기계요소 설계를 기준으로 가공성, 조립성, 제조원가 등을 충분히 고려하여 상세 조립도 및 부품도를 작성한다.

③ **동역학 해석** : 상세 구소 설계된 로봇에 대하여 실량 특성을 구하고 로봇모델에 입력하여 각 관절의 운동조건, 구속조건 등을 정하고 역학 해석을 다시 한다. 각 관절의 토크와 하중조건을 구하고 선정된 주요 부품의 용량과 특성을 재검토한다.

④ **구조 역학 해석** : 설계된 로봇 구조물의 FEM 해석을 통해 암과 베이스를 포함한 각 부위의 응력 해석과 암의 처짐량을 재검토하고, 암의 고유 진동수가 구동부의 가진 진동수 영역에 있는 것인지를 검토하여 감속기의 고유 진동수와 비교한다.

⑤ **상세 설계 평가** : 설계된 시방이 목표시방을 만족하는지, 주요 부품의 용량과 특성이 적합한지를 비롯하여 제작성, 배선의 용이성, 처짐량, 진동 특성을 종합적으로 평가한다. 평가 시에는 설계 계산서를 포함한 기술자료와 조립도 및 부품도를 준비하여 면밀한 기술 검토를 수행한다.

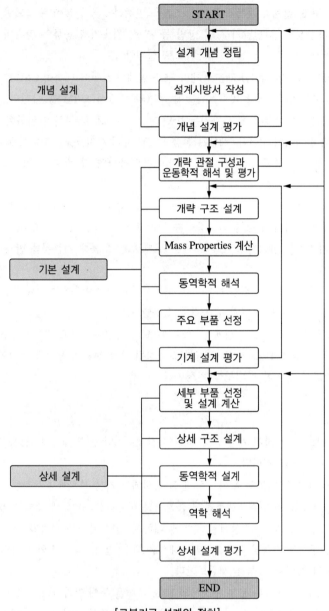

[로봇기구 설계의 절차]

제4장 로봇시스템 사양 설계

1. 시스템 요구사항 분석

(1) 산업용 로봇시스템의 기본 구조

산업용 로봇의 기본 구성 부품은 머니퓰레이터, 말단장치, 동력공급장치와 제어기이다.

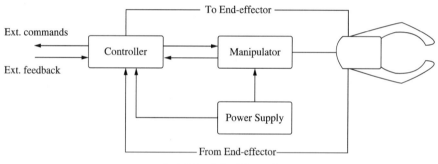

[로봇시스템의 기본 구조]

① 머니퓰레이터

  ㉠ 로봇의 팔인 머니퓰레이터는 로봇이 작업을 할 수 있도록 여러 가지 방향으로 동작이 가능한 축과 이에 연결된 관절들로 이루어져 있다.

  ㉡ 머니퓰레이터는 인간의 팔과 유사한 동작을 제공하는 기계적인 장치이다. 주요 기능은 팔 끝에서 공구가 원하는 작업을 할 수 있도록 특별한 로봇의 동작을 제공하는 것이다.

  ㉢ 로봇의 움직임은 일반적으로 팔과 몸체(어깨와 팔꿈치) 운동, 손목 관절 운동의 두 가지 종류로 나눌 수 있다. 이러한 두 가지 동작과 연관된 각각의 관절 운동은 자유도로서 정의된다. 각 축은 1개의 자유도와 같다.

  ㉣ 전형적으로 산업용 로봇은 4~6개의 자유도를 갖는다. 손목 관절은 세 가지 운동, 즉 피치(Pitch), 요(Yaw), 롤(Roll) 운동에 의해 특정한 방위를 갖고서 공간에 위치할 수 있다. 피치, 요와 롤의 관절들은 방위좌표축이라고 불린다.

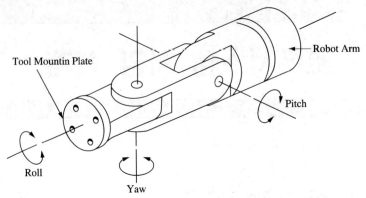

[로봇의 손목과 관련된 3자유도]

ⓜ 머니퓰레이터는 물리적으로 작업을 수행하는 로봇의 일부분이다. 머니퓰레이터가 구부리고, 미끄러지고, 회전하는 점들은 관절 또는 위치좌표축으로 불린다.

ⓗ 머니퓰레이터는 링크, 기어, 액추에이터와 피드백기구와 같은 기계적 장치를 사용함으로써 실행된다. 기준좌표계는 절대적인 기준좌표계로서 머니퓰레이터 내에 고정된 위치로서 인식된다.

② 말단장치

ⓐ 말단장치는 그리퍼(Gripper), 공구, 특별한 장치 등과 같이 로봇의 팔에 부착된 고정물이며 실질적인 작업을 수행한다.

ⓑ 공구 또는 장치가 로봇의 기계적 팔에 부착되면 로봇은 생산기계가 될 수 있다.

ⓒ 일반적으로 말단장치(End-effector)나 EOAT(End-Of-Arm-Tooling)이라는 용어가 사용된다.

ⓓ 기계적으로 열리고 닫히는 장치라면 그리퍼라 불리고, 로봇과 유사하게 공구 또는 특별한 부착물이라면 공정 공구라고 불린다.

③ 동력공급장치

ⓐ 동력공급장치는 로봇 액추에이터에 의하여 운동으로 변환되는데 필요한 에너지를 공급하고 조절하는 장치이다.

ⓑ 기본적인 동력 공급원은 전기, 유압, 공압이다. 전기는 동력의 가장 일반적인 근원이고, 산업용 로봇에 가장 널리 사용된다. 그 다음으로는 공압 동력이고, 그 다음은 유압 동력이다.

ⓒ 동력 공급은 로봇의 정격 적재 하중과 직접적으로 관계가 있다. 에너지원, 액추에이터와 제어기들은 그들의 고유한 특성, 장점과 한계들을 가지고 있다.

④ 제어기(Controller)

ⓐ 제어기는 로봇의 운동과 시퀀스들을 제어하며 감독하는 역할을 한다. 또한 로봇에서 필요한 입력을 받아 외부 인터페이스로 출력을 보내는 역할도 한다.

ⓑ 제어기는 로봇의 운동과 시퀀스를 총괄하는 통신과 정보처리장치이다. 제어기는 필요한 입력들을 받아 로봇의 실제 움직임과 원하는 움직임이 일치하도록 제어모터 또는 액추에이터에 출력 구동신호들을 준다.

(2) 개발 유효성 검토

① 제품 설계과정에서 고려해야 할 사항들

　㉠ 기능과 성능

- 어떤 로봇은 같은 성능을 내면서도 회전 운동, 왕복 운동의 기능을 가지고 있다.
- 설계 변수는 기계적, 공압적, 유압적, 전기적 시스템, 음향적, 자기적, 광학적, 열적 성질 등을 규정하는 것이 주요 기능과 성능이다.
- 1차적인 기능과 관련된 2차적인 기능도 고려해야 하고, 비현실적인 성능 사양은 제품의 비용 증가를 초래한다.

　㉡ 제품의 비용

- 기업의 마케팅 부서에서 경쟁사 제품을 벤치마킹하여 목표치를 정하는 것도 포함된다.
- 비용 절감 전략은 제품 구현과정의 모든 단계에서 채택되어야 하고, 동시 공학방법과 제조를 고려한 설계 규약을 적용하여 비용을 절감할 수 있어야 한다.

　㉢ 납기일

- 고객에게 초도품이 납품되어야 하는 일자는 기업이 제품을 개발하는 데 사용할 수 있는 시간에 큰 영향을 미친다. 뿐만 아니라 생산하는 데 사용되는 제조 공정의 방식에도 영향을 미친다.
- 만약 짧은 시간 안에 제품을 납품해야 한다면 제품에 대한 자세한 해석을 설계 단계에서 할 시간은 거의 없고, 주조나 단조보다는 용접이나 기계가공과 같은 짧은 리드 타임을 갖는 제조 공정으로 생산되어야 한다.
- 제품 구현과정에 대한 일정은 고객에게 제품이 늦게 납품되는 것을 방지하기 위해서 기업 내의 모든 부서와 합의되어야 하는 것도 중요하다.

　㉣ 수 량

- 시작품, 시양산품의 규모, 일별 생산 규모 등은 공정 계획과 제조 공정의 선택에 큰 영향을 미친다.
- 한 회당 생산량 크기가 작다면 범용의 공작기계와 공정을 이용하여 표준재료로 부품을 생산하게 되고, 대량의 제품을 생산하려면 특수한 장치를 사용하거나 전용기기를 사용하여야 한다.

　㉤ 환경문제

- 사회와 환경에 대한 제품의 영향이 최근에 매우 중요하다고 인식되고 있다.
- 지구의 천연자원을 이용한 점은 시장에서의 성공요소로서도 작용되고, 한편으로는 큰 규제의 대상이 되어서 이를 만족시키지 않으면 제품을 팔 수 없는 위협적 요소가 되기도 한다.

　㉥ 안전문제

- 안전이 사람, 시설 그리고 자산에 영향을 미치기 때문에 설계자는 제품과 관련된 위험을 충분히 고려해야 한다.
- 제품의 전 수명주기에 있어서 잠재적 위험을 미리 알고, 대처하는 것은 설계자의 책임이다.
- 대부분의 사고가 제품의 결함으로부터 기인하는 것이 아니라 제품을 잘못 사용하는 것에 기인한다는 것을 이해하는 것이 중요하다.
- 위험은 다양한 형태로 추정이 되는데, 개념 설계 단계에서는 이것이 충분히 고려되지 못할 수도 있다. 그러나 제품을 재설계하거나 개량할 때 이러한 위험은 보다 구체화될 수 있으며 이를 필수적으로 해결해야 한다.

- 위험을 제거하는 3가지 방법
  - 제품으로부터 위험을 완벽하게 제거한다. 이것은 개념 설계 단계에서 대안이 되는 작업 원칙을 선정함으로써 가장 쉽게 달성 가능하다.
  - 설계를 통해 제거되지 않는 위험은 보호장치를 하거나 사용자로부터 격리시켜야 한다.
  - 위험한 제품은 경고문을 표시하고 안전운전에 대한 지침을 제공한다.

ⓐ 품 질
- 품질은 고객이 수용할 만한 가격으로 고객의 요구조건을 만족시키는 제품의 능력이다. 고객과 제조사 사이에 제조자가 고객의 요구조건을 이해할 수 있는 효과적인 의사소통이 되어야 하고, 이렇게 함으로써 일반적으로 제품이 고객에게 잘 받아들여지는 것을 보장하며 그 제품의 시장성을 개선한다.
- 로봇의 품질 변수는 매우 중요하다. 로봇의 가격에 비해서 고객이 로봇에 투자하여 얻는 이익은 매우 크다. 따라서 조금 비싼 로봇을 사더라도 품질이 보장된 제품을 구매하는 것은 당연하다. 또 동일한 품질의 제품이라도 브랜드 가치가 높은 제품을 선호한다.
- 품질문제를 해결하는 가장 저렴한 방법은 그 문제의 근본 원인을 제거하는 것이다.
- 품질은 제품 구현과정의 설계 및 제조 단계에서 동시에 구현되어야 한다. 만약 회사 내에서 품질문제를 잡지 못한다면, 저질 제품을 만드는 회사는 브랜드 가치 하락과 함께 막대한 비용을 감수해야만 한다. 즉 회수된 제품의 고장을 수리하는 데 필요한 보증비용이나 복구하기 어려운 고객의 신뢰문제를 들 수 있다.

ⓞ 에너지 소비
- 에너지의 효율적 사용을 위한 3가지 원칙
  - 에너지 소모의 모든 원인을 제거하라.
  - 에너지 손실의 모든 원인을 격리하라.
  - 제품의 효율을 향상시켜라.

ⓩ 신뢰성 변수
- 신뢰성의 정의는 제품이 정해진 운전조건하에서 의도된 기능을 수행할 확률이다. 신뢰성 변수는 품질 변수와 밀접한 관계가 있어서 높은 품질의 제품이 높은 신뢰성을 갖는 제품이 된다.
- 의도된 기능과 정해진 운전조건은 설계 사양에 포괄적으로 포함되어 있어야 한다. 이 사양서에는 제품이 주어진 조건하에서 정해진 시간 동안 연속적으로 작동해야 하는지, 아니면 빈도대로 불연속적으로 작동해야 하는지 등 로봇 제품의 가동에 따른 허용한도도 포함되어 있어야 한다.
- 신뢰성의 요구조건은 보통 고객에 의해 좌우되지만 신뢰성을 달성하는 것은 사용되는 제품 설계와 제조 공정에 의존한다. 제품이 확실하게 작동하려면 모든 부품이 그 설계 사양에 맞게 제조되고 작동되어야 한다. 설계와 제조 공정에 좌우되는 모든 것은 세부적으로 신중히 검토되어야 한다.

ⓩ 유지보수성
- 유지보수의 요구조건은 제품이 설계 단계 초기부터 고려되어야 한다. 대표적으로 베어링 윤활, 부품의 청소, 볼트 예압, 감속기 윤활, 케이블, 실 재료, 벨트류, 그리고 마모된 부품 교체 등이 포함된다.
- 제품과 유지보수 과정의 성격에 따라서 이러한 작업은 고객, 제조사, 독립된 서비스 업체에 의한 3가지 방법으로 수행된다. 각각의 방법은 제품의 개발 초기에 서로 다른 구속조건을 제공하므로 미리 고려되어야 한다.

- 전체 수명주기에 걸쳐서 보면, 반도체용 로봇과 같이 장기간에 높은 신뢰성이 요구되는 로봇은 초기 비용보다는 유지보수가 더 큰 경우도 있다.
- 제품의 유지보수를 위한 대표적인 설계지침
  - 유지보수를 가능한 한 빨리 그리고 쉽게 할 수 있도록 하라.
  - 유지보수가 필요한 부품을 피하라.
  - 작업해야 하는 영역으로 접근이 쉽게 하라.
  - 유지보수를 위해 제품을 조립하고 분해하는 방법이 단 하나만 존재하도록 하라.
  - 가능하면 일반 공구를 사용하는 체결요소를 사용하라.
  - 유지보수작업에 최소의 인원이 작업하게 하라.
  - 부품의 교체가 쉬워야 한다.
  - 가능히면 지기조정되는 부품을 사용하라. 조징작입은 쉬워야 한다.
  - 적절한 곳에 감지장치나 계기를 부착하라.
  - 복잡한 제품의 경우 고장을 발견하기 위한 인공지능기법을 사용하라.
  - 유지보수를 수행하기 위해 필요한 학습의 양을 최소화하라.

㉠ 크기 변수
- 로봇 또는 로봇시스템은 운송이 가능한 크기가 되어야 한다. 특히, LCD용 로봇장비는 매우 커서 일반 트럭에 실지 못하는 경우도 생긴다. 또 공장의 장비 출입구의 크기를 항상 염두에 두어야 한다.
- 경제적인 면을 고려하더라도 제품의 크기는 그것이 특정한 등급의 구속조건 내에 있어야 하고, 가능하면 작아져야 하는 것이 좋다. 크기 구속조건은 그것이 중요한 관심사가 아닌 경우에도 설계과정에서 개략적으로 그 목표치를 제시해야 한다. 특정한 공간 구속조건이 있을 때 크기는 주의 깊게 고려되어야 하는 것이 원칙이다.

㉡ 중량 변수 : 일반적으로 비용은 제품의 중량이나 그것을 구성하는 재료의 용적에 비례하기 때문에 경제적인 이유에서 중량이 제한된다. 제품의 중량은 제조, 취급, 수송, 운전비용, 성능, 에너지 소모 등과 같은 여러 가지 제품 개발활동에 영향을 준다. 또 무거운 제품에는 기중기에 달릴 수 있는 부착부가 꼭 필요하므로 이를 주의하여 빠뜨리지 말아야 한다.

㉢ 심미성 변수
- 제품이 고객의 마음에 들도록 하는 특성과 관련되어 있는 요소이다. 구체적으로는 시각적 매력, 표면 조직, 색채, 냄새 등을 들 수 있다. 로봇은 보기에 안정된 느낌, 신뢰감을 주는 느낌 등이 중요하다.
- 심미성이란 고객, 설계 경향 그리고 경쟁사 제품에 초점을 맞춘 마케팅에 바탕을 둔 정성적 설계 변수이다. 심미성의 평가 기준은 주로 연령층, 문화, 사용처의 특징 등이 중요하게 적용된다.

㉣ 주변 환경조건
- 온도, 습도, 화학물질, 대기 품질, 미립자, 방사선, 그리고 그 외의 많은 환경조건이 로봇 제품에 영향을 미치고 있으며, 이를 설계에 반영해야 한다.
- 특별히 주변 환경이 중요한 경우를 보면 반도체, LCD 제조 공정과 같이 매우 청결한 환경에서 사용되는 경우와 화학 페인트를 다루는 도장 공정, 음식물가공 공정, 열간 단조 공장에 이송용으로 사용되는 경우 등 특별한 환경이 많고 이들을 고려한 설계가 되어야 한다.

㉮ 포장과 운송 변수 : 제품이 제조 후에 창고로 옮겨지는데 그곳의 환경이 제품 설계에 여러 영향을 줄 수 있다. 대형 로봇은 나무 상자가 필요할 수 있으며, 매우 큰 제품은 선적되기 전에 분해하여 운송하고 도착지의 고객에게 가서 다시 조립되는 경우도 있다.

㉯ 인간요소 : 인간의 요소는 제품과 그 사용자 사이의 인터페이스에 관심을 갖는 설계 변수이다. 운전자와 기계 사이의 상호작용과 관련된 일을 이해하려면 경고음, 점멸등, 화면 지시기 또는 출력장치, 티치 펜던트 등이 필요하다.

㉰ 사용 수명 변수 : 사용 수명은 설계 사양대로 정상조건하에 운전되는 제품의 수명을 의미하며, 설계 전략, 운전원리, 재료 또는 부품의 선택 그리고 공차와 표면 마무리와 같은 제조 고려사항 등에 영향을 미친다. 제품의 모든 부품이 같은 수명을 가질 필요는 없으며, 어떤 부품의 경우 다른 것보다 먼저 교체될 필요가 있을 수도 있다.

② 기업 차원에서 고려해야 할 사항들

㉠ 비용 : 제품비용의 의미를 이해하고 이것이 제품의 가격과 어떤 관계를 갖느냐가 중요하다. 비용과 가격은 확연히 다른 개념이다.

- 제품의 비용은 재료비, 부품비, 제조 및 조립의 비용을 포함한다. 또 제품 1개를 만드는 제조비용을 결정하기 위해서는 공장 및 설비의 감가상각비용, 공구비용, 개발비용, 재고비용, 보험비용 등 회계 상의 간접비용도 포함되어야 한다.
- 가격은 고객이 제품 구매를 위해 기꺼이 지불할 수 있는 금액이다. 가격과 비용의 차이가 바로 제품 개당 이익이라고 정의한다.
- 가치는 고객의 만족도와 제품 가격과의 차이이다. 고객 만족도가 높은 제품은 제품의 가격을 높여도 가치가 유지된다. 따라서 기업이 원하는 이익은 증가될 수 있다. 여기서 제품의 성격에 따라서 다른 전략이 필요하다.

㉡ 제품과 생산주기

- 제품의 수명주기 : 모든 제품은 도입기 성장기, 안정기, 그리고 최종적으로 쇠퇴기에 이르는 생명주기를 가진다. 신제품이 시장에 나올 때마다 고난과 불확실성이 존재하므로 이러한 생명주기를 이해하는 것이 필요하다.
  - 도입기
    ⓐ 제품은 낯설고 고객의 수용 정도도 낮고 판매도 저조하다.
    ⓑ 제품 생명주기의 초기 단계에서는 관리 차원에서 고객이 제품을 받아들일 수 있도록 성능과 제품의 희귀성을 강조하면서 동시에 제품 변화의 속도도 빠르게 가져간다.
    ⓒ 생산량도 제한적이고 운영비용도 높고, 유연 생산과정이 적용되나 제조원가가 높다.
  - 성장기
    ⓐ 제품 관련 경험을 바탕으로 지속적인 고객의 증가로 판매가 가속화된다.
    ⓑ 고객주문형 상품에서 고객의 수요에 따라 조금씩 다른 주변 액세서리를 만드는 것은 중요한 점이다.
    ⓒ 제품이 이미 시장에 퍼져 있고 판매도 안정적이며, 전반적인 경기에 따라 같은 비율로 판매가 성장한다. 제품이 이 단계에 이르면 새로운 적용처나 새로운 제품의 특징을 추가함으로써 제품에 새로운 활력을 불어 넣어야 한다.

- 성숙기
  ⓐ 일반적으로 시장에서 상당한 경쟁에 부딪치게 되어 전반적인 비용을 낮추는 것이 중요한 시기이다.
  ⓑ 제품 시장의 성숙 단계로 넘어가면 더욱 자동화되어 더 많은 양을 생산하게 되므로 단위 제품 제조원가는 낮아진다.
  ⓒ 성숙기에서는 제한된 제품의 개선을 통하여 적절히 제품의 시용 기간을 연장하고 제조원가를 획기적으로 낮추어야 한다. 인건비를 낮추기 위해 외주가공을 도입하기도 한다.
- 쇠퇴기 : 어느 시점에서 제품은 쇠퇴기에 접어들고 사회적 수요를 만족하는 새롭고 우수한 제품이 시장에 진입하게 되어 판매는 줄어든다.

[제품의 수명주기]

• 제품 개발주기와 이익의 관계
 - 제품 개발주기와 이익의 관계를 살펴보면, 매우 개별적 세분화된 과정으로 구성되어 있는 것을 알 수 있다. 이러한 경우 시장 도입 전 단계와 도입 단계로 크게 나누어지는데 전자는 제품의 개념에서 시장 도입 단계까지 진행시키는 연구 및 개발과 시장 조사를 포함한다.
 - 제품을 고안하기 위해 필요한 투자도 이익의 관점에서 표현되어 있다. 이익과 시간 관계곡선을 따라 표시된 숫자는 제품 수명주기의 과정에 일치한다. 만약 제품 개발과정이 시장 진입 전에 끝났더라도 기업은 반드시 제품 개발비용을 부담하여야 한다.

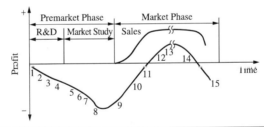

프리마켓 단계	시장 단계
1. 아이디어 생성	9. 제품 소개
2. 아이디어 평가	10. 시장 개발
3. 완화성 분석	11. 급성장
4. 기술 연구 개발	12. 경쟁시장
5. 제품(시장) 연구 개발	13. 성 숙
6. 예비 생산	14. 사 양
7. 시장 테스트	15. 포 기
8. 상업 생산	

[제품 개발주기와 이익의 관계]

- 기술 개발과 대체주기
  - 신기술의 개발은 제품 판매 증가 형태와 비슷한 S자 성장곡선을 따른다.
  - 초기 단계에서는 기술의 발전과정이 창의적 아이디어의 고갈로 인하여 한계에 이른다. 1개의 우수한 작은 아이디어가 여러 개의 좋은 아이디어를 양산하고 발전의 속도도 기하급수적으로 증가한다. 성과도 S자 곡선 아랫부분에서 급격히 증가한다. 이 기간에는 개인이나 작은 개별 그룹이 기술 개발의 방향에 결정적인 영향을 미친다.
  - 발전속도는 차츰 느려져서 거의 직선에 가깝게 되고, 이때는 기본 아이디어가 자리 잡고 기술 개발은 주요 아이디어 간의 빈 곳을 메우는 쪽으로 집중된다. 이 기간에 판촉활동이 활발히 이루어진다. 차별화된 설계, 시장 적용, 제조 등의 과정도 매우 빨리 진행되지만 완료되지는 못한다.
  - 시간이 갈수록 기술적 이슈는 줄어들고 기술적 개선은 차츰 더 어려워진다. 시장은 차츰 안정화되고 생산방법은 자리를 잡아서 생산비용을 줄이는 곳에 더 많은 자금이 투입된다. 사업은 자금에 더욱 의존하게 되어 과학기술의 전문성보다는 생산 노하우나 재정적 전문성이 더 중요해진다. 성숙된 기술은 성장속도가 느려지면서 점차적으로 한계점에 다다른다.
  - 한계점은 사회적 원인에 의해서 발생되기도 한다. 예를 들어 자동차의 법적 제한속도는 안전과 경제적 연비문제로 규제되고, 프로펠러 비행기의 속도가 음속을 넘지 못하는 것은 순수한 기술적 문제로 인한 제한이기도 하다.
  - 기술주도형의 기업이 성공하기 위해서는 회사 제품의 기반이 되는 핵심기술이 성숙되기 시작하고, 적극적 R&D 프로그램을 통하여 더 큰 가능성이 있는 차세대 기술로 갈아타야 한다. 이렇게 하기 위해서는 기술의 불연속을 어떻게 극복할 것인가와 기존 기술을 어떻게 신기술로 대체할 것인가를 잘 고려해야 한다.
  - 주의할 점은 기존의 사용하던 기술은 일반적으로 이익이 창출되어 극대화되기 전에 완숙되기 시작하므로, 어떤 경영진에게는 비용과 위험요소 등을 고려할 때 새로운 기술에 대한 투자를 꺼리게 되는 요인이 될 수도 있다.

[기술 개발주기의 형태]

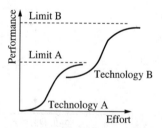

[1개의 기술 A가 다른 기술 B로 대체되는 과정]

2. 시스템 요구사항 분석하기

(1) 로봇 하드웨어 시스템의 기본 구조

① 로봇제어부의 구조 : 로봇제어부는 컨트롤러와 티치 펜던트로 구성되어 있다. 컨트롤러는 모션 컨트롤 기능을 수행하는 메인 모듈, 모터제어를 위한 서보 드라이브 모듈, 제어기 내 센서나 스위치와 같은 소자의

입출력을 담당하는 응용 모듈과 DC 전원장치(SMPS) 등으로 구성되어 각 모듈들은 PCB로 구현되며 래크(Rack)를 이용하여 조립된다.

㉠ 메인 모듈
- 메인 모듈은 로봇의 동작에 대한 연산과 제어를 하며 시리얼 통신, CAN(Controller Area Network), 이더넷과 같은 다양한 통신 인터페이스 기능을 내장하고 있다.
- 이러한 통신 인터페이스를 이용하여 다른 모듈들 및 티치 펜던트와 접속하게 된다. 또 제어기 조정, 로봇 동작 티칭 등과 같은 로봇의 동작은 티치 펜던트를 통하여 관리된다.

㉡ 응용 모듈 : 비상 정지 스위치, 리밋 스위치, 안전가드 등과 같은 로봇의 안전을 담당하는 스위치 입력을 받거나 상위 시스템 간의 통신을 하거나 로봇의 구동에 필요한 전원을 통제하는 기능을 한다.

㉢ 서보 드라이브 모듈 : 서보 드라이브 모듈은 메인 모듈로부터 받은 위치 지령에 의하여 6축 모터에 대한 동작제어를 수행하며, 인코더신호를 처리하고, 구동장치를 위한 PWM(신호의 진폭에 따라 펄스폭을 변화시키는 변조 방식)신호를 만드는 기능을 한다.

㉣ DC 전원장치 : DC 전원장치는 제어기 내의 모든 DC 전원을 공급한다. AC 전원을 입력하여 여러 종류의 안정된 DC 전압을 출력하여 제어기 내의 여러 보드, 구동장치, 시스템 입출력장치, 티치 펜던트 등에 공급한다.

㉤ 티치 펜던트 : 제어기와 이더넷의 통신을 수행하며, 다음과 같은 기능들을 사용자가 직접 조작할 수 있도록 한다. 또 티치 펜던트는 사용자의 안전을 위하여 비상 정지 스위치 등을 장착하고 있다.
- 모니터링 : 작업 프로그램, 각 축 데이터, 입출력신호, 로봇 상태 등
- 이력 관리 : 시스템 버전, 가동시간, 에러 이력, 정지 이력 등
- 파일 관리 : 버전 및 티칭 프로그램 업로드, 다운로드
- 각종 변수 설정 : 사용자 환경, 제어, 로봇, 응용 등
- 로봇 티칭 : 조그 및 티칭프로그램 등록
- 로봇 조작 : 모터 온, 스타트, 스톱, 모드 설정

② **로봇기구부의 구조** : 로봇기구부는 링크와 조인트, 말단장치(End-effector) 등으로 구성되어 있다.

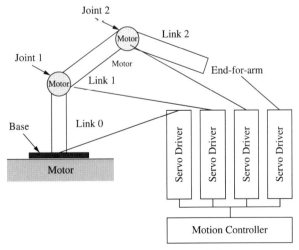

[로봇기구부의 기본 구성도]

ⓐ 링크 : 로봇의 형상에 따라 다양한 형태가 있으며 철강, 알루미늄, 두랄루민 등의 소재를 이용하여 제작한다.

ⓑ 조인트
- 조인트는 링크와 링크를 연결하는 부품으로서, 직교좌표 로봇에 주로 사용되는 리니어모터와 스카라 로봇이나 다관절 로봇에 주로 사용되는 서보모터가 있다.
- 리니어모터는 마그네트와 모터 코어, 리니어 인코더, 리니어 스케일 등으로 구성되어 있으며, 서보모터는 BLDS 모터 코어, 인코더, 하모닉 드라이브, 브레이크, 토크센서 등으로 구성되어 있다.

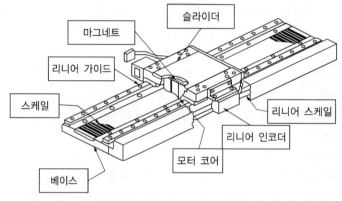

[리니어모터의 기본 구조]

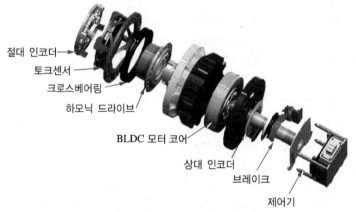

[인코더 일체형 서보모터의 기본 구조]

ⓒ 말단장치 : 말단장치는 로봇시스템이 요구사항에 적합한 작업을 할 수 있도록 다양한 형태로 만들어진다. 주로 많이 사용되는 것으로는 공압 흡착 패드, 그리퍼, 페인팅용 스프레이건, 용접건, 전동공구 등이 있다.

(2) 상용 로봇 하드웨어 시스템의 사양 분석

① 상용 로봇 하드웨어 시스템의 제어기 사양 분석 : 로봇의 작업환경 및 사용자 환경에 따른 로봇 요구사항 분석 결과에 따라 결정된 로봇기구부에 적합한 제어기 사양을 정의하여야 한다. 사용 로봇시스템을 구매한 후 제어기의 특성에 대해 분석하여 자사의 로봇 사양을 결정하는 것이 가장 좋은 방법이다.

② 기성품 구매 후 제어기 구성 : 일반적으로 제어기의 각 모듈들은 기성품으로 판매되거나 제조사에서 A/S용으로 제공하고 있다. 따라서 이러한 상용 모듈들을 이용하여 제어기를 설계 및 구현할 수 있다. 각 모듈들을 설계 제작할 시 부품 배치도나 설계도 등을 참조한다.

02 | 시스템 요구사항의 유효성 파악하기

1. 액추에이터 요구사항의 유효성 파악

(1) 전기를 이용한 구동장치

모터는 전기적인 에너지를 기계적인 에너지로 변환하는 장치로, 전동기라고도 한다. 전동기는 교류모터에 주로 사용하는 용어이다.

[모터의 종류]

구 분		특 징	모터 종류
직류 모터	코어리스모터	• 고정자에 영구자석 사용 • 회전자에 철심 넣지 않은 소형	• 원통형(Cap형), 원판형(디스크형)
	브러시리스모터	• 회전자에 영구자석 삽입 • 브러시 없는 소형 정밀모터	• 내부 회전자형, 외부 회전자형
	마이크로모터	• 고정자에 영구자석을 사용한 초소형 정밀모터	• FG, TG 방식, 전자거버너 방식
	스테핑모터	• 회전자를 스텝상으로 회전	• PM형, VR형, 하이브리드형
	직류서보모터	• 제어용 모터로 특수하게 구성 • 평활 전기자 구조	• 슬롯 부착형, 슬로트리스형
교류 모터	동기모터	• 반작용 토크 이용 및 회전자에 히스테리시스 재료를 사용하여 히스테리시스 토크를 이용 • 영구자석 및 다극의 유도자를 회전자가 지닌 소형 정밀모터	• 반작용형, 히스테리시스형, 인덕터형
	유도모터	• 유도전류에 기준한 유도토크를 이용한 소형 정밀모터	• 단상형, 콘덴서 시동형, 2상 농형, 3상 농형, 리니어모터

① 직류모터

㉠ 직류모터의 구조

- 직류모터란 직류(DC)에 의하여 동작되는 모든 회전기계이다. 대개의 경우 직류모터 및 직류 발전기와 함께 직류 회전기를 뜻한다.
- 전기자의 3요소
  - 계자 : 자속을 생성시켜 회전기의 동작에 필요한 자기장을 생성시킨다.
  - 전기자 : 자기장회로를 만드는 철심과 기전력을 유도한다.
  - 정류자 : AC를 DC로 전환하며, 전기자와 함께 하나의 회전자에 일체형으로 구성되어 있다.
- 전류는 정류자와 접속되는 브러시를 통해 전달된다.

• 브러시 : 전동기의 회전자에 전력을 공급해 주기 위해 이용되는 장치로서, 정류자와의 접촉저항이 적당해야 한다. 일반적으로 흑연 브러시가 많이 사용된다. 유도된 교류 기전력을 직류로 전환해 주는 정류자 및 브러시와 계자를 지지해 주는 계철 등으로 구성되어 있다.

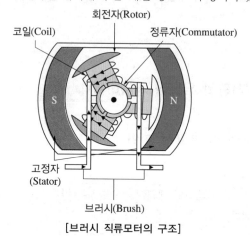

[브러시 직류모터의 구조]

ⓒ 직류모터의 동작원리

• 직류모터는 플레밍의 왼손 법칙에 따라 전자기장의 에너지를 운동에너지로 변환해 주는 기계로, 전기자가 축을 중심으로 회전운동을 하는 일반적인 모터와 직선으로 움직이는 리니어(Linear)모터가 있다.

• 직류모터는 외측에 고정되어 있는 계자(코일이나 영구자석)와 내측에서 회전하는 전기자, 전기자에 일정한 방향의 전류를 공급하여 회전력을 유지하는 정류자로 나눈다.

• 직류모터에서는 회전자를 전기자라고도 하며, 고정자를 계자라고도 한다.

• 직류모터의 동작원리는 플레밍의 왼손 법칙을 따른다. 전자기장 내에서 전류의 방향, 자기장의 방향, 힘의 방향이 서로 직교하는 것으로 엄지를 힘의 방향, 검지(둘째 손가락)를 자계의 방향, 왼손의 중지(가운데 손가락)를 전류의 방향으로 나타낸다. 따라서 3가지 방향 중에서 2가지를 알면 나머지의 방향을 쉽게 알 수 있다.

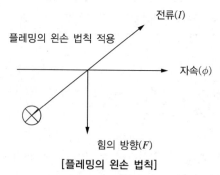

[플레밍의 왼손 법칙]

ⓒ 직류모터의 특성
- 장 점
  - 회전제어가 우수한 특성을 가지고 있고, 구동하는 방법이 간단하다.
  - 단순한 구조로 되어 있어 고장 등의 위험성이 작으며, 수리가 용이하다.
  - 시동토크와 부하에 대한 적응성이 크다(토크효율이 좋다).
  - 인가 전압에 대하여 회전 특성이 직선적으로 비례한다(속도제어가 용이하다).
  - 입력전류에 대하여 출력토크가 직선적으로 비례하며 출력효율이 양호하다.
  - 광범위한 속도제어가 용이하며 속도제어를 하는 경우에도 효율이 좋다.
  - 시동토크가 커서 가변속제어나 큰 시동토크가 요구되는 시스템에 사용된다.
  - 시동토크와 가속토크를 임의로 선택할 수 있어 토크효율이 좋다.
- 단 점
  - 정류자를 가진 구조이기 때문에 고속화나 고전압 입력의 경우, 제한이 있다.
  - 마찰로 습동음 등이 발생한다.
  - 스파크에 의한 접점 용착이 발생한다.
  - 교류모터보다 고가이다.
  - 정류 및 기계적 강도 때문에 고전압화, 고속화가 제한된다.
  - 불꽃이 생길 수 있어 통신 방해 노이즈가 생긴다.
  - 정류자와 브러시가 있기 때문에 정기적인 보수 점검이 필요하다.

② 교류모터

ⓐ 교류모터
- 유도모터 : 고정자 권선에 흐르는 교류전류에 의해 발생하는 회전 자기장과 회전자에 발생하는 유도 전류와의 상호작용에 의해 회전력이 발생한다.
- 동기모터 : 전원 주파수에 동기하여 회전하는 것으로 전원 주파수와 동기되었을 때, 비로소 안정된 회전 특성이 얻어진다. 동기모터의 속도가 전원 주파수에 완전하게 대응하므로 유도모터에서와 같은 슬립이 없다.

[교류모터의 종류]

교류모터		종 류	
유도모터	단상 유도모터	• 마이크로모터 • 콘덴서 기동형 모터 • 콘덴서 단상 유도모터 • 2값 콘덴서 단상 유도모터	
	3상 유도모터	• 농형 유도모터	• 보통 농형 유도모터 • 특수 농형 유도모터
		• 권선형 유도모터 • 영구자석형 동기모터	
동기모터		• 워렌모터 • 히스테리시스모터 • 리액턴스모터	

[교류모터의 용도별 종류 및 특징]

주용도	모터의 종류	특징
동력용	유도모터	• 연속 정격 운전 용이 • 오버런 30~40회전 • 부하에 의해 회전수 변화
	가역모터	• 30분 정격 운전 • 오버런 5~6회전 • 부하에 의해 회전수 변화
순간 정지	유도모터 + Brake Pack	• 오버런 0.5~1회전 • 부하 유지력 있음
	가역모터 + Brake Pack	
속도제어	속도조절모터	• 속도범위 : 90~1,400rpm(50Hz) • 속도범위 : 90~1,700rpm(60Hz) • 오버런 0.5~1회전
	속도서보모터	• 속도범위 : 30~3,000rpm • 저속에서 고속까지 Flat 토크 • 오버런 1회전 이하
고속, 고정도 위치결정	위치, 속도제어 (Closed Loop)	• 속도제어, 위치결정, 고분해능

ⓒ 교류모터의 원리와 구조

- 교류 소형 모터는 기본적으로 자계를 형성하는 고정자와 회전하는 회전자로 구성되어 있다. 유도모터의 원리를 설명하기 위한 아라고 원판(Arago's Disk)이라는 것이 있다.
- 알루미늄 원판의 주변을 따라 화살표 방향으로 영구자석을 움직이면 영구자석의 N, S극 사이에 있는 원판에 플레밍의 왼손 법칙에 의한 맴돌이전류가 흐른다.
- 이 전류는 자석의 N, S극 사이의 자장 내에서 흐르므로 알루미늄 원판의 전류가 흐르는 부분에는 플레밍의 왼손 법칙에 따라 자석의 이동 방향과 같은 방향의 힘(F)이 발생한다.
- 원판은 자석이 이동하는 방향으로 끌려서 회전하게 되며, 이와 같은 현상은 알루미늄 원통에서도 동일하게 나타난다.
- 자석을 회전시키면 원통 도체에는 전압이 유도되고 와류가 생기는 동시에 이 와류와 자속 사이에 힘이 작용한다. 이 힘에 의해 원통은 자석의 이동 방향에 따라 회전하게 된다. 이와 같은 원리에 의하여 회전하는 모터를 유도모터라고 한다.
- 실제 유도모터에서는 자석을 움직여서 회전 동력을 얻는 것이 아니라, 전기적인 방법에 의하여 회전 자장을 발생시켜 회전력을 얻게 한다.

[직류와 교류의 차이점]

비교 항목	DC 모터	AC 모터
모터의 구조	복잡한 편	간단한 편
전 류	브러시 정류자에 의한 유접점식	반도체 등에 의한 무접점식
수 명	짧 음	긺
보 수	브러시, 정류자의 보수 필요	보수 불필요
고속화	어려움	쉬 움
회전 변동	많 음	적 음
토크 변동	많 음	적 음
출력효율	좋 음	나 쁨

③ 서보모터

㉠ 서보모터는 주어진 신호에 따라 위치, 속도, 가속도 등의 제어가 용이한 모터로, 빈번하게 변화하는 위치나 속도에 신속하고 정확하게 추종할 수 있도록 설계된 모터이다.

㉡ 사람의 관절과 같은 부분에 서보모터를 사용하며, 경주용 자동차나 비행기 등의 방향 조정에도 사용한다. 특히, 360° 회전하는 직류모터와 달리 0~180° 또는 220° 정도의 범위 내에서만 움직이는 대신 원하는 각도에서 쉽게 멈출 수 있다.

㉢ 서보모터의 제어 방식은 폐회로(Closed Loop) 제어 방식을 사용한다. 즉, 모터에 회전 검출기(인코더)를 탑재하여 모터 축의 회전 위치, 회전속도를 드라이버로 피드백한다.

㉣ 드라이버는 컨트롤러에서의 펄스신호(위치 지령, 속도 지령)와 피드백신호(현재 위치, 속도)의 오차를 연산하고, 이 오차를 0이 되도록 모터 회전을 제어한다.

㉤ 서보모터 축의 삼각 홈(흰색으로 된 모터 축의 움푹 패인 곳)은 서보모터의 기준점(엉섬)을 나타낸다. 서보모터를 움직이기 위해서는 서보 칩이 필요하다.

㉥ 서보모터의 종류 및 특징

종 류	장 점	단 점
직류 서보모터	• 기동토크가 크다. • 크기에 비해 큰 토크 발생한다. • 효율이 높다. • 제어성이 좋다. • 속도제어범위가 넓다. • 비교적 가격이 싸다.	• 브러시 마찰로 기계적 손실이 크다. • 브러시의 보수가 필요하다. • 접촉부의 신뢰성이 떨어진다. • 정류에 한계가 있다. • 사용환경에 제한이 있다. • 방열이 나쁘다.
동기형 교류 서보모터	• 브러시가 없어 보수가 용이하다. • 내환경성이 좋다. • 정류에 한계가 없다. • 신뢰성이 높다. • 고속, 고토크 이용이 가능하다. • 방열이 좋다.	• 시스템이 복잡하고 고가이다. • 전기적 시정수가 크다. • 회전 검출기가 필요하다. • 2~3kW가 출력 한계이다.
유도기형 교류 서보모터	• 브러시가 없어 보수가 용이하다. • 내환경성이 좋다. • 정류에 한계가 없다. • 자석을 사용하지 않는다. • 고속, 고토크 이용이 가능하다.	• 시스템이 복합하고 고가이다. • 전기적 시정수가 크다. • 출력은 2~3kW 이히기 기의 없다.

• 직류서보모터

- 직류서보모터 고정자는 원통형의 프레임이 있고, 프레임 안에 영구자석이 있다.

- 회전자는 축이 있고, 축의 외경에 정류자 및 회전자 철심이 부착되어 있고, 회전자 철심 내부에는 전기자 권선이 감겨 있다.

- 정류자를 통하여 전기자 권선에 전류를 공급하는 브러시(Brush) 및 브러시 홀더가 부착되어 있다.

- 모터의 회전속도 및 위치를 검출하기 위한 검출기가 부착되어 있으며, 검출기로는 태코제너레이터가 많이 사용된다.

- 직류서보모터는 토크와 전류가 비례하여 선형제어계의 구성이 가능하여, 비교적 간단한 회로로 안정된 제어가 가능하다.

- 직류서보모터의 구동은 반도체 스위칭 소자를 이용한 펄스폭 변조 방식이 이용된다.

- 교류서보모터
  - 교류서보모터의 구조는 직류서보모터의 고정자와 회전자를 바꾸어 놓은 것과 같이 구성되어 있다.
  - 고정자의 구성은 원통형의 프레임과 축의 내경에 원통형의 고정자 코어가 있고, 코어에 전기자 권선이 감겨 있다.
  - 권선 끝단의 리드선을 통하여 전력이 공급된다. 회전자는 회전자 축과 그 외경에 영구자석이 붙어 있어 브러시가 없어도 전력 공급이 가능하다.
  - 기계적 구조가 간단하여 최대 속도가 높으며, 권선이 고정자에 있어 용량을 크게 할 수 있고, 밀폐형의 구조를 가져 열악한 환경에서도 신뢰성이 높다. 또 기계적 마찰이 없어 소음이 작고 보수가 용이하다.
- 서보모터의 특성
  - 서보모터는 회전 각도와 회전속도의 제어가 쉽다. 회전 각도는 모터의 이동량으로, 회전속도는 모터의 속도로 나타낸다.
  - 서보모터는 고분해능과 고정도의 위치결정이 가능하다. 모터의 분해능과 정지 정도는 인코더의 분해능으로 나타내며, 정지 상태에서는 약간의 미진동이 존재한다. 모터의 응답성, 즉 위치결정시간은 펄스열의 신호 입력시간과 정정시간의 합으로 나타내며, 서보모터는 위치결정시간이 짧아 우수한 성능을 나타낸다.
  - 위치결정시간 = 펄스(Pulse)열 신호 입력시간 + 정정시간

(2) 공유압을 이용한 구동 장치

① 공압, 유압의 특성

구 분	공 압	유 압
장 점	• 사용에너지를 쉽게 구할 수 있다. • 제어가 간단하고 취급이 용이하다. • 동력 전달이 간단하며 먼 거리 이송이 쉽다. • 환경오염의 우려가 없다. • 과부하에 대하여 안전하다. • 폭발과 인화의 위험이 없다. • 힘의 증폭이 용이하고 속도 조절이 간단하다.	• 소형 장치로 큰 출력을 얻을 수 있다. • 제어가 쉽고 조작이 간편하다. • 동력 전달 방법 및 기구가 간단하다. • 자동제어가 가능하다. • 원격제어가 가능하다. • 압력에 대한 출력의 응답이 빠르다. • 무단 변속이 가능하다. • 방청과 윤활이 자동적으로 이루어진다.
단 점	• 압축성 에너지이므로 위치제어성이 나쁘다. • 전기나 유압에 비하여 큰 힘을 낼 수 없다. • 압축성에 의해 응답성이 떨어진다. • 배기 소음이 발생한다. • 균일한 속도를 얻기 힘들다. • 기밀성 유지를 위해 먼지나 습기가 없는 압축 공기를 만들어야 한다.	• 고압에서 누유의 위험이 있다. • 온도의 변화에 따른 점도의 저하가 장치의 작동에 영향을 미쳐 액추에이터의 출력이 변할 수 있다. • 인화의 위험이 있다. • 전기회로에 비해 구성 작업이 어렵다. • 공기압보다 작동속도가 떨어진다.

② 공압, 유압 액추에이터의 특징

구 분	공압모터	유압모터
내 용	• 과부하 시 위험성이 없다. • 회전수, 토크를 자유로이 조절할 수 있다. • 폭발의 위험이 있는 곳에서도 사용할 수 있다. • 보수 유지가 비교적 쉽다. • 소음이 발생한다. • 유압에 비해 물, 열, 이물질에 민감하지 않다. • 압축성 때문에 제어성이 좋지 않고 에너지 변환효율이 낮다.	• 소형 경량으로서 큰 출력을 낼 수 있고 고속 차종에 적당하다. • 나사고정식 기계와 같이 최대 토크를 제한하려는 기계의 구동에 사용하면 편리하다. • 먼지나 공기가 침입하지 않도록 주의한다. • 화재 염려가 있는 곳에서는 사용을 주의한다. • 2개의 배관만 사용해도 되므로 내폭성이 우수하다.

2. 액추에이터 사양 설계하기

(1) 스테핑모터의 사양 선정

① 구동 기구부 결정 : 풀리를 정한 경우 지름을 알고, 볼나사를 선택한 경우 피치를 결정한다.

② 요구되는 성능 확인 : 요구되는 사양으로 분해능, 정지 정도, 사용 전압, 이동량, 위치결정시간 등을 확인한다.

③ 운전 패턴 작성 : 필요 펄스(Pulse)의 수, 가감속 시간, 펄스속도 등을 정한다.

④ 필요토크 계산

　㉠ 필요토크(T_M)의 계산은 부하토크(T_L) + 가속토크(T_a) × 안전율이다.

　㉡ 부하토크는 주로 마찰토크를 말하며, 기구에 따라 결정된다.

　㉢ 가속토크는 가장 중요한 토크로, 부하 관성 모멘트를 몇 초 동안, 몇 PPS까지 가속하느냐에 따라 결정된다.

⑤ 모터 가선정 : 계산으로 구한 필요토크, 속도값으로 구체적인 모터를 가선정한다.

⑥ 모터 최종 결정 : 모터의 회전수 토크 특성 그래프로부터 모터를 최종 확인한 후에 결정한다.

(2) 서보모터의 사양 선정

① 운전 패턴 결정 : 운전거리, 운전속도, 운전시간, 가감속 시간, 위치결정의 정밀도 등을 고려한 운전 패턴을 결정할 필요가 있다.

② 구동기구시스템 해석 : 감속기, 풀리, 볼 스크루, 롤러 등과 같은 기구시스템을 해석할 필요가 있다. 시스템의 외력, 마찰에 따른 손실 등을 고려한 부하토크를 계산해야 한다.

③ 서보모터 선정

　㉠ 서보모터를 선정하기 위해서는 평균 부하율이 선정된 서보모터의 연속 정격의 범위 내에 있는지, 모터의 회전자 관성에 비하여 부하의 관성비가 적절한지 등을 검토하여야 한다.

　㉡ 가감속의 운전토크가 선정된 서보모터의 최대 토크 범위 내에 있는지 가감속 시 회생 부하율은 적정한지 등이 검토되어야 하며, 기계시스템 전체의 기계 정밀도 및 운전능력이 고려되어야 한다.

　㉢ 서보모터는 인코더를 이용하여 피드백제어를 함으로써 지령에 대하여 고속·고정밀로 추종하는 특징을 갖는 것에 반하여, 스테핑모터는 위치를 펄스 단위로 분해하여 지령 펄스만큼 위치를 이동하지만

위치센서가 없어서 탈조가 발생할 경우 위치가 틀어지는 문제점이 있다.

㉣ 이를 보완하기 위하여 최근에는 위치센서를 부착하여 피드백제어를 하는 경우도 있다. 이 경우 스테핑서보모터라고 한다.

㉤ 스테핑모터는 펄스 단위로 위치 이동을 함에 따라 제어회로가 간단하여 가격이 싼 장점이 있으나, 진동 및 소음이 심하고 대출력이 어려워 주로 소형 제어시스템에서 이용된다.

[스테핑모터와 교류서보모터의 차이점]

비교 항목	스테핑모터	교류서보모터
위치 결정	• 짧은 거리, 단시간 위치결정사용 • 위치결정센서를 쓰지 않고 구동회로에 주어지는 펄스 양만으로 위치결정제어	• 긴 거리 고속 위치, 고정밀 결정 • 인코더를 이용하여 피드백제어를 함
속도, 토크	• 저속이지만 고토크가 필요한 곳에 사용	• 고속이며 고속에도 토크가 안 떨어짐
구 조	• 작은 이가 많다. • 극수가 많다(각도 정도, 반복 정도 우수).	• 작은 이가 없다. • 극수가 적다(고속성 우수).
고분해능	• 모터 자체로 가능	• 인코더(Encorder) 실장으로 가능
루프 (Loop)	• 개회로(Open Loop) • 오차범위 이내에서 동작 • 시스템 구성 간단 • 동기성 우수 • 탈조현상이 있다.	• 폐회로(Closed Loop) • 탈조가 없다. • 위치결정 완료 신호 • 경보신호 출력

3. 모션제어기 요구사항의 유효성 파악

(1) PLC 선정

① PLC의 정의 : 기계장치 또는 프로세서 등을 제어하기 위한 디지털, 아날로그 입출력 모듈을 사용하여 로직, 시퀀스, 타이머, 카운터, 연산 기능 등 특수 기능을 수행하는 프로그램 가능 메모리를 갖는 전기제어장치이다.

② PLC의 구성

㉠ PLC는 프로그램을 처리하는 CPU부, 프로그램을 저장하는 메모리부, 입력과 출력을 제어하는 입출력부와 전원을 공급하는 전원부로 크게 나눌 수 있다.

㉡ PLC의 기본 기능 : PLC는 기본적으로 릴레이제어반의 대체이므로 입력을 받아서 프로그램을 진행시킨 뒤 출력을 내는 것이다. 입력기기에는 푸시버튼 스위치, 리밋 스위치, 근접 스위치 등이 있으며, 출력기기에는 전자개폐기, 솔레노이드 밸브, 램프 등이 있다.

(2) 모션 컨트롤러의 선정

① 모션 컨트롤러

㉠ 개방형 제어기는 MMC(Multi Motion Controller) 오픈 아키텍처 구조로 설계 · 제작되는 사용자 중심의 제어기이다. 이런 형태의 제어기를 통상적으로 모션 컨트롤러라고 한다.

ⓛ 이런 형식의 제어기는 하드웨어적·소프트웨어적 구성을 사용자에게 오픈하여 사용자가 직접 제어기를 꾸미도록 하는 사용자 중심의 인터페이스 구조이다. 이러한 형태의 제어기는 FA-computer나 일반 PC에 슬롯 형태로 장착되어 사용되며, 모터의 종류(서보모터 위치형/속도형, 스텝모터 등)에 상관없이 한 장만으로 제어할 수 있으며, 이와 같이 한 장의 모션 컨트롤러로 여러 종류의 모터를 동시에 제어할 수 있다.

ⓒ 동기제어나 Vision에 의한 위치 보정 기능도 가지고 있다. 별도의 User I/O를 제공하여 접점기기의 동작도 가능 하며, I/O가 부족할 경우 확장 I/O를 설치하여 확장도 가능하다.

ⓔ 모션 컨트롤러를 이용하여 모터의 다양한 동작과 기능을 수행하기 위해서는 컨트롤러의 로봇언어, I/O 함수를 C언어 형태를 이용하여 프로그래밍할 수 있어야 한다. 곧 C언어에 능숙하고 모션제어에 대한 상당한 지식이 있어야 유연하게 활용이 가능하다.

② **운영체제** : PC의 운영체제인 WindowsXP, Windows7, Windows10, Lynx, Linux를 사용하며, Borland C++, Visual C++, Visual Basic, Delphi 등 풍부한 사용자 함수를 사용할 수 있다. 그러나 사용자가 개발언어에 대한 지식이 없으면 프로그램 수정은 불가능하다.

(3) 구동시스템 점검

① **설치 및 시운전** : 비교적 규모가 큰 시스템의 경우는 환경조건을 검토한 후 PLC를 검토하여야 한다. 그러나 PLC는 전자제품이므로 주위 환경에 견딜 수 있는 한계가 있어 설치환경을 PLC에 맞추는 작업도 때로는 필요하다.

ⓐ PLC의 장착 상태
- 설치된 제어반의 구조 및 설치환경과 각 Unit의 장착 상태를 확인한다.
- Unit의 배치 및 나사 조임새, 커넥터의 고정, 선종 설정 스위치 확인과 Unit 근처에 발열체나 전기적 노이즈의 발생원인이 없는지 점검하여야 한다.

ⓑ 배 선
- 배선작업에 의하여 설치된 시스템의 노이즈 내성이 크게 좌우되므로 주의를 기울여야 한다.
- 대용량, 원거리 전송을 목적으로 하는 광케이블은 외부에 의한 영향도 없고, 외부에 영향을 미치지도 않는다.
- 전원 계통
  - 전원은 PLC 전원 공급용과 입출력회로용 전원으로 구별된다.
  - PLC용 전원은 동력 계통과는 별개로 주는 것이 이상적이다.
  - PLC용 전원은 절연 트랜스를 사용하는 것이 좋으며, 이외에 노이즈 필터에 의해 외부 노이즈를 이중으로 막아 주면 효과적이다.
  - 입출력회로용 전원도 절연 트랜스에 의해 외부로부터의 영향을 막아 주는 것이 좋다.
  - 출력부의 경우 외부 구동기기에서 발생한 돌입전류 및 피크전압 등이 PLC에 영향을 줄 수 있으므로 특히 유의하여야 한다.
- 접지 : PLC의 접지단자 또는 케이스를 반드시 접지하여야 한다. 통상 3종 접지(100Ω 이하)를 실시하며, 이것에 의해서 노이즈의 영향을 상당히 줄일 수 있다.

- 배선 시 주의사항
  - 동력선에서 발생한 유도 노이즈가 PLC의 전자회로에 영향을 미치지 않도록 거리를 띄어 주어야 한다.
  - 선 간의 유도에 의한 노이즈를 최소화하기 위하여 다음의 배선들은 서로 떼어 놓는 것이 좋다.
    - ⓐ 동력선과 신호선
    - ⓑ 입력신호와 출력신호
    - ⓒ 아날로그신호와 디지털신호
    - ⓓ 고레벨신호와 저레벨신호
    - ⓔ 고속 펄스신호와 저속 펄스신호
    - ⓕ 직류신호와 교류신호

© 절연 내압 : 설연 측정과정에서 PLC가 손상되지 않도록 절연 테스트를 할 곳과 행해서는 안 되는 곳을 구별한다. 측정할 부분들을 서로 단락시킨 후 절연저항을 측정한다. 측정 부분과 그라운드 간의 절연저항이 보통 1~1,000MΩ이면 합격이다.

② 전원 투입 : 잘못된 배선에 의한 피해를 최소화하기 위하여 다음 사항을 확인한다.
- 동력회로 Off
- 안전문제가 있거나 기기 파손이 예상되는 부분의 배선을 제거한다.
- 공기압, 유압에 의한 구동기기에 대한 안전조치를 취한다.
- 전원 투입 후 다음 사항을 검토한다.
  - PLC의 지시 램프 확인(CPU, 메모리, 파워 등)
  - 입출력 모듈의 표시 램프에 의한 PLC 동작 상태 확인
  - PLC의 전원 전압 및 입출력회로의 전압 체크

⑩ 외부 배선 및 안전회로 검토
- 비상 정지 버튼, 비상 정지 와이어, 세이프티 플러그, 광전 스위치 등에 대하여 차례로 검토한다.
- 각 구동기기의 안전장치(모터의 열전계전기 등)에 모의적으로 과부하나 이상신호를 만들어 안전장치의 작동을 확인한다.
- 기기 설비의 동력원을 Off 상태로 하여 솔레노이드밸브나 마그네트 스위치가 동작해도 실제 가동이 되지 않도록 한다.
- 입출력 전원을 On시킨다.
- 입력소자들을 하나씩 On시켜 PLC가 감지하는지 알아본다.
- 강제 On 기능에 의해 출력소자들을 하나씩 점검한다. 강제 On 기능이 없을 경우는 단자 부분에서 짧은 순간 쇼트시킴에 의해서 가능하다.

⑪ 부분적 수동 운전 : 각 설비를 한 동작씩 수동으로 진행시키면서 운전 상태를 확인한다.

ⓢ 자동 운전 : 작성된 프로그램에 의해 자동 운전을 수행한다.

ⓞ 에러 수정 및 이상 운전 테스트 : 시운전에 이상이 있을 때는 이상 부분을 처리하고, 정상 동작을 확인한 후에 가상의 이상 운전 상태를 만들어 안전 상태를 재점검한다.

ⓩ 보존용 Program 작성 : 완전한 정상 운전이 확인되면 Program을 보존용으로 만들어 준다.

4. 모션제어기 사양 설계하기

(1) 상위 제어기에 대해 검토한다.

① 기계제어시스템을 분석한다.

제어시스템, 제어 규모, 제어 복잡성, 안전성, 설치환경 등을 파악하여야 한다.

제어시스템	제어의 규모	제어의 복잡성	안전성	설치 환경
단독시스템	제어 대상 입출력의 총숫자	운전 방식 제어의 범위 제어 방식	안전, 복전, 재기동, Interlock 등	온도, 습도, 진동, 노이즈 등
집중시스템				
분산시스템				
계층시스템				

출처 : LS산전 교육용 자료

② 선정 PLC에 대해 검토한다.

선정된 PLC에 있어서 제어 규모, 제어시스템 검토가 중요하다. 여기에 주변기기와의 링크 관계를 검토하여야 한다.

㉠ I/O 점수에 대해 검토한다.

대규모 시스템의 경우 10~20%의 여유를 둔다. 즉, 설계 시 요구되는 최대 I/O 점수에 장래의 수정·보완이 가능하도록 최대 I/O 점수에 여유를 둔다.

㉡ Memory 용량에 대해 검토한다.

• 프로그램 메모리에 대해 검토한다.

사용자 프로그램 영역을 말하며, 프로그램의 용량은 최대 입출력 점수에 비례하고, 제어내용의 복잡성도 프로그램 길이에 영향을 준다.

• 데이터 메모리에 대해 검토한다.

데이터의 저장 및 연산 결과의 일시 저장용으로 사용된다. 각 PLC마다 I/O 용량에 따라 그에 충분하도록 설정되어 있다. 휘발성 영역과 불휘발성 영역을 검토할 필요가 있으며, 고급 기종의 경우는 파일데이터 저장용 영역을 확인할 필요가 있다.

㉢ 프로그램 수행 기능에 대해 검토한다.

• 명령 수행속도에 대해 검토한다.

보통 입출력 점수가 많아지면, 프로그램 처리속도(입력→ 연산 → 출력)는 그에 비례하여 늘어나게 된다. 따라서 시스템 설계자는 제어 규모에 맞는 처리속도를 설정하고 이를 만족할 수 있는 스캔타임의 PLC를 선정하여야 한다.

• 연산 기능(고기능 명령어)에 대해 검토한다.

설계하고자 하는 시스템에서 요구하는 기능에 부합되는 명령어를 보유하고 있는지 검토해 볼 필요가 있다(Shift Register, Step Controller 등 특수 명령어, 대소 비교, 전송, 가감산 등의 산술 연산 기능 외 아날로그 조절 연산, 데이터 변환 등).

㉣ 옵션 카드를 선정한다.

• 입출력 카드를 선정한다.

– 입력 모듈의 경우에는 사용 전압(DC 24, AC 220 등)에 맞춘다.

    – 출력 모듈의 경우에는 제어 대상에 따라 크게 릴레이 출력, 트라이엑(Triac) 출력, 트랜지스터 출력인지 검토하여야 하며, 출력의 독립형, 커먼형 전압, 전류, 배선, 보수 및 누설 전류 등도 검토하여야 한다.

    – 노이즈 환경에 따라 절연형과 비절연형의 검토도 필요하다.

  • 특수 카드를 선정한다.

    제어 방식 및 제어 대상물에 따라 필요로 하는 특수 기능이 있는데, 선정하고자 하는 PLC가 해당 기능의 모듈에 맞는지 확인한다.

    – A/D Unit

    – 고속 카운터 Unit

    – 고장 모니터 Unit

    – D/A Unit

    – 위치결정 Unit

    – 컴퓨터 링크 Unit

    – PLC 간 링크 Unit

    – 음성 출력 Unit

    – 원격 I/O Unit

 ⑩ 주변기기를 선정한다.

    PLC 선정 시 주변기기의 종류 및 사용상의 편리함, 소프트웨어의 개발 상태 등을 검토하여야 한다.

  • 프로그램 및 디버그(Debug)

  • 모니터링

  • 프로그램 리스트 작성, 문서 작성

  • 프로그램의 보존

 ⑪ 내환경성을 검토한다.

    사용 온도, 습도, 온도 변화, 보존 온도, 먼지, 부식성 가스, 내유성, 접지, 전계, 자계, 정전기, 노이즈, 진동, 충격, 절연저항, 내전압에 유의하여 검토한다.

5. 센서 요구사항의 유효성 파악

(1) 센서의 출력 형태

  센서는 사람의 감각기관에 해당된다. 로봇의 센서는 정확도, 정밀도, 작동범위, 응답속도, 신뢰성, 가격, 용이성 등에서 우월성을 가져야 한다. 산업용에서 사용하는 출력의 형태는 전압 출력, 전류 출력, 통신 출력 등 3가지로 나눌 수 있다.

① 전압 출력센서 : 전압을 출력하는 센서는 고정적인 전압을 출력하거나 가변적인 전압을 출력한다.

   ㉠ 고정적인 전압을 출력하는 경우 : S/W적으로 1 아니면 0만 파악하기 때문에 사용하기 간편하다. 예를 들어 자기 스위치의 경우 자석이 붙으면 '1', 떨어지면 '0'으로 출력된다.

ⓛ 가변적인 전압을 출력하는 경우

- 가변적인 전압값을 읽어야 하기 때문에 A/D컨버터가 필요하다. 또 전류를 출력하는 센서의 경우도 동일하다.
- 전류를 전압으로 바꾸는 과정과 전압으로 읽은 과정으로 구분하는 경우, 전류를 출력하는 센서도 변화된 전압값을 A/D컨버터를 통해서만 읽을 수 있기 때문이다.
- 일반적으로 가변된 전압 출력의 범위는 1~5V로 정해진다. A/D컨버터의 분해능에 따라 1~5V까지의 전압이 몇 단계로 나누어지는가가 정해진다. 10bit의 분해능을 가진 A/D컨버터는 5V를 2^{10} 단계로 나눈다.
- 12bit의 분해능을 가진 A/D컨버터는 5V를 2^{12} 단계로 나눈다. A/D컨버터는 입력된 전압값을 각 단계별로 나누어 데이터값으로 보내준다.
- 설계자는 센서의 출력 전압값을 A/D컨버터의 입력값으로 대입하고 데이터값을 측정한 후 출력값이 몇 V인지 계산하여 검토한다.

② 전류 출력센서

ㄱ 센서가 출력하는 전류는 4~20mA이다. 즉, 4mA는 1V, 20mA는 5V이다.

ㄴ 입력되는 전류값을 전압으로 변경한 후 그 값을 비례식으로 측정한다. 전류를 전압으로 변경하는 방법은 저항을 이용할 수 있다.

ㄷ 전류가 흐르는 센서에 값을 알고 있는 저항을 직결로 연결하면, 옴의 법칙($V = IR$)에 따라 전압값을 구할 수 있다. 즉, 4mA × 1Ω = 4mV, 20mA × 1Ω = 20mV가 된다.

ㄹ 이 출력값 4mV를 1V로 증폭하고, A/D컨버터에 입력하면, A/A컨버터를 통해 출력된 값을 V로 계산한 후 전류로 변환하는 계산을 하여야 한다.

③ 펄스 출력센서 : 구형파라는 직각사각형 형태로 나타나며, 시간 간격에 따라 주기적으로 나타나는 전압이나 전류를 나타내는 펄스 파형으로 이상적인 파형은 시간 축에 대하여 수직 성분을 갖는다.

(2) 제어기 파악 및 선정

① 검출부의 검토

ㄱ 근접 스위치의 개요 : 마이크로 스위치 및 리밋 스위치의 기계적인 스위치를 무접촉화하여 검출 대상물의 유무를 무접촉으로 검출하는 검출기(스위치)이다. 동작원리에 따라 고주파 발진형, 정전 용량형 등의 종류로 분류된다.

- 동작 및 출력 방식
  - 고주파 발진형 근접 스위치 : 검출면 내부에 검출 코일이 있으며, 이 코일의 가까이에 금속 전체가 접근 혹은 존재하면 전자유도작용으로 인해 근접 금속체 내에 유도전류가 흘러 검출 코일의 인덕턴스의 손실이 발생한다. 이것을 검출하여 출력신호를 발생시키는 것이다. 검출 물체로는 금속체가 적합하다.
  - 정전 용량형 근접 스위치 : 검출부에 유도전극을 가지고 있고, 이 전극과 대지 간에 물체가 접근 혹은 존재할 때는 검출부의 유도전극과 대지 간의 정전 용량이 크게 변하여 그 변화량을 검출하여 출력신호를 발생시키는 형태이다. 검출 물체는 금속체를 포함한 나무, 종이, 플라스틱, 물이며 공기와 스티로폼을 제외한 모든 물체의 검출이 가능하다.

- 센서용 컨트롤러 : 근접 스위치, 광전 스위치, 광화이버 등 DC형 센서의 출력신호를 입력신호로 받아 타임 릴레이 및 유접점, 무접점 등의 형태로 출력한다.
- 자기형 근접 스위치
- 근접 스위치의 특징
  - 비접촉으로 검출
  - 좋지 않은 환경에서도 사용 가능
  - 반복 정밀도가 매우 높아 위치결정용 센서로 가장 적합
  - 무접점 출력이므로 수명이 길어 보수가 거의 필요 없음
  - 응답 주파수가 높아 고속으로 이동하는 물체라도 안정된 검출 성능 보장
  - 금속 이외에는 검출할 수 없음
  - 검출거리가 짧음
ⓛ 근접 스위치의 검토
- 검출체 재질에 의한 선택
  - 자성 금속체 : 고주파 발진 유도성 근접 스위치를 사용하여야 하며 철, 니켈, 코발트 등을 검출할 수 있다. 검출면에 오물(비금속)이 묻어도 오동작하지 않는 장점이 있다.
  - 유전체 : 유전체인 물, 종이, 나무, 기름, 유리, 돌 등 종류를 검출하려면 용량성 근접 스위치인지 확인하여야 하며, 용량성 근접 스위치는 검출면에 오물이 묻으면 오동작하는 경우가 있으므로 주의하여야 한다.
- 전원에 의한 선택
  - DC형 : DC형은 10~30V까지 동작하는 것이 있다. PLC 등에 DC형을 많이 사용하고 있으며, DC형은 AC형에 비하여 응답 주파수가 높지만 경우에 따라서 전원을 따로 공급해야 하는 단점이 있다.
  - AC형 : AC형은 90~250V까지 동작하는 Free Voltage 근접 스위치가 있다. AC형은 2선식이므로 릴레이 또는 마그네트 부하를 직접 연결해서 사용 가능하지만 DC형에 비하여 응답 주파수가 낮다.
- 검출거리에 의한 선택 : 사용 목적에 알맞은 거리를 선택해야 하며 일반적으로 원주형인 경우에 근접 스위치 직경의 대략 1/2이 검출거리가 된다. 검출거리가 길면 설치상 간편한 점도 있지만 응답 주파수가 떨어진다. 또한 검출거리가 길 경우 주위 금속의 영향을 고려하여야 한다.
- 출력 형태에 의한 선택 : DC형의 경우 유니버설(전압, 전류 공용) NPN, PNP 출력형이 있다. 접속해야 할 기기와의 연결을 고려하여 검토하여야 한다. AC형의 경우 SCR 제어 방식으로서 NO(Normal Open)형, NC(Normal Close)형이 있다.
- 노이즈에 의한 선택 : 배선의 길이가 길어질 경우나 설치 라인에 노이즈가 많을 경우 AC형 근접 스위치가 DC형 근접 스위치보다 노이즈에 강한 장점이 있다. 또한 노이즈 필터를 장착하여 노이즈를 제거한다.

ⓒ 출력 형식
- 직류형 근접 스위치
  - 유니버설 NPN 출력
    ⓐ 정동작(Normal Open) : N
    ⓑ 역동작(Normal Close) : N2
  - 유니버설 PNP 출력
    ⓐ 정동작(Normal Open) : P
  - 개폐 출력(Open Collector) : 전류를 사용할 때 개폐 동작은 유니버설 NPN 출력형, PNP 출력형과 같은 역할을 하지만, 부하가 연결되지 않았을 경우 백(Output)단자와 흑단자 사이에서 TR이 절연 상태이면 백단자에는 0V가 되고 도통 상태가 되어도 전류가 흐르지 않으므로 0V가 되어 전압의 사용은 하지 못한다.
- 교류형 근접 스위치
  - 정동작(Normal Open) : O
  - 역동작(Normal Close) : C

ⓓ PLC와의 접속 검토 : PLC의 DC 입력 모듈(Module)에 직류 출력형 NPN 출력의 근접 스위치를 직접 접속한 것이 된다. 근접 스위치의 전원은 DC +24V의 직류 안정화 전원을 사용하여야 한다.

ⓔ 케이블의 배선
- 근접 스위치의 케이블을 배선할 경우 케이블은 동력선, 고압선과는 다른 전선관으로 하고 동일 전선관의 사용은 피하여야 한다. 동일 전선관을 사용할 경우 오동작 및 노이즈의 원인이 된다.
- 케이블의 연장이 30m 이하의 경우는 0.3mm² 이상의 케이블을 사용하고, 30m 이상 연장할 경우는 도체저항 100Ω/km 이하의 케이블을 사용하여야 한다. 또 고속 응답 시에 케이블을 길게 연장하면 출력파형이 찌그러질 경우가 발생할 수 있으므로 주의하여야 한다.

ⓕ 사용상의 주의사항 : 근접 스위치를 사용함에 다음과 같은 사항들을 검토하여야 한다.
- 검출 물체
  - 검출 물체가 비자성 금속의 경우에는 동작거리가 저하된다. 단, 두께가 0.01mm 정도 이상의 금속인 경우는 자성체와 동일한 검출거리가 얻어진다.
  - 증착막 등 극단으로 얇을 경우나 전도성이 없는 경우는 검출되지 않는다. 검출 물체에 도금이 되어 있으면 검출거리가 변하는 것에 주의하여야 한다.
- 전원 투입과 차단 시의 주의
  - 근접 스위치의 전원 투입 시나 차단 시의 출력 상태는 검출, 비검출에 관계없이 모두 Off 상태로 된 동작을 리셋이라고 한다.
  - 이 시간은 근접 스위치를 카운터, PLC 등에 접속한 경우에는 이것들에 초기 리셋회로가 내장되어 있기 때문에 문제되지 않지만, 그 외의 경우에는 다음과 같은 상태가 되지 않도록 주의하여야 한다.
    ⓐ 검출 물체가 근접 스위치의 검출면에 가까이 위치하여 있다.
    ⓑ 근접 스위치에 연결된 전원의 시정수가 너무 커서 전원의 투입 및 차단 시에 전원 전압의 상승 및 하강이 너무 완만하다.

• 주위 환경 : 동작의 신뢰성과 긴 수명을 유지시키기 위해 규정 외의 온도에서 또는 실외에서의 사용은 피하여야 한다. 근접 스위치는 방수 구조이지만, 직접 물이나 수용성 절삭유 등이 묻지 않도록 덮개를 부착하여 사용되는지 검토하여야 한다.

(3) 센서의 설치 및 테스트

검출 물체의 위치 설정은 동작거리와 제어 루프의 형식에 따라 설치한다.

① 근접 스위치의 동작거리에 따른 설치방법

　㉠ 동작거리는 표준 검출체를 사용할 경우 설정거리 검출체가 접근하여 근접 스위치가 동작할 때의 검출 면과 검출체의 거리이다.

　㉡ 동작거리는 온도 변화, 전압 변동 등 주위 조건 변화에 따라 다소 변동하기 때문에 근접 스위치를 안정적으로 동작시키기 위해서는 검출체의 최대 근접 스위치를 동작거리보다 짧게 할 필요가 있으며 이것을 설정거리라고 한다.

　㉢ 매입(Shield)/돌출(비Shield)형의 근접 스위치 부착방법

　• 돌출형은 금속 내에 둘러싸여 사용되지 못하고 외부로부터 자계의 영향을 받기 쉬우나 동작거리가 매입형보다 긴 거리의 검출 성능을 가지고 있다.

　• 원주 금속 형태의 매입형은 검출면이 금속 외장과 동일면이며, 돌출형은 검출면이 금속 외장보다 돌출되어 있는 것으로 외견상 용이하게 판별된다.

[매입형 센서]　　　　　[돌출형 센서]

　• 매입형의 부착 : 매입형의 근접 스위치는 다음 그림에 표시한 것처럼 부착되어 있다.

　• 돌출형의 부착 : 주위 금속의 영향도 크기 때문에 요면부에 부착시킬 때는 근접 스위치의 직경 3배 이상의 거리를 두어야 한다.

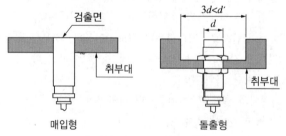

[근접 스위치의 취부방법]

② 인코더 종류에 따른 설치 방법

　㉠ 인크리멘털 인코더 : 회전원판의 원주상에 일정 간격으로 배열된 슬롯의 수를 광학적으로 카운트하여 회전각을 산출하므로 절대 위치를 측정할 수 없으며 기점으로부터 상대적인 위치만 측정할 수 있다. 또 전원 중단 및 복구 후 초기 위치를 다시 검출해야 하는 단점이 있으므로 원점센서를 설치하여 사용하여야 한다.

ⓛ 앱솔루트 로터리 인코더 : 전원 상태와 무관하게 항상 절대 위치값을 유지할 수 있다. 이러한 특성은 회전원판에 광학적으로 이진부호화된 위치 코드를 스캐닝함으로써 가능하다. 따라서 전원이 공급되지 않는 상태에서 위치 이동이 발생하여도 전원 투입 후 곧바로 현재의 위치 정보를 확인할 수 있어 원점센서의 설치가 필요 없다.

(4) A/D, D/A 신호변환기(A ; Analog, D ; Digital)

① 아날로그/디지털 입출력

ⓐ 전압, 전류, 온도, 습도, 압력, 유량, 속도, 가속도 등과 같은 아날로그 물리량을 측정하여 컴퓨터로 제어 또는 분석하려면, 디지털값으로 변환하여 읽어 들여야 하는데 이러한 장치를 DAS(Data Acquisition System)라고 한다.

ⓑ 대부분의 경우에는 센서와 A/D컨버터의 사이에 잡음을 제거하고 필요한 신호만을 추출하기 위한 필터나 신호를 적절한 크기로 바꾸기 위한 증폭기와 같은 파형정형회로가 사용된다.

ⓒ DAS의 구성

- 센서 : 측정하려는 물리량을 전압, 전류 또는 주파수와 같은 전기량으로 변환하는 소자이다.
- A/D컨버터 : 컴퓨터가 읽을 수 있는 병렬 또는 직렬 데이터로 변환하여 주는 장치이다.
- 컴퓨터

ⓓ A/D 입력

- 외부의 계측장비나 조작반 등으로부터의 아날로그 입력신호를 받아 연산부에서 처리할 수 있도록 디지털신호로 바꾸어 준다.
- A/D회로의 입력은 규정된 전압 또는 전류의 형태로 들어와서 A/D 변환회로에 의해 디지털신호로 바뀌어 선택회로에 입력된다.

[Data 변환의 예(12bit 분해능)]

Analog 입력	Digital 변환 Data값
0~5V	
1~10V	0~4,000
0~20mA	
-5~5V	-2,000~2,000
-10~10V	

ⓔ D/A(Digital to Analog) 출력

- 연산부 A/D에 의해 받아들여진 Data를 갖고 산술 연산을 거친 후 제어신호의 크기가 결정되면 D/A Unit으로 Word 단위의 Data를 출력한다. D/A Unit는 연산부로부터의 Digital Data를 Analog 신호로 변환하여 외부기기 제어 Unit으로 보내어 System을 제어하게 된다.
- D/A회로는 A/D회로의 역의 기능을 가지므로 Digital 신호의 Analog 변환은 위의 표의 역이 된다. 즉 0~4,000, -2,000~2,000의 값이 Digital로 D/A Unit에 입력되면 0~5V, 0~10V, 0~20mA, -5~5V, -10~10V 중 하나의 형태로 변환되어 출력된다.

② 센서의 분해능, 정밀도 및 직선성

㉠ 각종 아날로그 물리량을 전압, 전류, 주파수와 같은 전기량으로 변환하는 소자이므로, 측정하려는 물리량의 성격에 적합한 것을 선정해야 한다.

㉡ 측정하려는 아날로그 물리량의 범위 및 시스템의 응용 목적에 따라 센서의 출력범위, 즉 분해능이나 정밀도가 적합한 것이어야 한다.

㉢ 센서의 입력에 대한 출력신호의 직선성이 우수하고, 센서의 성능이 환경 변화에 영향을 작게 받는 것이 좋다.

③ 센서와 컴퓨터 사이의 거리 및 환경에 따른 신호처리

㉠ 센서는 피측정 대상에 인접하여 설치되므로 A/D컨버터 및 컴퓨터와 대부분 원거리고, 이 사이에서 신호가 전송환경에 의해 전자기적으로 잡음의 영향을 받는다.

㉡ 잡음의 영향을 받지 않도록 연선(Twisted-pair Wire), 실드선(Shielded Cable)을 사용하며, 센서와 A/D컨버터를 인접하게 설치한다.

㉢ 센서가 A/D컨버터나 컴퓨터 축의 디지털회로 전원과 공통 접지를 사용할 수 없거나 접지 사이에 전압차가 큰 경우에는 신호를 절연하여 전송하여야 하는데, 센서와 인접 장소에 A/D컨버터를 설치하고 변환된 디지털신호를 원거리로 전송하는 경우가 많다.

㉣ A/D컨버터에 입력-아날로그신호에 잡음이 포함될 수 있으므로 필터를 사용하는 것이 바람직하며, 센서의 출력신호와 A/D 컨버터의 PS(Pull Scale)를 고려하여 신호의 크기를 증폭하는 회로가 사용되기도 한다.

㉤ DAS(Data Acquisition System)에 사용되는 마이크로프로세서의 연산속도가 충분히 빠른 DSP(디지털신호처리장치)와 같은 경우에는 하드웨어적인 필터 대신에 A/D 변환으로 읽어 들인 데이터를 소프트웨어적으로 필터링하기도 한다.

(5) A/D컨버터를 사용할 때의 유의사항

① 변환시간 또는 샘플링 속도

㉠ A/D 변환을 한 번 수행하는 데에 필요한 시간을 변환시간이라고 하며, 이는 초당 샘플링 속도로 나타낸다.

㉡ A/D 컨버터는 변환 시간에 따라 가격이 크게 달라지므로 응용 목적에 따라 적절한 변환시간을 갖는 모델을 선정한다.

㉢ 디지털로 음성이나 영상신호처리를 하는 시스템에서는 고속형을 사용하고, 온도나 수위 측정에 사용되는 것은 변환시간이 늦은 모델도 무방하다.

② 분해능 : 디지털 출력값을 한 등급만큼 변화시키기 위한 아날로그 입력의 최소 변화(A/D컨버터가 표현할 수 있는 최소 아날로그량)이며, nBit의 A/D컨버터의 경우 출력의 데이터 범위는 $1/2n$이 된다.

6. 센서 사양 선정하기

(1) 센서의 특성 파악 및 선정

① 센서 대상물 분류 : 측정 대상물로부터 물리량이나 화학량의 절댓값 또는 변화량을 검출하여, 이를 상위 제어기가 용이하게 활용할 수 있도록 전기적인 신호로 변화하는 것이 가능한가를 파악한다.

[센서 정보량의 분류]

구 분	대상 정보량
기계 분야	길이, 각도, 변위, 유량, 유속, 속도, 가속도, 회전각, 회전수, 질량, 중량, 힘, 모멘트, 진공도, 입력, 음압, 소음, 주파수, 시간, 온도, 습도, 비열, 열량
전기 분야	전압, 전류, 저항, 전위, 전하, 임피던스, 인덕턴스
방사선 및 광 분야	조도, 광도, 색, 자외선, 적외선
습도 및 화학 분야	습도, 수분, 순도, 농도, 성분, PH, 점도, 입도, 밀도, 비중, 상분석
생체 분야	혈압, 혈액, 맥파, 체온, 심전도, 뇌파
정보 분야	아날로그량, 디지털량, 연산, 전송

② 센싱 분류 : 대상물로부터 필요한 물리량을 검출하기 위하여 검출장치 및 검출 방식을 선택한다.

ⓐ 직접 측정과 간접 측정
- 직접 측정 : 검출하고 싶은 물리량을 직접 비교해서 측정하는 방법
- 간접 측정 : 측정하고 싶은 물리량과 일정관계가 있는 다른 양을 이용해서 간접적으로 측정하는 방법

ⓑ 절대 측정과 상대 측정
- 절대 측정 : 측정해야 할 측정 결과가 그 절댓값을 계측하는 방법
- 상대 측정 : 어떤 기준량에 대한 상대적인 차이를 표시하는 방법

ⓒ 능동법과 피동법
- 능동법(Active Method) : 측정 대상으로부터 필요한 정보를 구하기 위하여 대상물에 적극적으로 움직여서 계측하는 방법
- 피동법(Passive Method) : 대상물이 내는 신호를 받아서 계측하는 방법

ⓓ 접촉형과 비접촉형
- 접촉식 : 측정 대상물에 직접적으로 접촉해서 계측하는 방법
- 비접촉식 : 측정 대상물에 직접적으로 비접촉해서 계측하는 방법

③ 센서의 계층 : 센서 선정 시 고려해야 할 일반적인 사항은 정확성과 감지능력, 신뢰성과 내구성, 단위 시간당 사이클 시간을 나타내는 반응속도 및 해상도 등이 있다.

④ 센서의 유형 분류

분류방법	기본적 구분
구성방법에 따른 분류	기본센서, 조립센서, 응용센서
기구에 따른 분류	기구형, 물성형, 혼합형
검출신호에 따른 분류	아날로그센서, 디지털센서, 주파수형 센서
감지기능에 따른 분류	공간량, 역학량, 공학량, 화학량, 열역학량
변환원리에 따른 분류	역학적, 전기적, 자기적, 광학적, 전기화학적, 미생물학적
재료에 따른 분류	반도체센서, 세라믹센서, 금속센서, 고분자센서
용도에 따른 분류	계측용, 감시용, 검사용, 제어용
구성의 특징에 따른 분류	다차원센서, 다기능센서
용도 분야별에 따른 분류	산업용, 의료용, 우주용, 군사용

(2) 센서의 종류에 따른 설치방법

서보기구에서 제어 대상으로의 제어량을 검출하고, 그것을 전기신호로 상위 제어기에 전달하는 부품으로서 측정 대상을 기준으로 설치한다.

① 측정 대상에 따른 설치방법

측정 대상			사용 센서
위 치	정 점	원 점	• 마이크로 스위치, 광전 스위치
		중간점	• 홀 소자
		오버 트래블	• 마이크로 스위치
	상대위치(변위)		• 인크리멘털 인코더(펄스제너레이터) • 리니어 스케일
	절대위치		• 앱솔루트 인코더(펄스제너레이터) • 퍼텐쇼미터
속 도			• 태코제너레이터, 리졸버

② 센서의 기본원리에 따른 설치방법

센 서	원 리	출력 형식
인크리멘털 인코더	자기, 광학	펄스열
앱솔루트 인코더	자기, 광학	디지털
태코제너레이터	발 전	AC, DC
리졸버	자기, 광학	아날로그
퍼텐쇼미터	저 항	아날로그
홀 소자	자 기	펄 스

(3) 센서의 신호 출력 및 인터페이스 파악

A/D컨버터는 아날로그신호를 디지털신호로 변환하는 회로 또는 유닛이다. 반대로 디지털신호를 아날로그신호로 변환하는 회로나 유닛을 D/A 컨버터라고 한다.

① 아날로그/디지털 입출력에 대한 이해 : 계측, 프로세스(Process), 제어 분야에 있어서 ON/OFF 제어 외에 입력 크기에 따라 출력 크기를 제어해야 할 필요가 발생하는데 이러한 요구에 따른 입출력 장치로 D/A, A/D Unit이 제작된다.

　㉠ A/D(Analog to Digital) 입력 이해 : 외부의 계측장비나 조작반 등으로부터의 Analog 입력신호를 받아 연산부에서 처리할 수 있도록 Digital 신호로 바꾸어 준다. A/D회로의 입력은 규정된 전압 또는 전류의 형태로 들어와서 A/D 변환회로에 의해 Digital 신호로 바뀌어 선택회로에 입력된다. 이때의 Data는 Channel 단위로 의미를 가지므로 선택신호는 Channel를 지정하게 된다.

　㉡ D/A(Digital to Analog) 출력 이해 : 연산부 A/D에 의해 받아들여진 Data를 갖고 산술 연산을 거친 후, 제어신호의 크기가 결정되면 D/A Unit으로 Word 단위의 Data를 출력한다. D/A Unit는 연산부로부터의 Digital Data를 Analog 신호로 변환하여 외부기기 제어 Unit으로 보내어 System을 제어하게 된다.

7. 로봇 MCU 하드웨어 요구사항 분석

(1) 로봇 MCU

① 로봇 MCU(Micro Controller Unit) : 사용자로부터 명령을 전달받거나 사용자의 명령을 일련의 규칙에 따라 기록해 둔 프로그램을 실행시켜 MCU에 연결된 로봇 하드웨어의 동작을 제어하는, 로봇에 있어 두뇌 역할을 하는 핵심적인 부품이다.

    ㉠ CPU
- 중앙처리장치로서, 저장장치로부터 가져온 명령이나 정보를 해석하여 실행하는 단계를 반복하는 컴퓨터 내부장치를 통칭하는 용어이다.
- 레지스터(Register) : CPU의 내부에 있어 접근속도가 빠른 메모리이다. 레지스터는 용량에 제한이 있기 때문에 사용자의 명령이 세트, 즉 프로그램을 저장하기 위한 큰 용량의 외부 메모리(RAM, ROM, Flash Memory, SDRAM)를 사용하여 대용량의 사용자 명령들을 저장하고, CPU가 필요할 때마다 연결된 전선들을 이용하여 저장된 명령을 불러와서 실행한다.
- 버스(Bus) : CPU 내부의 공통 연결선이다.
- CPU는 RAM과 같은 메모리 이외에도 일정한 속도로 CPU를 실행시키기 위한 타이머, 전류나 전압 등 외부센서의 신호를 받아들이기 위한 장치(ADC ; Analog to Digital Converter), 계산된 결과값을 전류나 전압 등으로 출력하기 위한 장치(DAC ; Digital to Analog Converter) 등의 주변 장치들이 연결되어야 동작된다.

    ㉡ MPU(Micro Processor Unit)
- CPU에 비하여 저속으로 동작하는 작은 CPU로서 저비용의 소형 CPU이다.
- 대부분의 산업용 로봇은 수 GHz 단위의 고속 연산을 수행하는 고가의 CPU를 사용하지 않고, kHz~MHz 단위의 저속 연산이 가능한 저가 CPU인 MPU를 장착하는 경우가 많다.
- 주변 장치는 로봇의 역할에 따라 MPU, 메모리, 주변 회로 등을 추가하여 장착한다.

    ㉢ MCU(Micro Controller Unit)
- MPU의 연산장치와 필수적인 주변 장치들을 하나의 칩 내부에 모두 포함하고 있는 통합형 칩이다.
- 즉 MPU, 메모리(특히 Flash Memory와 RAM), 통신부, 입출력부 등을 모두 합쳐서 하나의 칩으로 만들어 놓은 것을 의미한다.
- MPU를 사용하여 주변 회로와 연결하여 사용하는 것보다 하드웨어 구성이 간단하고 사용하기 편리한데, MPU보다 가격이 높고 MPU보다 더 낮은 속도로 동작된다. 이것은 내부에 장착된 장치들 중 가장 느리게 동작되는 장치에 MPU의 속도가 맞추어져야 하기 때문이다.
- MCU를 이용하면 로봇의 동작을 제어하기 위한 모터의 동작 지시, 로봇의 동작을 확인하기 위한 LED 점멸, 다른 CPU와의 통신 등의 기본적인 실행이 손쉽게 구현된다. 그럼에도 불구하고 입출력 신호의 크기를 증폭하거나 통신거리를 늘이기 위해서는 통상적으로 외부의 주변 회로들을 필요로 한다.

② MCU의 일반적인 구성도 : 로봇 MCU에는 연산장치와 공통적인 주변 회로가 모두 포함되어 있어 하드웨어 구성에 필요한 시간적, 공간적 비용을 절감할 수 있다.

[MCU의 내부 구성]

디지털 입출력 포트	디지털 입출력을 위한 포트	
아날로그 입출력 포트	아날로그 입출력을 위한 포트	
클럭/타이머	정해진 시간마다 일정한 동작을 실행할 수 있는 장치	
통신 포트	외부 장치와의 통신을 위한 포트	
메모리	프로그램 메모리	사용자의 프로그램을 저장하기 위한 비휘발성 메모리
	데이터 메모리	프로그램 실행에서 필요한 데이터의 일시적인 저장을 위한 메모리
	레지스터	CPU 내부에 위치한 소용량의 고속 메모리

㉠ 디지털 입출력 포트
- 디지털신호(High = 1, Low = 0)의 입력과 출력을 위한 포트로서 보통 8개의 입출력 핀을 하나의 포트라고 한다. 포트를 구성하는 각각의 핀들은 사용 가능 또는 불가능을 선택할 수 있으며, 입력 또는 출력으로 설정할 수 있다.
- 센서의 입력신호를 확인하는 방법
  - 폴링(Polling) 방식 : MCU가 계속 센서의 신호를 확인
  - 외부 인터럽트(Interrupt) 방식 : MCU가 센서로부터 정해진 신호가 발생했을 때에만 센서의 신호를 확인
- 디지털 입출력 포트는 일부 또는 전부를 외부 인터럽트용으로 설정할 수 있는 방법을 제공한다.
- 로봇 MCU의 디지털 입출력 포트의 사용
  - 버튼 입력, 근접센서, 빛 감지센서 등 On/Off 신호를 입력받기
  - 연속된 일련의 디지털신호를 입력받기
  - LED 점멸 또는 LCD 구동과 같은 디지털신호의 출력용

㉡ 아날로그 입출력 포트
- 입력된 아날로그 신호는 MCU의 ADC(Analog to Digital Converter)를 통하여 디지털신호로 변환되며, MCU는 변환된 디지털신호를 이용하여 필요한 연산을 진행한다.
- 대부분의 MCU는 1개 이상의 ADC 포트를 제공한다. 아날로그 센서신호는 전류(4~20mA)나 전압(0~5V) 신호인데, 아날로그 출력을 가진 센서의 예는 압력센서, 온도센서, 가스센서, 조도센서 등이다.
- MCU의 아날로그 포트에서 수용할 수 있는 입력신호는 MCU가 사용하는 전압범위(주로 0~5V, 또는 0~3.3V)에 속하는 작은 신호이기 때문에 실제 연결된 센서신호의 크기에 따라 적절히 축소 또는 증폭시키기 위한 최소한의 전기회로를 구성한다.
- MCU에서 계산된 결과값은 DAC(Digital to Analog Converter)를 통하여 아날로그신호로 변환되어 외부로 출력된다. 대부분의 MCU는 1개 이상의 DAC 포트를 제공하며, 아날로그신호 변환은 PWM(Pulse Width Modulation) 방식을 사용하는 것이 많다. 주로 아날로그신호를 요구하는 음성 출력기기, 비디오기기, 모터제어신호 등을 출력하기 위하여 사용된다.
- 아날로그 포트의 출력신호 역시 MCU가 사용하는 전압범위 내의 작은 신호이며, 포트에서 출력 가능한 수십 mA 이내의 전류로 제한되기 때문에 연결된 로봇이 큰 힘을 내기 위해서는 이를 위한 증폭기(드라이버)를 추가로 연결하여 사용한다.

ⓒ 클럭/타이머
- MCU는 정해진 주기마다 신호를 발생시키는 클럭장치를 내부에 포함하고 있다. 적용 대상에 따라 더욱 정교한 신호가 필요할 경우에는 크리스탈, 레조네이터, 이들을 이용한 오실레이터와 같은 클럭장치를 MCU에 연결할 수 있도록 되어 있다.
- 사실 MCU는 내·외부의 클럭장치를 사용하여 정해진 주기별로 데이터를 가져오고 이를 실행하는 동작을 반복하는 동기식 계산장치이다.
- MCU는 클럭신호를 이용하여 한 개 이상의 타이머를 제공한다. 타이머는 높은 속도의 클럭신호를 분주하여 로봇 제어에 필요한 μs~ms 정도의 주기적 알림을 제공한다.
- MCU는 타이머를 이용하여 어떤 신호가 유지되는 시간을 계산하거나, 일정한 주기마다 로봇의 움직임을 제어하거나, 출력신호의 On-Off 시간 비율을 제어하는 데 사용한다.

ⓔ 통신 포트
- 로봇은 리모트 컨트롤러, 모니터, 주변 로봇과의 협력을 위한 통신 등의 목적을 위한 통신장치를 필요로 한다. MCU는 다양한 통신 규약들을 사용하는 기기들을 연결할 수 있는 통신 포트를 제공한다.
- 대부분의 MCU는 1개 이상의 RS-232와 RS-422/485의 동기/비동기 직렬 통신 포트를 제공한다. TWI 또는 I2C 통신 포트, SPI 외에도 CAN 통신 포트, Ethernet 통신 포트를 제공하는 경우도 있다.
- MCU가 제공하는 통신 포트의 입출력 신호는 MCU가 사용하는 전압을 사용한 작은 신호이기 때문에 요구되는 통신거리와 변조 방식에 따라 신호의 크기를 증폭시키기 위한 전용 IC 칩, 안테나, 커넥터 등을 추가로 연결하여 사용한다.

ⓜ 메모리
- MCU는 비휘발성 메모리인 플래시 메모리(Flash Memory)를 내부에 가지고 있다. 로봇의 동작을 위한 펌웨어의 용량은 MCU의 플래시 메모리의 용량으로 제한되기 때문에 목적에 따라 적절한 크기의 플래시 메모리를 제공하는 MCU를 선정하여야 한다.
- MCU는 프로그램이 실행되는 동안 일시적인 계산 결과를 저장하고 필요한 정보들을 복사하는 등의 작업을 하기 위한 휘발성의 데이터 메모리를 내부에 가지고 있다.
- MCU는 MCU 자체의 실행과 유지를 위한 고속의 내부 메모리를 가지고 있는데, 이를 레지스터(Register)라고 한다. 예를 들면 디지털 입출력 포트의 상태, 아날로그 입출력 포트의 상태, 메모리 주소 및 계산 결과를 재사용하기 위한 빠른 메모리 등을 의미하는 것으로, 사용되는 MCU에 따라 다르게 정의되어 있다.

③ 펌웨어와 OS
ⓐ 로봇 MCU의 펌웨어는 로봇의 기본적인 제어와 구동에 필요한 소프트웨어이다. 일반적으로 소프트웨어가 사용자에 의하여 쉽게 수정될 수 있는 반면에, 펌웨어는 개발자에 의하여 MCU 내부의 비휘발성 메모리에 기록되기 때문에 수정이 용이하지 않은 특징을 가지며, 이 때문에 소프트웨어와 하드웨어의 중간격인 펌웨어라고 한다.

ⓒ 로봇 MCU의 펌웨어가 실행되는 운영체제(OS ; Operating System)의 종류
- non-OS
  - MCU 플래시 메모리에 운영체제를 위한 별도의 보호된 공간을 사용하지 않고, MCU가 초기화되면 개발자가 만든 펌웨어가 바로 실행되는 경우이다.
  - 로봇은 복잡한 상호작용이 없는 단순한 작업을 실행하는 경우가 많다.
  - 운영체제를 사용하지 않으면 MCU의 모든 자원을 펌웨어가 사용하기 때문에 펌웨어의 하드웨어 접근 및 처리속도가 가장 빠르다.
  - XYZ축 이송 로봇, 라인 트레이서 등은 타 로봇과 협력하지 않고 독자적으로 동작하기 때문에 운영체제를 사용하지 않아도 무리가 없다.
- 비실시간 운영체제
  - MCU 내에서 여러 개의 프로그램을 동시에 실행시키는 경우, 각 프로그램들의 효과적인 실행을 위하여 운영체제를 사용하는 것이 편리하다.
  - 특히, 이더넷 통신이나 USB 통신과 같은 복잡한 통신프로그램이 필요한 경우, MCU 내부에 내장할 수 있는 내장형 운영체제에 이미 구현되어 있는 신뢰성 있는 통신 라이브러리를 사용하는 것이 권장된다.
  - MCU가 초기화되면 먼저 운영체제가 실행되고 다른 응용프로그램들을 실행시키며, MCU의 자원을 분배하고 각 프로그램들을 운영체제의 스케줄러에 의하여 차례대로 실행시킨다.
  - 로봇 하드웨어에의 접근은 운영체제를 통하거나 직접 접근할 수 있다.
  - 내장형 운영체제는 MCU 내부의 플래시 메모리와 같은 소용량의 비휘발성 메모리에 저장할 수 있을 만큼 용량이 작아야 한다.
  - 대표적인 내장형 운영체제는 WinCE, Linux, iOS, Android 등이 있다.
- 실시간 운영체제
  - MCU 내에서 여러 개의 프로그램을 효과적으로 실행하기 위하여 사용되는 운영체제 중에서 프로세스의 시간관리를 엄격하게 하는 것에 중점을 두어 설계된 것들을 실시간 운영체제라고 한다.
  - 정확한 시간주기로 제어가 요구되는 로봇의 경우, 실시간 운영체제를 사용하면 프로그램의 실행 주기를 오차범위 내에서 일관되게 유지할 수 있다.
  - 실시간 운영체제에서 실행되는 프로그램은 우선순위가 높을수록 시간 오차범위가 작아진다.
  - 비실시간 프로그램은 실시간 프로그램들이 수행되고 남는 시간에 실행되므로 실행주기를 보장하지 않는다.
  - 대표적인 실시간 운영체제로는 MicroC/OS-II, OSEK/VDX, QNX, VRTX, VxWorks, WinCE, RTLinux, TI-RTOS 등이 있다.

제1과목 로봇기구 사양 설계

제1장 로봇기구 개발작업 요구사항 분석

01 제조업용 로봇에 해당하는 것은?

① 조선 제조용 로봇
② 물류서비스 로봇
③ 군사 로봇
④ 교육 로봇

제조용 로봇으로는 조선 제조용 로봇, 전자제품 제조용 로봇, 자동차 제조용 로봇이 있다.

02 전문서비스용 로봇에 해당하지 않는 것은?

① 의료복지 로봇
② 특수환경 로봇
③ 활동지원 로봇
④ 물류서비스 로봇

전문서비스용 로봇으로는 의료복지 로봇, 군사 로봇, 안심생활 로봇, 특수환경 로봇, 물류서비스 로봇이 있다.

03 개인서비스용 로봇에 해당하지 않는 것은?

① 가사 지원 로봇
② 자동차 제조용 로봇
③ 노인·장애인 지원 로봇
④ 오락·건강 지원 로봇

개인서비스용 로봇으로는 가사 지원 로봇, 노인·장애인 지원 로봇, 오락·건강 지원 로봇, 교육 로봇, 활동 지원 로봇이 있다.

04 불특정 다수를 위한 서비스 제공 및 전문화된 작업을 수행하는 로봇의 종류는?

① 산업용 로봇

② 제조업용 로봇

③ 전문서비스용 로봇

④ 개인서비스용 로봇

05 산업용 로봇을 산업 분야별로 분류했을 경우, 이에 속하지 않는 것은?

① 도장 산업용 로봇

② 자동차 산업용 로봇

③ 전기 및 전자산업용 로봇

④ 반도체, 디스플레이 산업용 로봇

해설

산업용 로봇을 산업 분야별로 분류하면 자동차 산업용 로봇, 조선산업용 로봇, 전기 및 전자산업용 로봇, 반도체, 디스플레이 산업용 로봇이 있다.

06 핸들링용 로봇의 사용과 거리가 가장 먼 산업 분야는?

① 자동차 산업용 로봇

② 전기 및 전자산업용 로봇

③ 반도체, 디스플레이 산업용 로봇

④ 조선산업용 로봇

해설

① 자동차 산업용 로봇 : 자동차용 주조물, 단조 부품, 가공 부품, 프레스 부품 등에 사용

② 전기 및 전자산업용 로봇 : 전기·전자산업의 제품 및 부품에 사용

③ 반도체, 디스플레이 산업용 로봇 : 웨이퍼 및 LCD 등의 부품 및 제품에 사용

07 **도장용 로봇의 사용과 거리가 가장 먼 산업 분야는?**

① 자동차 산업용 로봇

② 전기 및 전자산업용 로봇

③ 반도체, 디스플레이 산업용 로봇

④ 조선산업용 로봇

① 자동차 산업용 로봇 : 자동차 차체 혹은 자동차 부품의 도장에 주로 사용

② 전기 및 전자산업용 로봇 : 휴대폰, TV 등의 전기·전자산업의 제품 및 부품 도장에 사용

④ 조선산업용 로봇 : 선체 외판 혹은 블록 등의 선체 부품의 도장에 사용

08 **기계 부품이나 PCB와 전자 부품을 단순 조립하는 로봇부터 양팔을 사용하여 정밀 조립하는 로봇까지 다양한 로봇의 용도별 분류는?**

① 핸들링용 로봇

② 도장용 로봇

③ 가공용 로봇

④ 조립용 로봇

조립용 로봇은 산업체에서 가장 널리 사용되는 분야의 로봇으로서, 기계 부품이나 PCB와 전자 부품을 단순 조립하는 로봇부터 양팔을 사용하여 정밀 조립하는 로봇까지 다양하다.

09 **최근에는 모형 제작용으로도 사용하고 있는 로봇의 용도별 분류는?**

① 가공용 로봇

② 검사용 로봇

③ 핸들링용 로봇

④ 도장용 로봇

가공용 로봇은 주로 가스, 플라스마, 레이저, 워터젯을 이용한 철판 절단용이나 기계 부품의 디버링용이며, 최근에는 모형 제작용으로도 사용되고 있다.

10 **아크용접용 로봇의 사용과 거리가 가장 먼 산업 분야는?**

　① 조선산업용 로봇

　② 자동차 산업용 로봇

　③ 전기 및 전자산업용 로봇

　④ 반도체, 디스플레이 산업용 로봇

반도체, 디스플레이 산업용 로봇에는 핸들링용 로봇, 이적재용 로봇, 이동형 로봇이 있다.

11 **전기 및 전자산업용 로봇에 포함하지 않은 로봇은?**

　① 조립용 로봇

　② 아크용접용 로봇

　③ 이적재용 로봇

　④ 부품가공용 로봇

부품가공용 로봇에는 자동차 산업용 로봇, 조선산업용 로봇이 있다.

12 **로봇시스템의 구성에 해당하지 않은 것은?**

　① 로봇기구부

　② 로봇 하드웨어

　③ 로봇 동력부

　④ 로봇 소프트웨어

로봇시스템은 로봇기구부, 로봇 하드웨어, 로봇 소프트웨어로 구성되어 있다.

13 **로봇시스템 중 로봇 하드웨어에 속하지 않는 것은?**

　① 미들웨어　　　　　　　② 액추에이터

　③ 센 서　　　　　　　　④ 마이크로컨트롤러

미들웨어는 로봇 소프트웨어의 구성요소이다. 로봇 하드웨어에는 액추에이터, 센서, 모션제어기, 전원부, 마이크로컨트롤러가 있다.

14 로봇 제품 개발 기획 시 로봇시스템에서 반드시 구현되어야 할 필수작업과 동작 등을 정의함으로써 설명되는 요구사항은?

① 고객 요구사항

② 기능적 요구사항

③ 성능적 요구사항

④ 비기능적 요구사항

해설

① 고객 요구사항 : 시스템의 목적, 주어진 환경과 제한조건, 변경의 유효성과 적합성의 관점에서 시스템의 기대사항을 정의하는 사실 및 가정을 서술한 것이다.

③ 성능적 요구사항 : 어떤 기능이 동작해야 하는 한계를 정의한다. 이는 보통 자료의 양이나 질, 동작의 적시성과 민첩성 등의 척도로 기술된다.

④ 비기능적(Non-functional) 요구사항 : 비기능 요구사항은 특정 기능보다는 전체 시스템의 동작을 평가하는 척도를 정의한다.

15 로봇 제품 개발 기획 시 로봇 시스템에서 특정 기능보다는 전체 시스템의 동작을 평가하는 척도 등을 정의함으로써 설명되는 요구사항은?

① 고객 요구사항

② 기능적 요구사항

③ 성능적 요구사항

④ 비기능적 요구사항

16 로봇 제품 개발 기획 시 로봇시스템에서 시스템의 목적, 주어진 환경과 제한조건, 변경의 유효성과 적합성의 관점에서 시스템의 기대사항을 정의하는 사실 및 가정을 서술함으로써 설명되는 요구사항은?

① 고객 요구사항

② 기능적 요구사항

③ 성능적 요구사항

④ 비기능적 요구사항

17 로봇 제품 개발 기획 시 로봇시스템에서 요구사항의 종류가 아닌 것은?

① 제품 요구사항   ② 기능적 요구사항

③ 성능적 요구사항   ④ 비기능적 요구사항

요구사항의 종류
- 고객 요구사항 : 시스템의 목적, 주어진 환경과 제한조건, 변경의 유효성과 적합성의 관점에서 시스템의 기대사항을 정의하는 사실 및 가정을 서술한 것이다.
- 기능적(Functional) 요구사항 : 기능 요구사항은 반드시 구현되어야 할 필수적인 작업과 동작 등을 정의함으로써 어떤 기능이 구현되어야 하는지를 설명한다.
- 비기능적(Non-functional) 요구사항 : 비기능 요구사항은 특정 기능보다는 전체 시스템의 동작을 평가하는 척도를 정의한다.
- 성능적 요구사항 : 어떤 기능이 동작해야 하는 한계를 정의한다. 이는 보통 자료의 양이나 질, 동작의 적시성과 민첩성 등의 척도로 기술된다.

18 로봇기구 개발 기획 시 요구사항 분석 유형의 행위에 포함되지 않는 것은?

① 요구사항의 수집   ② 요구사항의 편집

③ 요구사항의 기록   ④ 요구사항의 분석

요구사항 분석
- 요구사항의 수집 : 요구사항이 무엇인지를 결정하기 위해 개발자가 고객 및 사용자와 대화하는 작업이다.
- 요구사항의 분석 : 언급된 요구사항이 불명확하거나 불완전하거나 모호하거나 모순되는지를 결정하고 해결하는 것을 가리킨다.
- 요구사항의 기록 : 요구사항은 자연 언어 문서, 유스 케이스, 사용자 스토리 또는 공정명세서와 같은 다양한 형식으로 문서화되어야 한다.

19 요구사항의 정의로 설명이 틀린 것은?

① 시스템 개발 분야에서 개발자의 목적을 수행하기 위함이다.

② 평가 시 테스트 케이스를 생성하는 기반이다.

③ 기획서상에 명시된 시스템이 반드시 수행하여야 할 조건이나 능력이다.

④ 제품 또는 시스템 설계의 기반이자 시스템 구현의 품질을 판단하는 기준이다.

요구사항(Requirement)이란 시스템 개발 분야에서 고객이나 사용자의 목적을 수행하기 위하여 기획서상에 명시된 시스템이 반드시 수행하여야 할 조건이나 능력이다. 따라서 요구사항은 제품 또는 시스템 설계의 기반이자 시스템 구현의 품질을 판단하는 기준이 되며, 평가 시 테스트 케이스를 생성하는 기반이라고 할 수 있다. 여기서 품질이란 고객의 기대에 적합한가의 여부이다.

20 로봇 기구 개발 기획 시 요구사항을 추출하기 위해 필요한 작업이 아닌 것은?

① 시스템에 대한 정보 출처 파악

② 요구사항에 대한 정보 수집

③ 요구사항에 대한 종류 분석

④ 요구사항과 제한 사항의 정의

요구사항 추출

• 시스템에 대한 정보 출처 파악

– 정부나 전문기관의 법령이나 표준

– 정부나 정부 산하기관에서 발표되는 각종 정책

– 통계, 특허청에 등록된 특허, 전문기관 등에서 출판되는 동향 분석 보고서

– 시장 분석 보고서, 학술기관 등에서 출판되는 논문과 세미나 자료

– 전문가들의 의견이 들어 있는 인터넷 정보

– 책과 같은 각종 출판물

– 신문이나 방송의 각종 보도자료

• 요구사항에 대한 정보 수집

– 고객이나 사용자의 발표를 직접 듣거나 인터뷰하는 방법

– 문헌이나 인터넷 등을 직접 조사하는 방법

– 설문지를 이용해 관련자나 전문가들의 의견을 취합하는 방법

– 엔지니어들 간의 브레인스토밍 회의를 통해 요구사항을 이끌어 내는 방법

– 사용 사례를 찾아서 작성해 보는 방법

• 요구사항과 제한사항의 정의 : 시스템의 요구란 주로 시스템이 수행하여야 하는 기능적 요구사항과 비기능적 요구사항, 성능적 요구사항을 찾아내는 것이다. 이러한 요구들은 개발될 시스템의 기능이나 성능을 구체적으로 나타낸다.

21 로봇시스템에 대한 정보 출치를 피악히기 위한 정보원에 헤당히지 않는 것은?

① 책과 같은 각종 출판물

② 신문이나 방송의 각종 보도자료

③ 개인들의 의견이 들어 있는 인터넷 정보

④ 정부나 정부 산하기관에서 발표되는 각종 정책

시스템에 대한 정보 출처 파악

• 정부나 전문기관의 법령이나 표준

• 정부나 정부 산하기관에서 발표되는 각종 정책

• 통계, 특허청에 등록된 특허, 전문기관 등에서 출판되는 동향 분석 보고서

• 시장 분석 보고서, 학술기관 등에서 출판되는 논문과 세미나 자료

• 전문가들의 의견이 들어 있는 인터넷 정보

• 책과 같은 각종 출판물

• 신문이나 방송의 각종 보도자료

22 로봇시스템 요구사항에 대한 정보를 모으는 방법에 해당하지 않는 것은?

① 문헌이나 인터넷 등을 간접 조사하는 방법

② 고객이나 사용자의 발표를 직접 듣거나 인터뷰하는 방법

③ 사용 사례를 찾아서 작성해 보는 방법

④ 설문지를 이용해 관련자나 전문가들의 의견을 취합하는 방법

요구사항에 대한 정보 수집

• 고객이나 사용자의 발표를 직접 듣거나 인터뷰하는 방법

• 문헌이나 인터넷 등을 직접 조사하는 방법

• 설문지를 이용해 관련자나 전문가들의 의견을 취합하는 방법

• 엔지니어들 간의 브레인스토밍 회의를 통해 요구사항을 이끌어 내는 방법

• 사용 사례를 찾아서 작성해 보는 방법

23 로봇이 수행할 공정을 구성하고 있는 개개의 작업에 대한 작업방법을 분석하는 명칭은?

① 공정 분석

② 표준 분석

③ 작업 분석

④ 환경 분석

• 작업 분석 : 공정을 구성하고 있는 개개의 작업에 대한 작업방법을 분석하는 것이다.

• 공정 분석 : 대상물이 어떤 경로로 처리되었는지를 발생 순서에 따라 분류하고, 각 공정조건(가공조건, 경과시간, 이동거리 등)과 함께 분석하는 것이다.

24 픽 앤 플레이스(Pick and Place) 로봇에 대한 주요 요구사항과 거리가 가장 먼 것은?

① 가반하중

② 작업물 인식률

③ 경사 등판 능력

④ 파지(Pick) 시 대상 종류

산업용으로 많이 사용되는 Pick and Place 로봇의 경우 가반하중이나 작업물 인식률, 파지(Pick) 시 대상 종류 등이 중요한 요구사항이 된다.

25 재난 구조 로봇에 대한 주요 요구사항으로 필요한 것은?

① 가반하중
② 작업물 인식률
③ 무게 이송 능력
④ 파지(Pick) 시 대상 종류

재난 구조 로봇의 경우 무게 이송 능력, 경사 등판 능력 등의 중요한 요구사항이 필요하다.

26 픽 앤 플레이스 로봇을 위한 요구사항에서 성능에 해당하는 유형은?

① 0.5kg 이하의 작업물을 집어야 한다.
② 사람과 충돌하지 않도록 하여야 한다.
③ 동시에 작업해야 될 작업 대상은 1종류이다.
④ 작업 대상물은 지름 30cm 이내의 플라스틱 부품이다.

② 비기능 유형
③ 기능 유형
④ 기능 유형

27 픽 앤 플레이스 로봇을 위한 요구사항에서 비기능에 해당하는 유형은?

① 작업물을 지그에 올리는 데 소요되는 시간이 5초 이하여야 한다.
② 0.5kg 이하의 작업물을 집어야 한다.
③ 동시에 작업해야 될 작업 대상은 1종류이다.
④ 공장 내의 설치 공간은 2×2m 이내여야 한다.

① 성능 유형
② 성능 유형
③ 기능 유형

28 재난 구조용 모바일 로봇을 위한 요구사항에서 성능에 해당하는 유형은?

① 30°의 경사로를 올라갈 수 있어야 한다.

② 로봇은 두 사람이 들어 움직일 수 있는 무게여야 한다.

③ 사람이나 장애물과 부딪쳤을 때에는 정지할 수 있어야 한다.

④ 10kg의 작업물을 잡을 수 있는 로봇 팔이 있어야 한다.

해설

① 기능 유형

② 비기능 유형

④ 기능 유형

29 픽 앤 플레이스 로봇을 위한 요구사항 선정 결과 중 가반하중에 해당하는 것은?

① 0.5kg 이하의 작업물을 집어야 한다.

② 동시에 작업해야 될 작업 대상은 1종류이다.

③ 작업 대상물은 지름 30cm 이내의 플라스틱 부품이다.

④ 공장 내의 설치 공간은 2×2m 이내여야 한다.

해설

② 작업물 인식률

④ 작업반경 또는 선회반경

30 재난 구조용 모바일 로봇을 위한 요구사항 선정 결과 중 무게 이송 능력에 해당하는 것은?

① 장애물이 있는 작업 공간에서 100m를 움직이는 데 10분 이내의 시간이 걸려야 한다.

② 10kg의 작업물을 잡을 수 있는 로봇 팔이 있어야 한다.

③ 로봇은 두 사람이 들어 움직일 수 있는 무게여야 한다.

④ 사람과 장애물을 구분할 수 있어야 한다.

해설

① 최대 속도

제2장 로봇기구 개발환경 및 규정 검토

31 국가표준기본법에서 규정하는 표준에 해당하지 않는 것은?

① 측정표준

② 참조표준

③ 산업표준

④ 국내표준

국가표준이란 국가사회의 모든 분야에서 정확성, 합리성 및 국제성을 높이기 위하여 국가적으로 공인된 과학적·기술적 공공기준으로서, 산업표준·측정표준·참조표준 등 '국가표준기본법'에서 규정하는 모든 표준을 말한다.

32 광공업품의 종류, 형상, 품질, 생산방법, 시험·검사·측정방법 및 산업활동과 관련된 서비스의 제공방법·절차 등을 통일하고, 단순화하기 위한 기준은?

① 측정표준

② 참조표준

③ 산업표준

④ 국제표준

산업표준

• 광공업품의 종류, 형상, 품질, 생산방법, 시험·검사·측정방법 및 산업활동과 관련된 서비스의 제공방법·절차 등을 통일하고, 단순화하기 위한 기준이다.

• 한국산업표준(KS ; Korean Industrial Standards)은 산업표준화법에 의거하여 산업표준심의회의 심의를 거쳐 국가기술표준원장 및 소관부처의 장이 고시함으로써 확정되는 국가표준으로서 약칭하여 KS로 표시한다.

33 한국산업표준의 분류에 해당하지 않는 것은?

① 제품 표준

② 방법 표준

③ 측정 표준

④ 전달 표준

① 제품표준 : 제품의 향상·치수·품질 등을 규정한 것

② 방법표준 : 시험·분석·검사 및 측정방법, 작업표준 등을 규정한 것

④ 전달표준 : 용어·기술·단위·수열 등을 규정한 것

34 산업 및 과학기술 분야에서 물상 상태의 양의 측정 단위 또는 특정량의 값을 정의하고, 현시하며, 보존 및 재현하기 위한 것은?

① 측정표준
② 참조표준
③ 산업표준
④ 국제표준

측정표준이란 산업 및 과학기술 분야에서 물상 상태의 양의 측정 단위 또는 특정량의 값을 정의하고, 현시하며, 보존 및 재현하기 위한 기준으로 사용되는 물적 척도, 측정기기, 표준물질, 측정방법 또는 측정체계이다.

35 측정 데이터 및 정보의 정확도와 신뢰도를 과학적으로 분석·평가하여 공인된 표준에 어울리지 않는 것은?

① 물리화학적 상수
② 물성값
③ 과학기술적 기준
④ 과학기술적 통계

참조표준
• 측정 데이터 및 정보의 정확도와 신뢰도를 과학적으로 분석·평가하여 공인된 것이다.
• 국가사회의 모든 분야에서 널리 지속적으로 사용되거나 반복 사용할 수 있도록 마련된 물리화학적 상수, 물성값, 과학기술적 통계 등이다.
※ 성문표준 : 국가사회의 모든 분야에서 총체적인 이해성, 효율성 및 경제성 등을 높이기 위하여 자율적으로 적용하는 문서화된 과학기술적 기준, 규격 및 지침을 말한다.

36 한국산업표준의 제·개정방법 중 국가에서 직접 제안하는 방법이 아닌 것은?

① 국가기술표준원장이 자체적으로 표준안 작성
② 이해관계인의 의견 수렴
③ 학회에 의뢰
④ 연구소의 용역 사용

국가에서 직접 제안 : 국제표준의 제정 및 신제품 개발 등으로 광공업품의 품질 향상, 소비자 보호 및 호환성 확보 등의 필요에 의해 국가기술표준원장 또는 소관 중앙행정기관의 장이 제안하는 경우로서, 자체적으로 표준안을 작성하거나 학회·연구기관 등에 용역을 주어 작성한다.

37 이해관계자가 한국산업표준을 제 · 개정하고자 하는 경우 서면으로 개최 요구를 할 수 있는 것은?

① 세미나　　　　　　　　　　　② 심포지엄
③ 포 럼　　　　　　　　　　　　④ 공청회

한국산업표준을 제 · 개정하고자 하는 경우 공청회를 개최하여 이해관계인의 의견을 들을 수 있다. 이해관계가 있는 자는 서면으로 공청회 개최를 요구할 수 있으며, 요구받은 국가기술표준원장 또는 소관 중앙행정기관의 장은 반드시 개최하여야 한다.

38 산업표준심의회의 심의에 해당되지 않는 것은?

① 표준회의 심의　　　　　　　　② 기술심의회 심의
③ 자문위원회 심의　　　　　　　④ 전문위원회 심의

① 표준회의 심의 : 소관부처의 분야별 기술심의회를 거친 최종 표준안에 대해 부처 간 중복 여부, 국가표준의 형식부 합화 등 심의를 거쳐야 하며, 기술심의회의 검토가 필요하다고 인정되면 해당 기술심의회로 이송시켜 검토하게 할 수 있다.
② 기술심의회 심의 : 산업표준심의회의 전문 분야별로 구성되어 있는 해당 표준의 소관 기술심의회에 표준안을 상정하여 심의를 거쳐야 하며, 전문기술 분야 등 전문위원회의 검토가 필요하다고 인정되면 해당 전문위원회로 이송시켜 검토하게 할 수 있다.
④ 전문위원회 심의 : 전문 분야별로 구성된 전문위원회는 기술심의회로부터 이송된 표준안에 대하여 심의하고 심의 결과를 기술심의회에 통보한다.

39 한국산업표준(KS)의 보급의 수단으로 옳지 않은 것은?

① 사내표준 전시
② KS표시인증
③ 인쇄 · 배포
④ 한국산업표준 준수 의무 규정

한국산업표준(KS)의 보급
• KS표시인증 : KS표시인증은 산업표준을 널리 활용함으로써 업계의 사내표준화와 품질경영을 도입 · 촉진하고, 우수 공산품의 보급 · 확대 및 소비자 보호를 위하여 특정상품이나 기술 또는 서비스가 한국산업표준 수준에 해당함을 인정하는 제품인증 제도이다.
• 인쇄 · 배포 : 일반 국민에게 정확한 내용과 합리적인 가격의 표준 공급을 위하여 정부는 한국표준협회로 하여금 한국산업표준(KS)의 인쇄 및 보급(배포)을 지원하고 이를 감독하고 있으며, 국가기술표준원 도서관에 표준 원본을 비치하여 언제든지 표준 내용을 열람할 수 있도록 상시 개방하고 있다.
• 한국산업표준 준수 의무 규정 : 정부는 한국산업표준의 활용을 촉진하기 위하여 산업표준화법 제24조(한국산업표준의 준수)에 의거, 국가 · 지방자치단체 · 공공기관 및 공공단체는 물자 및 용역의 조달 · 생산관리 · 시설공사 등을 함에 있어서 한국산업표준을 준수하도록 규정하고 있다.

40 단체표준의 목적이 아닌 것은?

① 동일 업종 생산자의 생산성 향상

② KS와 사내표준의 교량 역할

③ 거래의 공정화 및 단순화를 통해 소비자의 권익 보호

④ 획일적인 소비자의 요구에 신속 대응

 해설

단체표준의 목적
• 동일 업종 생산자의 생산성 향상, 원가 절감, 호환성 확대, 공동 이익 추구
• 제품 품질 향상, 거래의 공정화 및 단순화를 통해 소비자의 권익 보호
• 한국산업표준(KS)이 규정하지 않는 부분의 보완
• KS와 사내표준의 교량 역할
• 급속한 기술 발전과 다양한 소비자 요구에 신속 대응

41 로봇 분야 단체표준의 제 · 개정을 위한 표준 제안 절차의 올바른 순서는?

ㄱ. 표준제안서 검토

ㄴ. 표준화 과제 채택

ㄷ. 포럼표준 채택

ㄹ. 분과위원회 표준 초안 작성

ㅁ. 표준 초안 심의 · 의결

ㅂ. 표준 제안

---

① ㄴ - ㄱ - ㄷ - ㄹ - ㅁ - ㄴ

② ㄴ - ㄹ - ㅂ - ㄱ - ㅁ - ㄷ

③ ㅂ - ㄹ - ㄷ - ㄱ - ㅁ - ㄴ

④ ㅂ - ㄱ - ㄴ - ㄹ - ㅁ - ㄷ

해설

표준 제안 절차
• 해당 분과위원장은 제안된 표준안을 검토하고, 운영위원회에서는 표준화 과제의 채택 여부를 결정한다.
• 채택된 표준화 과제에 대하여 해당 분과위원회에서는 분과위원회 초안을 작성한다.
• 운영위원회에서 분과위원회 초안에 대하여 심의 · 의결하고 포럼표준으로 채택한다.

42 특허에 대한 설명으로 틀린 것은?

① 물건 또는 방법을 최초로 발명하였을 경우 그 발명자에게 주어지는 권리이다.
② 산업재산권제도의 대표적인 권리라고 할 수 있다.
③ 기업활동에서 점차 그 중요성이 부각되는 중요한 무형의 독점적 권리이다.
④ 출원일로부터 20년 동안 특허권자 이외의 제3자의 실시를 공유할 수 있는 포용적인 권리이다.

특 허
• 지금까지 없었던 물건 또는 방법을 최초로 발명하였을 경우 그 발명자에게 주어지는 권리이다.
• 산업재산권제도의 대표적인 권리라고 할 수 있으며 기업활동에서 점차 그 중요성이 부각되는 중요한 무형의 독점적 권리이다.
• 특허청에 출원, 심사관의 심사 및 등록이라는 일련의 절차를 거쳐 발생하며 출원일로부터 20년 동안 특허권자 이외의 제3자의 실시를 배척할 수 있는 배타적인 권리이다.

43 특허권을 받기 위하여 출원 발명이 갖추어야 할 요건이 아닌 것은?

① 산업상 이용 가능성
② 선행기술
③ 신규성
④ 진보성

출원 발명은 산업에 이용할 수 있어야 하며(산업상 이용 가능성), 출원하기 전에 이미 알려진 기술(선행기술)이 아니어야 하고(신규성), 선행기술과 다른 것이라도 그 선행기술로부터 쉽게 생각해 낼 수 없는 것이어야 한다(진보성).

44 로봇의 동일한 발명이 2개 이상 출원되었을 때 선출원주의에 대한 설명으로 틀린 것은?

① 출원의 순서와 관계없이 먼저 발명한 출원인에게 권리를 부여한다.
② 발명의 조속한 공개로 산업 발전을 도모하려는 특허제도의 취지에 부합한다.
③ 발명이 이루어진 시기에 관계없이 특허청에 먼저 출원한 발명에 권리를 부여한다.
④ 기술의 공개에 대한 대가로 권리를 부여한다는 의미에서 합리적이며, 신속한 발명의 공개를 유도할 수 있다.

우리나라는 선출원주의를 채택하고 있다. 선출원주의는 발명이 이루어진 시기에 관계없이 특허청에 먼저 출원한 발명에 권리를 부여한 것이다. 기술의 공개에 대한 대가로 권리를 부여한다는 의미에서 합리적이며, 신속한 발명의 공개를 유도할 수 있다. 또 발명의 조속한 공개로 산업 발전을 도모하려는 특허제도의 취지에 부합한다고 볼 수 있다.
출원의 순서와 관계없이 먼저 발명한 출원인에게 권리를 부여하는 것은 선발명주의이다.

45 로봇의 동일한 발명이 2개 이상 출원되었을 때 선발명주의에 대한 설명으로 틀린 것은?

① 우리나라는 선발명주의를 채택하고 있다.

② 출원의 순서와 관계없이 먼저 발명한 출원인에게 권리를 부여한다.

③ 발명가 보호에 장점이 있으며, 특히 사업체를 가지고 있지 않은 개인 발명가들이 선호하는 제도이다.

④ 발명가는 발명에 관련된 일지를 작성하고 증인을 확보해야 하며 특허청으로서는 발명의 시기를 확인하여야
하는 불편이 있다.

선발명주의는 출원의 순서와 관계없이 먼저 발명한 출원인에게 권리를 부여하는 것이다. 발명가 보호에 장점이 있으며, 특히
사업체를 가지고 있지 않은 개인 발명가들이 선호하는 제도이다. 다만 발명가는 발명에 관련된 일지를 작성하고 증인을 확보해야
하며 특허청은 발명의 시기를 확인하여야 하는 불편이 있다.

46 로봇시스템의 개발에 대한 특허 심사 절차의 올바른 순서는?

ㄱ. 실체 심사
ㄴ. 특허 결정
ㄷ. 등록 공고
ㄹ. 방식 심사
ㅁ. 출원 공개

① ㄹ - ㅁ - ㄴ - ㄷ - ㄱ

② ㄹ - ㅁ - ㄱ - ㄴ - ㄷ

③ ㄱ - ㅁ - ㄴ - ㄷ - ㄹ

④ ㄱ - ㅁ - ㄷ - ㄹ - ㄴ

해설

• 방식 심사 : 출원의 주체, 법령이 정한 방식상 요건 등 절차의 흠결 유무를 점검하는 심사
• 출원 공개 : 특허 출원에 대하여 그 출원일로부터 1년 6개월이 경과한 때 또는 출원이의 신청이 있는 때는 기술 내용을 공보에
게재하여 일반인에게 공개
• 실체 심사 : 발명의 내용 파악, 선행기술 조사 등을 통해 특허 여부 판단
• 특허 결정 : 심사 결과 거절 이유가 존재하지 않을 시에는 특허결정서를 출원인에게 통지
• 등록 공고 : 특허 결정되어 특허권이 설정 등록되면 그 내용을 일반인에게 공개

45 ① 46 ② ▶Answer

제3장 로봇기구 개발 기획

47 제품 개발 단계에 해당하지 않는 것은?

① 기획 단계
② 개념 정립 단계
③ 제작과 시험 단계
④ 하드웨어 설계 단계

해설

• 기획 단계 : 제품 개발 과제의 승인 전에 필히 수행 완료되어야 할 기획 단계이다.
• 개념 정립 단계 : 기존 고객의 자료를 기반으로, 관련 지식을 추가하여 매우 정교한 제품 설계 사양을 만드는 단계이다.
• 시스템 설계 단계 : 시스템 수준의 설계로서 제품의 기능을 분석 평가하여 여러 개의 세부 하위 시스템으로 나눈다.
• 상세 설계 단계 : 제품의 시험 및 생산 가능성이 포함된 완전한 공학적 시방서가 나오는 단계이다.
• 제작과 시험 단계 : 제품의 여러 개의 사전 시험품의 제작과 시험에 관한 것이다. 최초의 시작품은 주로 양산 기능 부품으로 만들어진다.
• 초두 생산 단계(시양산 단계) : 준비된 생산시스템에 의해서 제품의 생산 및 조립이 이루어지는 단계이다.

48 제품 개발과정 중 기획 단계에서 사업적 평가로 고려해야 할 사항이 아닌 것은?

① 마케팅
② 자 금
③ 설계 및 제조
④ 회사의 전략

해설

사업적 평가를 수행하는 데는 마케팅, 설계, 제조, 자금, 그리고 관련된 법률 관련자를 포함하여 몇 달의 기간이 걸릴 수도 있다.

49 다음 설명에 대한 제품 개발과정의 단계는?

> 기획 단계에서 나온 기존 고객의 자료를 기반으로, 관련 지식을 추가하여 매우 정교한 제품 설계 사양(PDS ; Product Design Specification)을 만든다. 제품 개발과정(PDP ; Product Development Process)에서 가장 중요하고 핵심이 되는 부분으로 우수한 개념 설계가 시장에서 성공하는 제품으로 이어진다.

① 기획 단계
② 개념 정립 단계
③ 상세 설계 단계
④ 초두 생산 단계

50 제품 개발과정 단계 중 상세 설계 단계에 대한 설명으로 틀린 것은?

① 제품의 시험 및 생산 가능성이 포함된 완전한 공학적 시방서가 나온다.

② 상세 설계의 최종 결과물은 각 부품의 조립 및 가공에 대한 정보가 포함된 CAD 파일 형태이다.

③ 재료와 제조 공정의 선정, 부품의 형상과 치수작업이 이루어진다.

④ 가공이 되어야 할 각각의 부품들의 사양과 회사의 어느 공장에서 제작이 되어야 하는지 정해진다.

해설

제품의 각 부품별로 위치, 형상, 치수, 공차, 표면 특정, 재료, 제조 공정이 명기되어야 한다.

51 제품 개발과정 중 제작과 시험 단계에서 실행하는 베타테스트에 대한 설명으로 틀린 것은?

① 제품이 설계된 대로 실제로 동작하는지, 고객의 중요한 요구사항을 만족하는지 판단하기 위한 것이다.

② 실제 생산 공정 및 장비로 만든 부품에 의해 만들어진 제품을 사용한다.

③ 최종 판정은 완전히 엉망인 설계의 경우 제품 실패로 결정한다.

④ 대부분 심각한 오류 수정이나 제품 출하 연기 등으로 기간이 지연될 수 있다.

해설

①은 알파테스트에 대한 설명이다.

베타테스트

시장 출하 전에 제품의 성능 및 신뢰성 테스트로서, 꼭 필요한 공학적 개선을 하기 위해 실시된다. 여기서 베타테스트는 실제 생산 공정 및 장비로 만든 부품에 의해 만들어진 제품을 사용하며, 가혹시험과 함께 사용환경에 맞는 선택된 사용자에 의해 실시된다. 이 단계의 최종 판정은 완전히 엉망인 설계의 경우 제품 실패로 결정하지만, 대부분 심각한 오류 수정이나 제품 출하 연기 등으로 기간이 지연될 수 있다.

52 다음 설명에 대한 제품 개발과정의 단계는?

> 준비된 생산시스템에 의해서 제품의 생산 및 조립이 이루어지는 단계이다. 주요 관점은 제품 개발과정의 강점과 약점이 무엇인지 검토하여 다음 제품 개발팀이 더욱 개선되도록 하는 데 있다.

① 초두 생산 단계

② 상세 설계 단계

③ 제작과 시험 단계

④ 시스템 설계 단계

53 로봇 개발 기획을 통한 산출물이 아닌 것은?

① 제품 개발계획서
② 제품 컨셉 및 세일즈 포인트
③ 개발 제품의 레이아웃 및 이미지
④ 인력 개발비 및 유지보수비 투입 계획

로봇 개발 기획 단계
• 시장 조사를 통한 시장환경 및 매출 계획
• 고객 니즈 체계 및 니즈 충족 방안
• 제품 컨셉 및 세일즈 포인트
• 제품 개발 방향 정립, 개발 제품의 레이아웃 및 이미지
• 개발제품의 사양과 성능 목표
• 원가 계획, 일정 계획, 개발 인력 및 개발비 투입 계획
• 제품 개발계획서 및 시행품의서

54 다음 설명에 대한 개념 설계 단계는?

> 로봇의 주요 설계 사양은 가반하중, 최대 속도, 위치 반복 정밀도, 작업영역 등이다. 이 설계 사양은 설계 개념에 부합되도록 해야 하며, 설계시방서는 사용자의 요구사항, 가격, 성능, 기술적 문제점 등을 고려하여 작성되어야 한다.

① 기구 설계 목표 정의 및 설계 개념 정립
② 기구 설계 사양 검토 및 설계시방서 작성
③ 개념 설계 평가
④ 동역학적 해석

55 대표적인 로봇의 주요 설계 사양으로 해당하지 않는 것은?

① 가반하중
② 최대 속도
③ 작업영역
④ 회전속도

로봇의 주요 설계 사양은 가반하중, 최대 속도, 위치 반복 정밀도, 작업영역 등이다.

56 다음 설명에 대한 기본 설계 단계는?

> 로봇의 형태 및 요구 자유도와 부합하도록 개략적으로 관절을 구성한다. 관절 구성에 따라 작업영역, 관절의 속도, 가속도, 최대 속도 등 운동학적 해석을 하여 설계 시방을 만족하는지 평가하며, 요구조건을 만족하도록 관절을 구성한다.

① 역학 해석
② 동역학적 해석
③ 기본 설계 평가
④ 관절 구성과 운동학적 해석 및 평가

57 다음 설명에 대한 기본 설계 단계는?

> 운동학적 요구조건을 만족하도록 관절 구성이 되면 모터의 배치, 모터의 종류 및 용량 가선정, 동력전달기구 및 방법 등 결정, 감속기의 종류와 감속비 및 용량 가선정, 로봇 암의 크기 가선정, 배선 구조 등을 개략적으로 설계한다.

① 역학 해석
② 동역학적 해석
③ 개략적인 구조 설계
④ 관절 구성과 운동학적 해석 및 평가

58 제품 개발 상세 설계 단계에 해당하지 않는 것은?

① 동역학적 해석
② 구조 역학 해석
③ 세부 부품 설계 및 설계 계산
④ 개략적인 구조 설계

개략적인 구조 설계 단계는 기본 설계 단계에 해당한다.

제4장 로봇시스템 사양 설계

59 산업용 로봇의 기본 구성 부품이 아닌 것은?

① 말단장치　　　　　　　　　② 제어기
③ 증폭기　　　　　　　　　　④ 머니퓰레이터

산업용 로봇의 기본 구성 부품은 머니퓰레이터, 말단장치, 동력공급장치와 제어기이다.

60 머니퓰레이터의 설명으로 틀린 것은?

① 팔 끝에서 공구가 원하는 작업을 할 수 있도록 특별한 로봇의 동작을 제공하는 것이다.
② 링크, 기어, 액추에이터와 피드백 기구와 같은 기계적 장치를 사용함으로써 실행된다.
③ 전형적으로 산업용 로봇은 4~6개의 자유도를 갖는다.
④ 기준좌표계는 상대좌표계로서 머니퓰레이터 내에 고정된 위치로서 인식된다.

기준좌표계는 절대적인 기준좌표계로서 머니퓰레이터 내에 고정된 위치로서 인식된다.

61 로봇의 팔에 부착된 고정물로, 실질적인 작업을 수행하는 역할을 하는 구성요소가 아닌 것은?

① 그리퍼　　　　　　　　　　② 조인트
③ 공 구　　　　　　　　　　　④ 특별한 장치

말단장치(End-effector)는 그리퍼(Gripper), 공구, 특별한 장치 등과 같이 로봇의 팔에 부착된 고정물로 실질적인 작업을 수행한다.

62 동력공급장치의 동력원이 아닌 것은?

① 전 기　　　　　　　　　　　② 유 압
③ 공 압　　　　　　　　　　　④ 기 압

동력공급장치는 로봇 액추에이터에 의하여 운동으로 변환되는 데 필요한 에너지를 공급하고 조절하며, 동력원으로는 전기, 공압
또는 유압이 사용된다.

63 동력공급장치의 동력공급원 중 가장 널리 사용되는 순서대로 나열한 것은?

> ㄱ. 유 압
> ㄴ. 공 압
> ㄷ. 전 기

① ㄱ - ㄴ - ㄷ   ② ㄱ - ㄷ - ㄴ
③ ㄷ - ㄴ - ㄱ   ④ ㄷ - ㄱ - ㄴ

기본적인 동력공급원은 전기, 유압, 공압이다. 전기는 동력의 가장 일반적인 근원이고, 산업용 로봇에 가장 널리 사용된다. 그 다음으로는 공압 동력이고, 그 다음은 유압 동력이다.

64 제품 설계과정에서 고려해야 할 사항들이 아닌 것은?

① 기능과 성능   ② 납기일
③ 수 량   ④ 홍보 전략

기능과 성능, 제품의 비용, 납기일, 수량, 환경문제, 안전문제, 품질, 에너지 소비, 신뢰성 변수, 유지보수성, 크기 변수, 중량 변수, 심미성 변수, 주변 환경 조건, 포장과 운송 변수, 인간요소, 사용수명 변수가 있다.

65 제품 설계과정 시 고려해야 할 사항인 납기일에 대한 설명으로 틀린 것은?

① 짧은 시간 안에 제품을 납품해야 한다면 용접이나 기계가공보다는 주조나 단조 공정으로 생산해야 한다.
② 초도품이 납품되어야 하는 일자는 기업이 제품을 개발하는 데 사용할 수 있는 시간에 큰 영향을 미친다.
③ 생산하는 데 사용되는 제조 공정의 방식에도 영향을 미친다.
④ 제품 구현과정에 대한 일정은 기업 내의 모든 부서와 합의되어야 하는 것도 중요하다.

납기일
• 고객에게 초도품이 납품되어야 하는 일자는 기업이 제품을 개발하는 데 사용할 수 있는 시간에 큰 영향을 미친다. 뿐만 아니라 생산하는 데 사용되는 제조 공정의 방식에도 영향을 미친다.
• 만약 짧은 시간 안에 제품을 납품해야 한다면 제품에 대한 자세한 해석을 설계 단계에서 할 시간은 거의 없게 되고, 주조나 단조보다는 용접이나 기계가공과 같은 짧은 리드 타임을 갖는 제조 공정으로 생산해야 한다.
• 제품 구현과정에 대한 일정은 고객에게 제품이 늦게 납품되는 것을 방지하기 위해서 기업 내의 모든 부서와 합의되어야 하는 것도 중요하다.

66 제품 설계과정 시 고려해야 할 사항으로 바르게 짝지어진 것은?

> ㄱ. 대량의 제품을 생산하려면 특수한 장치를 사용하거나 전용기기를 사용하여야 한다.
> ㄴ. 제품의 전 수명주기에 있어서 잠재적 위험을 미리 알고, 대처하는 것은 설계자의 책임이다.
> ㄷ. 고객이 수용할 만한 가격으로 고객의 요구조건을 만족시키는 제품의 능력이다.
> ㄹ. 정해진 운전조건하에서 의도된 기능을 수행할 확률이다.

① ㄱ - 품질　　　　　　　　　　② ㄴ - 수량
③ ㄷ - 안전문제　　　　　　　　④ ㄹ - 신뢰성 변수

해설
① ㄱ - 수량
② ㄴ - 안전문제
③ ㄷ - 품질

67 위험을 제거하는 3가지 방법이 아닌 것은?

① 제품으로부터 위험을 완벽하게 제거한다.
② 설계를 통해 제거되지 않는 위험은 보호장치를 하거나 사용자로부터 격리시켜야 한다.
③ 개념 설계 단계가 마무리된 후 대안이 되는 작업원칙을 선정한다.
④ 위험한 제품은 경고문을 표시하고 안전운전에 대한 지침을 제공한다.

해설
위험을 제거하는 3가지 방법
• 제품으로부터 위험을 완벽하게 제거한다. 이것은 개념 설계 단계에서 대안이 되는 작업원칙을 선정함으로써 가장 쉽게 달성 가능하다.
• 설계를 통해 제거되지 않는 위험은 보호장치를 하거나 사용자로부터 격리시켜야 한다.
• 위험한 제품은 경고문을 표시하고 안전운전에 대한 지침을 제공한다.

68 제품 설계과정 시 고려해야 할 사항인 품질에 대한 설명으로 틀린 것은?

① 고객이 수용할 만한 가격으로 고객의 요구조건을 만족시키는 제품의 능력을 일컫는다.
② 품질문제를 해결하는 방법은 그 문제의 근본원인을 제거하는 것이다.
③ 제품 구현과정의 설계 및 제조 단계에서 각자 구현되어야 한다.
④ 보통 동일한 품질의 제품이라도 브랜드 가치가 높은 제품을 선호한다.

해설
품질은 제품 구현과정의 설계 및 제조 단계에서 동시에 구현되어야 한다. 만약 회사 내에서 품질문제를 잡지 못한다면, 저질 제품을 만드는 회사는 브랜드 가치 하락과 함께 막대한 비용을 감수해야만 한다. 즉, 회수된 제품의 고장을 수리하는 데 필요한 보증비용이나 복구하기 어려운 고객의 신뢰문제를 들 수 있다.

69 제품 설계과정 시 고려해야 할 사항인 유지보수성에 대한 설명으로 틀린 것은?

① 요구조건은 제품의 설계 단계 초기부터 고려되어야 한다.
② 장기간 높은 신뢰성이 요구되는 로봇은 초기 비용보다는 유지보수가 더 큰 경우도 있다.
③ 유지보수를 제조사, 고객에 의해 진행된다.
④ 감속기 윤활, 케이블, 실 재료, 벨트류, 그리고 마모된 부품의 교체 등이 포함된다.

제품과 유지보수 과정의 성격에 따라서 이러한 작업은 고객, 제조사, 독립된 서비스 업체에 의한 3가지 방법으로 수행된다. 각각의 방법은 제품의 개발 초기에 서로 다른 구속조건을 제공하므로 미리 고려되어야 한다.

70 제품의 유지보수를 위한 대표적인 설계지침으로 틀린 것은?

① 안 보이는 곳에 감지장치나 계기를 부착하라.
② 유지보수작업에 최소의 인원이 작업하게 하라.
③ 유지보수가 필요한 부품을 피하라.
④ 가능하면 일반 공구를 사용하는 체결요소를 사용하라.

해설

제품의 유지보수를 위한 대표적인 설계지침
• 유지보수를 가능한 한 빨리 그리고 쉽게 할 수 있도록 하라.
• 유지보수가 필요한 부품을 피하라.
• 작업해야 하는 영역으로 접근이 쉽게 하라.
• 유지보수를 위해 제품을 조립하고 분해하는 방법이 단 하나만 존재하도록 하라.
• 가능하면 일반 공구를 사용하는 체결요소를 사용하라.
• 유지보수작업에 최소의 인원이 작업하게 하라.
• 부품의 교체가 쉬워야 한다.
• 가능하면 자기조정되는 부품을 사용하라. 조정작업은 쉬워야 한다.
• 적절한 곳에 감지장치나 계기를 부착하라.
• 복잡한 제품의 경우 고장을 발견하기 위한 인공지능기법을 사용하라.
• 유지보수를 수행하기 위해 필요한 학습의 양을 최소화하라.

71 제품 설계과정 중 고려해야 할 변수로 옳은 것은?

> 제품과 그 사용자 사이의 인터페이스에 관심을 갖는 설계 변수이다. 운전자와 기계 사이의 상호작용과 관련된 일을 이해하려면 경고음, 점멸등, 화면 지시기 또는 출력장치, 티치 펜던트 등이 필요하다.

① 주변 환경조건
② 인간요소
③ 사용수명 변수
④ 포장과 운송 변수

69 ③ 70 ① 71 ② **Answer**

72 제품 설계과정 중 고려해야 할 변수로 옳은 것은?

> 제품이 고객의 마음에 들도록 하는 특성과 관련되어 있는 요소이다. 구체적으로는 시각적 매력, 표면 조직, 색채, 냄새 등을 들 수 있다. 로봇은 보기에 안정된 느낌, 신뢰감을 주는 느낌 등이 중요하다.

① 심미성 변수
② 중량 변수
③ 주변 환경조건
④ 사용수명 변수

73 기업 차원에서 고려해야 할 비용과 가격에 대한 설명으로 틀린 것은?

① 제품 1개를 만드는 제조비용을 결정하기 위해서는 회계상의 직접비용만 포함되어야 한다.
② 제품의 비용은 재료비, 부품비, 제조 및 조립의 비용을 포함한다.
③ 가격은 고객이 제품 구매를 위해 기꺼이 지불할 수 있는 금액이다.
④ 가격과 비용의 차이가 바로 제품 개당 이익이라고 정의한다.

해설

• 제품의 비용은 재료비, 부품비, 제조 및 조립의 비용을 포함한다. 또 제품 1개를 만드는 제조비용을 결정하기 위해서는 공장 및 설비의 감가상각비용, 공구비용, 개발비용, 재고비용, 보험비용 등 회계상의 간접 비용도 포함되어야 한다.
• 가격은 고객이 제품 구매를 위해 기꺼이 지불할 수 있는 금액이다. 가격과 비용의 차이가 바로 제품 개당 이익이라고 정의한다.
• 가치는 고객의 만족도와 제품 가격의 차이이다.

74 제품의 수명주기에 대한 설명으로 틀린 것은?

① 제품의 초기 도입기는 생산량도 제한적이고 운영비용도 높고, 유연 생산과정이 적용되나 제조원가가 높다.
② 성숙기에 접어들면 제품 관련 경험을 바탕으로 지속적인 고객의 증가로 판매가 가속화된다.
③ 성장기에는 제품이 이미 시장에 퍼져 있고 판매도 안정적이다.
④ 쇠퇴기에는 사회적 수요를 만족하는 새롭고 우수한 제품이 시장에 진입하게 되어 판매는 줄어든다.

해설

성장기
• 제품 관련 경험을 바탕으로 지속적인 고객의 증가로 판매가 가속화된다.
• 고객 주문형 상품에서 고객의 수요에 따라 조금씩 다른 주변 액세서리를 만드는 것은 중요한 점이다.
• 제품이 이미 시장에 퍼져 있고 판매도 안정적이며, 전반적인 경기에 따라 같은 비율로 판매가 성장한다. 제품이 이 단계에 이르면 새로운 적용처나 새로운 제품의 특징을 추가함으로써 제품에 새로운 활력을 불어 넣어야 한다.

75 제품의 수명주기 중 성숙기에 대한 설명으로 틀린 것은?

① 시장에서 상당한 경쟁에 부딪치게 되어 전반적인 비용을 낮추는 것이 중요한 시기이다.

② 더욱 자동화되어 더 많은 양을 생산하게 되므로 단위 제품 제조원가는 낮아진다.

③ 전반적인 경기에 따라 같은 비율로 판매가 성장한다.

④ 인건비를 낮추기 위해 외주가공을 도입하기도 한다.

 해설

성숙기

• 일반적으로 시장에서 상당한 경쟁에 부딪치게 되어 전반적인 비용을 낮추는 것이 중요한 시기이다.

• 제품 시장의 성숙 단계로 넘어가면 더욱 자동화되어 더 많은 양을 생산하게 되므로 단위 제품 제조원가는 낮아진다.

• 성숙기에서는 제한된 제품의 개선을 통하여 적절히 제품의 사용기간을 연장하고 제조원가를 획기적으로 낮추어야 한다. 인건비를 낮추기 위해 외주가공을 도입하기도 한다.

76 다음 개발주기의 형태에 따른 기술 개발과 대체주기에 대한 설명으로 옳은 것은?

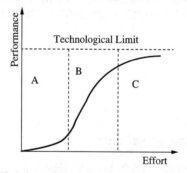

① A단계에서는 과학기술의 전문성보다는 생산 노하우나 재정적 전문성이 더 중요하다.

② A단계에서는 개인이나 작은 개별 그룹이 기술 개발의 방향에 결정적인 영향을 미친다.

③ C단계에서는 기본 아이디어가 자리 잡고 기술 개발은 주요 아이디어 간의 빈 곳을 메우는 쪽으로 집중된다.

④ B단계에서는 시장이 차츰 안정화되고 생산방법은 자리를 잡아서 생산비용을 줄이는 곳에 더 많은 자금이 투입된다.

해설

① C단계에서는 과학기술의 전문성보다는 생산 노하우나 재정적 전문성이 더 중요하다.

③ B단계에서는 기본 아이디어가 자리 잡고 기술 개발은 주요 아이디어 간의 빈 곳을 메우는 쪽으로 집중된다.

④ C단계에서는 시장이 차츰 안정화되고 생산방법은 자리를 잡아서 생산비용을 줄이는 곳에 더 많은 자금이 투입된다.

77 로봇제어부 중 컨트롤러의 구성요소가 아닌 것은?

① 메인 모듈

② 서보 드라이브 모듈

③ DC 전원장치

④ 티치 펜던트

 해설

컨트롤러는 모션 컨트롤 기능을 수행하는 메인 모듈, 모터제어를 위한 서보 드라이브 모듈, 제어기 내 센서나 스위치와 같은 소자의 입출력을 담당하는 응용 모듈과 DC 전원장치(SMPS) 등으로 구성되어 있다.

78 비상 정지 스위치, 리밋 스위치, 안전가드 등과 같은 로봇의 안전을 담당하는 스위치 입력을 받거나 상위 시스템 간의 통신을 하거나 로봇의 구동에 필요한 전원을 통제하는 기능을 하는 로봇제어부의 구성요소는?

① 메인 모듈

② 서보 드라이브 모듈

③ DC 전원장치

④ 응용 모듈

79 티치 펜던트의 기능에 해당하지 않는 것은?

① 모니터링

② 각종 변수 설정

③ 로봇 관리

④ 로봇 티칭

 해설

티치 펜던트의 기능

• 모니터링 : 작업 프로그램, 각 축 데이터, 입출력 신호, 로봇 상태 등

• 이력 관리 : 시스템 버전, 가동시간, 에러 이력, 정지 이력 등

• 파일 관리 : 버전 및 티칭 프로그램 업로드, 다운로드

• 각종 변수 설정 : 사용자 환경, 제어, 로봇, 응용 등

• 로봇 티칭 : 조그 및 티칭프로그램 등록

• 로봇 조작 : 모터 온, 스타트, 스톱, 모드 설정

안심Touch

80 로봇기구부의 구조에 해당하지 않는 것은?

① 링 크

② 조인트

③ 엔드이펙터

④ 머니퓰레이터

로봇기구부는 링크와 조인트, 말단장치(End-effector) 등으로 구성되어 있다.

81 로봇기구부에서 링크와 링크를 연결하는 부품은?

① 링 크

② 조인트

③ 엔드이펙터

④ 머니퓰레이터

조인트는 링크와 링크를 연결하는 부품으로서, 직교좌표 로봇에 주로 사용되는 리니어 모터와 스카라 로봇이나 다관절 로봇에 주로 사용되는 서보모터가 있다.

82 직류모터에 해당하지 않는 것은?

① 코어리스모터

② 마이크로모터

③ 스테핑모터

④ 동기모터

교류모터에는 동기모터, 유도모터가 있다.

83 유도전류에 기준한 유도토크를 이용한 소형 정밀모터의 종류에 해당하지 않는 것은?

① 원통형

② 단상형

③ 콘덴서 시동형

④ 리니어모터

유도모터는 단상형, 콘덴서 시동형, 2상 농형, 3상 농형, 리니어모터가 있다.

84 브러시 직류모터의 구성요소에 포함되지 않은 것은?

① 타여자

② 정류자

③ 회전자

④ 고정자

직류모터는 외측에 고정되어 있는 계자(코일이나 영구자석)와 내측에서 회전하는 전기자, 전기자에 일정한 방향의 전류를 공급하여 회전력을 유지하는 정류자로 나눈다.

85 직류 모터의 장점이 아닌 것은?

① 회전제어가 우수하다.

② 토크효율이 좋다.

③ 속도제어가 용이하다.

④ 복잡한 구조로 되어 있어 고장 등의 위험성이 작다.

직류모터의 장점

• 회전제어가 우수한 특성을 가지고 있고 구동하는 방법이 간단하다.

• 단순한 구조로 되어 있어 고장 등의 위험성이 작으며, 수리가 용이하다.

• 시동토크와 부하에 대한 적응성이 크다(토크효율이 좋다).

• 인가 전압에 대하여 회전 특성이 직선적으로 비례한다(속도제어가 용이하다).

• 입력전류에 대하여 출력토크가 직선적으로 비례하며 출력효율이 양호하다.

• 광범위한 속도제어가 용이하며 속도제어를 하는 경우에도 효율이 좋다.

• 시동토크가 커서 가변속제어나 큰 시동토크가 요구되는 시스템에 사용된다.

• 시동토크와 가속토크를 임의로 선택할 수 있어 토크효율이 좋다.

86 직류모터의 단점이 아닌 것은?

① 마찰로 습동음 등이 발생한다.

② 스파크에 의한 접점 용착이 발생한다.

③ 출력효율이 나쁘다.

④ 교류모터보다 고가이다.

직류모터의 단점
• 정류자를 가진 구조이기 때문에 고속화나 고전압 입력의 경우 제한이 있다.
• 마찰로 습동음 등이 발생한다.
• 스파크에 의한 접점 용착이 발생한다.
• 교류모터보다 고가이다.
• 정류 및 기계적 강도 때문에 고전압화, 고속화가 제한된다.
• 불꽃이 생길 수 있어 통신 방해 노이즈가 생긴다.
• 정류자와 브러시가 있기 때문에 정기적인 보수 점검이 필요하다.

87 전원 주파수에 동기하여 회전하는 것으로 전원 주파수와 동기되었을 때, 안정된 회전 특성이 얻어지는 모터의 종류가 아닌 것은?

① 워렌모터

② 마이크로미터

③ 히스테리시스모터

④ 리액턴스모터

동기모터는 워렌모터, 히스테리시스모터, 리액턴스모터로 구분이 된다.

88 교류모터의 원리와 구조에 대한 설명이 틀린 것은?

① 영구자석의 N, S극 사이에 있는 원판에 플레밍의 오른손 법칙에 의한 맴돌이 전류가 흐른다.

② 원판에 전류가 흐르는 부분에는 플레밍의 왼손 법칙에 따라 자석의 이동 방향과 같은 방향의 힘(F)이 발생한다.

③ 원판은 자석이 이동하는 방향으로 끌려서 회전하게 된다.

④ 자석을 회전시키면 원통 도체에는 전압이 유도되고 와류가 생기는 동시에 이 와류와 자속 사이에 힘이 작용한다.

교류모터는 알루미늄 원판의 주변을 따라 화살표 방향으로 영구자석을 움직이면 영구자석의 N, S극 사이에 있는 원판에 플레밍의 왼손 법칙에 의한 맴돌이전류가 흐른다.

89 주어진 신호에 따라 위치, 속도, 가속도 등의 제어가 용이한 모터로, 빈번하게 변화하는 위치나 속도에 신속하고 정확하게 추종할 수 있도록 설계된 모터의 명칭은?

① 서보모터

② 유도모터

③ 동기모터

④ 브러시리스모터

90 유도기형 교류서보모터의 단점으로 틀린 것은?

① 시스템이 복합하고 고가이다.

② 정류에 한계가 있다.

③ 전기적 시정수가 크다.

④ 출력은 2~3kW 이하가 거의 없다.

정류에 한계가 있는 것은 직류서보모터이다.

91 서보모터의 특성으로 옳지 않은 것은?

① 회전 각도는 모터의 이동량으로 나타낸다.

② 회전속도는 모터의 속도로 나타낸다.

③ 위치결정시간이 짧아 우수한 성능을 나타낸다.

④ 모터의 응답성과 정지 정도는 인코더의 분해능으로 나타낸다.

모터의 분해능과 정지 정도는 인코더의 분해능으로 나타내며, 정지 상태에서는 약간의 미진동이 존재한다. 모터의 응답성, 즉 위치결정시간은 펄스열의 신호 입력시간과 정정시간의 합으로 나타내며, 서보모터는 위치결정시간이 짧아 우수한 성능을 나타낸다.

92 스테핑모터의 사양 선정의 올바른 순서는?

ㄱ. 구동 기동부 결정
ㄴ. 요구되는 성능 확인
ㄷ. 필요토크 계산
ㄹ. 운전 패턴 작성
ㅁ. 모터 가선정
ㅂ. 모터 최종 결정

① ㄱ - ㄴ - ㄷ - ㄹ - ㅁ - ㅂ
② ㄴ - ㅁ - ㄱ - ㄹ - ㄷ - ㅂ
③ ㅁ - ㄱ - ㄴ - ㄷ - ㄹ - ㅂ
④ ㄱ - ㄴ - ㄹ - ㄷ - ㅁ - ㅂ

스테핑모터의 사양 선정 순서
① 구동 기구부 결정 : 풀리를 정한 경우 지름을 알고, 볼나사를 선택한 경우 피치를 결정한다.
② 요구되는 성능 확인 : 요구되는 사양으로 분해능, 정지 정도, 사용 전압, 이동량, 위치결정시간 등을 확인한다.
③ 운전 패턴 작성 : 필요 펄스(Pulse)의 수, 가감속 시간, 펄스속도 등을 정한다.
④ 필요토크 계산
⑤ 모터 가선정 : 계산으로 구한 필요토크, 속도값으로 구체적인 모터를 가선정한다.
⑥ 모터 최종 결정 : 모터의 회전수 토크 특성 그래프로부터 모터를 최종 확인한 후에 결정한다.

93 서보모터 선정 시 검토해야 할 사항이 아닌 것은?

① 평균 부하율이 선정된 서보모터의 연속 정격의 범위 내에 있는지 확인한다.
② 모터의 회전자 관성에 비하여 부하의 관성비가 적절한지 등을 검토하여야 한다.
③ 기계시스템 전체의 기계 정밀도 및 운전능력이 고려되어야 한다.
④ 탈조현상을 고려하여 토크 및 속도를 검토해야 한다.

서보모터는 탈조현상이 없다.
서보모터 선정 시 검토사항
• 서보모터를 선정하기 위해서는 평균 부하율이 선정된 서보모터의 연속 정격의 범위 내에 있는지, 모터의 회전자 관성에 비하여
  부하의 관성비가 적절한지 등을 검토하여야 한다.
• 가감속의 운전토크가 선정된 서보모터의 최대 토크범위 내에 있는지 가감속 시 회생 부하율은 적정한지 등이 검토되어야 하며,
  기계시스템 전체의 기계 정밀도 및 운전능력이 고려되어야 한다.

94 스테핑모터의 설명으로 틀린 것은?

① 짧은 거리, 단시간 위치결정용이다.
② 인코더를 이용하여 피드백제어를 한다.
③ 저속, 고토크가 필요한 곳에 사용한다.
④ 오픈 루프제어를 사용한다.

인코더를 이용하여 피드백제어를 하는 것은 교류서보모터이다.

95 PLC 설치 및 시운전 시 유도에 의한 노이즈를 최소화하기 위하여 떼어 놓아야 하는 배선들로 틀린 것은?

① 동력선과 신호선　　　　　　　② 아날로그신호와 디지털신호
③ 입력선과 출력선　　　　　　　④ 직류신호와 교류신호

선 간의 유도에 의한 노이즈를 최소화하기 위하여 다음의 배선들은 서로 떼어 놓는 것이 좋다.
• 동력선과 신호선
• 입력신호와 출력신호
• 아날로그신호와 디지털신호
• 고레벨신호와 저레벨신호
• 고속 펄스신호와 저속 펄스신호
• 직류신호와 교류신호

96 PLC 설치 및 시운전 시 고려해야 할 대상이 아닌 것은?

① 부분적 자동 운전　　　　　　　② PLC의 장착 상태
③ 외부 배선 및 안전회로 검토　　　④ 에러 수정 및 이상 운전 테스트

• 부분적 수동 운전 : 각 설비를 한 동작씩 수동으로 진행시키면서 운전 상태를 확인한다.
• 자동 운전 : 작성된 프로그램에 의해 자동 운전을 수행한다.

97 PLC 설치 및 시운전 시 잘못된 배선에 의한 피해를 최소화하기 위하여 확인해야 할 사항이 아닌 것은?

① 동력회로 OFF
② PLC의 지시 램프 확인
③ 안전문제가 있거나 기기 파손이 예상되는 부분 교환
④ PLC의 전원 전압 및 입출력 회로의 전압 체크

잘못된 배선에 의한 피해를 최소화하기 위하여 다음 사항을 확인한다.
• 동력회로 OFF
• 안전문제가 있거나 기기 파손이 예상되는 부분의 배선을 제거한다.
• 공기압, 유압에 의한 구동기기에 대한 안전조치를 취한다.
• 전원 투입 후 다음 사항을 검토한다.
　- PLC의 지시 램프 확인(CPU, 메모리, 파워 등)
　- 입출력 모듈의 표시 램프에 의한 PLC 동작 상태 확인
　- PLC의 전원 전압 및 입출력 회로의 전압 체크

98 산업용에서 사용하는 센서 출력의 형태가 아닌 것은?

① 전압 출력

② 공압 출력

③ 전류 출력

④ 통신 출력

산업용에서 사용하는 출력의 형태는 전압 출력, 전류 출력, 통신 출력 등 세 가지로 나눌 수가 있다.

99 기계적인 스위치를 무접촉화하여 검출 대상물의 유무를 무접촉으로 검출하는 검출기는?

① 근접 스위치

② 리밋 스위치

③ 마이크로 스위치

④ 스위치 컨트롤러

근접 스위치 : 마이크로 스위치 및 리밋 스위치의 기계적인 스위치를 무접촉화하여 검출 대상물의 유무를 무접촉으로 검출하는 검출기(스위치)이다. 동작원리에 따라 고주파 발진형, 정전 용량형 등의 종류로 분류된다.

100 근접 스위치의 특징이 아닌 것은?

① 모든 금속 검출 가능

② 검출거리가 짧음

③ 비접촉으로 검출

④ 좋지 않은 환경에서도 사용 가능

근접 스위치는 금속 이외에는 검출할 수 없다. 유도전류로 인한 열손실로 검출하므로 전류가 흐르지 않는 비금속은 검출이 불가능하다.

98 ② 99 ① 100 ① ▶**Answer**

101 근접 스위치 선택 시 검토해야 할 사항으로 틀린 것은?

① 검출체 재질에 의한 선택
② 검출거리에 의한 선택
③ 전류에 의한 선택
④ 노이즈에 의한 선택

전원에 의한 선택
• DC형 : DC형은 10~30V까지 동작하는 것이 있다. PLC 등에 DC형을 많이 사용하고 있으며 DC형은 AC형에 비하여 응답 주파수가 높지만 경우에 따라서 전원을 따로 공급해야 하는 단점이 있다.
• AC형 : AC형은 90~250V까지 동작하는 Free Voltage 근접 스위치가 있다. AC형은 2선식이므로 릴레이 또는 마그네트 부하를 직접 연결해서 사용 가능하지만 DC형에 비하여 응답 주파수가 낮다.

102 근접 스위치 사용 시 검토해야 할 사항이 아닌 것은?

① 전원 전압의 상승 및 하강의 원만함 유지
② 규정 내의 온도 준수
③ 검출 물체의 두께
④ 검출 물체와 근접 스위치의 검출면의 거리

전원 투입과 차단 시의 주의사항
• 근접 스위치의 전원 투입 시나 차단 시의 출력 상태는 검출, 비검출에 관계없이 모두 Off 상태로 된 동작을 리셋이라고 한다.
• 이 시간은 근접 스위치를 카운터, PLC 등에 접속한 경우에는 이것들에 초기 리셋회로가 내장되어 있기 때문에 문제되지 않지만 그 외의 경우에는 다음과 같은 상태가 되지 않도록 주의하여야 한다.
  - 검출 물체가 근접 스위치의 검출면에 가까이 위치하여 있다.
  - 근접 스위치에 연결된 전원의 시정수가 너무 커서 전원의 투입 및 차단 시에 전원 전압의 상승 및 하강이 너무 완만하다.

103 근접 스위치의 인코더 종류에 따른 설치 방법 중 성격이 다른 것은?

① 절대 위치를 측정할 수 없으며 기점으로부터 상대적인 위치만을 측정할 수 있다.
② 전원 상태와 무관하게 항상 절대 위치값을 유지할 수 있다.
③ 회전원판에 광학적으로 이진부호화된 위치 코드를 스캐닝함으로써 가능하다.
④ 원점센서의 설치가 필요 없다.

앱솔루트 로터리 인코더
전원 상태와 무관하게 항상 절대 위치값을 유지할 수 있다. 이러한 특성은 회전원판에 광학적으로 이진부호화된 위치 코드를 스캐닝함으로써 가능하다. 따라서 전원이 공급되지 않는 상태에서 위치 이동이 발생하여도 전원 투입 후 곧바로 현재의 위치 정보를 확인할 수 있어 원점센서의 설치가 필요 없다.

104 A/D 컨버터 설치 시 센서와 컴퓨터 사이의 거리 및 환경에 따른 신호처리방법으로 틀린 것은?

① 잡음의 영향을 받지 않도록 연선, 실드선을 사용한다.
② 하드웨어적인 필터링은 DSP에 사용된다.
③ 센서와 A/D 컨버터를 인접하게 설치한다.
④ A/D 컨버터에 필터를 사용한다.

DAS(Data Acquisition System)에 사용되는 마이크로프로세서의 연산속도가 충분히 빠른 DSP(디지털신호처리장치)와 같은 경우에는 하드웨어적인 필터 대신에 A/D 변환으로 읽어 들인 데이터를 소프트웨어적으로 필터링하기도 한다.

105 측정 대상으로부터 필요한 정보를 구하기 위하여 대상물에 적극적으로 움직여서 계측하는 센싱 방식은?

① 능동법
② 피동법
③ 절대 측정
④ 상대 측정

② 피동법(Passive Method) : 대상물이 내는 신호를 받아서 계측하는 방법
③ 절대 측정 : 측정해야 할 측정 결과가 그 절댓값을 계측하는 방법
④ 상대 측정 : 어떤 기준량에 대한 상대적인 차이를 표시하는 방법

106 센서 선정 시 고려해야 할 사항이 아닌 것은?

① 반응속도
② 내구성
③ 감지능력
④ 타당성

센서 선정 시 고려해야 할 일반적인 사항에는 정확성과 감지능력, 신뢰성과 내구성, 단위 시간당 사이클 시간을 나타내는 반응속도 및 해상도 등이 있다.

107 센서의 유형 분류 중 검출신호에 따른 것이 아닌 것은?

① 조립센서
② 아날로그센서
③ 디지털센서
④ 주파수형센서

센서의 유형 분류방법 중 구성방법에 따른 분류에는 기본센서, 조립센서, 응용센서가 있다.

108 중앙처리장치로서, 저장장치로부터 가져온 명령이나 정보를 해석하여 실행하는 단계를 반복하는 컴퓨터의 내부 장치의 주변장치가 아닌 것은?

① RAM
② A/D 컨버터
③ 타이머
④ MCU

CPU는 RAM 같은 메모리 이외에도 일정한 속도로 CPU를 실행시키기 위한 타이머, 전류나 전압 등 외부 센서의 신호를 받아들이기 위한 장치(ADC ; Analog to Digital Converter), 계산된 결과값을 전류나 전압 등으로 출력하기 위한 장치(DAC ; Digital to Analog Converter) 등의 주변 장치들이 연결되어야 동작된다.

109 MCU의 설명으로 틀린 것은?

① 연산장치와 필수적인 주변 장치들을 하나의 칩 내부에 모두 포함하고 있는 통합형 칩이다.
② MPU를 사용하여 주변 회로와 연결하여 사용하는 것보다 하드웨어 구성이 정밀하고 사용하기 편하다.
③ 로봇의 동작을 제어하기 위한 모터의 동작 지시, 다른 CPU와의 통신 등의 기본적인 실행이 손쉽게 구현된다.
④ 입출력신호의 크기를 증폭하거나 통신거리를 늘이기 위해서는 통상적으로 외부의 주변 회로들을 필요로 한다.

MPU를 사용하여 주변 회로와 연결하여 사용하는 것보다 하드웨어 구성이 간단하고 사용하기 편리한데, MPU보다 가격이 높고 MPU보다 더 낮은 속도로 동작된다. 이것은 내부에 장착된 장치들 중 가장 느리게 동작되는 장치에 MPU의 속도가 맞추어져야 하기 때문이다.

110 다음 설명의 MCU 내부 구성에 해당하는 것은?

> 정해진 시간마다 일정한 동작을 실행할 수 있는 장치

① 디지털 입출력 포트
② 클럭/타이머
③ 통신 포트
④ 메모리

111 로봇 MCU의 펌웨어가 실행되는 실시간 운영체제에 대하여 옳은 것은?

① 대표적인 내장형 운영체제에는 WinCE, Linux, iOS, Android 등이 있다.
② 로봇은 복잡한 상호작용이 없는 단순한 작업을 실행하는 경우가 많다.
③ 비실시간 프로그램은 실시간 프로그램들이 수행되고 남는 시간에 실행되므로 실행주기를 보장하지 않는다.
④ MCU가 먼저 운영체제가 실행되고 다른 응용프로그램들을 스케줄러에 의하여 차례대로 실행시킨다.

실시간 운영체제
- MCU 내에서 여러 개의 프로그램을 효과적으로 실행하기 위하여 사용되는 운영체제 중에서 프로세스의 시간관리를 엄격하게 하는 것에 중점을 두어 설계된 것들을 실시간 운영체제라고 한다.
- 정확한 시간주기로 제어가 요구되는 로봇의 경우, 실시간 운영체제를 사용하면 프로그램의 실행주기를 오차범위 내에서 일관되게 유지할 수 있다.
- 실시간 운영체제에서 실행되는 프로그램은 우선순위가 높을수록 시간 오차범위가 작아진다.
- 비실시간프로그램은 실시간프로그램들이 수행되고 남는 시간에 실행되므로 실행주기를 보장하지 않는다.
- 대표적인 실시간 운영체제로는 MicroC/OS-II, OSEK/VDX, QNX, VRTX, VxWorks, WinCE, RTLinux, TI-RTOS 등이 있다.

112 MCU 내부 구성에 대한 설명이 틀린 것은?

① 디지털 입출력 포트는 일부 또는 전부를 외부 인터럽트용으로 설정할 수있는 방법을 제공한다.
② 아날로그 출력을 가진 센서는 압력센서, 온도센서, 가스센서, 조도센서 등이다.
③ MCU는 MCU 자체의 실행과 유지를 위한 고속의 내부 메모리를 가지고 있는데, 이를 플래시 메모리라고 한다.
④ MCU는 클럭신호를 이용하여 한 개 이상의 타이머를 제공한다.

MCU는 MCU 자체의 실행과 유지를 위한 고속의 내부 메모리를 가지고 있는데, 이를 레지스터(Register)라고 한다.

로봇기구 설계

로봇기구개발기사

한권으로 끝내기

제 1 장 로봇기구 개념 설계

01 로봇모델링

1. 로봇기구의 종류

(1) 직각좌표형 로봇

① 동작기구가 직선 형태인 로봇으로서, 공간상의 이송을 위해서 4개의 직선축을 가지고 있다. 전후, 좌우, 상하와 같이 직각 교차하는 세 축 방향의 동작을 조합하여 작업용 핸드의 위치를 결정하는 산업용 로봇이다.

② 작업 공간은 직사각형으로 어떠한 작업도 작업 공간 내에 포함되는 운동이어야 한다. 움직이기 위한 동력은 로터리형 모터나 직선형 액추에이터인 리니어모터에 의해 공급되며, 타이밍벨트, 볼 스크루와 같은 동력전달장치를 통해 직선운동이 표현된다.

③ 장 점

　㉠ x, y, z축을 용도에 맞게 단축이나 조합축으로 임의적으로 쉽게 구성이 가능하다.

　㉡ 작업영역의 모든 위치에서 기구학과 동력학이 변하지 않는다.

　㉢ 균일한 제어 특성을 가지며, 제어가 간단하다.

　㉣ 위치에 따른 반복 정밀도가 우수하다.

　㉤ 기구적인 강성이 크므로 무거운 하중을 운반할 수 있다.

　㉥ 구조가 단순하여 상대적으로 가격이 저렴하다.

④ 단 점

　㉠ 작업영역에 비해 로봇이 차지하는 공간이 크다.

　㉡ 관절 형태의 로봇에 비해 선단속도가 늦다.

⑤ 사용 분야

　㉠ 픽 앤 플레이스(Pic and Place) 작업

　㉡ 점착성 물질 도포

　㉢ 조립과 부조립

　㉣ 정밀검사

　㉤ 일반적인 기계 자동화 작업

　㉥ 부품 절단(물 분사 절단, 레이저 절단)

[x, y, z축의 직각좌표형 로봇]

(2) 원통좌표형 로봇

① 2개의 직선축과 1개의 회전축을 보유하고, 수평면 내의 회전운동과 상하 방향의 승강운동, 반경 방향의
신축운동을 조합하여 작업용 핸드의 위치를 결정하는 로봇이다.

② 베이스에 대한 회전운동은 로터리형 모터에 감속기를 연결하여 감속과 토크를 주고, y, z축 방향의 직선운동
은 직각좌표형 로봇과 마찬가지로 로터리형 모터에 타이밍벨트, 볼나사와 같은 동력전달장치를 통해서
직선운동으로 변환하거나 직선형 액추에이터에 의해 구동한다.

③ 직각좌표형 로봇 머니퓰레이터보다 더 큰 작업영역을 가지며, 픽 앤 플레이스 작업에 적합하다.

④ 장 점

　㉠ 수직 구조는 층 공간을 유지한다.

　㉡ 넓은 수평범위의 운동이 가능하며 원거리 범위 작업에 유용하다.

　㉢ 큰 적재하중능력을 가진다.

⑤ 단 점

　㉠ 전체적인 기계적 강성은 직각좌표형 로봇의 강성보다 낮다.

　㉡ 회전 이동의 방향에서 직각좌표형 로봇에 비해 반복 정밀도와 정확도가 낮다.

　㉢ 직각좌표형 로봇보다 제어시스템이 더 복잡하다.

⑥ 사용분야

　㉠ 조립 및 핸들링

　㉡ 부품의 장착과 탈착

　㉢ 일반적인 물류 이송

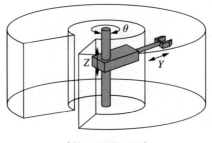

[원통좌표형 로봇]

(3) 수평관절형 로봇

① SCARA라고 불리며, 수평면상에서 2개의 회전축에 따라 회전하고, 끝단은 선형적으로 아래위로 움직인다.

② 수평 이동 시에는 수평 방향으로 유연성을 부여하여 고속으로 반력 없이 운동하기 수월하고, 조립작업 시에는 수직 방향의 반력을 견디는 큰 강성을 가지도록 설계되어 있다.

③ 직각좌표형에 비해 소형이며 선단속도가 고속이므로, 소형 전자부품이나 기계부품을 고속으로 정밀하게 조립하는 용도로 널리 사용된다.

④ 직각좌표형과 원통좌표형 로봇보다 더 큰 작업영역을 가지며, 특히 소형 부품의 픽 앤 플레이스 작업에 적합하다.

⑤ 장 점

　㉠ 넓은 작업 공간에 비해 로봇 크기가 작고 설치 공간도 작다.

　㉡ 수직 방향의 하중에 강하므로 조립작업에 매우 유용하다.

　㉢ 선단속도가 직각좌표형에 비해 매우 커서 고속작업이 가능하다.

　㉣ 수직관절형과 원통좌표형에 비해 소형이며 가격이 저렴하다.

⑥ 단 점

　㉠ 전체적인 기계적 강성은 직각좌표형과 원통좌표형 로봇의 강성보다 낮다.

　㉡ 반복 정밀도와 정확도는 직각좌표형에 비해 회전 이동의 방향에서 낮다.

　㉢ 하모닉 드라이브 감속기 사용 시는 충격에 약하기 때문에 반력이 크게 작용되는 작업에는 부적합하다.

⑦ 사용 분야

　㉠ 소형 부품 조립 및 핸들링

　㉡ 소형 부품의 장착과 탈착

　㉢ 일반적인 소형 부품 이송

　㉣ 정밀검사

[수평관절형 로봇]

(4) 수직관절형 로봇

① 용접 및 도장작업 등에 가장 많이 사용된다. 베이스에 대한 회전운동과 수직 방향의 2개의 팔을 통한 회전운동을 통해 공간상의 어떤 지점에도 도달할 수 있도록 구성되어 있다.

② 두 번째 팔의 끝단에 3자유도를 가진 손목 부위가 위치하여 대상물의 방향을 결정하고 작업을 수행한다.

③ 가반하중이 작은 소형 수직관절형 로봇의 경우에는 베이스 회전부와 두 팔은 강성이 크고 유극이 거의 없는 정밀 감속기(RV 감속기, 사이클로 감속기)를 사용하며, 손목부는 공간상의 문제가 있고 강성이 크지 않아도 되므로 수평관절형 로봇 경우와 같이 하모닉 드라이브를 사용한다.

④ 아크용접용 로봇은 용접용 토치와 관련 전장부를 손목 끝단에 부착하므로 가반하중 5~10kg 정도의 소형 로봇으로 충분히 대응 가능하다.

⑤ 팔의 재질은 알루미늄 주물로, 중량을 가볍게 함으로써 750W~1kW 정도의 저용량 서보모터를 사용하여도 고속운동이 가능하다.

⑥ 가반하중이 큰 대형 수직관절형 로봇의 경우는 손목부도 강성이 커야 하므로 팔의 회전운동과 마찬가지로 고강성의 정밀 감속기를 사용해야 한다.

⑦ 장 점
  ㉠ 자체 크기를 고려하면 다른 어떤 형태의 로봇보다 가장 큰 작업영역을 가진다.
  ㉡ 넓은 작업 공간에 비해 로봇 크기가 작고 설치 공간도 작다.
  ㉢ 6축을 보유하고 있으므로 복잡한 작업에도 충분히 대응할 수 있다는 장점이 크다.
  ㉣ 선단속도가 직각좌표형과 원통좌표형에 비해 매우 커 고속작업이 가능하다.

⑧ 단 점
  ㉠ 직각좌표형에 비해 회전 이동의 방향에서 반복 정밀도와 정확도는 낮다.
  ㉡ 6축 서보제어를 수행하므로 로봇 전체 가격이 다른 로봇에 비해 비싸다.
  ㉢ 전체적인 기계적 강성은 직각좌표형과 원통좌표형 로봇의 강성보다 낮다.

⑨ 사용 분야
  ㉠ 부품 조립, 핸들링, 장착과 탈착, 적재
  ㉡ 용접(아크용접, 저항 점용접) 및 가공(연삭, 디버링)
  ㉢ 도장 및 코팅, 정밀검사 및 측정, 프레스 부품 이송

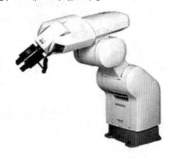

[수직다관절 로봇]

(5) 극좌표형 로봇

① 1개의 직선축과 2개의 회전축을 조합하여 구성한 로봇이다.

② 수직면에 대하여 상하운동 특성이 우수하여 작업영역이 넓고 경사진 위치에서 작업을 수행할 수 있으므로 용접작업이나 도장작업을 포함한 특수 용도의 작업에 적합하다.

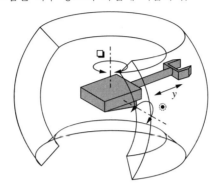

[극좌표형 로봇]

(6) 병렬 로봇

① 주로 소형 부품을 고속으로 조립하는 곳에 사용된다.

② 천장에 베이스가 설치되고 링크가 가늘고 긴 특징을 가지고 있다.

③ 전면에는 넓은 공간이 확보되나 로봇을 지지하기 위한 벽면과 천장에 큰 구조물이 필요하다.

④ 링크의 질량이 타 로봇에 비해 매우 작아 상대적으로 빠른 동작이 가능하므로 고속을 요구하는 작업에 적합하다.

⑤ 무거운 하중을 취급하기에는 부적합하고, 얇고 가벼우며 작은 부품 조립에 사용된다.

2. 모형을 이용한 로봇 개념 설계

(1) 모형 설계 및 제작 설명

① 요소 설계를 시작하기 전 목판에 간단한 스케치를 작도한다.

② 각 요소를 치수에 맞추어 정밀하게 그릴 수 있으나 요소의 구동범위와 연결부 정도만 확인하고 목판에 스케치한다.

③ 실제 제작해야 할 요소의 크기를 Scaling하여 목판의 크기 안에서 동작이 구현될 수 있도록 한다.

④ 설계를 통해 요소의 조립과 동작 구현을 알아보기 위함으로, 제작 시 요소의 모든 치수를 완벽히 반영하지 않아도 된다.

⑤ 완성 후 로봇기구의 요소 설계를 통해 동작 구현을 실시해 본다.

⑥ 기구 해석에 앞서 요소 간의 간섭 및 상대운동을 직접 확인해 볼 수 있으며, 모형을 통한 요소 설계의 간단한 과정으로 설계의 수정 및 보완점을 확인할 수 있다.

3. CAD를 이용한 로봇 형상 구성

(1) 기본 설계

① 로봇은 용도에 따라서 구조 및 설계가 달라지므로, 우선 로봇의 주용도를 결정하고, 사용 목적 및 환경, 시장 여건 및 응용시스템의 기술적 여건 등을 고려한 주요 요구사항을 검토한다.

② 로봇기구의 전체 기본 구조를 정하고 각 축의 구성 및 축 구동을 위한 동력 전달 구조 등의 기구 설계 목표를 정하고 설계 개념을 정립한다.

③ 로봇의 형태 및 요구 자유도와 부합하도록 개략적으로 관절을 구성한다.

④ 관절 구성에 따라 작업영역, 관절의 속도, 가속도, 최대 속도 등 운동학적 해석을 하여 설계시방을 만족하는가 평가하며, 요구조건을 만족하도록 관절을 구성한다.

⑤ 운동학적 요구조건을 만족하도록 관절 구성이 되면 모터의 배치, 동력전달기구 설계, 감속기 종류와 감속비 선정, 배선 구조 등을 개략적으로 설계한다.

　　㉠ 개략적인 구조물 설계 및 배선 구조 검토

　　㉡ 모터의 배치, 모터의 종류, 용량 가선정

　　㉢ 동력전달기구, 방법 등 결정

　　㉣ 감속기의 종류와 감속비, 용량 가선정

　　㉤ 로봇 암의 크기 가선정

로봇요소 부품 설계

01 요소 부품 리스트 작성하기

1. 요소 부품 리스트 작성

(1) 로봇 기계요소

① 로봇 기구요소

㉠ 볼나사(Ball Screw) : 모터의 회전운동을 직선운동으로 변환시켜 준다.

㉡ 하모닉 드라이브(Harmonic Drive) : 구조가 단순하고 강성이 약해 반력이 작용하지 않는 소형 로봇의 팔 및 손목 구동에 사용된다.

㉢ RV 감속기 : 강성이 크고 정밀한 운동이 필요한 곳에 사용되므로, 주로 소형 로봇 팔의 구동과 중·대형 로봇의 팔 및 손목 구동에 사용된다.

㉣ 사이클로(Cyclo) 감속기 : RV 감속기와 유사한 곳에 사용된다.

② 로봇 기계요소

㉠ 핀 : 감속기와 모터축을 연결하며, 작은 동력을 전달할 때 사용한다.

㉡ 키 : 감속기와 모터축을 연결하며, 핀보다 큰 동력을 전달할 때 사용한다.

㉢ 스플라인(Spline): 접촉 면적이 크므로 키보다 큰 동력을 전달할 때 사용한다.

㉣ 타이밍벨트 : 양쪽 풀리에 연결하여 구동하며, 가벼워서 관성이 작으므로 주로 작은 동력을 전달할 때 또는 섭밀노가 크거나 빠른 농작을 요하는 작업에 사용한다.

㉤ 기어 : 강성이 크기 때문에 주로 큰 동력을 전달할 때 사용된다. 두 축 간의 거리가 짧고 정확한 속도비를 필요로 하는 전동장치, 변속장치에 사용한다.

㉥ 베어링 : 로봇의 팔이나 손과 모터의 축을 지탱해 주며 회전운동을 원활하게 수행하기 위해 사용하며, 베이스부와 고하중의 암부에는 크로스롤러 베어링을 사용한다.

㉦ 볼트, 너트, 스프링이 기계요소로 사용된다.

[기계요소의 분류]

기계요소	역할 및 특징		종 류
결합용 기계요소	2개 이상의 기계요소를 하나로 체결하는 기계요소		볼트와 너트, 키, 핀, 코터, 리벳 등
전동용 기계요소	축계요소	회전력을 전달하는 기계요소	축, 베어링, 커플링, 클러치 등
	속도 변환장치	동력을 전달하고 속도를 변환하는 기계요소	마찰차, 기어, 벨트와 풀리, 체인과 휠 등
	운동 변환장치	운동 방식을 변환하는 기계요소	링크기구, 캠기구 등
제동용 기계요소	운동에너지를 제동하는 기계요소		브레이크 등
완충용 기계요소	운동에너지로 인한 충격을 완화시키는 기계요소		스프링, 유압장치
관계 요소	유체의 수송에 사용되는 기계요소		파이프, 파이프 이음, 밸브

(2) 액추에이터

① 로봇의 팔과 다리를 구성하는 관절을 직진 또는 회전운동하는 구성원을 액추에이터라고 한다.

② 공압식이나 유압식은 압축장치를 필요로 하기 때문에 주로 산업용에서 사용된다. 대부분의 로봇 팔은 전동식 액추에이터(모터)로 구동된다.

③ 서보모터

㉠ 서보모터는 주어진 신호에 따라 위치, 속도, 가속도 등의 제어가 쉬운 모터로서, 빈번하게 변화하는 위치나 속도에 신속하고 정확하게 추종할 수 있도록 설계된 모터이다.

㉡ 제어 방식은 폐회로(Closed Loop) 제어 방식을 사용한다. 모터에 회전검출기를 탑재하여 모터축의 회전 위치, 회전속도를 드라이버로 피드백한다.

㉢ 드라이버는 컨트롤러에서의 펄스신호(위치지령, 속도지령)와 피드백신호(현재 위치, 속도)의 오차를 연산하고, 이 오차가 0이 되도록 모터 회전을 제어한다. 서보모터는 직류서보모터, 동기기(SM)형 교류서보모터, 유도기(IM)형 교류서보모터로 나뉜다.

㉣ 모터 선정 시의 일반적인 선정조건

• 운전 패턴의 결정 : 운전거리, 운전속도, 운전시간, 가감속시간, 위치결정의 정밀도 등을 고려한 운전 패턴을 결정할 필요가 있다.

• 구동기구시스템의 해석 : 감속기, 풀리, 볼 스크루, 롤러 등과 같은 기구시스템을 해석할 필요가 있다. 시스템의 외력, 마찰에 따른 손실 등을 고려한 부하토크를 계산하여야 한다.

• 평균 부하율이 선정된 서보모터의 연속 정격 범위 내에 있는지, 모터의 회전자 관성에 비하여 부하의 관성비가 적절한지 등을 검토해야 한다.

• 가감속의 운전토크가 선정된 서보모터의 최대 토크범위 내에 있는지 가감속 시 희생부하율은 적정한 지 검토되어야 한다.

• 기계시스템 전체의 기계 정밀도 및 운전능력이 고려되어야 한다.

④ DC 서보모터

　　㉠ 회전제어가 쉽고 제어용 모터로 사용이 간편하다. 기동토크가 크고 입력 전압에 의한 회전 및 토크 특성이 선형적이며 가격이 저렴한 장점이 있다. 주로 저가 가정용 로봇 등에 사용된다.

　　㉡ 정류자를 구성하는 브러시에서 마찰음이 비교적 크고, 브러시가 마찰에 의하여 마모되기 때문에 주기적으로 교환해 주어야 하며, 브러시가 마찰 때문에 종종 스파크가 일어나는 단점이 있다.

⑤ BLDC 모터

　　㉠ DC 서보모터에서 정류자를 없앤 것이 BLDC 모터(Brushless DC Motor)이다.

　　㉡ DC 모터는 브러시에 의해서 정류가 이루어지지만, 브러시가 없는 BLDC 모터는 전기적인 방법으로 정류를 한다.

　　㉢ 브러시에서 발생하는 소음이 없으며 브러시를 교환할 필요도 없다.

　　㉣ 기동토크가 크고, 회선속노 및 토크 특성이 인가 전압에 선형적인 장점이 있다. 브러시에서 발생하는 불꽃이나 노이즈 잡음이 없고 고속 구동이 가능하다.

⑥ AC 서보모터

　　㉠ 기계적 구조가 간단하여 최대 속도가 높고, 권선이 고정자에 있어서 용량을 크게 할 수 있다.

　　㉡ 밀폐형의 구조를 가지고 있어서 열악한 환경에서도 신뢰성이 높다. 기계적 마찰이 없어 소음이 작고 보수가 용이하다.

⑦ 스텝모터

　　㉠ 브러시가 없는 모터 중 하나로 서보모터와 같은 복잡한 제어가 없어도 서보모터처럼 속도를 제어할 수 있으며, 인코더 같은 회전위치센서가 없어도 회전 위치의 제어도 가능하기 때문에 널리 이용된다.

　　㉡ 서보모터는 전류와 회전 위치를 측정하여 폐회로제어를 하지만, 스텝모터는 개회로(Open Loop)제어 만으로도 적절한 성능을 얻을 수 있다.

　　㉢ 보통은 모터의 회전 위치를 감지하는 센서를 사용하지 않기 때문에 스텝모터의 회전 중에 과부하가 걸려서 회전의 탈조가 일어나는 경우에는 회전 위치가 제어되지 않는다.

　　㉣ 개회로제어 방식을 활용하는 데 회전각의 검출을 위한 별도의 센서가 필요 없어서 장치 구성이 간단하다.

　　㉤ 펄스신호의 주파수에 비례하여 회전속도를 얻을 수 있으므로 속도제어가 쉽고 초미세의 스텝각 회전을 할 수 있으며 위치결정 오차가 누적되지 않는다.

　　㉥ 저속에서 토크가 떨어지지 않기 때문에 감속기 없이 저속으로 회전하는 것이 가능하다.

　　㉦ 같은 무게의 모터로 발생시킬 수 있는 토크가 작다. 스텝모터에서는 스텝 사이의 진동이 발생하기 때문에 비교적 소음이 많고 고속 회전이 어려우며, 상대적으로 무겁고 대용량의 모터가 생산되지 않는다.

⑧ 스크루 액추에이터

　　㉠ 제한된 직선행정범위 내의 운동을 만들어 내는 구동기로서 모터와 회전 스크루로 구성되어 있다.

　　㉡ 스크루와 쌍인 너트가 선형운동을 만들어 낸다. 이 액추에이터는 정확히 제어될 수 있어 실린더를 직접적으로 대체할 수 있다.

안심Touch

(3) 로봇센서

① **포지션 인코더** : 포지션 인코더는 모터와 일체로 조립된 것이 많다. 절위치 검출식과 상위치 검출식이 있다. 분해능을 높이려면 인코더의 비트수를 많게 할 필요가 있으며, 코드 플레이트 제작에 고도의 기술이 필요하다.

② **속도센서**

㉠ 태코제너레이터는 모터의 회전속도에 비례한 전압을 출력한다. 출력 전압에는 직류 전압과 교류 전압이 있다. 교류형이 브러시를 사용하지 않아 바람직하지만 출력신호를 정류할 필요가 있다.

㉡ 태코제너레이터를 선정함에 있어서 측정할 회전수 범위와 출력 전압의 최댓값에 주의할 필요가 있다. 저속에서는 출력신호가 작기 때문에 노이즈의 영향을 받기 쉽다.

③ **광센서** : 적외선이나 자외선을 비추어 반사되는 정도에 따라 로봇이 진행되는 방향에 벽이나 물체가 있는지 감지하거나, 포토다이오드와 같이 가시광선이 닿으면 동작하는 방법에 따라 빛을 활용하여 사물을 인식하거나, 주변의 환경을 인식할 수 있는 센서이다.

㉠ 포토다이오드 : 조도계, 카메라의 노출 감지, 연기 감지 등에 응용된다.

㉡ 포토트랜지스터 : 일반적인 트랜지스터의 베이스 단자를 빛 감지 단자로 변형하여 만들어진 것으로 포토다이오드와 유사하게 사용되며, 저주파의 빛을 감지하는 데 주로 이용된다.

㉢ 포토인터럽터 : 발광부와 수광부를 한 개의 모듈로 만든 것으로 포토커플러라고도 한다. 발광부의 경우 주로 적외선을 발생시키는 적외선 발광다이오드를 사용하고 있으며 자동 출입문, 소변기 자동세척장치, 모터의 회전각 측정 등에 응용된다.

㉣ CdS : 빛을 비추면 빛의 강도에 따라 저항이 변화하여 빛을 감지하는 센서이다. 밤이 되면 가로등이 자동으로 켜지게 하거나, 레이저 포인터로 빛을 비추면 로봇이 이동하는 데 응용된다.

㉤ 적외선센서 : 적외선을 이용하여 적외선 발광 다이오드와 수광 다이오드 물체를 감지한다. 적외선센서는 현관문에 사람이 감지되면 불이 자동으로 켜지게 하거나, TV 리모컨이나 식당 등 공공장소에서 출입문을 자동으로 여닫게 하는 데 사용된다. 또 바닥의 선을 감지하여 움직이는 라인트레이서 로봇이나 벽이나 물체를 감지하여 이동하는 마이크로마우스 등에 사용된다.

④ **초음파센서**

㉠ 음파의 속도가 상온에서 큰 변화가 없는 점을 이용하여 잡음에 영향을 덜 받는 가청영역(20Hz~20kHz) 밖의 40~50kHz 신호를 내보내 물체에 반사되어 되돌아올 때까지의 시간을 측정하여 물체까지의 거리를 측정하는 능동센서이다.

㉡ 초음파센서는 초음파신호를 만들어 내는 발신부와 물체에 반사되어 되돌아오는 신호를 수집하는 수신부로 구성된다.

㉢ 발신부와 수신부를 분리하여 사용하는 투과형과 발신부와 수신부를 일체로 사용하는 반사형으로 분류된다.

㉣ 발신부에서 초음파신호를 내보낸 후부터 신호가 되돌아 올 때까지의 시간을 계산한다. 이동 로봇에서는 다수의 초음파센서를 각각의 신호가 독특한 변위를 갖도록 변조시켜 동시에 사용하여 주변의 환경을 재구성한다.

⑤ 레이저센서

　㉠ 동작원리는 초음파센서와 같이 물체에서 반사되는 레이저 광원의 비행시간을 측정한다.

　㉡ 매우 짧은 시간을 계측할 수 있는 TDC(Time to Digital Converter)가 있어야 계측 데이터를 신뢰할 수 있다. 2차원 레이저 스캐너를 이용하면 센서 전방의 2차원 평면상에 존재하는 물체들의 거리 데이터를 실시간으로 획득할 수 있다.

⑥ 비전센서

　㉠ 카메라의 이미지센서는 빛을 전기적 신호로 변환하는 기능을 하는데, 렌즈를 통하여 수집된 반사광이 이미지센서의 전기신호로 변환된다. 이러한 이미지센서를 이용하여 사람의 시각을 대신할 수 있는 센서가 비전센서이다.

　㉡ 이미지센서에 따라서 CCD센서와 CMOS센서로 구분한다.

　　• CCD센서 : 고집적화가 가능하나 제조 단가가 비싼 단점이 있다.

　　• CMOS센서 : CCD 방식에 비하여 전력 소비가 적고 가격이 저렴하다는 이점 때문에 휴대폰 카메라를 비롯하여 로봇 분야에서도 널리 사용된다.

⑦ 힘센서

　㉠ 물체의 무게나 동작 중에 발생하는 토크를 측정하는 센서이다. 센서의 중앙축에 힘이 가해지면 센서 내부에 있는 여러 개의 스트레인게이지에도 힘이 가해지는 구조이다.

　㉡ 스트레인게이지의 뒤틀림에 비례하여 전류 변화가 발생하고 이를 계측하여 힘과 토크 정보를 출력한다.

　㉢ 힘센서는 로봇의 엔드이펙터와 팔 사이에 위치하여 주로 조작하려는 물체의 무게를 측정하거나 작업 중에 엔드이펙터에 가해지는 힘을 측정하여 이에 응하는 동작의 방향이나 작업력의 크기를 결정하는 데 사용된다.

⑧ 터치센서 : 센서에 접촉할 경우 2개의 전극판이 붙게 되어 전류가 통하는 방식으로, 주로 On/Off 센서로 사용된다.

⑨ 각도센서 : 회전식 인코더와 같이 회전각을 측정하면서도 가격적으로 저렴한 일종의 가변저항기이다. 각도센서 양 끝에 전압을 주면 회전 각도에 비례하여 출력 전압이 발생한다.

⑩ 압력센서 : 로봇에 많이 사용되는 압력센서인 FSR(Force Sensitive Resistor)은 가해진 압력 증가에 비례하여 전기적인 저항이 감소한다. 또 로드셀은 FSR에 비해 고가이며 힘센서와 같이 스트레인게이지를 내장하여 압력을 측정하는데, 로봇의 발바닥에 장착하기도 한다.

⑪ 소리센서 : 정전 용량형 마이크로폰을 사용한다. 마이크로폰은 음성신호를 전기적 신호로 변환시켜 주는 물질로 구성되어 있다. 여러 개의 소리센서를 이용하여 음원의 위치를 알아내는 방법도 연구되고 있다.

⑫ 온도센서

　㉠ 접촉식 온도센서

　　• 측온저항체 : 금속이 온도에 비례하여 전기저항이 증가하는 원리를 바탕으로 전기저항을 측정하여 온도를 파악한다.

　　• 서미스터 : 온도가 올라감에 따라 전기저항이 낮아지는 원리을 이용한다.

　　• 열전대 : 2종의 금속선 양단을 접합하여 양단의 온도가 서로 다르면 이 2종의 금속 사이에 전류가 흐른다. 이 전류로 2접점 간의 온도차를 알 수 있다. 열전대는 이 열전기현상을 이용하여 온도를 측정하는 장치이다.

ⓛ 비접촉식 온도센서
- 적외선 온도계 : 멀리 떨어져 있는 센서가 측온 대상으로부터 방사되는 열(적외선)을 검출하여 온도를 측정하는 방식이다.

⑬ 관성센서
㉠ 자이로센서 : 각속도를 측정한다. 로봇이 어느 정도 회전하는지와 로봇이 넘어지는 속도를 계측할 수 있다.
- 기계식 자이로는 신뢰성과 정밀도가 높아서 주로 군사용 로봇이나 비행 로봇의 제어에 사용한다.
- 광학식 자이로는 기계식과 달리 회전자가 없어 기계적 구조가 간단하며, 신뢰도가 높고 수명이 긴 장점이 있으나 외란에 민감한 편이다.
㉡ 가속도센서 : 출력신호를 처리하여 물체의 가속도, 진동, 충격 등의 동적 힘을 측정하는 것이다. 물체의 운동 상태를 상세하게 감지할 수 있어 활용 분야가 매우 넓고, 다양한 용도로 사용된다.

02 표준요소 부품 선정하기

1. 표준요소 부품 선정

(1) 볼나사
① 나사축과 너트 사이에서 볼을 넣어 미끄럼마찰을 구름마찰로 변환시켜서 이송마찰을 줄이고 마모량을 줄여서 정밀도와 수명을 향상시킨 동력 전달용 나사이다.
② 볼을 통해서 구름운동을 하므로 높은 효율이 얻어지고 미끄럼나사에 비해 구동토크가 1/3 이하이다.
③ 회전운동을 고속으로 고정도의 직선운동을 변환하는 데 주로 사용되며, 직각좌표형 로봇이나 생산장비의 구동에 적용된다.
④ 제일 정도가 우수한 C0부터 C10까지 있으며, 정도 등급은 나사부를 따라 직선운동을 행하는 유효 길이에 대한 오차값을 허용 오차치로 구분하여 등급을 정한 것이다. ISO 규정에 따르지 않은 경우 C2, C4, C6, C8도 있다.
⑤ 정도 등급이 좋을수록 위치 반복 정밀도가 우수하지만 가격이 비싸므로 사용상의 반복 정밀도와 가격을 고려하여 등급을 결정한다.

리드 정밀도 등급(ISO 규정)		구 분
C0, C1, C3, C5		정밀 볼나사
C7, C9(10)		일반 볼나사
C5, C7, C9(10)		전조 볼나사
용 도		
조립용	직교좌표 로봇, 수평다관절 로봇	C3~C8
	원통좌표형 로봇	C3~C7
일반용	직각좌표 로봇, 산업용 로봇	C5, C7

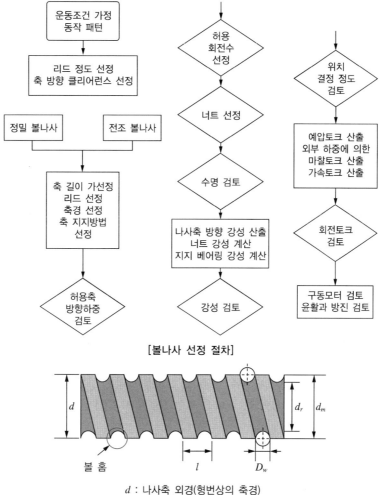

[볼나사 선정 절차]

[볼나사 용어]

d : 나사축 외경(형번상의 축경)
d_m : 볼피치 원경
d_r : 나사축 곡경
l : 리드(Lead)
D_w : 강구경(볼경)

⑥ 리드 선정 : $l = \dfrac{V_{max}}{N_{max}}$

여기서, l : 리드

　　　　V_{max} : 선단 최고 속도

　　　　N_{max} : 모터 최고 회전수

⑦ 볼나사 길이 선정 : L = Stroke(주행거리) 길이 + 너트 길이 + 여유 길이(축단 여유)

⑧ 볼나사 축 선정 : 볼나사 축의 대표적인 설치방법에는 고정-지지, 고정-고정, 고정-자유, 지지-지지 4가지가 있다. 설치방법의 차이에 따라 허용축 방향하중과 위험속도에 대한 허용 회전수가 달라진다. 일반적으로 모터와 연결되는 부분이 고정 부분이 되고, 반쪽이 지지 부분이 된다.

　㉠ 설치방법
　　• 고정축 설치
　　　– 앵귤러 베어링이 삽입된다.
　　　– 로크너트로 앵귤러 베어링을 고정해 준다.
　　　– 멈춤나사로 로크너트를 고정한다.
　　　– 누름 덮개로 눌러 앵귤러 베어링에 예압을 걸어 준다.
　　• 지지축 설치
　　　– 지지축에 깊은 홈 베어링을 삽입한다.
　　　– 스냅링을 체결하여 깊은 홈 베어링의 이탈을 방지한다.
　　• 볼나사의 설치 유형
　　　– 고정–자유
　　　　ⓐ 볼나사를 수직으로 사용할 경우, 축 스트로크가 짧은 경우에 사용한다.
　　　　ⓑ 축 스트로크가 길거나 볼스크루 강성이 약하면 휨 모멘트를 받기 쉽다.
　　　　ⓒ 수직으로 사용하여 중력으로 인한 모멘트를 적게 받는 경우에 사용한다.
　　　– 고정–지지
　　　　ⓐ 반대편에 단순 베어링을 이용하여 지지만 한다.
　　　　ⓑ 가장 보편적으로 사용하는 설치방법이고 안정성이 뛰어나다.
　　　– 고정–고정
　　　　ⓐ 양쪽을 전부 프로파일에 고정시켜 모터를 돌리는 경우이다.
　　　　ⓑ 공작기계나 이송에 큰 힘이 들어갈 경우에 사용한다.

　㉡ 볼나사 외경에 따른 곡경값 : $d_r \geq \dfrac{N_1 L_b^2}{\lambda_2} \times 10^{-7}$

　　여기서, N_1 : 최대 회전수
　　　　　　L_b^2 : 취부 간 거리(고정단부터 너트 중심까지 최대 거리)
　　　　　　λ_2 : 취부방법에 의한 계수

λ_2	계 수
고정–지지	15.1
고정–고정	21.9
고정–자유	3.4
지지–지지	9.7

　　• 위험속도의 한계치를 높이기 위한 방법
　　　– 볼나사의 취부방법을 자유에서 지지, 지지에서 고정으로 변경한다.
　　　– 취부 간의 거리를 줄이거나 좀 더 굵은 축을 사용한다.
　㉢ 볼나사 강구중심경
　　• 정밀 볼나사 : $D \leq \dfrac{70,000}{N_2}$

- 전조 볼나사 : $D \leq \dfrac{50,000}{N_2}$

여기서, D : 강구중심경

N_2 : 허용 회전수

위험속도에 의한 허용 회전수(N_1)와 DN치에 의한 허용 회전수(N_2) 중에 낮은 회전수를 허용 회전수로 한다. 사용 회전수가 N_2를 초과하면 고속 타입의 볼나사를 사용해야 한다.

㉣ 볼나사의 축 외경(d) 선정 : $d_r \leq d \leq D$

여기서, d_r : 나사축 외경에 따른 곡경

d : 나사축 외경

D : 강구중심경

범위에 해당하는 나사축 외경이 많으면 가격과 나사축의 관성을 고려하여 가장 작은 외경을 선정한다.

⑨ 볼나사 강성 : $\dfrac{1}{K} = \dfrac{1}{K_s} + \dfrac{1}{K_N} + \dfrac{1}{K_B}$

㉠ 지지축 베어링 강성 : $K_B = \dfrac{3F_{a_0}}{a_0}(\text{N}/\mu\text{m})$

여기서, K_B : 지지축 베어링 강성

F_{a_0} : 지지 베어링의 예압하중(N)

a_0 : 축하중 변위량(μm)

㉡ 너트 강성

- $K_N(\text{무예압}) = 0.8 \times K\left(\dfrac{F_a}{0.3 C_a}\right)^{\frac{1}{3}}$

- $K_N(\text{예압}) = 0.8 \times K\left(\dfrac{F_a}{0.1 C_a}\right)^{\frac{1}{3}}$

여기서, K_N : 너트 강성(N/μm)

K : 강성값(N/μm)

F_a : 부하축 방향 하중(N)

C_a : 기본 동정격 하중(N)

㉢ 나사축 강성

- 고정-고정 : $K_s = \dfrac{4AE}{L} \times 10^{-3}$

- 고정-고정 이외 : $K_s = \dfrac{AE}{L} \times 10^{-3}$

여기서, K_s : 나사축 강성(N/μm)

A : 볼나사 단면적(mm^2)

E : 탄성 변형계수(2.06×10^5MPa)

L : 취부 간의 거리(mm)

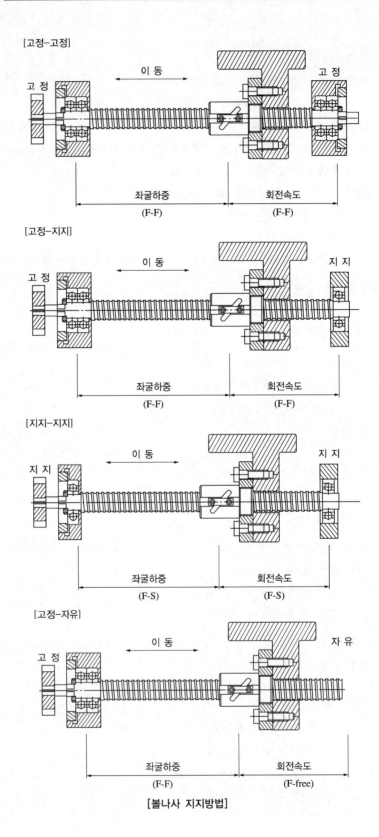

[볼나사 지지방법]

⑩ 축 방향 하중 산출

　㉠ 수평인 경우 : 일반적으로 가반하중을 수평으로 왕복하는 경우의 축 방향 하중은 다음과 같다.

　　• 전진 가속 시 : $F_{a1} = \mu mg + f + ma$

　　• 전진 등속 시 : $F_{a2} = \mu mg + f$

　　• 전진 감속 시 : $F_{a3} = \mu mg + f - ma$

　　• 후퇴 가속 시 : $F_{a4} = -\mu mg - f - ma = -F_{a1}$

　　• 후퇴 등속 시 : $F_{a5} = -\mu mg - f = -F_{a2}$

　　• 후퇴 감속 시 : $F_{a6} = -\mu mg - f + ma = -F_{a3}$

　　여기서, m : 반송 질량(kg)

　　　　　μ : 안내면의 마찰계수

　　　　　f : 안내면의 저항(N)

　　　　　a : 가속도(m/s^2)

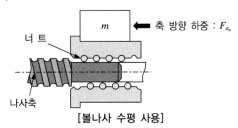

[볼나사 수평 사용]

　㉡ 수직인 경우 : 일반적으로 가반 하중을 상하 왕복하는 경우의 축 방향 하중은 다음과 같다. 수평에서의
　　마찰계수가 1인 경우와 같다.

　　• 상승 가속 시 : $F_{a1} = mg + f + ma$

　　• 상승 등속 시 : $F_{a2} = mg + f$

　　• 상승 감속 시 : $F_{a3} = mg + f - ma$

　　• 하강 가속 시 : $F_{a4} = -mg - f - ma = -F_{a1}$

　　• 하강 등속 시 : $F_{a5} = -mg - f = -F_{a2}$

　　• 하강 감속 시 : $F_{a6} = -mg - f + ma = -F_{a3}$

　　여기서, m : 반송 질량(kg)

　　　　　f : 안내면의 저항(N)

　　　　　a : 가속도(m/s^2)

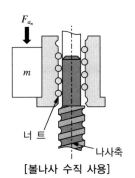

[볼나사 수직 사용]

ⓒ 평균 축 방향 하중 : 나사에 작용하는 축 방향 하중이 변동하는 경우, 평균 축 방향 하중 F_m은 다음과 같이 구한다.

$$F_m = \sqrt[3]{\frac{1}{L}\left(F_{a_1}^3 l_1 + \cdots + F_{a_n}^3 l_n\right)}$$

여기서, F_{a_n} : 변동하중

l_n : 하중을 부하할 시 주행거리

L : 총주행거리

⑪ 수명 예측

㉠ 정격수명(총회전수) : $L = \left(\dfrac{C_a}{F_w F_a}\right)^3 \times 10^6$

여기서, F_w : 하중계수

F_a : 부하축 방향 평균 하중(N)

C_a : 기본 동정격 하중(N)

㉡ 평균 회전수(rpm) : $N_m = \dfrac{2 \times n \times l_s}{l}$

여기서, n : 매분 왕복수

l_s : 스트로크

l : 리드

㉢ 볼나사 수명시간 : $L_h = \dfrac{L}{60 \times N_m}$ (h)

㉣ 총주행거리 : $L_h = L \times l \times 10^{-6}$

⑫ 회전토크

㉠ 외부 하중에 의한 마찰토크 : $T_f = \dfrac{F_a l}{2\pi\eta} A$

여기서, F_a : 축 방향 하중

l : 리드

η : 볼나사 효율(0.9~0.95)

A : 감속비

㉡ 가속토크 : $T_a = \dfrac{(J_L + J_m) \times 2\pi n}{A_1} + T_f$

여기서, J_L : 나사축의 관성 모멘트

J_m : 모터의 관성 모멘트

㉢ 감속토크 : $T_d = \dfrac{(J_L + J_m) \times 2\pi n}{A_1} - T_f$

여기서, J_L : 나사축의 관성 모멘트

J_m : 모터의 관성 모멘트

⑬ 구동모터 검토

㉠ 회전수 : $N_n = \dfrac{V \times 1,000 \times 60}{l} \times \dfrac{1}{A}$ < 모터의 정격 회전수

㉡ 실효토크 : $T_s = \sqrt{\dfrac{T_a^2 \times t_1 + T_f^2 \times t_2 + T_d^2 \times t_d}{A_0}}$ < 모터의 정격토크

(2) 하모닉 드라이브

① 하모닉 드라이브 구조

㉠ 하모닉 드라이브는 중앙의 타원 형상의 웨이브 제너레이터가 회전하면, 이에 맞물린 플렉 스플라인이 타원 형상으로 탄성변형되고 바깥 부분인 원형의 서큘러 스플라인과 이가 하나씩 맞물리면서 회전하게 되어, 웨이브 제너레이터가 1회전하면 반시계 방향으로 잇수 차 2개분만 이동하게 되어 감속하게 된다.

㉡ 크기가 소형이므로 소형 조립용 로봇에 적합하나 강성이 작아 용량이나 반력이 작용하는 용도에는 부적합하다.

㉢ 웨이브 제너레이터 : 타원형 상의 캠 외주에 박육의 볼 베어링이 조립된 타원 형상을 한 부품이다. 베어링의 내륜은 캠에 고정되어 있고, 외륜은 볼을 매개로 탄성변형을 하며 입력축에 취부된다.

㉣ 플렉 스플라인 : 박육의 컵 형상을 한 금속 탄성체의 부품이다. 컵의 개구부 외주에 이가 새겨져 있고 플렉 스플라인의 아래를 다이어프램이라고 하며 통상 출력축으로 취부한다.

㉤ 서큘러 스플라인 : 강체 링 형상의 부품으로 내주에 플렉 스플라인과 같은 크기의 이가 새겨져 있고 플렉 스플라인보다 치가 2매 정도 많다. 일반적으로는 케이싱에 고정된다.

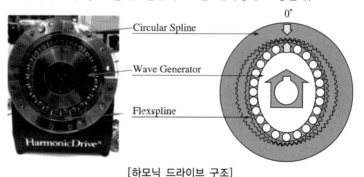

[하모닉 드라이브 구조]

② 하모닉 드라이브의 원리

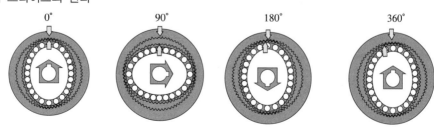

㉠ 0°일 때 : 플렉 스플라인은 웨이브 제너레이터에 의해 타원 형상으로 탄성변형된다. 이 때문에 타원의 장축의 부분에서는 서큘러 스플라인과 기어 이가 맞물리고 단축 부분에서는 이가 완전히 떨어진 상태로 된다.

㉡ 90°일 때 : 서큘러 스플라인을 고정하고 웨이브 제너레이터를 시계 방향으로 회전시키면 플렉 스플라인은 탄성변형을 하고 원형 스플라인과 이의 맞물린 위치가 순차적으로 이동해 간다.

㉢ 180°일 때 : 웨이브 제너레이터가 시계 방향으로 180°까지 회전하면 플렉 스플라인은 치수 1개분만큼 반시계 방향으로 이동해 간다.

㉣ 360°일 때 : 웨이브 제너레이터가 1회전하면 플렉 스플라인은 서큘러 스플라인보다 치수가 2개 적기 때문에 치수차 2개분 만큼 반시계 방향으로 이동해 간다. 일반적으로 이 이동량을 출력으로 사용한다.

③ 하모닉 드라이브의 특징
  ㉠ 복잡한 기구적 구조 없이 고속 감속비가 가능하다.
  ㉡ 고감속비에도 불구하고 조립이 간단하고 부품이 3개뿐이다.
  ㉢ 백래시가 매우 작다.
  ㉣ 고위치 정밀도, 회전 정밀도를 얻을 수 있다.
  ㉤ 같은 토크용량, 속비 대비 소형, 경량화가 가능하다.
  ㉥ 정숙하며 진동도 극히 작다.

④ 하모닉 드라이브 선정방법
  ㉠ 부하토크 패턴의 확인 : 부하토크 패턴을 파악한 후 H/D 선정 시에 사양을 확인한다.
  ㉡ 형번 선정 절차
    • H/D 출력축에 걸리는 평균 부하토크 산출식

$$T_{av} = \sqrt[3]{\frac{n_1 \cdot t_1 \cdot |T_1|^3 + n_2 \cdot t_2 \cdot |T_2|^3 + \cdots + n_n \cdot t_n \cdot |T_n|^3}{n_1 \cdot t_1 + n_2 \cdot t_2 + \cdots + n_n \cdot t_n}}$$

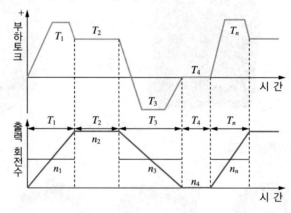

[부하토크 패턴 및 H/D 선정 시의 필요 사양]

[그림에 따른 부하토크 패턴의 값]

통상 운전 패턴	최고 회전속도	충격토크	요구 수명
기동 시 T_1, t_1, n_1	출력 최고 회전속도 $o_{\max}$	충격토크 인가 시 T_s, t_s, n_s	요구 수명 $L_h = L$
정상 운전 시 T_2, t_2, n_2	입력 최고 회전속도 $i_{\max}$	–	–
정지(감속) 시 T_3, t_3, n_3	–	–	–
휴지 시 T_4, t_4, n_4	–	–	–

- 출력 평균 회전수 산출(av_0) : $av_0 = \dfrac{n_1 \cdot t_1 + n_2 \cdot t_2 + \cdots + n_n \cdot t_n}{t_1 + t_2 + \cdots + t_n}$

- 감속비 결정 : $\dfrac{i_{\max}}{o_{\max}} \geq R$

- 입력 평균 회전수

  - $av_i = av_0 \cdot R$

  - $av_i <$ 허용 평균 입력 회전수(r/min)

- 입력 최고 회전수

  - $i_{\max} = o_{\max} \cdot R$

  - $i_{\max} <$ 허용 최고 회전 입력 회전수(r/min)

- 허용 회전수 : $N_s = \dfrac{10^4}{2 \cdot \dfrac{n_s \cdot R}{60} t_s}$ (회) $\cdots$ $N_s \leq 1.0 \times 10^4$(회)

  여기서, n_s : 출력 회전수

  　　　　t_s : 시간

  　　　　R : 감속비

(3) RV 감속기

① RV 감속기는 초정밀 위치제어용 감속기로서, 동시 맞물림 수가 많기 때문에 소형, 경량이면서 강성이 높고 과부하에 강한 특성이 있다.

② 백래시와 회전 진동이 작기 때문에 가속 성능이 좋고 부드러운 움직임과 정확한 위치 정도를 얻을 수 있어서 산업용 로봇, 공작기계, 조립장치 등에 널리 사용된다.

③ RV 감속기는 크랭크축, 평기어, RV기어 등으로 구성된다.

④ RV 감속기의 종류

　㉠ RV 타입 : 표준형

　㉡ RV-E 타입 : 주베어링 내장형

　㉢ RV-C 타입 : 중공형

　　┌─────────────────────────┐
　　│ RV – 80E – 121– A – B │
　　│ ⓐ　　ⓑⓒ　　ⓓ　ⓔ　ⓕ │
　　└─────────────────────────┘

- ⓐ : RV 감속기

- ⓑ : 형번 호칭(형번에 따라 정격 출력토크가 정해져 있음)

- ⓒ : 타입
  - E : 주베어링 내장형인 RV-E 타입
  - C : 중공형인 RV-C 타입
  - 미표기 : 기호가 없으면 표준형인 RV 타입
- ⓓ : 속도비값(감속비)
- ⓔ : 입력측 기어나 입력축 스플라인 혹은 중앙기어의 형상(표준 치수품)
  - A : 가는 축 타입
  - B : 굵은 축 타입
  - Z : 표준 치수품이 없음
- ⓕ : 출력축의 체결 타입
  - B : 출력축 볼트 체결 타입
  - P : 출력측 핀 병용 체결 타입
  - T : 출력축 통과 볼트 체결 타입

⑤ 선정 절차

[RV 감속기 선정 시 검토조건]

구 분	기동 시(Max)	정상 시	정지 시(Min)	비정상 충격 시
부하토크(kgf-m)	T_1	T_2	T_3	T_4
회전수(rpm)	N_1	N_2	N_3	N_4
시간(s)	t_1	t_2	t_3	t_4

㉠ 부하 특성 검토
- 부하 사이클 선도로부터 평균 부하토크 계산 :

$$T_m = \sqrt[\frac{10}{3}]{\frac{n_1 \cdot t_1 \cdot |T_1|^{\frac{10}{3}} + n_2 \cdot t_2 \cdot |T_2|^{\frac{10}{3}} + n_3 \cdot t_3 \cdot |T_3|^{\frac{10}{3}}}{n_1 \cdot t_1 + n_2 \cdot t_2 + n_3 \cdot t_3}}$$

- 평균 출력 회전수 계산 : $N_m = \dfrac{N_1 \cdot t_1 + N_2 \cdot t_2 + N_3 \cdot t_3}{t_1 + t_2 + t_3}$

- 수명계산 : $L_h = K \times \dfrac{N_0}{N_m} \times \left(\dfrac{T_0}{T_m} \right)^{\frac{10}{3}}$

  여기서, N_0 : 출력 회전수

  　　　　T_0 : 출력 토크수

- 출력 회전수 : $\dfrac{입력\ 회전수}{속도비} \leq$ 허용 최고 출력 회전수

㉡ 베어링 용량 검토
- 외부 하중 조건 상태 확인
- 모멘트 강성 검토
- 출력축 경사 각도 검토
- 부하 모멘트 검토

㉢ 최종 결정 : 가선정된 감속기가 요구 사양을 모두 만족할 시에 최종 결정한다.

03 신규 요소 부품 설계하기

1. 신규 요소 부품 설계

(1) 축 설계

① 축의 설계 시 고려사항 : 회전축의 재료는 동력 전달에 의한 비틀림이나 휨에 대한 충분한 강도가 있어야 한다. 진동으로 발생하는 반복 하중에 대비한 내피로성, 저널 등에 의한 마모에 대비한 내마모성, 충격 등에 대비한 인성을 고려하여야 한다. 재료의 성질이 열처리 및 표면경화를 하기 쉽고 충분한 경도를 낼 수 있어야 한다.

    ㉠ 작용하는 하중에 의하여 축이 파괴되지 않도록 충분한 강도를 가져야 한다.

    ㉡ 축에 작용하는 하중에 의한 변형도가 일정 한계치를 초과하지 않도록 한다. 굽힘 모멘트를 받는 축은 축 처짐으로, 비틀림 모멘트를 받는 축은 비틀림 각으로 제한한다.

    ㉢ 축의 고유 진동에 따른 위험속도를 충분히 벗어난 속도에서 운전하도록 설계하여야 한다. 진폭을 낮추고자 하면 평형잡이를 하여야 한다.

② 축의 강도 설계

    ㉠ 굽힘 모멘트만 받는 축

        • 굽힘 강도 : $\sigma = \dfrac{M_y}{I_x},\ \dfrac{M_x}{I_y}$

        • 중공축의 바깥 지름 : $d_o = \sqrt[3]{\dfrac{32M}{\pi(1-x^4)\sigma_a}},\ \dfrac{d_i}{d_o} = x$

        여기서, x : 내외경비

               σ_a : 허용 굽힘응력

               d_i : 안지름

    ㉡ 비틀림 모멘트만 받는 축

        • 비틀림 상노 : $\tau = \dfrac{Tr}{I_p} = \dfrac{T}{Z_p}$

        • 중공축의 바깥 지름 : $d_o = \sqrt[3]{\dfrac{16T}{\pi(1-x^4)\tau_a}},\ \dfrac{d_i}{d_o} = x$

        여기서, x : 내외경비

               τ_a : 허용 전단응력

               d_i : 안지름

    ㉢ 굽힘 모멘트와 비틀림 모멘트를 동시에 받는 축

        • 연성재료의 경우 : $d_o = \sqrt[3]{\dfrac{16T_e}{\pi(1-x^4)\tau_a}},\ \dfrac{d_i}{d_o} = x,\ T_e = \sqrt{M^2 + T^2}$

        여기서, x : 내외경비

               τ_a : 허용 전단응력

안심Touch

d_i : 안지름

T_e : 상당 비틀림 모멘트

• 취성재료의 경우 : $d_o = \sqrt[3]{\dfrac{32M_e}{\pi(1-x^4)\sigma_a}}$, $\dfrac{d_i}{d_o} = x$, $M_e = \dfrac{1}{2}\left(M^2 + \sqrt{M^2 + T^2}\right)$

여기서, x : 내외경비

σ_a : 허용 굽힘응력

d_i : 안지름

M_e : 상당 굽힘 모멘트

㉣ 동하중을 받는 축

• 연성재료의 경우 : $d_o = \sqrt[3]{\dfrac{16\,T_e}{\pi(1-x^4)\tau_a}}$, $\dfrac{d_i}{d_o} = x$, $T_e = \sqrt{(k_m M^2) + (k_t T^2)}$

여기서, T_e : 상당 비틀림 모멘트

k_m : 굽힘 모멘트계수

k_t : 비틀림 모멘트계수

• 취성재료의 경우 : $d_o = \sqrt[3]{\dfrac{32M_e}{\pi(1-x^4)\sigma_a}}$, $\dfrac{d_i}{d_o} = x$, $M_e = \dfrac{1}{2}\left(k_m M^2 + \sqrt{(k_m M^2) + (k_t T^2)}\right)$

여기서, M_e : 상당 굽힘 모멘트

㉤ 단면 상승 모멘트

[동적 효과계수]

구 분	수학적 표현	공식 활용	사각형	중실축	중공축
단면 1차 모멘트 Q_x, Q_y	• $Q_x = \int y\,dA$ • $Q_y = \int x\,dA$	• $Q_x = \bar{y}A$ • $Q_y = \bar{x}A$	h b	d(지름)	d_1 d_2 d_1 : 내경, d_2 : 외경
단면 2차 모멘트 I_x, I_y	• $I_x = \int y^2\,dA$ • $I_y = \int x^2\,dA$	• $I_x = K_y^2 A$ • $I_y = K_x^2 A$	• $I_x = \dfrac{bh^3}{12}$ • $I_y = \dfrac{hb^3}{12}$	• $I_x = I_y = \dfrac{\pi D^4}{64}$	• $I_x = I_y = \dfrac{\pi D^4}{64}(1-x^4)$
극단면 2차 모멘트 I_p	• $I_p = \int r^2\,dA$	• $I_p = I_x + I_y$	• $I_p = \dfrac{bh^3}{12}(b^2 + h^2)$	• $I_p = \dfrac{\pi D^4}{32}$	• $I_p = \dfrac{\pi D^4}{32}(1-x^4)$
단면계수 Z	• $Z_x = \dfrac{I}{e_x}$ • $Z_y = \dfrac{I}{e_y}$	• $Z = \dfrac{M}{\sigma_b}$	• $Z_x = \dfrac{bh^2}{6}$ • $Z_y = \dfrac{hb^2}{6}$	• $Z_x = Z_y = \dfrac{\pi D^3}{32}$	• $Z_x = Z_y = \dfrac{\pi D^3}{32}(1-x^4)$
극단면계수 Z_p	• $Z_p = \dfrac{I_p}{e}$	• $Z_p = \dfrac{T}{\tau}$	–	• $Z_p = \dfrac{\pi D^3}{16}$	• $Z_p = \dfrac{\pi D^3}{16}(1-x^4)$

하중의 종류	회전축		정지축	
	k_t	k_m	k_t	k_m
정하중 또는 약한 동하중	1.0	1.5	1.0	1.0
심한 동하중 또는 약한 충격하중	1.0~1.5	1.5~2.0	1.5~2.0	1.5~2.0
격렬한 충격하중	1.5~3.0	2.0~3.0	–	–

ⓗ 보의 처짐

보의 종류	우력을 받는 외팔보	집중하중을 받는 외팔보	균일분포하중을 받는 외팔보	B지점에서 우력을 받는 단순보	중앙에 집중하중을 받는 단순보	균일하중을 받는 단순보
최대 전단력 F	0	P	wl	0	$\dfrac{P}{2}$	$\dfrac{wl}{2}$
최대 굽힘 모멘트 M	M_o	Pl	$\dfrac{wl^2}{2}$	M_o	$\dfrac{Pl}{4}$	$\dfrac{wl^2}{8}$
최대 굽힘각 θ	$\dfrac{M_o l}{EI}$	$\dfrac{Pl^2}{2EI}$	$\dfrac{wl^3}{6EI}$	$\theta_A = \dfrac{M_o l}{6EI}$ $\theta_B = \dfrac{M_o l}{3EI}$	$\dfrac{Pl^2}{16EI}$	$\dfrac{wl^3}{24EI}$
최대 처짐량 δ	$\dfrac{M_o l^2}{2EI}$	$\dfrac{Pl^3}{3EI}$	$\dfrac{wl^4}{8EI}$	$\dfrac{M_o l^2}{9\sqrt{3}\,EI}$	$\dfrac{Pl^3}{48EI}$	$\dfrac{5wl^4}{384EI}$

③ 축의 진동

ⓐ 축의 진동은 진동 방향에 따라 굽힘 진동, 비틀림 진동, 길이 방향 진동으로 구분한다.

ⓑ 비틀림 진동의 위험속도는 굽힘 진동에 의한 위험속도의 3~4배에서 발생하므로 주로 굽힘 진동을 고려한다. 기어 상자와 같이 큰 비틀림 하중을 받는 경우 비틀림 각의 진폭이 커지므로 비틀림 진동을 고려하여야 한다.

ⓒ 굽힘 진동은 회전축의 재질, 형상 및 불평형의 분포 그리고 회전축을 지지하고 있는 베어링 성질 등에 의하여 영향을 받는다.

ⓓ 길이 방향 진동에 의한 위험속도는 굽힘 진동에 의한 위험속도의 10배 이상에서 발생하므로 길이 방향 진동은 고려하지 않는다.

ⓔ 축의 회전속도가 축의 고유 진동수 부근에서는 진도의 진폭이 커져서 축 또는 베어링이 파괴될 수도 있으므로 축의 운전속도를 결정할 때에는 회전축의 고유 진동수로부터 25% 이상 떨어질 것을 권장한다.

(2) 베어링 설계

① 베어링은 축과 하우징 사이의 상대운동을 원활하게 하며 축으로부터 전달되는 하중을 지지한다. 하중을 지지하는 방향에는 반경 방향 하중과 축 방향 하중이 있으며 합성하중도 있다.

② 베어링 내부의 접촉 방식에 따라 구름 베어링과 미끄럼 베어링으로 분류한다. 구름 베어링에서는 전동체에서 구름마찰이 일어나고, 미끄럼 베어링에서는 축과 베어링 사이의 윤활유에 의하여 유막이 형성되어 미끄럼마찰이 일어난다.

항 목	미끄럼 베어링	구름 베어링
기동토크	유막 형성이 늦은 경우 크다.	기동토크가 작다.
충격 흡수	유막에 의한 감쇠력이 우수하다.	감쇠력이 작아 충격 흡수력이 작다.
간편성	제작 시 전문지식이 필요하다.	설치가 간편하다.
강 성	작다.	크다.
운전속도	고속 회전에 유리하고 저속 회전에는 불리하다.	고속 회전에 불리하고 저속 회전에는 유리하다.
고 온	윤활유의 점도가 감소한다.	전동체의 열팽창으로 고온 시 냉각장치가 필요하다.
규격화	자체 제작하는 경우가 많다.	표준형 양산품으로 호환성이 높다.
크 기	지름은 작으나 폭이 크다.	폭은 작으나 지름이 크다.
구 조	일반적으로 간단하다.	전동체가 있어 복잡하다.
하 중	추력하중은 받기 힘들다.	추력하중을 용이하게 받는다.
소 음	특별한 고속 이외에는 정숙하다.	일반적으로 소음이 크다.
가 격	일반적으로 저렴하다.	일반적으로 고가이다.
호환성	호환성이 없다.	호환성이 있다.
내충격성	강하다.	약하다.

㉠ 미끄럼 베어링

- 미끄럼 베어링은 축과 베어링 사이에 윤활유의 유막이 형성되어 미끄럼에 의한 상대운동을 한다.
- 축과 베어링 사이의 압력 유지방법에 따라 정압 베어링과 동압 베어링으로 구분한다. 정압 베어링은 동압 베어링에 비해 회전 정밀도가 우수하다.
- 축과 베어링 사이에서 작용하는 유체의 종류에 따라 기름 베어링과 공기 베어링으로 구분한다.
- 기름 베어링의 내경 형태에 따라 진원형 베어링, 2로브 베어링, 3로브 베어링, 4로브 베어링, 압력댐 베어링으로 구분한다.
- 저널 베어링 설계에 필요한 변수
  - 폭경비
    ⓐ 베어링 지름은 축 지름으로 정한다.
    ⓑ 폭경비($1/d$)는 베어링 폭을 축 지름으로 나눈 값이다.
    ⓒ 베어링 내의 평균 압력은 하중을 베어링 투영 면적으로 나누면 얻어진다.
    ⓓ 폭경비는 베어링 내의 평균 압력을 적절한 값으로 조정하기 위한 기준치로서, 일반적으로 0.25~2이다.
  - 베어링의 평균 압력 : 평균 압력은 레이디얼 하중을 투영 면적으로 나눈 값이다.
  - 발열계수 : 발열계수는 베어링의 평균 압력과 원주속도를 곱한 값이다. 베어링 온도의 증가에 비례한다.
  - 베어링 정수 : 고속 베어링에서는 발열계수를 기준으로 설계하지만 일반 베어링에서는 베어링 정수를 기준으로 설계한다.
  - 조머벨트 수(Sommerfeld Number)
    ⓐ 무차원 하중 지지력이라고도 하며 무차원 양으로서 베어링이 지지할 수 있는 하중을 무차원화 하여 나타낸 값이다.

ⓑ 조머벨트 수의 변화에 따라 베어링 자료를 나타내면, 크기나 압력이 다른 베어링이라도 베어링 설계에 보편적으로 적용할 수 있다.

ⓒ 비록 두 베어링의 크기가 다르더라도, 조머벨트 수가 같으면 같은 베어링으로 취급하고 설계한다.

- 최소 유막 두께 : 축과 베어링 사이의 최소 거리를 의미하는 것으로, 눌러 붙음을 방지하기 위한 설계 변수이다. 축과 베어링의 표면거칠기 합이 베어링의 최소 유막 두께를 초과하지 않도록 하여야 한다.

• 미끄럼 베어링 설계

- 베어링은 반경 방향의 하중을 지지하는 레이디얼 저널 베어링과 축 방향의 하중을 지지하는 스러스트 저널 베어링으로 구분한다.

- 레이디얼 저널 베어링에는 축의 끝부분을 지지하는 끝 저널과 축의 중간 부분을 지지하는 중간 저널이 있다.

- 스러스트 저널 베어링에는 축의 끝부분에서 축 방향 하중을 지지하는 피벗 저널과 축의 중간 부분에서 축 방향 하중을 지지하는 칼라 저널이 있다.

ⓛ 구름 베어링 : 구름 베어링은 구름 접촉을 하여 마찰계수가 작고, 기동저항이 작으며 발열도 작다. 베어링은 규격화된 치수로 생산되어 교환이 쉽고 사용이 간편한 이점이 있으나 소음이 발생하기 쉽고 외부 충격을 흡수하는 능력이 작다.

• 구름 베어링의 구조

- 구름 베어링은 레이디얼 베어링의 경우 내륜, 외륜, 전동체, 리테이너로 구성된다.

- 스러스트 베어링의 경우 회전륜, 정지륜, 전동체, 세퍼레이터로 구성된다.

• 구름 베어링의 분류

분 류	볼 베어링	롤러 베어링
전동체	볼	원 통
접촉 상태	점 접촉	선 접촉
하중 지지력	비교적 작은 하중	큰 하중, 충격 흡수
회전속도	고속 회전	비교적 저속 회전
마 찰	작다.	비교적 크다

• 구름 베어링의 종류

- 단열 깊은 홈 볼 베어링 : 가장 일반적인 형태로서 가격이 저렴한 비분리형 베어링이다.

- 앵귤러 볼 베어링 : 고정밀도 고속 회전에 적합하게 개발된 비분리형 베어링으로, 반경 방향 하중과 축 방향 하중을 동시에 지지할 수 있다.

- 자동조심 볼 베어링 : 복렬로 구성된 비분리형 베어링으로서, 내륜의 궤도는 2개로 분리되어 있다.

- 마그네토 베어링 : 외륜의 한쪽에만 턱이 있는 외륜 분리형 베어링으로, 설치와 해체가 용이하다.

- 원통 롤러 베어링 : 분리형 베어링으로 전동체인 롤러가 내외륜에서 선 접촉을 하므로 하중 지지 용량이 크고 반경 방향으로의 강성이 크다.

- 자동조심 롤러 베어링 : 복렬 베어링으로, 전동체로 비대칭 롤러를 사용한 베어링과 대칭인 롤러를 사용한 베어링이 있다.
- 테이퍼 롤러 베어링 : 내외륜 분리형으로 설치 및 해체가 용이하다. 전동체는 내륜의 턱에 안내되어 구배진 궤도를 구른다.
- 니들 롤러 베어링 : 단열 분리형 베어링이다. 전동체의 길이가 직경의 3~10배 정도로 가늘고 긴 롤러 형태이다.
- 스러스트 볼 베어링 : 분리형 베어링으로 고정륜, 회전륜 전동체와 이것의 간격을 유지하는 세퍼레 이터로 구성되어 있다. 회전륜은 축에 고정되고, 고정륜은 하우징에 고정된다.
- 스러스트 자동조심 롤러 베어링 : 큰 축 방향 하중을 받을 수 있다. 외륜 궤도가 구면으로서 자동조 심성이 있으며, 설치오차 및 축의 휨을 받아 준다. 고속 회전에는 부적합하다.
- 베어링 선정 시 검토항목
  - 하중 : 베어링에서 가장 기본적인 기능은 축과 하우징 사이의 상대운동을 가능하게 하는 것이고, 회전축으로부터 전달되는 하중을 지지하는 것이다. 하중의 크기와 방향은 회전축−베어링계로부 터 결정된다.
  - 베어링 설치 공간 : 축의 크기 및 설치 공간 내에서 베어링의 형식과 배열, 치수 등을 결정한다.
  - 허용 경사각 : 허용 경사각이란 베어링 내외륜 사이의 상대적 기울어짐을 말한다.
  - 베어링 강성 : 베어링 하중에 의한 전동체의 탄성 변형률로서 계의 진동에 영향을 미친다. 롤러 베어링의 강성은 볼 베어링에 비해 크다.
  - 회전 정밀도 : 높은 정밀도가 요구되는 곳에 축의 불평형량을 줄이고, 베어링 선정 시 깊은 홈 볼 베어링, 앵귤러 볼 베어링, 원통 롤러 베어링을 사용한다.
  - 회전 소음 : 정밀 베어링은 소음이 작도록 제작되어 있다.
  - 허용 회전수 : 설계하고자 하는 기계의 회전속도값이 허용범위 안에 들어가는지 확인한다.
  - 베어링 수명 : 하중과 사용 회전수에 따라 달라진다.
  - 설치와 해체 : 기계의 조립이 쉽고, 기계의 보수 등으로 인한 해체가 용이하여야 한다.

(3) 기어열 설계

기어가 3개 이상 연속하여 맞물려 있는 경우를 기어열이라고 한다. 이러한 장치는 회전 방향을 바꿀 때 또는 큰 각속도비가 필요할 때 사용한다.

① 단순 기어열 : 다음 그림의 기어 1은 원동축, 기어 2는 종동축, 기어 3은 중간의 아이들기어를 의미한다. 중간에 있는 아이들기어는 속도비에 영향을 미치지 않으며 외접하는 경우 회전 방향을 바꾸는 역할을 한다.

$$i = \frac{N_3}{N_1} \cdot \frac{N_2}{N_3} = \frac{N_2}{N_1} = \frac{D_2}{D_1} = \frac{Z_1}{Z_2}$$

여기서, N : 회전 각속도

D : 피치원 지름

Z : 잇수

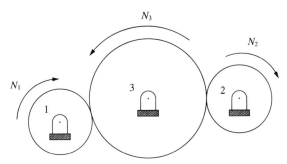

[단순 기어열]

[기어의 한계속도비 및 효율]

기어이 종류	속도비 한계		효율(%)	비 고
	저 속	중 속		
평기어, 헬리컬기어	1 : 7	1 : 7	98~99.5	잇수가 적거나 맞물림 상태가 적으면 효율이 떨어진다.
직선 베벨기어	1 : 5	1 : 3	~96	외팔보 형태의 축 끝에 달린 기어로 인해 축에 휨이 발생하면 효율이 떨어진다.
스파이럴 베벨기어	1 : 5	1 : 3	~98	
더블 헬리컬기어	1 : 12	1 : 8	~98	
웜기어 진입각 5	1 : 100		60~70	진입각에 따라 효율 변화가 많다.
웜기어 진입각 10			75~85	
웜기어 진입각 20			85~90	
웜기어 진입각 40	1 : 2.5		90~95	

② 복합 기어열 : $i = \dfrac{N_2}{N_1} \cdot \dfrac{N_4}{N_3} = \dfrac{N_4}{N_1} = \dfrac{D_1 D_3}{D_2 D_4} = \dfrac{Z_1 Z_3}{Z_2 Z_4} = \dfrac{\text{원동차의 치수의 곱}}{\text{종동차의 치수의 곱}}$

여기서, N : 회전 각속도

D : 피치원 지름

Z : 잇수

다음 그림의 기어 1과 기어 3은 원동차, 기어 2와 기어 4는 종동차를 의미한다.

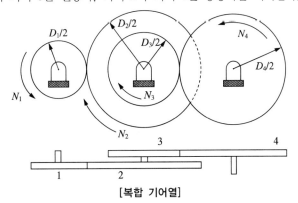

[복합 기어열]

③ 유성기어장치 : 유성기어장치는 태양기어를 중심으로 복수의 유성 피니언 기어가 자전하면서 공전하는 구조를 가진 기어 체계이다.

　㉠ 태양기어(Sun Gear) : 고정되어 있는 경우도 있고, 고정되어 있지 않은 경우도 있다.

　㉡ 유성 피니언(Planetary Pinion) : 태양기어 주위를 공전 및 자전을 하며 3~4의 개수로 구성된다.

　㉢ 캐리어(Carrier) : 태양기어의 중심과 유성 피니언의 중심을 연결한다.

　㉣ 내접기어(Internal Gear) : 모든 유성기어에 있는 것은 아니며 없는 경우도 있을 수 있다.

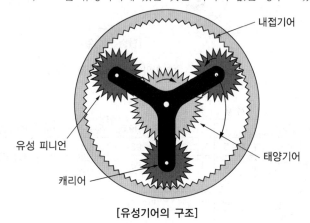

[유성기어의 구조]

　㉤ 특 징

　　• 적은 단수로 큰 감속비를 얻을 수 있다.

　　• 큰 토크의 전달이 가능하다.

　　• 입력축과 출력축을 동축선상에 배치할 수 있다.

　　• 복수의 피니언 기어에 부하를 분산하므로, 톱니의 마모와 손상이 비교적 작다.

　　• 구조가 복잡하고 변속비의 계산이 어렵다.

[유성기어 구성품 간의 각속도비(회전수비)]

구 분	캐리어 C	태양기어 S	내접기어 I	결 과
(1) 전체 공전(+1회전)	+1	+1	+1	• 캐리어, 태양기어, 내접기어 사이의 상대 속도 없음 • 입력축과 출력축이 직접 연결되었음을 의미
(2) 캐리어 고정 　(태양기어 -1회전)	0	-1	$+\dfrac{Z_s}{Z_i}$	감속, 역전
(3) 합성 회전수 　(태양 고정, 캐리어 1구동)	+1	0	$1+\dfrac{Z_s}{Z_i}$	(1)+(2)의 결과로서 증속
(4) 합성 회전수 　(태양 고정, 내접 1구동)	$\dfrac{Z_i}{Z_i+Z_s}$	0	1	(3)의 결과로서 감속
(5) 합성 회전수 　(내접 고정, 태양 구동)	$\dfrac{Z_s}{Z_i+Z_s}$	1	0	(1)-(4)의 결과로서 감속

[태양기어, 캐리어, 내접기어 중 1개를 고정한 경우의 각속도비(회전수비)]

고정기어	구동/피동	캐리어	태양기어	내접기어	결과 : 변속비
태양기어	캐리어/내접기어	1	0	$\dfrac{Z_i + Z_s}{Z_i}$	증속 : $\dfrac{Z_i + Z_s}{Z_i}$
	내접기어/캐리어	$\dfrac{Z_i}{Z_i + Z_s}$	0	1	감속 : $\dfrac{Z_i}{Z_i + Z_s}$
내접기어	태양기어/캐리어	$\dfrac{Z_s}{Z_i + Z_s}$	1	0	감속 : $\dfrac{Z_s}{Z_i + Z_s}$
	캐리어/태양기어	0	$\dfrac{Z_i + Z_s}{Z_s}$	0	증속 : $\dfrac{Z_i + Z_s}{Z_s}$
캐리어	태양기어/내접기어	0	1	$-\dfrac{Z_s}{Z_i}$	감속(역전) : $-\dfrac{Z_s}{Z_i}$
	내접기어/태양기어	0	$-\dfrac{Z_i}{Z_s}$	1	증속(역전) : $-\dfrac{Z_i}{Z_s}$

로봇기구 상세 설계

01 상세 설계모델링하기

1. 상세 설계모델링

(1) 로봇기구의 조립모델 구성

① **부품 조립을 위한 상세 모델링** : 기구 해석이 끝난 후 정해진 치수대로 가공하기 위해서는 최종 모델링이 필요하다. 제품 조립을 위해 부품 레벨에서 조립을 위한 베어링 장착용 구멍 등을 모델에 반영한다.

② **부품 조립을 위한 치수 수정** : 제품 조립을 위해 치수 수정을 수행해야 한다. 가공오차 등을 고려하여 치수를 수정하고, 구동부인 모터 장착을 위해 모터 사양에 따른 장착 위치의 취부 수정을 해 주어야 한다.

③ **모터 취부모델링** : 기구 해석이 끝난 후 구동력이 정해지면 모터 선정을 한다. 모터가 선정되면 모터의 크기에 따라 모터의 장착 위치를 결정해야 한다. 모터의 장착 위치가 결정되면, 모터의 취부를 위한 상세 모델링을 수행해야 한다.

(2) 로봇기구의 부품 간섭 확인

① **부품 조립을 위한 간섭 체크** : 부품의 상세 도면을 작성하기 이전에 상세 모델링을 수행한 모델에서 부품의 상호 간섭을 체크할 필요가 있다. 모델에서 간섭 체크를 수행하여 부품을 조립할 때 간섭이 일어나는 지를 사전에 확인해야 한다. 만약, 기본 동작을 수행하였을 때 간섭이 확인되면 치수 변경을 통해 간섭을 피해야 한다.

② **최종 부품 사양 선정** : 부품의 최종 도면을 작성하기 전에 최종 부품의 사양을 선정한다. 구동모터나 베어링 등의 사양을 최종 선정하고 도면을 작성할 때 소요명세서에 표시한다.

02 | 세부 구조도 작성하기

1. 세부 구조도 작성

(1) 공 차

① 공차란 공식적으로 인정되는 오차로, 대량 생산에서 부품 간의 호환성을 확립하기 위한 것이다.

② 공차를 지정함으로써 부품 간의 호환성을 확립하고 부품의 원활한 기능이 수행되며, 부품의 가공방법을 결정하는 데 도움을 준다.

③ 치수공차와 끼워맞춤

ㄱ 실제 치수 : 실제로 측정한 치수(실제 가공된 치수)로, 단위는 mm이다.

ㄴ 허용한계치수 : 허용이 되는 대소의 극한 치수

• 최대허용치수 : 실제 치수에 대하여 허용되는 최대 치수

• 최소허용치수 : 실제 치수에 대하여 허용되는 최소 치수

ㄷ 치수공차 : 최대허용치수와 최소허용치수의 차이값으로, 위치수 허용차–아래치수 허용차를 의미한다.

ㄹ 기준 치수 : 호칭 치수라고도 하며, 허용한계치수의 기준이 되는 치수

ㅁ 위치수 허용차

• 최대허용치수에서 호칭 치수를 뺀 값, 구멍의 경우 ES, 축의 경우 es로 표기

• 위치수 허용차 = 최대허용치수 – 호칭 치수(기준 치수)

ㅂ 아래치수 허용차

• 최소 허용치수에서 호칭치수를 뺀 값, 구멍의 경우 EI, 축의 경우 ei로 표기

• 아래치수 허용차 = 최소허용치수 – 호칭 치수(기준 치수)

④ ISO 기본공차의 정밀도 등급 : 공작물을 같은 정밀도로 가공하여도 그 치수가 커지면 가공오차가 커지므로 치수 변화에 따라 가공물의 공차 크기를 변경해야 한다. ISO에는 제품 정밀도에 따라 20개의 등급이 있다. 숫자가 커질수록 공차가 커진다.

[IT 공차 등급 적용의 예]

정밀도 \ 치수의 종류	축	구 멍
게이지류 제작공차	IT 1~IT 4	IT 1~IT 5
일반 끼워맞춤 부분공차	IT 5~IT 9	IT 6~IT 10
거친 부분	IT 10~IT 18	IT 11~IT 18

⑤ 기하공차

ㄱ 기하편차는 규제 대상물의 모양편차, 자세편차, 위치편차 및 흔들림의 편차를 총칭하며, 기하학적으로 정확한 위치나 모양으로부터 벗어남의 크기를 의미한다.

ㄴ 기하편차의 허용값을 기하공차라고 한다.

ㄷ 기하공차는 형상공차, 자세공차, 위치공차, 흔들림공차를 포함한다.

- 모양공차
  - 진직도 : 직선 부분이 기하학적으로 정확한 직선으로부터 벗어난 크기로서 단독 형체에 적용한다.
  - 평면도 : 평면 부분이 기하학적으로 정확한 면으로부터 벗어난 크기로서 단독 형체에 적용한다.
  - 진원도 : 원형 부분이 기하학적으로 정확한 원으로부터 벗어난 크기로서 단독 형체에 적용한다.
  - 원통도 : 원통 부분이 기하학적으로 정확한 원통면으로부터 벗어난 크기로서 단독 형체에 적용한다.
  - 선의 윤곽도 : 선의 윤곽이 이론적으로 정확한 치수에 의하여 정하여진 이상적인 기하학적 선의 윤곽으로부터 벗어난 크기로서 단독 형체 또는 관련 형체에 적용한다.
  - 면의 윤곽도 : 면의 윤곽이 이론적으로 정확한 치수에 의하여 정하여진 이상적인 기하학적 면의 윤곽으로부터 벗어난 크기로서 단독 형체 또는 관련 형체에 적용한다.
- 자세공차
  - 평행도 : 선 또는 면이 서로 평행하여야 할 선 또는 면에 대하여 기하학적으로 정확한 선 또는 면으로부터 벗어난 크기로서 관련 형체에 대하여 적용한다.
  - 직각도 : 선 또는 면이 서로 직각이어야 할 선 또는 면에 대하여 기하학적으로 정확한 선 또는 면으로부터 벗어난 크기로서 관련 형체에 대하여 적용한다.
  - 경사도 : 선 또는 면이 서로 경사진 선 또는 면에 대하여 기하학적으로 정확한 선 또는 면으로부터 벗어난 크기로서 관련 형체에 대하여 적용한다.
- 위치공차
  - 위치도 : 점, 선 또는 면이 이론적으로 정확한 위치로부터 벗어난 크기로서 관련 형체에 대하여 적용한다.
  - 동축도 : 축선이 데이텀 축직선으로부터 벗어난 크기로서 관련 형체에 대하여 적용한다.
  - 대칭도 : 선 또는 면이 데이텀 중심 평면 또는 데이텀 축직선에 대하여 서로 대칭이어야 할 형체의 대칭 위치로부터 벗어난 크기로서 관련 형체에 대하여 적용한다.
- 흔들림공차
  - 원주 흔들림 : 데이텀 축직선을 중심으로 회전하였을 때 지정된 방향(반지름 방향, 축 방향)으로 변화하는 변위의 최대치와 최소치의 차이로서 관련 형체에 대하여 적용한다. 지정된 방향이 지름 방향일 때는 축직선에 수직인 면의 변위 흔들림이고, 지정된 방향이 축 방향일 때는 축직선에 평행인 면의 변위 흔들림이다.
  - 반지름 방향 온 흔들림 : 데이텀 축직선에 수직인 방향으로 데이텀 축직선에서부터 대상 표면까지 거리의 최대치와 최소치의 차이
  - 축 방향 온 흔들림 : 데이텀 축직선에 평행인 방향으로 데이텀 축직선에서부터 대상 표면까지 거리의 최대치와 최소치의 차이
  - ㉣ 기하공차 기입틀 표기법 : 공차 기입틀에 두 구획 이상으로 구분하여 표시한다. 관련 형체에 대한 기하공차를 지시하는 경우 기하공차의 종류기호, 공차값, 데이텀을 지시하는 문자기호의 순으로 기입한다. 데이텀이 여러 개인 경우에는 참조 점, 참조 직선, 참조 평면을 지시하는 문자기호로 구분하여 표시한다.

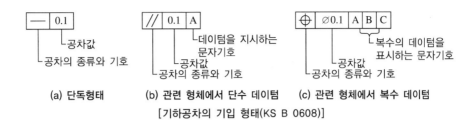

(a) 단독형태　　(b) 관련 형체에서 단수 데이텀　(c) 관련 형체에서 복수 데이텀

[기하공차의 기입 형태(KS B 0608)]

(2) 로봇 기계요소 파악

어떤 기능을 하는 로봇을 구현할 것인지에 대해 정확히 알고 있어야 필요한 부품 리스트를 작성할 수 있다. 인터넷이나 로봇 동향 자료를 바탕으로 로봇시스템의 형식을 조사한다.

요 소	종 류	특 징
기구요소	볼나사	모터의 회전운동을 직선운동으로 변환
	하모닉 드라이브	소형 로봇의 팔 및 손목 구동에 사용
	RV 감속기	소형 로봇의 팔 구동과 중대형 로봇의 팔 및 손목 구동에 사용
	사이클로 감속기	RV 감속기와 유사한 곳에 사용
기계요소	핀	감속기와 모터축을 연결, 작은 동력을 전달
	키	감속기와 모터축을 연결, 핀보다 큰 동력을 전달
	스플라인	접촉 면적이 커서 키보다 큰 동력을 전달
	타이밍벨트	양쪽 풀리에 연결하여 구동, 정밀도가 크거나 빠른 동작을 요하는 작업
	기 어	큰 동력을 전달
	베어링	로봇의 팔이나 손과 모터의 축을 지탱해 주며 회전운동을 원활하게 수행
	볼트, 너트, 스프링	부품을 연결할 때 사용

① 액추에이터의 종류

종 류	특 성
DC 서보모터	회전제어가 쉽고 제어용 모터로 사용이 간편하여 주로 가정용 로봇에 사용된다.
BLDC 서보모터	기동토크가 크고, 회전속도 및 토크 특성이 인가 전압에 선형적이다.
AC 서보모터	기계적 구조가 간단하여 최대 속도가 높고 권선이 고정자에 있어서 용량을 크게 할 수 있다.
스텝모터	속도제어가 쉽고 초미세의 스텝각 회전을 할 수 있으며 위치결정오차가 누적되지 않는다. 감속기 없이 저속으로 회전하는 것이 가능하다.
스크루 액추에이터	제한된 직선 행정범위 내의 운동을 만들어 내는 구동기로서 모터와 회전 스크루로 구성되어 있다.

② 센서의 종류

종 류	특 성
포지션 인코더	모터와 일체로 조립된 것이 많으며 분해능을 높이려면 인코더의 비트수를 많게 할 필요가 있다.
속도센서	모터의 회전속도에 비례한 전압을 출력한다. 측정할 회전수의 범위와 출력 전압의 최댓값에 주의가 필요하다.
광센서	포토다이오드, 포토트랜지스터, 포토인터럽트, CdS, 광도전센서, 광전센서, 적외선센서, 컬러센서 등이 있다.
초음파센서	발신부와 수신부를 분리하여 사용하는 투과형과 일체로 사용하는 반사형이 있다.
레이저센서	물체에서 반사되는 레이저 광원의 비행시간을 측정하는 기술로서, 2차원 레이저 스캐너를 이용하면 센서 전방의 2차원 평면상에 존재하는 물체들의 거리 데이터를 실시간으로 획득할 수 있다.
비전센서	빛을 전기적 신호로 변환하는 기능을 하며, 렌즈를 통하여 수집된 반사광이 이미지센서의 전기신호로 변환된다. CCD와 CMOS센서로 구분된다.
힘센서	로봇의 엔드이펙터와 팔 사이에 위치하여 조작하려는 물체의 무게를 측정하거나 작업력의 크기를 결정하는 데 사용된다.
터치센서	주로 On/Off 센서로 사용된다.
각도센서	회전식 인코더와 같이 회전각을 측정하면서도 가격이 저렴하다.
압력센서	스트레인 게이지를 내장하여 압력을 측정하며 로봇의 발바닥에 장착되기도 한다.
소리센서	정전 용량형 마이크로폰을 사용한다.
온도센서	외부의 온도나 열을 감지하는 센서로서 접촉식과 비접촉식이 있다.
관성센서	각속도를 측정하는 자이로와 가속도를 측정하는 가속도센서가 있다.

로봇기구 주변장치 설계

제**4**장

01 로봇 주행장치 설계하기

1. 로봇 주행장치 설계

(1) 로봇 주행 장치 구성

① 로봇 주행은 환경 정보와 위치 정보를 기반으로 현재 위치로부터 목적지까지 경로를 생성하고 제어하는 기술 체계를 의미한다.

② 주행기술은 이미 로봇청소기, 군용 로봇, 무인 주행 자동차, 농업용 무인 트랙터 등 개인용 서비스 로봇으로부터 전문 서비스 로봇까지 다양한 응용 제품의 형태로 구현된다.

③ SLAM(Simultaneous Localization And Mapping)

㉠ 동시 위치 지정 및 지도 작성으로, 이동 로봇이 센서를 이용하여 자신의 위치를 추적하는 동안 미지의 주변 지역에 대한 지도를 제작하는 것이다. 정확한 지도는 로봇이 주행이나 위치 지정(Localization) 등과 같은 특정한 작업을 좀 더 빠르고 정확하게 수행한다.

㉡ SLAM의 특징

• 지도가 작성되면, 로봇은 이것을 주행, 운동, 임무 계획 등과 같은 작업을 위해 사용한다.

• 로봇은 올바르게 사용될 때 매우 정밀한 지도를 작성할 수 있는 센서와 알고리즘을 가진다.

• 로봇은 출입문, 복도의 교차등과 같은 특징 형상을 쉽게 추출하고 확인할 수 있는 건물의 내부와 같은 구조화된 환경에서 움직인다.

④ 로봇 주행장치 구동 방식

㉠ 볼나사 구동 : 리드 피치의 선정, 기어의 부착 등으로 모터의 고정밀도 위치결정이 가능하고, 대부하의 구동이 가능하며 길이, 피치, 크기 등 종류가 다양하다. 사용 시의 주의할 점으로는 열팽창에 따른 크기의 변화, 구동 시의 소음, 깨끗한 유지와 관리 등이 있다.

㉡ 벨트 구동 : 고속의 위치결정이 가능하고, 경부하의 이송에 최적이며, 저비용이다. 구동 시에는 벨트의 장력 조정과 백래시에 주의한다. 또한 백래시가 없는 풀리와 벨트를 선정함으로써 이 문제의 해결이 가능하다.

㉢ 래크와 피니언 구동 : 긴 직선 구동이 매우 편리하며, 저비용으로 사용한다. 구동 시 백래시에 주의하여야 하며, 깨끗한 관리에도 주의한다.

㉣ 기어 구동 : 대관성 부하의 구동이 가능하며, 감속비의 종류가 풍부하고 저속, 저진동에 유리하며 적은 공간을 필요로 한다. 구동 시 주의할 점으로는 백래시가 있고, 백래시 없는 기어의 선정으로 이를 해결한다.

ⓜ 직선 동작기구의 성능 비교

구동기구	부 하	분해능 (mm)	정밀도	속 도	기구 소음	가 격	용 도
벨트 구동	중	0.1~	0.1mm 정도	고	소	저	일반적인 구동
볼나사 구동	대	0.001~	수 $10\mu m$ 정도	저	대	고	XY 테이블, 측정기, 정밀공작기
래크 앤 피니언 구동	중	0.01~	0.2mm 정도	고	중	중	리프트(Lift)

ⓗ 회전 동작기구의 성능 비교

구동기구	부 하	분해능 (mm)	정 도	속 도	기구 소음	가 격	용 도
벨트 구동	소	0.1~	중	고	소	저	일반적인 구동
기어 구동	대	0.01~	대	중	대	저	대형 과학 빔(Beam) 조정

(2) 로봇 주행장치 설계하기

① 로봇 주행장치 설계의 요구사항을 수집한다.

㉠ 볼나사에 대해 이해한다.

㉡ 벨트 구동에 대해 이해한다.

평벨트, V벨트, 타이밍벨트 등이 있다. 타이밍벨트는 피스톤의 상하운동에 맞추어 정확한 시점에 흡기·배기 밸브 개폐시기를 맞춘다.

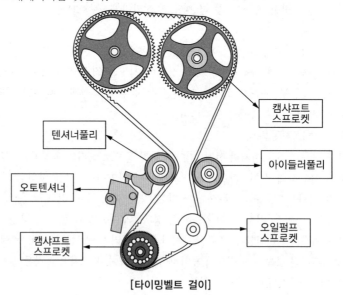

[타이밍벨트 걸이]

• 원리와 구조
  - 바로 걸기 : 2개의 벨트풀리가 같은 방향으로 회전한다.
  - 엇 걸기 : 벨트풀리가 각각 반대 방향으로 회전한다.

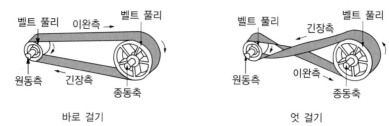

[평벨트 걸기(바로 걸기와 엇 걸기)]

- 벨트 구동의 종류
  - 평벨트 : 절단면이 납작한 벨트로, 축간거리가 비교적 먼 경우에 사용한다.
  - V벨트 : 절단면이 V자형인 벨트로, 평행한 두 축 사이에 동력을 전달한다.
    ⓐ 큰 속도비로 운전이 가능하다.
    ⓑ 작은 인장력으로 큰 회전력을 전달한다.
    ⓒ 마찰력이 크고 미끄럼이 작으며 조용하다.
    ⓓ 벨트가 벗겨질 염려가 작다.
    ⓔ 평벨트보다 축간 거리가 짧고 확실한 전동이 필요할 때 사용한다.
  - V벨트풀리 설계 및 제작 예시
    ⓐ 재질 : 주조품(GC250)으로 소재 제작
    ⓑ 선반에서 내·외경 및 측면 절삭
    ⓒ 슬로터나 밀링의 슬로팅가공으로 키 홈부 절삭
    ⓓ 연삭기에서 주요 공차부 연삭작업
- ㉢ 래크와 피니언에 대해 이해한다.
  - 원리와 구조 : 두 축이 평행할 때 회전운동을 직선운동으로 변환 또는 반대로 바꿀 때 사용하는 기계요소이다. 피니언기어는 일반 스퍼기어와 동일하며 래크는 사각형의 금속, 비금속 플라스틱 등의 재료에 직선상으로 무한대로 이를 만든 것으로 피니언과 맞물려 회전운동을 직선운동으로 변경하는 데 사용한다. 주로 자동차의 조향장치(操向裝置 : 자동차의 조정 핸들을 돌려 앞바퀴를 좌우로 변향하는 장치) 등에 사용된다.
- ㉣ 기어 구동에 대해 이해한다.
  - 원리와 구조 : 기어는 구름 접촉을 하는 접촉면에 따라 일정한 두께의 원통에 서로 맞물려 돌아갈 수 있는 이를 만들어 놓은 기계요소이다. 서로 맞물려 있는 한 쌍의 기어에서 잇수가 많은 쪽을 기어라 하고, 잇수가 적은 쪽을 피니언이라고 한다.
  - 기어 구동의 용도와 목적
    - 물려지는 기어의 잇수를 바꿈에 따라 회전수를 바꾼다.
    - 두 축이 평행하지 않아도 회전을 확실하게 전달한다.
    - 동력을 확실하게 전달할 수 있고, 내구성이 높아서 벨트 전동이나 마찰차 전동보다 우수하다.
    - 기어 전동은 정확한 속도비를 필요로 하는 전동장치, 변속장치 등에 널리 쓰인다.
    - 기어는 두 축 사이의 거리가 짧을 때 주로 쓰는 전동장치이다.

• 스퍼기어의 설계 및 제작 예시
 - 재질 : SC480
 - 주조로 소재 제작
 - 선반에서 내·외경 및 측면 절삭
 - 호빙머신에서 호브로 이(치형) 절삭
 - 슬로팅가공으로 키 홈부 절삭
 - 치부 고주파 경화처리 HRC 55±2
 - 연삭기에서 주요 공차부 연삭작업

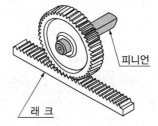

피니언

래크

[벨트풀리, 래크와 피니언, 스퍼기어]

2. 로봇 주행장치 구성

(1) 로봇 주행 기능의 공간 정보의 활용법

① 지도 기반 로봇 주행(Map-based Navigation) : CAD 데이터를 포함, 사용자가 사전에 제작한 지도 정보를 이용하는 주행방법이다. 차량용 주행 지도도 지도의 사전 제작 방식을 활용하므로 이 범주에 속한다.

② 지도 작성 기반 로봇 주행(Map Building-based Navigation) : 로봇이 미지의 환경에 대한 센싱 정보를 바탕으로 주행에 필요한 지도를 스스로 작성하는 방식이다. SLAM 이론이 개발되어 있으며 최근 로봇 청소기도 SLAM 이론을 구현한 제품이 판매된다.

③ 지도를 사용하지 않는 로봇 주행(Mapless Navigation) : 주행환경 내의 랜드마크나 사물을 인식하여 주행하는 방식이다. Optical Flow, Appearance-based Matching, 사물 인식 등의 방법을 통해 로봇의 모션과 진행 방향을 결정한다.

02 로봇 설치대 설계하기

1. 로봇 설치대 설계

(1) 로봇 설치대 구성

① 로봇 기초 부분의 설치 사양 : 로봇을 설치할 때는 로봇 기초 볼트를 사용하여 로봇을 고정시키거나 로봇 카트를 사용한다. 설치판은 로봇과 병렬로 설치한다.

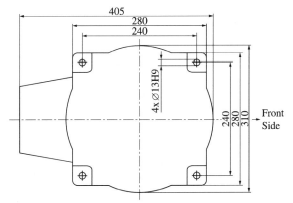

[로봇 지상 설치를 위한 기초 부분 사양의 예]

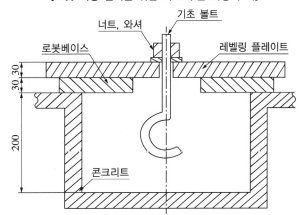

[수직다관절 로봇 설치를 위한 기초 볼트 사양]

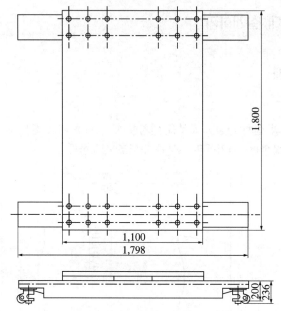

[로봇 설치를 위한 카트 프레임 사양]

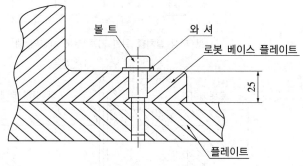

[로봇 설치용 기초 플레이트]

② **로봇의 평면 설치** : 로봇을 튼튼한 기초 플레이트로 고정하고 부품 추가와 구조적인 운동에 의해 흔들리지 않도록 기초 위에 로봇을 세팅한다.

　㉠ 평탄한 강판 위에 로봇을 설치하는 경우

　　• 평탄한 강판 위에 로봇을 설치할 때, 보통의 기초 플레이트는 로봇 움직임에 견딜 수 있도록 설치한다.

　　• 설치 위치를 정확히 선정하기 위해 기초 부위의 볼트 구멍은 정확한 위치에 H9의 공차로 가공한다.

　　• 이 경우 정확한 위치에 기초 플레이트의 탭을 가공하고 소켓 볼트를 사용하여 고정한다.

　　• 용접을 목적으로 로봇을 사용하는 경우 기초 플레이트를 접지선과 연결한다.

　㉡ 바닥에 로봇을 세팅하는 경우

　　• 바닥 두께가 200mm 이상일 때

　　　− 바닥 표면은 평탄하여야 하며 그렇지 않은 경우 평탄하게 한다.

　　　− 균열이 있는지 확인하고 균열이 있는 경우 바닥을 평평하게 재시공하거나 채운다.

• 바닥 두께가 200mm 미만일 때
  – 설치를 위해 바닥을 파낸다.
  – 자갈로 메우고 콘크리트로 경화시킨다.
  – 자갈 사이에 모르타르를 넣고 콘크리트 기초를 한다. 콘크리트 두께가 20mm 이상이면 평평하게 펴낸다.
  – 로봇을 설치하기 전에 콘크리트가 경화되도록 약 7일간 방치한다.
  – 로봇을 설치한 후 M16으로 고정한다.

ⓒ 로봇 설치의 조건

항 목		사 양
공기압	공기 공급압력	5~7kg/cm²G(세팅 압력 5kg/cm²G)
	흡기량	최대 흡기량 150N liter/min
허용 온도		0~40℃
고 도		최고 2,000m
허용 습도		정상 사용 시 : 20~80%, 건구
설치환경		부식 가스가 없을 것
진 동		0.5G 이하

ⓔ 접 지
  • 로봇 특성에 맞게 전용 접지로 설치한다.
  • 용접장비 또는 발전기 등의 접지선과 함께 사용하지 않는다. 다른 장비와 접지선을 공용하면 로봇 제어기 내로 전기 잡음이 유입되어 로봇에 치명적인 손실을 준다.

2. 로봇 설치대 설계하기

(1) 로봇 설치대 설계의 요구사항을 수집한다.
  ① 로봇 설치대의 구조 및 원리에 대해 이해한다.
  ② 로봇 설치대의 설치 기준에 대해 이해한다.
    ㉠ 배치 및 설치
      • 작업 공간의 확보
      • 고정형 조작반은 작동 상태를 볼 수 있는 곳에 설치
      • 보기 쉬운 곳에 계기류 설치
      • 비상 정지용 스위치는 조작반 이외에도 설치
      • 정지표시램프는 보기 쉬운 곳에 설치
      • 스토퍼(정지장치)의 성능 확보
    ㉡ 표 시
      • 설비상의 표시
        – 제조가명
        – 제조 연월일

- 형 식
- 구동용 원동기의 정격출력
- 안전상의 표시
  - 출입금지
  - 기동 스위치 취급방법
  - 이상 상태 발생 시의 처치방법
ⓒ 방호장치 종류별 설치 기준
- 페일 세이프(Fail-safe) 기능
  - 제어장치의 이상을 검출하여 로봇을 자동으로 정지
  - U/T시스템(공압, 유압, 전기 등)의 변동이나 정전 등에 의한 로봇의 정지
  - 로봇 및 관련 기기의 이상 시 외부에 알릴 수 있는 기능
  - 로봇의 작동 구역 내 사람 또는 기타 출입 시 감지 및 자동 정지 기능
- 동력차단장치
  - 다른 기기와 독립하여 구성(스위치, 클러치, 제어 밸브 등)
  - 접촉이나 진동 때문에 갑자기 작동 또는 복귀 방지
  - 자동으로 복귀하지 않고, 작업자의 임의로 복귀 금지
- 비상 정지 기능
  - 비상 정지 누름 버튼 스위치 조작 시 빠르고 확실하게 정지
  - 비상 정지 누름 버튼 스위치는 작업자가 쉽게 확인 조작 가능하도록 적색으로 할 것
  - 작업자가 작업 위치를 떠나지 않고 조작할 수 있는 위치에 설치
  - 비상 정지 기능을 작동한 후 자동 복귀하지 않고, 작업자 임의로 복귀시킬 수 없을 것
- 방지 및 울 설치
  - 방책과 울의 높이는 1.8m 이상
  - 방책의 간격은 10cm 이하, 로봇과의 거리는 1m 이상 유지
  - 방책은 고정식, 충분한 강도를 가져야 함
  - 울은 고정식, 팔이 들어가지 않는 메시(Mesh)의 구조
  - 출입구 이외는 출입할 수 없는 구조로 설치
  - 출입구에는 문 열림 시 자동적으로 비상 정지되는 기구를 설치
- 안전매트 : 사람이 밟으면 스위치의 접점이 닫히는 구조로 함

3. 설치대 설계 변경 및 부품도 작성

(1) 로봇 설치대 설계 변경 구성

① 설치대의 세부 사항에 대해 이해한다.

㉠ 기초 볼트의 종류 : 기계, 구조물 등을 바닥에 고정시키기 위하여 사용하는 볼트이다. 한쪽은 수나사로 가공되어 있어 물체를 고정시키는 데 사용하고, 다른 쪽은 콘크리트에서 고정되었을 때 움직이지 않도록 되어 있다. 기초 볼트 형식에는 J형, L형, JA형, LA형 등 여러 가지 형태가 있다.

[로봇 설치용 기초 볼트 : J형, L형, JA형, LA형]

㉡ 기초 볼트의 KS 규격 : 기초 볼트의 규격은 나사의 호칭에 따라 볼트의 길이, 기준 치수 등 KS 규격집에 규정되어 있는 자료를 참고한다.

03 │ 치공구 설계하기

1. 치공구 설계

(1) 로봇 치공구의 구성

① **치공구의 정의**

㉠ 치공구란 기계 부품의 제작, 검사 조립 등에서 작업을 능률적이며, 정밀도를 향상시키기 위하여 사용되는 보조장치이다.

㉡ 제작에 사용되는 각종 지그와 고정구를 치공구라고 하며, 이는 공작물의 위치결정, 절삭공구의 안내, 고정의 역할을 하는 생산용 특수공구이다.

㉢ 치공구 설계의 목적은 부품의 경제적인 생산에 도움이 될 수 있도록 특수공구, 기계 부착물 그리고 기타 다른 장치들을 장착해 내는 것이다.

② **치공구 설계의 목적**

㉠ 복잡한 부품의 경제적인 생산

㉡ 공구 개선, 다양화에 의한 공작기계의 출력 증가

㉢ 특수한 공작물이 요구하는 정밀도를 얻기 위한 특수공구의 설계

㉣ 공작기계의 특수한 동작을 가능하게 하는 부가적인 기능 개발

㉤ 공구수명을 연장시키기 위한 알맞은 재료 선정

③ 방오법(Fool Proof) : 공구를 완전 보장할 수 있고, 부적합한 사용을 방지할 수 있도록 하는 설계 계획이다. 방오법은 실수를 없애자는 의미(불량 방지, 신뢰성 향상 등 인간의 잘못을 철저히 없애자는 의미로 사용됨)이다.

④ 치공구의 분류

　　㉠ 지그(Jig)의 종류

- 형판 지그(Template Jig) : 제품의 정밀도보다는 생산속도를 증가시키기 위해 사용한다. 공작물의 윗면이나 내면에 설치하고 고정시키지 않으며, 템플릿은 최소의 경비에 의해 가장 단순하게 사용하고, 부시(공작물 안내)를 설치하기도 하고 경우에 따라 부시 없이도 사용한다.
- 플레이트 지그(Plate Jig) : 플레이트 지그는 형판 지그와 유사하나, 그 차이점은 공작물의 위치결정을 위한 클램핑장치가 있어야 한다는 것이다.
- 샌드위치 지그(Sandwich Jig) : 샌드위치 지그는 뒤판을 가진 플레이트 지그의 일종이며, 다른 형태의 지그에서 쉽게 휘거나 비틀리기 쉬운 공작물의 가공에 이상적이고, 제작될 부품 수량에 의하여 부시 사용 여부를 결정한다.
- 앵글 플레이트 지그(Angel Plate Jig)
- 박스 지그
- 채널 지그
- 리프 지그
- 분할 지그
- 트러니언 지그
- 펌프 지그
- 멀티스테이션 지그

　　㉡ 고정구(Fixture)의 종류

- 플레이트 고정구(Plate Fixture) : 고정구 중에서도 가장 단순하며, 대부분 기계가공작업에 사용하고, 적용성이 넓은 일반적인 형태의 고정구이다.
- 앵글 플레이트 고정구(Angel-plate Fixture) : 플레이트 고정구를 변화시킨 것으로 공작물을 위치결정구와 직각이 되도록 기계가공하고, 대개 90°로 만들어지나 다른 각도가 필요할 때는 수정된 앵글 플레이트 고정구를 사용한다.
- 바이스-조 고정구
- 분할 고정구
- 멀티스테이션 고정구
- 총형 고정구

(2) 로봇 치공구의 설계 검토사항

① 치공구 설계 계획

　　㉠ 치공구 설계는 제품 설계와 제품 생산 사이의 과정에서 이루어진다.

　　㉡ 제품의 품질 및 기타 중요도에 따라 공구의 품질을 결정하고 치공구 설계 도면을 완성한다. 치공구 설계의 결과는 설계의 성패를 좌우하므로 생산해야 할 부품에 대한 정보와 규격을 평가 및 분석하여 가장 유효하고 경제적인 치공구 설계를 한다.

ⓒ 이 단계에서 치공구 설계자는 부품 도면과 부품 공정 요약 및 공정도에 대하여 많은 연구와 분석이
필요하다.

② **부품도 분석 시 고려사항**

㉠ 부품의 전반적인 치수와 형태

㉡ 부품 제작에 사용될 재료의 재질과 형태

㉢ 적합한 기계공작법

㉣ 요구되는 정밀도

㉤ 생산할 부품의 수량

㉥ 위치결정면과 클램핑할 수 있는 면의 선정

③ **부품 공정도** : 공정도 요구사항은 해당 작업에 필요한 공작물의 모양, 공정 내용 및 공정 번호, 척도,
가공 표면 표시, 해당 작업에서의 가공 치수, 위치결정구, 클램프, 지지구의 위치, 기계 또는 장비명
및 번호, 생산 공장의 위치, 생산 부서명, 부서 번호 및 위치, 공정 설계자명 및 날짜, 부품명과 부품
번호 등으로 나열한다.

④ **공정 설계자의 의무**

㉠ 사용할 기본적 제조 공정의 결정

㉡ 제품 제조에 필요한 작업 순서의 결정 : 부품 공정 요약, 공정도

㉢ 제품 제조에 필요한 공구와 계기의 결정 및 지시 : 설계, 제작, 구매

㉣ 제품 제조에 필요한 장비의 결정, 선정 및 주문

㉤ 부품도 변경 시 필요한 모든 공정 변경에 대한 필요성의 결정 및 지시서 발행

㉥ 필요한 장비가 계획대로 기능을 발휘하는가의 확인 및 수정

(3) 로봇 치공구 설계의 상세 설계 내용

① **설계 3단계 과정** : 설계자가 당면한 중요문제 중의 하나는 각 치공구의 계획 시 고려되어야 할 많은
세부 조건을 조직화하는 것이다. 공작물은 크기, 모양, 조건이 각기 다르고, 이러한 공작물용으로 설계된
공구는 매우 간단한 것에서부터 매우 정교한 것까지 다양하게 계획한다.

㉠ 부품 도면과 생산 계획을 연구하고 생산량 고려

㉡ 스케치로서 공구에 대한 예비적인 계획 전개

㉢ 공구를 제작할 수 있는 공구 도면 작성

② **사전 설계 분석**

㉠ 부품의 전 치수와 형상

㉡ 재료의 종류와 상태

㉢ 기계가공작업의 종류

㉣ 요구되는 정밀도

㉤ 제작될 부품의 수량

㉥ 위치결정면과 고정면

㉦ 공작기계의 형식과 크기

ⓥ 커터의 종류와 치수

ⓩ 작업 순서

③ 예비 계획 및 스케치

    ㉠ 최초 설계를 스케치할 때 설계자는 가능한 한 설계 도면과 밀접하도록 스케치한다. 공구의 간격, 공구의 설치방법과 테이블의 크기 등과 같은 모든 기계의 요소를 고려한다.

    ㉡ 치공구 설계자는 현장에서의 문제점뿐만 아니라 공구의 설계 도면에서의 모든 문제점을 해결한다. 스케치할 때는 먼저 부품 도면에 각 치공구 요소를 그릴 수 있도록 충분한 간격을 두어 3각법으로 스케치한다. 부품의 3면도는 치공구를 계획하는 데 핵심이 되며, 3각법으로 주위에 치공구 요소를 그리기 때문에 공작물과 치공구 요소를 구분하기 위해 공작물의 3면도는 색연필이나 2점쇄선 등으로 작성한다.

④ 드릴 부시의 위치 및 공작물의 위치결정

    ㉠ 드릴 부시의 위치는 부품 도면에서와 같이 가공할 구멍의 위치에 의해 결정한다. 부시는 고정된 위치 이외에는 장착할 수 없기 때문에 다른 치공구 요소들보다 가장 먼저 스케치한다. 부시는 공구의 다른 요소들이 드릴작업 시 간섭이 일어나지 않도록 각 단면도에서 스케치한다.

    ㉡ 공작물이 지그나 고정구 내에서의 위치를 결정한 후에는 실제 적용 시 그 위치에서 공작물을 항상 동일한 위치에 장착하여 기계가공이 동일하게 이루어지도록 하기 위한 위치결정기구와 지지구 등을 설계 또는 선택한다.

    ㉢ 고정구의 위치결정은 고정구와 절삭공구가 기계작업을 위해서 설치될 때 모든 공작물이 요구되는 공차범위 내로 동일하게 가공되도록 공작물을 고정구에 위치한다.

⑤ 공작물의 장착과 위치결정 : 장착이란 공작물을 치구에 위치결정하고 클램핑하는 것이며, 장탈(Unloading)이란 가공이 끝난 공작물을 치구에서 클램프를 풀고 꺼내는 것이다.

    ㉠ 공작물 장착

      • 공작물 설치 시 수작업과 이를 위한 공간을 고려해야 한다. 수작업에서는 공작물의 무게와 균형에 따라 한 손 또는 양손을 모두 이용하도록 설계에 따라 호이스트, 크레인, 컨베이어 등의 사용 여부도 결정한다.

      • 치구는 공작물의 네스트도 중요하지만 작업자가 공작물을 손쉽게 다루기 위한 적절한 공간도 필요하다. 공간의 크기는 공작물에 따라 달리 선택되는 작업방법에 맞추어 설정되며 기구 이용 때에는 호이스트나 크레인의 케이블 운동방법에 따라 공간을 확보한다.

    ㉡ 공작물의 위치결정 : 위치결정은 위치결정구에 공작물을 정확히 접촉시키는 것으로 칩 등에 의한 접촉 불량을 주의해야 하며 버, 마찰 등에 의해 불확실한 접촉이 발생한다. 위치결정 수행과정은 공작물의 밑면을 먼저하고 옆면을 접촉시키며 앤드스톡과의 접촉은 맨 나중에 설정한다. 따라서 위치결정의 기본원리는 각 과정이 서로 독립성을 확보한다.

2. 치공구 설계하기

(1) 로봇시스템의 가공품 및 공정에 따른 드릴 지그 설계의 요구사항을 수집한다.

① 로봇시스템 드릴 지그의 3요소에 대해 이해한다.

㉠ 위치결정장치 : 공작물의 위치결정은 절삭력이나 고정력에 의해 위치의 변위가 없어야 하며 정확하고 안정되게 공작물을 유지시켜야 한다. 위치결정상의 주의할 점은 다음과 같다.

- 공작물 기준면은 치수나 가공의 기준이 되므로 위치결정면으로 한다.
- 공작물의 밑면, 즉 안정된 면을 위치결정면으로 한다.
- 절삭력이나 고정력에 의해 공작물의 변위가 생기지 않도록 위치결정한다.
- 위치결정은 3점 지지를 이용하여 3-2-1 지지법을 기본으로 한다.
- 주조, 단조품 등의 위치결정은 조절될 수 있도록 한다.
- 넓은 면이나 면 접촉부는 칩의 배출이 용이하도록 칩 홈을 설치한다.
- 표준 부품과 규격품을 사용하여 제작, 조립, 수리 등이 쉽도록 한다.
- 기준면은 오차의 누적을 피하기 위해 일괄 사용하나 부득이한 경우에는 제2, 제3의 기준면을 선정한다.

㉡ 클램프(체결)장치 : 고정력이 공작물에 따로 작용하여 변위가 발생하거나 칩이나 먼지 등에 의해서 클램핑 상태가 나쁘면 공작물의 정도 및 작업 능률에 큰 영향이 있으므로 다음 사항에 유의한다.

- 클램프장치의 구조는 간단하고 조작이 쉽도록 한다.
- 절삭력에 의한 변위 발생이 없도록 클램핑력을 충분하게 한다.
- 절삭 방향에 따라 위치결정면과 클램프 방법을 선택하도록 한다.
- 다수의 공작물을 클램프하는 경우 클램핑력이 일정하게 작용하도록 한다.
- 가능하면 표준 부품을 사용한다.

㉢ 공구의 안내 : 지그를 사용하여 구멍을 가공할 때 오차의 발생원인은 다음과 같다.

- 지그 자체 구멍의 오차와 중심거리의 오차
- 부시의 편심에 의한 오차와 구멍 기울기에 의한 오차
- 고정 부시와 삽입 부시와의 틈새오차와 안팎 지름의 편심오차
- 공작물 가공면과 부시아이 거리에 의한 오차
- 공작물 체결과 절삭력 등에 의한 변형으로 생기는 오차
- 공작물의 내부 결함과 칩, 먼지 등의 외부요인에 의한 오차

② 로봇시스템을 적용하기 위한 드릴 지그의 특성에 대하여 조사한다.

㉠ 고정 부시(Pressfit Bushing)

- 일반적으로 드릴 지그에서 많이 사용되는 부시이다.
- 부시의 종류로 플랜지가 부착된 것과 부착되지 않은 것이 있다. 플랜지가 부착된 부시는 윗면을 위치결정면으로 하여 드릴의 절삭 깊이를 제한하는 경우에 사용하고, 플랜지가 부착되지 않은 부시 (민머리 부시)는 상단과 하단이 지그판과 동일면상에 위치한다.
- 부시의 입구는 공구 삽입이 용이하도록 직경을 크게 하거나 둥글게 가공한다.
- 부시의 고정은 억지끼워맞춤으로 압입하여 사용한다.
- 고정 부시는 지그판에 직접 압입되므로 반복해서 교환할 경우 정밀도를 해치게 된다.

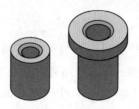

[치공구 고정 부시]

(2) 수집된 요구사항을 정리한다.

① 부품(제품) 도면과 공작물과 관련된 기계작업을 분석한다.

② 공작물의 재질에 따른 절삭 공구와 관련되는 공작물의 위치를 선정한다.

③ 부시의 적정 모양과 위치를 결정한다.

④ 공작물에 적절한 위치결정구와 지지구를 선정한다.

⑤ 클램프장치와 다른 체결기구를 선별한다.

⑥ 기능별 장치의 주요 도면을 구별한다.

⑦ 지그 본체와 지지 구조물의 재질, 형태를 정한다.

⑧ 기준면 설정과 중요 치수 결정 및 안전장치에 대해서 검토한다.

⑨ 완성된 스케치 도면을, 드릴머신과의 간섭 여부를 재검토하고 수정하여 최종적으로 완성된 스케치 도면으로 만든다.

(3) 수집된 요구사항을 파악한다.

(4) 수집된 요구사항을 분석하여 도면을 작성한다.

3. 치공구 설계 변경 및 부품도 작성

(1) 치구 재질 선정하기

치구 제작용 재료는 기계 제작용으로 사용하는 보통의 철강재료를 사용하는 경우가 많다. 필요에 따라서는 경금속인 비철금속재료나 합성수지와 같은 비금속재료를 사용한다. 치구에 쓰일 재료를 선택할 때에는 재료의 가공성, 내구성 및 경제성을 고려한다.

① 치구재료에 필요한 성질

㉠ 가공성, 열처리성, 표면처리성이 좋아야 하며 충분한 경도, 인성, 내식성, 내마모성 등의 기계적 성질이 좋아야 한다.

㉡ 외력에 대하여 변형이나 파괴가 일어나지 않고 그 기능을 충분히 발휘할 수 있는 충분한 강도(내구성)가 있어야 한다.

ⓒ 경도(Hardness) : 재료의 침투 또는 압흔에 대한 저항능력으로, 다른 재질과 비교하여 측정하는 하나의 방법이다. 일반적으로 경도가 높을수록 인장강도도 커지며, 경도 측정에 가장 널리 쓰이는 방법은 로크웰과 브리넬 경도 시험이다.

ⓒ 인성(Toughness) : 갑자기 부하를 걸었거나 영구 변형 없이 반복적으로 충격을 주었을 때 재료가 흡수하는 경도이다. 경도는 로크웰 경도 HRC44~48 또는 브리넬 경도 HB410~453까지 인성을 규제하며, 이 값 이상에서는 취성이 인성을 대체한다.

ⓜ 내마모성(Wear Resistance) : 내마모성은 비금속재료나 경도가 같은 재료로 일정한 접촉을 하며 마찰을 일으킬 때 마모로부터 견디는 능력이다. 경도는 내마모성의 1차적인 요소이다. 통상적으로 내마모성은 경도에 의하여 증가된다. 보통 경도가 클수록 내마모성도 커진다.

ⓗ 기계가공성(Machinability) : 재료가 얼마나 잘 기계가공되느냐 하는 것을 규정하는 것이다. 기계가공에 관련된 요소는 절삭속도, 공구수명 및 표면거칠기이다.

ⓢ 취성(Brittleness) : 취성은 인성에 반대되는 현상이다. 취성재료는 갑자기 하중을 받았을 때 파손되는 경향이 있다. 매우 경한 재료는 대부분의 경우에 대단히 취성이 크다.

ⓞ 강도(Strength) : 강도란 재료가 파단될 때까지의 하중에 저항하는 정도이다. 금속에서 사용하는 각종 기계를 만들 때 가장 중요한 것은 강도이다. 일반적으로 강도라고 하면 인장강도를 뜻하지만 인장강도가 크다고 해서 강도에 비례하지는 않는다.

ⓩ 인장강도(Tensile Strength) : 잡아당길 때 재료의 저항을 규정하는 것으로 재료의 강도를 결정하는 데 사용되는 첫 번째 시험이다. 인장강도는 로크웰 HRC 57 또는 브리넬 경도 HB5 78까지 경도와 비례하여 증가한다. 그 이상에서의 취성은 인장강도값을 부정확하게 한다.

ⓧ 전단강도(Shear Strength) : 전단강도는 평행이면서 서로 반대 방향에서 사용하는 힘에 재료가 저항하는 힘을 측정하는 것이다.

② 치구재료의 분류와 선택

ㄱ 일반 기계재료를 분류하면 철, 구리 등과 같은 금속재료와 목재, 플라스틱과 같은 비금속재료로 나누며, 금속재료 중 철강재료 이외의 금속재료를 비철금속재료라 한다.

ㄴ 강도에 의하여 분류하면 구조용 재료(일반 구조용, 기계 구조용)와 특수용 재료로 나눈다. 특수용 재료에는 공구용, 베어링용, 스프링용, 내열, 내식, 자성재료 등 특수한 조건에 사용되는 것이 있고, 비금속재료에는 합성수지, 고무, 가죽 등의 재료가 있다.

ㄷ 치구는 경우에 따라 많은 부품으로 구성되는데, 이들 각 부품에 대한 재료의 선택은 이들 부품이 사용되는 조건과 환경에서 그 기능을 충분히 발휘할 수 있는 특성 및 가공성과 경제성 등을 고려하여 종합적으로 판단하여 선정한다.

(2) 로봇 치공구의 가공 잔량 계산하기

① 치구에 사용되는 재료의 구비조건

ㄱ 내마모성이 좋아야 한다.

ㄴ 인성이 커야 한다.

ㄷ 피로한도가 높아야 한다.

ㄹ 압축내력이 높아야 한다.

ⓜ 내열성이 우수해야 한다.

ⓗ 가공이 용이해야 한다.

ⓢ 열처리성이 우수해야 한다.

ⓞ 가격이 저렴하고 시장성이 좋아야 한다.

② 비중 : 비중은 같은 단위를 가진 두 양의 비율이므로 별도의 단위가 없다. 물질의 비중은 그 물질의 특성이다.

③ 중량 계산

　㉠ 프레스 금형에서 재료의 중량을 계산하는 공식

　　• 재료의 중량 = 사용재료의 비중 × 가로 × 세로 × 두께

　　• 이때 단위는 cm 단위로 대입하면 중량 단위는 g이 되며, m 단위로 대입하면 중량 단위는 kg으로 나타낸다.

　　• 통상적으로 치구 제작 시 재질에 대한 비중은 7.85를 적용한다.

　　　－ 판재(사각형) : 가로 × 세로 × 길이 × 비중 / 1,000,000 = 중량(kg)

　　　－ 환봉(원형) : 반지름 × 반지름 × 3.14 × 길이 × 비중 / 1,000,000 = 중량(kg)

　　　－ 파이프 : 외경 － 두께 × 두께 × 3.14 × 비중 / 1,000,000 = 중량(kg)

　　　－ 육각형 : 맞변 × 맞변 × 길이 × 0.86603 × 밀도 / 1,000,000 = 중량(kg)

　　　－ 직사각형의 경우 : 가로 × 세로 × 높이 × 비중 = 중량(kg)

　　　－ 원형의 경우 : 반지름 × 반지름 × 3.14 × 비중 = 중량(kg)

　　　－ 알루미늄 판 : 가로 × 세로 × 두께 × 2.7 × 길이(mm)

　　　－ 황동 판 : 가로 × 세로 × 두께 × 8.5 × 길이(mm)

　　　－ 동판 : 가로 × 세로 × 두께 × 8.9 × 길이(mm)

(3) 로봇 치공구의 재질별 단가 계산

① 단가 : 하나의 물건의 한 단위의 가격으로 철강은 통상 가격/kg으로 나타낸다.

　㉠ 단가의 표기방법

　　• 가중 평균법 : 단가(單價)에 수량을 가중치로 곱하여 평균 단가를 산출하는 방법으로, 재고 자산을 평가하거나 재료 따위의 소비 가격을 계산한다.

　　• 최고 가격법 : 원가 계산에서 소비재료의 계산 가격을 그 당시 보관품의 구입 원가 가운데 최고의 단가로 계산한다.

　㉡ 재료비 계산

　　• 재료비 = 주재료비 + 규격 부품비 + 부재료비

　　• 치구 무게 = 가로(mm) × 세로(mm) × 비중 / 1,000,000 = ○○(kg)

　　　예 (400 × 300 × 180 × 7.85) / 1,000,000 = 170kg

　　• 소재 가격 = 소재 중량 × 재료 단가(₩/kg)

　　　예 치구 세트 가공 = 170kg × 4,000(원/kg) × 1.1(여유율) = 748,000원/set

② **로봇 치공구의 재료 손실 파악 및 재료비 계산** : 치구에서 부품을 가공하는 데에 있어서 요구하는 치수를 얻기 위해서는 여유분을 가진 재료로 가공하여야 한다. 이때 가공되어 없어지는 부분을 재료 손실분으로 처리하여 실제 사용하고자 하는 치수보다 크게 발주하여 입고해야 한다.

- ⊙ 재료 손실에 대한 고찰
  - 불량 발생에 따른 자재 손실 발생
  - 자재 절단 시 스크랩 발생(재활용 불가 시)
  - 적합 자재 결손품이 발생할 때 유사 자재 사용(자재비, 가공비 손실)
  - 스크랩 활용 시의 문제점 : 생산성 저하, 악성 재고의 증가
- ⊙ 재료비에 포함되는 손실
  - 구입 가격 손실 : 자재 결손품, 두께공차(중량 구입 시), 가격 인상, 구입처 변경, 긴급 구매 시 발생
  - 재료 수율 손실 : 재료 절단, 타 재료 전용 시 발생
- ⊙ 치구에서 가공 전 여유를 주는 예
  - 사각형의 재료 : 편측당 최소 1~3mm
  - 원형의 재료 : 편측당 최소 1mm
- ⊙ 실제 치구에 들어가는 재료비 산출 : 재료비 = (재료 사용량 × 재료 단가) × (1 + 재료관리 비율) − 스크랩 가격
- ⊙ 지그 제작비 산출의 예 : $Y \le ni(1+r)(t_0a_0 - t_1a_1)/1 + pi + qi$

  여기서, Y : 지그 제작비

  i : 지그 감가년수

  n : 지그를 사용하여 1년간 생산한 제품수

  r : 제품가공에 필요한 간접비의 비율

  t_0 : 지그를 사용하지 않는 경우 제품 1개당 가공시간

  a_0 : 지그를 사용하지 않을 경우 평균 시간

  t_1 : 지그를 사용할 경우 제품 1개당 가공시간

  a_1 : 지그를 사용한 경우 평균시간율

  p : 지그 감가상각 이율

  q : 지그 1년당 유지비와 제작비의 비

예제 머시닝센터에서 다음과 같은 조건으로 어떤 자동차 부품을 가공하려고 한다. 지그 제작비는 얼마인가?
(단, n : 300개, r : 100% = 1, t_0 : 0.6시간, a_0 : 1,000원, t_1 : 0.1시간, a_1 : 300원, p : 7분 = 0.07, q : 5/100 = 0.05, i : 5년)

해설 $Y \le 300 \times 5 \times (1+1) \times (0.6 \times 1,000 - 0.1 \times 300) / 1 + (0.07 \times 5) + (0.05 \times 5)$
= 1,710,000

정답 1,710,000원

---

4. 치공구 설계하기

(1) 로봇 치공구의 부품과 재료의 검토사항을 파악한다.

① 본체의 재료

㉠ 본 체

- 주조 구조물의 재질은 주로 회주철(GC250)을 사용하며, 구조가 복잡하고 대형 치구 본체에 적합하다. 강성은 강재에 비하여 다소 떨어지지만, 내마모성이나 내압축성이 우수하며 가격이 싸기 때문에 경제적인 면에서 적합하다. 그러나 목형 제작에서부터 완성품의 생산까지 걸리는 시간이 길다는 점을 충분히 파악한다.
- 강판 구조물은 주조품에 비하여 가벼우며 강성이 뒤지지 않는다는 점과 제작시간이 단축되는 장점이 있다.
- 용접 구조물로 사용하는 강재는 주로 SS400 등을 사용하며 필요에 따라서 SM45C 이상의 재료를 사용하기도 한다. 생산적인 측면에서 강판 또는 용접 구조물을 본체로 적용한다.

㉡ 지지대 : 요소 부품의 지지대는 제작하는 방법에 따라서 그 재료가 달라진다. 주조할 경우에는 본체와 같이 동일 재질로 하지만 나사 조립이나 억지끼워맞춤 등의 방법으로 제작할 경우에는 주로 기계구조용강재(SM45C)를 사용한다.

② 기본 부품의 재료

㉠ 요소 부품의 기둥 및 플레이트 : 사용목적에 따라서 SS400, SM45C, STC7 등을 적용한다.

㉡ 힌지 : 힌지는 보통 리프판과 힌지 핀으로 구성되어 있으며 핀과 베어링 부분의 마모로 인한 흔들림이 생기는 경우가 많다. 특히 리프판이 지그판인 경우 위치결정 정도가 제품에 미치는 영향은 매우 크다. 핀의 경우 SM45C를 열처리 후 연마하여 사용한다.

㉢ 아이 볼트 : 아이 볼트는 강도나 정밀도 등이 크게 중요시되는 부품이 아니므로, 치공구 전체의 무게를 충분히 견딜 수 있는 설계를 하고 이에 따른 재료를 선택한다. 보통 SS400이 사용된다.

㉣ 손잡이 : 손잡이에 사용되는 재료는 주철, 알루미늄 주물, 구조용 강재, 비금속재료 등과 같은 보통의 재료를 사용하며 부식을 방지하기 위하여 크롬 도금을 하는 경우도 있다.

㉤ 핸들과 휠 : 핸들은 보통 SM45C가 주로 사용되며, 핸들 휠은 주철에 크롬 도금을 하여 사용한다.

㉥ 쐐기 : 쐐기는 SM45C, STC5 등을 조질처리(담금질/뜨임)하여 사용한다.

㉦ 스프링 핀 : 보통 SM45를 담금질처리하여 사용한다.

㉧ 볼트 너트 : 일반적으로 SM45C, SS400 등을 사용하고, 압입 볼트는 SM45C를 담금질하여 경도가 HRC 50 이상 되도록 처리하여 사용한다. 지그용 너트는 주로 SS400 정도를 사용한다.

㉨ 와셔 : 지그용 볼트, 너트를 함께 사용하는 지그용 스프링 와셔는 SS400을 사용하고, 지그용 구면 와셔는 주로 STC7을 사용한다.

㉩ 받침판 : 특별히 필요한 경우 STC7을 열처리하여 사용한다.

㉪ 위치결정 핀 : 위치결정 핀은 마모를 고려하여 SM45C 또는 STC5를 열처리하여 사용한다.

㉫ 조 : 일반적으로 STC3을 열처리하여 사용한다.

(2) 변형과 후처리를 고려한 치구의 재질을 선정하여 사양을 결정한다.

① 치구의 변형

  ㉠ 치구의 재료 선택

    • 특수한 부품을 제작하기 위해 선정된 재료의 열처리에 대한 반응을 확실히 이해하고 있어야 하며, 재료는 사용 목적에 적합한 것이 되도록 주의해서 선택한다.

    • 새로운 재료는 사용 전에 철저하게 분석되고 시험되어야 하며, 사용 전에 제작 회사의 특성과 제한 사항 등에 대해서 문의하고 그 내용을 확실히 파악한다.

  ㉡ 설계에서 고려할 사항

    • 불균일한 질량

      - 질량이 불균일하면 냉각과정에서 수축률이 일정하지 않아서 변형되거나 부품 손상을 초래한다. 가능한 한 부품의 단면이 전체적으로 일정해야 한다.

      - 열처리 문제를 해결하기 위해서 한 부품에 대하여 둘 이상으로 분리해서 제작하여 결합하면 더욱 좋은 경우도 있다.

      - 다음 그림은 질량의 불균일한 문제를 해결하는 대표적인 방법이다.

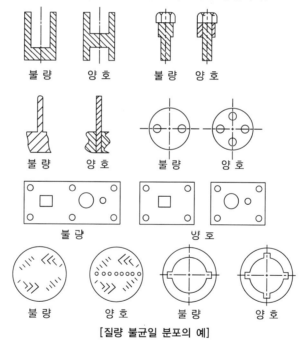

[질량 불균일 분포의 예]

    • 날카로운 모서리

      - 가능한 한 모서리나 필릿은 둥글게 하여 날카롭지 않게 한다.

      - 카운터 싱킹 또는 카운터 보링한 구멍의 모서리까지도 날카롭지 않게 한다.

      - 날카로운 모서리는 냉각될 때 응력집중현상을 일으켜 부품 균열의 요인이 된다.

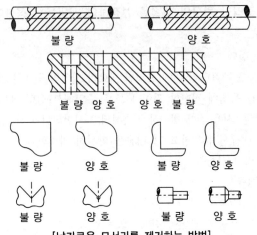

[날카로운 모서리를 제거하는 방법]

- 표면 상태의 불량
  - 표면 상태의 불량은 공구번호의 표시, 기타 형태의 불규칙한 표면 등에 의해서 발생한다.
  - 긁힌 자국이나 거스럼 등도 부품 전체에 악영향을 끼칠 수 있는 응력집중현상을 일으킨다.

로봇 엔드이펙터 설계

01 조립 및 핸들링용 핸드 설계하기

1. 로봇 핸드 기능 및 요구사항 결정

(1) 로봇의 엔드이펙터(End-effector)

① 로봇 엔드이펙터의 정의 : 로봇의 엔드이펙터 혹은 말단장치란 로봇이 다양한 작업을 수행하기 위하여 로봇의 말단부에 장착하여 다양한 기능을 수행하는 장치이다. 여기서 말하는 다양한 작업의 예는 작업 대상물을 잡아 이송시켜 다른 장소로 이동시키는 기능을 하거나 다양한 생산가공의 작업을 수행하는 것이다.

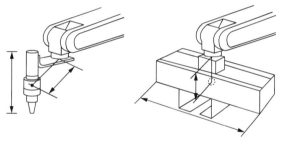

[로봇시스템의 엔드이펙터]

② 엔드이펙디의 구분

　㉠ 첫째, 물체를 잡기 위한 파지의 기능을 하는 것으로 이런 기능을 하는 것을 로봇 핸드 혹은 그리퍼라 한다.

　㉡ 둘째, 산업적으로 필요한 기능, 예를 들면 용접, 절단, 드릴링, 도장, 계측 등의 작업을 수행하기 위한 공구로 공정공구 혹은 생산공구이다.

　㉢ 셋째, 특수한 분야의 결합 혹은 핀의 삽입을 목적으로 제작되어 센서가 포함된 말단장치로, 이를 컴플라이언스라고 한다.

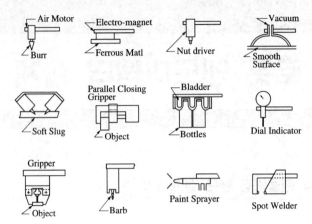

[다양한 작업을 수행하기 위한 말단장치의 예]

(2) 로봇 핸드의 구동방법과 요구조건

① 기계식 구동 로봇 핸드(Mechanical Gripper)

㉠ 기계식 구동 로봇 핸드 혹은 기계식 그리퍼란 2개 이상의 집게 혹은 손가락 모양의 링크기구를 이용하여 접촉 가압함으로써 우리가 원하는 작업 대상물을 잡는 방식으로, 가장 일반적으로 많이 사용하는 엔드이펙터 형식이다.

㉡ 이것은 링크 구조를 이용하여 쉽게 만들 수 있으나 유리나 종이와 같은 대상물의 파손 및 변형이 쉽고 부드러운 재료에서는 사용하기 어렵다는 단점이 있다.

㉢ 로봇 핸드로 작업물을 고정하는 방법
- 주로 그리퍼 내의 마찰력 이용
- 그리퍼의 모양을 기하학적 형상(작업물을 고정시키는 형상)으로 가공하여 고정

㉣ 로봇 핸드의 닫침운동
- 회전운동을 이용하는 방식 : 그리퍼의 끝단을 모터와 같은 부품에 직접 연결하여 만들 수 있어 제작 방식에는 직선의 링크를 이용하는 경우 끝이 벌어져 그리퍼 자체를 변형가공하여야 한다.
- 병진운동을 이용하는 방식 : 몇 가지의 링크를 이용하여 상하 혹은 좌우운동을 할 수 있도록 만들며, 링크 조인트 등 부대적인 부품이 들어가고 해석에 어려운 단점이 있다.

㉤ 기계식 구동 로봇 핸드의 가압 방식 : 주로 공압, 유압, 전기, 스프링에 의한 탄성력을 이용하는 방법이 사용된다.

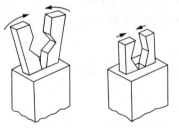

[그리퍼의 구동 방식–회전운동 방식과 병진운동 방식]

② 로봇 핸드의 요구사항

㉠ 로봇 핸드의 기능 : 다양한 대상물 혹은 대상 물품군을 잡고 이동하여 움질일 수 있다.

㉡ 파지 모니터링 기능 : 대상물이 로봇 핸드에 파지되었는지를 항상 모니터링하여야 한다. 그리고 충돌 및 대상물이 떨어지는 것을 방지할 수 있는 기능이 있어야 한다.

㉢ 기능상의 효율성 : 로봇 핸드의 무게는 최소화되어야 하고, 설계 시 로봇 핸드의 무게와 파지되는 제품의 무게를 고려하여 설계하여야 한다. 또 최대 이송속도와 파지력을 유지할 수 있도록 하여야 한다.

㉣ 유지보수의 용이성 : 로봇 핸드의 설계는 최대한 간단하여야 하고, 유지보수가 용이하며, 높은 정밀도를 유지하여야 한다.

(3) 로봇 핸드 선정 시 가반 중량 및 간섭 회피요령

① 로봇 핸드의 중량에 대한 고려사항 : 로봇의 최대 가반 중량은 로봇 핸드에 대한 가반 중량을 고려하는 것이 아니라 로봇 핸드가 대상물을 들고 있는 경우를 포함한 총중량의 최대치를 고려하여 설계·선정하여야 한다.

㉠ 로봇 핸드 혹은 툴 중량의 최대치(로봇 핸드 + 작업물 중량) ≤ 최대 가반 중량

㉡ 로봇 핸드 혹은 툴 중량의 최대치(로봇 핸드 + 작업물 중량)의 관성 모멘트 ≤ 최대 허용 관성 모멘트

② 로봇 핸드 작업에 대한 간섭 고려사항

㉠ 일반적으로 로봇의 설치는 로봇 머니퓰레이터와 제어기가 설치되고, 로봇 핸드는 독립적으로 설치되는 경우가 많다. 그런 경우에 있어서 작업 반경의 설정 시 로봇 머니퓰레이터의 작업 반경만 이용한다면, 로봇 핸드가 설치된 이후에 추가적인 작업 반경이 발생된다.

㉡ 이 경우 추가적인 작업 반경을 고려하지 않는다면 다른 로봇 혹은 공구와 간섭이 발생할 수 있다. 그러므로 로봇 핸드를 고려하여 설계하거나 설치할 때 로봇 핸드의 작업 반경과 간섭 여부를 확인하여야 한다.

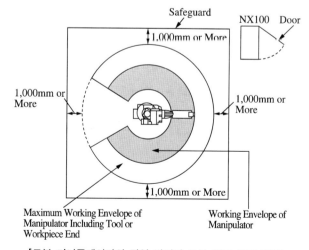

[로봇 머니퓰레이터의 작업 반경과 로봇 핸드 작업 반경]

2. 로봇 핸드 설계를 위한 가압력, 부하 모멘트 계산하기

(1) 로봇 핸드의 가압력을 계산한다.

① 로봇 핸드의 힘을 해석하여 파지력 계산 방식을 이해한다.

로봇 핸드의 목적은 작업 대상물을 가압하여 파지하는 것으로, 이때 파지하는 힘은 작업물이 손상되지 않으면서 파지를 유지할 수 있는 힘이어야 한다.

$$F_{grip} = \frac{wa}{\mu n} \times SF$$

표 시	의 미		
F_{grip}	파지력(Grip Force)		
μ	작업물과 로봇 핸드 사이의 마찰계수		
n	작업물과 접촉되는 로봇 핸드의 수		
w	작업물의 중량		
a	중력과 관성력의 계수	1 : 방향이 같은 방향	
		2 : 방향이 수직일 때	
		3 : 방향이 반대일 때	
SF	안전계수		

② 로봇 핸드의 링크 구조의 운동 방향을 이해한다.

㉠ 외부에서 F라는 구동력이 가해지면, 링크 C → B → A를 통해 그립으로 전달되고 이것은 파지력으로 작용한다.

㉡ 링크 C가 구동력 F의 힘을 받아 오른쪽에서 왼쪽으로 이동하면, 링크 C는 45° 각도로 링크 B를 위아래로 밀게 된다.

㉢ 링크 B 이후는 위아래가 서로 대칭이므로 기구부의 절반만 해석하고, 링크 C의 힘은 링크 B의 힘에 2배를 하면 된다.

㉣ 링크 B에 가해지는 힘은 링크 A를 피벗을 중심으로 회전하는 힘으로 작용한다.

㉤ 피벗을 중심으로 양 끝단에 가해지는 회전 모멘트는 일정하다. 그러므로 링크 A와 링크 B가 만나는 점에서 걸리는 회전 모멘트는 링크 A와 그립과 만나는 회전 모멘트와 같다.

㉥ 링크 A의 회전 모멘트가 그립을 미는 힘으로 작용하고 이것은 파지력이 된다.

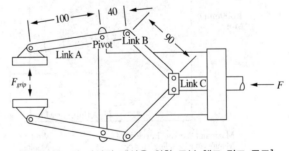

[로봇 핸드의 가압력 계산을 위한 로봇 핸드 링크 구조]

③ 로봇 핸드의 힘의 해석을 수행한다.

로봇 핸드의 힘 해석은 링크 B의 모멘트 해석과 같다. 앞에서 언급한 대로 피벗이 있는 링크 B를 기준으로 자유물체도를 그리면 다음 그림과 같다.

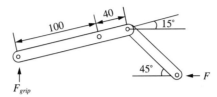

[로봇 핸드의 가압력 계산을 위한 로봇 핸드 링크 구조]

$$F_{grip} \times (100\cos 15°) = (F_B \sin 45°) \times (40 \cos 15°) + (F_B \cos 45°) \times (40 \sin 15°)$$

$$F_{grip} = 30\text{kg}_\text{f} \text{일 경우}$$

$$2,897.8\text{kg}_\text{f} = F_B(27.3 + 7.3) = 34.6 F_B$$

$$F_B = 83.8\text{kg}_\text{f}$$

④ 로봇 핸드의 구동력을 계산하고 검토한다.

링크 B로부터 83.8kg$_\text{f}$의 힘이 작용한다. 전체적으로 위아래가 대칭이 되므로 아래에서도 똑같이 83.8kg$_\text{f}$의 힘이 작용한다. 이를 이용하여 구동력을 계산하면 다음 식과 같다.

$$F = 2 \times F_B \times \cos 45° = 2 \times 83.8\text{kg}_\text{f} \times \cos 45° = 118.6\text{kg}_\text{f}$$

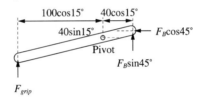

[로봇 핸드의 구동력 계산을 위한 자유물체도]

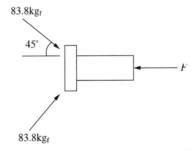

[구동력 계산을 위한 링크 C의 힘 해석]

(2) 핸드의 부하 모멘트를 계산한다.

① 로봇 핸드의 질량 정보와 구하는 공식을 이해한다.

로봇 핸드의 질량 정보는 로봇 핸드 전체의 질량 및 부하하중, 중심의 위치, 중심 위치의 부하 모멘트를 총괄적으로 이르는 용어이다. 로봇 끝단의 엔드이펙터로 다양한 로봇 핸드 및 공구가 달리게 되고, 이것이 하중을 갖는 작업 대상물을 갖고 있는 경우 그 하중을 포함하여 질량 정보를 구하게 된다.

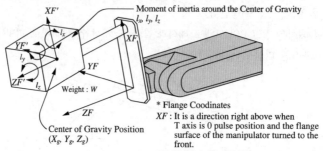

Moment of inertia around the Center of Gravity
l_x, l_y, l_z

Weight : W

Center of Gravity Position
(X_g, Y_g, Z_g)

* Flange Coodinates
XF : It is a direction right above when
 T axis is 0 pulse position and the flange
 surface of the manipulator turned to the
 front.
YF : Y axis led by XF, ZF
ZF : Perpendicular direction from flange surface

㉠ 질량 혹은 부하하중(W, 단위 : kg) : 로봇 핸드에 부착된 총질량으로 일반적으로 로봇 핸드의 질량과 작업 대상물의 질량의 합으로 구한다. 로봇 머니퓰레이터의 크기가 중·소형의 경우 0.5kg 혹은 1.0kg 단위로 설정하며, 대형 머니퓰레이터의 경우는 1kg 혹은 5kg 단위로 그 값을 설정한다.

㉡ 질량중심 위치(x_g, y_g, z_g, 단위 : m 혹은 mm) : 로봇 핸드의 중심점을 질량중심이라고 하며 그 위치를 질량중심의 위치 질량의 도심이라고 한다. 일반적인 물체의 질량중심 위치는 X, Y, Z축으로 대칭이며, 그 물체의 밀도가 일정하다면, 그 물체의 중심부이다. 그러나 그렇지 않는 경우는 다음의 식과 같이 구한다.

$$X_g = \frac{\int x dW}{W}, \quad Y_g = \frac{\int y dW}{W}, \quad Z_g = \frac{\int z dW}{W}$$

㉢ 부하 모멘트(I_x, I_y, I_z) / 질량 관성 모멘트(l_x, l_y, l_z, 단위 : kg·m^2)

• 로봇 핸드와 작업물에 의해서 나타나는 운동에 대하여 이것이 갖는 저항을 나타내는 척도를 부하 모멘트 혹은 질량 관성 모멘트라고 한다.

• 로봇 핸드와 작업물의 무게가 많이 나가면 관성력이 커져 이동시키거나 움직이는 것이 힘들고, 이것의 무게가 적게 나가면 관성력이 작아져 움직이기 용이하다. 이러한 움직임의 용이성을 수치로 나타내는 것이 부하 모멘트이다.

• 직육면체의 경우 : $I_x = \dfrac{L_y^2 + L_z^2}{12} \times W, \quad I_y = \dfrac{L_x^2 + L_z^2}{12} \times W, \quad I_z = \dfrac{L_x^2 + L_y^2}{12} \times W$

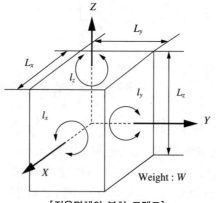

[직육면체의 부하 모멘트]

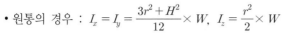
- 원통의 경우 : $I_x = I_y = \dfrac{3r^2 + H^2}{12} \times W,\ I_z = \dfrac{r^2}{2} \times W$

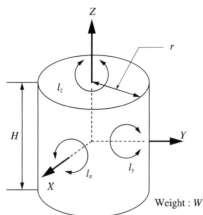

[원통의 부하 모멘트]

② 로봇 핸드의 질량 정보를 구한다.

　㉠ 질량 혹은 부하하중(W)의 계산

　　• 부하하중 = 로봇 핸드의 질량 + 작업물의 하중

　　• W = 55kg(로봇 핸드의 중량) + 40kg(작업물의 중량) = 95kg ≈ 100kg

　　• 부하하중은 로봇의 요구사항에서 최대 가반 중량보다 작아야 한다.

　㉡ 질량중심의 위치 계산 : 로봇 핸드와 작업물이 복잡한 형태로 되어 있으므로 이것을 로봇 핸드와 작업물로 둘러싸인 500mm × 1,000mm × 400mm의 직육면체로 가정하면, 로봇 머니퓰레이터의 끝단 플랜지로부터의 거리를 구할 수 있다.

　　• X축 : 서로 250mm씩 대칭이므로 플랜지 중심에 위치 → x_g = 0mm

　　• Y축 : 서로 500mm씩 대칭이므로 플랜지 중심에 위치 → y_g = 0mm

　　• Z축 : 직육면체의 중심 400mm/2 = 200mm + 직육면체가 플랜지와 떨어진 거리 50mm

　　　→ z_g = 250mm

　㉢ 부하 모멘트의 계산 : 로봇 핸드와 작업물이 복잡한 형태로 되어 있으므로 이것을 로봇 핸드와 작업물로 둘러싸인 500mm × 1,000mm × 400mm의 직육면체로 가정하면, 대략의 부하 모멘트의 값을 구할 수 있다.

　　• $I_x = \dfrac{L_y^2 + L_z^2}{12} \times W = \dfrac{1.0^2 + 0.4^2}{12} \times 100 = 9.667 \approx 10\text{kg} \cdot \text{m}^2$

　　• $I_y = \dfrac{L_x^2 + L_z^2}{12} \times W = \dfrac{0.5^2 + 0.4^2}{12} \times 100 = 3.417 \approx 3.5\text{kg} \cdot \text{m}^2$

　　• $I_z = \dfrac{L_x^2 + L_y^2}{12} \times W = \dfrac{0.5^2 + 1.0^2}{12} \times 100 = 10.417 \approx 10.5\text{kg} \cdot \text{m}^2$

　Z축 방향의 운동부하가 가장 많이 걸리며, 이것보다 큰 최대 허용 관성 모멘트를 갖는 로봇을 선정하여 활용한다.

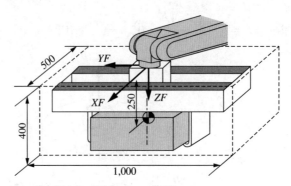

Weight of Tool : Approx. 55kg
Weight of Workpiece : Approx. 40kg

[로봇 핸드의 부하하중, 중심 위치, 관성 모멘트의 계산]

3. 로봇 핸드 설계

(1) 로봇의 핸드 부품 및 기능

① 로봇 핸드 혹은 그리퍼는 로봇의 말단에서 물건을 잡는 부품으로 부품의 형태나 작업 목적에 따라 다양하게 설계·제작될 수 있다. 이를 위해서는 로봇 핸드에 동력을 공급하는 장치가 요구되며 일반적으로 모터를 이용하는 방식과 공압 혹은 유압을 이용하는 방식이 사용된다.

② 로봇 핸드의 로봇 인터페이스는 로봇의 머니퓰레이터와 로봇 핸드 부분과 연결되는 부분으로, 어댑터 혹은 홀더 등으로 연결된다.

③ 팜은 로봇 핸드의 핑거 부분과 인터페이스 부분을 연결하는 부분으로 첫 번째 조인트를 이용하여 핑거의 첫 번째 링크와 연결되는 부분이다.

④ 핑거는 조인트와 링크가 연결된 기하학적 구조를 갖고 있으며, 실제 핑거가 움직여 물건을 집거나 흡착한다.

⑤ 핑거의 끝 부분에는 마찰력을 증가시켜 소재를 그리핑하기에 편하게 설계된 클램핑요소가 있다.

⑥ 핑거의 제어 방식에는 On/Off 제어 방식, 위치제어 방식, 속도제어 방식, 힘제어 방식, 임피던스제어(컴플라이언스제어) 방식, 그리고 하이브리드제어 방식이 사용된다.

⑦ 이러한 핑거의 움직임은 다양한 액추에이터를 이용하여 구동하게 되는데 모터, 공압, 유압 이외에도 전자기, 정전기, 초음파, 고무, 압전 액추에이터 등이 사용된다.

⑧ 이러한 액추에이터에서 공급되는 힘은 구동전달기구를 통하여 핑거로 구동력이 전달되는데 대표적인 전달 방식은 링크 전달, 기어 전달, 나사 전달, 캠 전달, 스프링 전달, 직접 구동 방식이 있다.

⑨ 이러한 힘의 구동은 결과적으로 대상물을 잡거나 움직이는데, 이를 제어하기 위해 센서 혹은 계측기를 통하여 힘, 위치, 압력 등의 신호를 받아 피드백제어를 수행하기도 한다.

[그리퍼 구동 방식에 따른 모양과 특징]

구동 방식	모 양	특 징
모터 이용	모터 1개로 하나의 핑거만 움직이는 방식	구조는 간단하지만 한쪽만 움직이기 때문에 물체를 잡고 놓는 과정에서 정밀도가 떨어진다.
	모터 1개로 양쪽 핑거를 움직이는 방식	기어나 링크를 이용하는 것이 많으며, 정확하게 물체를 잡고 놓을 수가 있으나 구조가 복잡하고 크기가 커진다.
	2개의 모터로 양쪽 핑거를 움직이는 방식	정확한 제어로 다양한 크기 및 형상에 대한 대응력이 우수하나 모터 자체 중량 때문에 가반 중량이 떨어진다.
공압 또는 유압 이용	2개의 핑거를 이용하는 방식	손목 부분의 무게를 줄일 수 있고, 규격화되어 널리 사용된다.
	3개의 핑거를 이용하는 방식	원통형 물체를 축 방향으로 다룰 때 편리하며, 속이 빈 물체를 잡을 수 있다.

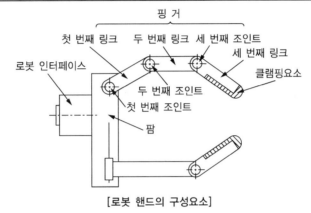

[로봇 핸드의 구성요소]

(2) 부품자재명세서(BOM ; Bill Of Material)

① 부품자재명세서란 특정 제품의 구성에 있어서 어떤 부품으로 구성되는지에 대한 정보와 그 부품 간의 연관성을 나타내는 문서이다.

② 이것은 제품을 만드는 데 필요한 1차 레벨의 조립품, 2차의 반조립품, 이를 구성하는 부분품, 그리고 개개의 부품에 대한 명세를 나타내는 것으로 각 레벨의 구성을 통해 제품의 체계를 확인할 수 있다.

③ 이러한 BOM은 제품의 설계 방식, 제품 생산에 필요한 부품, 제품의 원가 및 원산지, 생산 및 수급 일정 등에 대한 계획을 세울 수 있는 장점이 있다.

④ 파트 구분

　㉠ 로봇 핸드의 경우

　　• 로봇 핸드 : Parent

　　• 그 이외의 부품 : Component

　㉡ 로봇 핑거의 경우

　　• 핑거 : Parent

　　• 핑거를 구성하는 링크와 조인트 : Component

⑤ 로봇 핸드의 레벨 구분

    ㉠ 레벨 0 : 로봇 핸드

    ㉡ 레벨 1 : 로봇 인터페이스, 팜, 핑거

    ㉢ 레벨 2 : 각각의 레벨 1을 구성하는 조인트와 링크

    ㉣ 레벨 3 또는 레벨 4 : 이외에 부품으로 볼트, 너트, 와셔, 키, 핀, 베어링과 같은 요소, 이런 부품들이 Raw Material이 된다.

[부품자재명세서의 용어]

용 어	정 의
레벨(Level)	제품 구성상의 위치 : 최상위의 위치인 경우 0으로 표현
QPA(Quantity Per Assembly)	상위 부품을 구성하는 하위 부품의 수량
Parent	특정 부품이 조립되어 나타나는 반조립 혹은 완성 제품
Component	반조립 혹은 완성 제품을 구성하는 부품 혹은 소재
Raw Material	BOM상에 최하위 레벨의 구성 부품
부품번호(Part Number)	부품관리를 위해 표시하는 부품 고유의 코드
부품명(Part Name)	부품 혹은 반조립 부품을 지칭하는 명칭 혹은 이름
스펙(Spec)	각 부품 혹은 반제품의 세부 내역 혹은 요구사항
Revision	부품의 개정 혹은 변화된 내역
Unit of Measure	부품 혹은 반조립 부품의 개별 단위
소요량	제품 완성을 위해 필요한 부품의 수량
Location No.	부품의 장착 위치에 대한 코드

(3) 로봇 핸드 구동을 위한 유압회로

① 유압회로의 구성요소 및 유압기호의 구성요소

    ㉠ 기호요소

분 류	명 칭	기 호	용 도	비 교
선	실 선	————	• 주관로 • 파일럿 밸브에의 공급 관로 • 전기신호선	귀환 관로 포함
	파 선	- - - - - - -	• 파일럿 조작 관로 • 드레인 관로 • 필 터 • 밸브의 과도 위치	내 · 외부의 파일럿
원	대 원	◯	• 에너지 변환기기	펌프, 압축기, 전동기
	중간원	◯	• 계측기 • 회전 이음	대원 직경의 1/2~3/4
	소 원	◯	• 체크 밸브 • 링 크 • 롤 러	대원 직경의 1/4~1/3, 롤러는 중앙에 점을 찍는다.

분 류	명 칭	기 호	용 도	비 교
사각형	정사각형		• 제어기기 • 전동기 이외의 원동기	–
	직사각형		• 실린더 • 밸 브	가로 길이 > 세로 길이

ⓛ 기능요소

분 류	명 칭	기 호	용 도	비 고
정삼각형	흑	▶	• 유 압	유체에너지 방향, 유체에너지 종류, 에너지원 표시
	백	▷	• 공기압 또는 기타 기체압	
화살표	직선 또는 사선		• 직선운동 • 유체의 경로와 방향	펌프, 압축기, 전동기
	사 선		• 가변 조작 조정 수단	대원 직경의 1/2~3/4
기 타	폐 로		• 폐로 또는 폐쇄 접속구	–
	원동기	M	• 원동기 표시	–
	스프링		• 스프링	–
	교 축		• 교 축	–
	체크밸브		• 체크밸브	–

ⓒ 에너지 전달 요소

분 류	명 칭	기 호	용 도	비 고
밸 브	2포트 밸브		• 상시 닫힘 • 가변 교축	• 일반기호
	2포트 밸브		• 상시 열림 • 가변 교축	• 일반기호
	3포트 밸브		• 상시 열림 • 가변 교축	• 일반기호

분 류	명 칭	기 호	용 도	비 고
펌프 및 모터	펌프모터	유압펌프　　공기압모터	• 유압 및 공기압모터의 일반기호	
	유압펌프		• 유압펌프	• 1방향 유동 • 정용량형 • 1방향 회전형
	유압모터		• 유압모터	• 1방향 유동 및 회전형 • 가변 용량형 • 외부 드레인 • 양축형
실린더	단동 실린더		• 공기압 압출형 편로드 실린더	• 간략기호
			• 스프링 붙이 유압 편로드 실린더	• 드레인측은 유압유 탱크에 개방 • 스프링 힘으로 로드 압출
	복동 실린더		• 공기압 양로드 실린더	• 간략기호
동력원	전동기	Ⓜ	• 전동기	–
	원동기	M	• 원동기	–

② 로봇 핸드 가압을 위한 기본적 유압회로의 이해

　㉠ 조압회로

　　• 조압회로란 유압회로에서 반드시 사용되는 회로로, 펌프 구동용 전동기를 활용하여 유압펌프를 구동시켜 우리가 원하는 압력을 만들어 내는 회로이다.

　　• 전동기와 유압펌프에 의해 발생된 압력은 체크밸브를 통하여 외부로만 압력 혹은 유체가 움직일 수 있도록 하며, 압력 설정 릴리프밸브에 의해 설정압력 이상으로 되지 않도록 제한하는 회로이다. 이것은 정용량형 펌프의 안전장치용으로 과부하 방지에 활용된다.

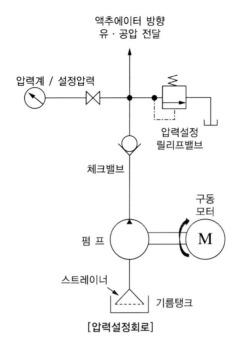

[압력설정회로]

ⓛ 실린더 구동회로
- 조압회로에서 만들어진 유압을 이용하여 유압 실린더를 움직이게 하는 회로이다. 조압회로와 유압 실린더 사이에 위치한 밸브에 의해 제어된다.
- 밸브가 현재의 위치에 있을 때는 실린더의 왼쪽 방에 유체가 공급되어 가압하고 이를 통해 실린더의 로드가 오른쪽으로 이동한다.
- 실린더 오른쪽 방에 있는 유체는 드레인을 통해 바깥으로 배출된다.
- 밸브를 조작하여 왼쪽으로 이동시키면 유체의 흐름 방향이 'X자' 형태로 이동되며, 펌프에서 공급되는 유체는 실린더의 오른쪽 방으로 공급된다.
- 유체는 다시 실린더의 로드를 왼쪽으로 움직이게 하며, 실린더의 왼쪽 방에 있는 유체는 밸브를 통해 드레인으로 이동하게 된다.
- 벤트회로는 릴리프밸브의 설정압력을 원격으로 조정할 때 사용되며, 벤트회로를 조정하여 모터의 유체압력을 제어함으로써 유압 실린더 로드의 압력 혹은 속도를 제어할 때 이용된다.

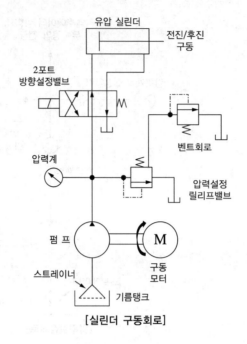

[실린더 구동회로]

ⓒ 시퀀스회로

• 여러 개의 로봇 핸드를 제어할 때는 시퀀스 회로를 이용하여 순차적으로 조작할 때 사용한다.

• 시퀀스밸브 1과 2를 이용하여 유압 실린더 A, B를 구동하며, 순차적으로 1번, 2번의 로드가 전진하며, 밸브의 위치가 오른쪽으로 바뀌면 실린더 로드가 3번, 4번 순서대로 후퇴하는 회로이다.

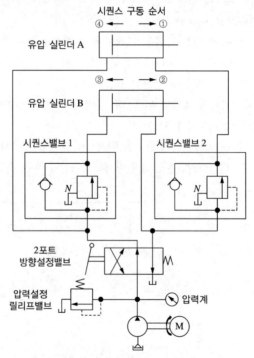

[시퀀스밸브를 이용한 실린더 순차 작동회로]

02 공정용 툴(Tool) 설계하기

1. 공정용 툴 기능 및 요구사항 결정

(1) 조립용/핸들링용 로봇공구

① 압착식 구동 로봇공구

㉠ 진공 압착을 이용한 방식

- 로봇 핸드의 경우 한쪽 표면만 파지하며, 부품에 균일한 압력이 작용한다.
- 부품에 압력을 주는 방식은 순간적인 진공을 만드는 방식이다.
- 압축공기를 빠르게 진행시켜 압력이 낮아지는 베르누이의 원리를 이용한다.
- 로봇 핸드의 가반하중이 작아 움직이기 편하다.
- 비교적 가격이 저렴하나 큰 무게에 적용하기 힘들다.

㉡ 자기력을 이용하는 방식

- 주로 전자석을 이용하기 때문에 전도성 소재에 많이 사용된다.
- 반응속도가 빠르고 대상물의 크기에 관계없이 사용이 가능하다.
- 진공압착 방식에 비하여 상대적으로 큰 무게의 대상물에 적용 가능하다.
- 발생되는 자기장이 대상물이나 그 주변의 물체에 영향을 줄 수 있어 이에 대한 사전 조사가 필요하다.

㉢ 점착성 물질을 이용하는 방식

- 섬유 제품이나 종이와 같은 소재에 이용하며, 쉽게 적용이 가능하다.
- 파지 후에 점착 성분이 대상물에 남을 수 있다.
- 주기적으로 점착성 물질을 갈아 주어야 한다.
- 파지력의 제어가 어렵다.

② 핸들링용 로봇의 종류(Ref : 실무로봇개론)

㉠ 가공 부품 탈·장착용 로봇시스템 : 공작기계 혹은 다양한 로봇 조립 공정에서 부품을 장착하거나 재기히는 데 사용되는 로봇으로 주로 수직관질형 로봇을 이용한다.

㉡ 팰릿타이징 로봇시스템 : 부품이나 완제품을 박스 상태로 적재하기 위한 로봇시스템으로, 주로 진공압착 혹은 자기력을 이용한 압착 방식이 사용된다.

㉢ 클린룸용 핸들링 로봇시스템 : 클린룸(Clean Room)은 일반적으로 반도체 제조 공정에서 많이 사용되며, 주로 웨이퍼 제조용 소형 핸들링 로봇시스템과 LCD 혹은 PDP 패널을 핸들링하는 대형 로봇시스템이 이용된다.

㉣ 솔라 셀 조립용 로봇시스템 : 태양 전지의 솔라 셀 모듈을 조립하기 위해서 웨이퍼 형상은 주로 박판형의 직사각형 형상을 갖는 소형 부품이 많이 사용되며, 병렬 로봇을 이용하여 고속으로 조립을 수행한다.

(2) 가공공구

① 아크용접용 로봇공구

㉠ 아크용접용 로봇은 주로 자동차, 조선, 일반 기계 제작의 조립 공정에서 사용되며, 2개 이상의 금속을 아크를 발생시켜 용융 접합하는 로봇 혹은 그러한 공구를 아크용접용 로봇공구라고 한다.

㉡ 아크용접용 로봇이 갖는 요구사항

- 작업의 위치 반복 정도는 약 0.5mm 이내로 한다.
- 아크 발생 관련 장치 부착이 가능하며, 하중과 고온에서 견딜 수 있어야 한다.
- 용접 상황에 맞게 로봇을 바닥, 벽면, 천장면에 설치 가능하여야 한다.
- 작업범위가 좁은 환경을 고려하여 로봇의 크기가 작으며 전장품이 로봇 내부에 설치되어야 한다.
- 로봇제어기는 아크용접 발생 관련 장치와 로봇 이동장치, 포지셔너 등의 주변 장치와 통신 및 제어가 가능하여야 한다.

② 스폿용접용 로봇공구

㉠ 스폿용접용 로봇은 주로 자동차의 차체 조립 공정에서 주로 사용되며, 2개 이상의 판재에 용접 전극을 가압하여 전류를 흘리고 이때 발생하는 저항열을 이용하여 용접하는 로봇이다. 일반적으로 중량이 무거운 스폿용접건을 지지하기 위해 가반하중이 큰 중대형 로봇 여러 대로 라인을 구성하여 용접을 수행한다.

㉡ 스폿용접용 로봇이 갖는 요구사항

- 작업 경로는 PTP(Point To Point) 작업으로서 반복 작업이 가능하여야 한다.
- 고정도의 작업이 가능하며, 위치 반복 정도는 약 1mm이어야 한다.
- 로봇 끝단에 용접건, 냉각호스 등의 주변 장치 부착이 가능해야 하며, 하중을 견딜만한 구조적 강도를 가져야 한다.
- 냉각호스의 파손을 대비하여 용접 건 부위는 방수가 되어야 한다.
- 로봇제어기는 타이머, 서보건 등의 주변 장치와 통신 및 제어가 가능하여야 한다.

③ 도장용 로봇공구

㉠ 도장용 로봇은 도장 공정을 자동으로 수행하기 위한 로봇으로, 자동차의 외관이나 선박의 선체 외벽을 도장하는 데 사용되는 로봇이다.

㉡ 일반적인 도장용 로봇의 공구는 스프레이건이 부착되어 있고, 외부로부터 페인트 혹은 도료가 공급되며, 동시에 이를 분사시킬 수 있는 고압의 공기 혹은 가스가 입력된다.

㉢ 도장 로봇의 도장용 툴의 무게는 그렇게 무겁지 않으며 10kg 이내의 가반하중을 갖는다. 도장용 로봇은 빠르고 자유롭게 움직일 수 있도록 손목 구조가 간단하고 단순하여야 한다.

㉣ 또 밀폐된 장소에서 진행하며, 화기 혹은 불꽃과 멀리 떨어져 작업을 수행하여야 하기 때문에 모터부가 방폭 구조로 되어 있다.

㉤ 도장용 로봇이 갖는 요구사항

- 도료의 정량공급장치를 부착하여 낭비 없고, 끝까지 일정한 도료가 공급되어야 한다.
- 도장작업에 따라 다양한 건이 빠르게 세팅되어야 한다.
- 도장용 건은 색의 배출, 색의 변환, 세정이 간편하고, 얇고 다중 칠에 적합하여야 한다.
- 시스템은 자동화되어야 하며 컬러 체인지, 자동세정시스템 등이 장착되어야 한다.

- 에너지 절감과 환경을 고려한 시스템이 구축되어야 한다.
- 로봇의 제어기가 도장건, 교환시스템 등의 주변 장치와 통신 및 제어가 가능하여야 한다.

2. 공정용 툴 기능 설계

(1) 공정용 툴의 동력원

① 유 압

㉠ 일반적으로 굴삭기와 같은 큰 힘이 요구되는 분야에 주로 사용되고 있다.

㉡ 장점 : 응답속도가 빠르고 속도제어가 가능하다.

㉢ 단점 : 유압의 구동을 위한 펌프, 펌프 구동을 위한 원동기, 기름탱크, 배관, 필터, 냉각기, 윤활기 등의 추가적인 장치가 필요하며, 안정성이 떨어진다.

② 공 압

㉠ 장비가 필요하나 유압장치보다는 그 크기를 소형화할 수 있다.

㉡ 단점은 공압시스템의 경우 압축성 유체로 정밀성이 떨어지고 소음이 크다는 점이다.

㉢ 장점은 유지력이 유리하며 소형화에 유리하다는 점이다.

㉣ 조작이 쉬워 다양한 범위에서 사용한다.

㉤ 특히 저비용 자동화로 널리 보급되어 FA시스템의 핵심적인 장치로 이용된다.

③ 전 기

㉠ 현재 로봇의 공정용 툴이나 로봇 핸드 구동 시 가장 많이 쓰이는 방식은 전기에너지를 이용하는 방식이다.

㉡ 장 점

- 유공압과는 달리 전선을 통하여 외부로부터 공급을 받을 수 있어 추가적인 장비를 필요로 하지 않는다.
- 작동속도가 빠르고 정확하고 정밀하다.
- 효율이 높고, 소음이 적다.

항 목	유압식	공압식	전기식
에너지 발생	나 쁨	보 통	좋 음
응답성	좋 음	나 쁨	보 통
크기 및 중량	나 쁨	좋 음	보 통
힘	좋 음	나 쁨	보 통
안전성	나 쁨	좋 음	보 통
작동속도	나 쁨	보 통	좋 음
보수관리	나 쁨	좋 음	보 통
소 음	보 통	나 쁨	좋 음
속도제어	좋 음	나 쁨	보 통

(2) 공압시스템의 개요

① 공압 계통 시스템의 기본 구성

㉠ 동력원 : 전동기, 엔진

㉡ 공기압 발생기 : 압축기, 탱크, 애프터 쿨러

㉢ 공기청정화부 : 필터, 유분제어기, 에어드라이어

㉣ 제어부 : 압력제어, 방향제어, 유량제어

㉤ 작동부 : 실린더, 회전 작동기, 공기모터

② 공압 계통의 3요소 : 같은 공압회로 설계에 있어서 가장 중요한 것은 힘, 속도, 방향의 3요소이며, 이것은 각종 제어밸브를 통하여 제어한다.

㉠ 로봇 핸드나 툴의 가압력은 공기의 흡입력 혹은 가압력으로 제어하여야 하며 이것은 공기의 압력제어를 통해 가능하다.

㉡ 로봇 핸드나 툴의 작업속도(공압 그라인더 같은 경우 회전속도)를 제어하기 위해서는 공기의 유량을 제어하여야 한다.

㉢ 로봇 핸드가 물건을 쥐거나 펴기 위해서는 방향을 제어하며, 이것은 공기의 흐름을 제어하는 방향제어 밸브를 이용하여 수행한다.

③ 공압을 이용한 진공시스템의 발생원리

㉠ 베르누이 법칙과 벤투리 관

$$p_1 + \frac{\rho v_1^2}{2} + \rho g h_1 = p_2 + \frac{\rho v_2^2}{2} + \rho g h_2 = c$$

여기서, p : 압력

ρ : 유체의 밀도

v : 유체의 유동속도

g : 중력

h : 높이

• 1, 2 지점에서 압력, 속도, 위치에 의한 에너지의 합이 일정하다는 것이다. 1, 2번의 높이가 같을 때 속도가 빨라지면 압력이 감소되고, 속도가 느려지면 압력이 증가된다는 것을 의미한다.

• 베르누이의 법칙이 적용되는 대표적인 공압 부품이 벤투리 관이다.

• 입구 부분의 속도와 압력에 비해 가운데 폭이 좁아지는 부분에서는 속도가 빨라지면서 압력이 작아진다.

• 출구 부분에 폭이 넓어지면서 속도와 압력이 원 상태로 돌아가는 것을 확인할 수 있다. 이와 같이 폭이 좁아지는 부분에서 순간적으로 압력이 낮아져 부압이 걸리고 이를 활용하면 진공압력을 얻을 수 있다.

㉡ 진공시스템의 원리

• 컴프레서 혹은 압축모터에 의해 발생된 고압의 공기가 ①번 입구로 투입되어 ②번 노즐쪽으로 움직이게 된다.

• 이 압축공기는 노즐을 통과하면서 증폭되고 속도가 증가되어 ③의 벤투리 관을 통과하게 된다.

• 베르누이 법칙에 의해 빠른 속도로 움직이는 공기에 의해 순간적으로 압력이 저하된다.

• 입력공기와 직각 방향인 진공 구멍 ④는 오리피스와 벤투리 사이에서 부압에 의한 흡입압력이 발생되

며 이 지점을 통해 외부와 압력차에 의한 부압이 형성된다.

- 입력공기의 빠른 흐름으로 진공 구멍을 통하여 공기 흐름이 발생하며, 이 합쳐진 공기가 출구 ⑤를 통하여 배출되며 진공 구멍 ④에 진공이 발생된다.
- 발생되는 진공의 크기는 ③의 벤투리 관을 통과하는 공기의 속도와 비례하며 이것은 입력되는 공기의 압력을 이용하여 제어한다.
- ④에서 걸리는 진공압력을 부압으로 설정될 수 있도록 하여 물체를 들어 올린다.

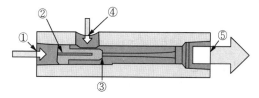

[공압을 이용한 진공시스템의 원리]

(3) 공정용 툴의 구성 부품

① **도장용 용접건의 구성 부품** : 도장용 건의 주요 구성 부품은 건 몸체, 방아쇠, 도료 노즐, 도료 분출량 조절장치, 패턴 크기 조절장치, 니들밸브, 도료 니플, 공기 캡, 공기밸브, 공기량 조절장치, 공기 니플 등으로 구성되어 있다.

② **용접/절단용 토치의 구성 부품** : 용접 토치 혹은 절단용 토치의 부품으로는 가스 노즐, 가스 렌즈, 온도계, 절연체, 콜릿 본체, 입구압력, 접촉 팁, 열 차폐장치, 냉각액, 팁 어댑터, 콜릿, 보호 가스, 네크, 전극, 플라스마 가스, 토치 본체, 백 캡(짧은 것), 와이어 공급기, 손잡이, 백 캡(긴 것), 토치, 케이블–호스 어셈블리, 플라스마 팁, 조정장치, 본체 하우징, 가스 분배기, 금속 튜브, 손 차폐장치, 가스 확산기(디퓨저), 구리 블록, 가스 렌즈 필터, 유량계가 있다.

03 엔드이펙터 어댑터 설계하기

1. 엔드이펙터 어댑터 설계

(1) 엔드이펙터 어댑터

① 엔드이펙터 어댑터(엔드이펙터 인터페이스)의 정의

 ㉠ 로봇의 머니퓰레이터 끝단에 엔드이펙터가 장착되기 위해서는 두 부품을 연결하는 장치가 필요하다.

 ㉡ 한쪽은 엔드이펙트의 끝단과 로봇 접합면의 끝단에 어댑터가 서로 위치해 있으며, 이것이 서로 결합되어 공구가 로봇 머니퓰레이터의 끝단에 장착된다.

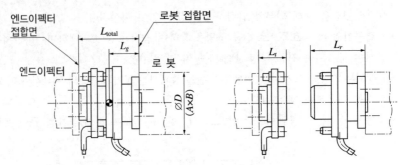

[엔드이펙트 어댑터의 결합 및 분리 형상의 예]

② 엔드이펙터 어댑터의 결합 방식

　㉠ 축 방향으로 결합하는 경우 : 결합의 방향이 어댑터 경계면에 수직인 방향

　㉡ 옆 방향으로 결합하는 경우 : 결합 방향이 어댑터의 경계면에 평행하며, 홈을 이용하여 두 부품이 끼워맞춤하는 방식

　㉢ 산업용 머니퓰레이터 로봇의 엔드이펙터 어댑터 중에서 대표적으로 많이 쓰이는 방식이 기계식 인터페이스이다.

　　• 원형 플랜지형

　　　– 한국산업표준 KS B ISO 9409-1에 준하여 제작한다.

　　　– 원형 플랜지형으로 일반적으로 나사를 이용하여 결합시키는 방식이다.

　　• 샤프트형

　　　– KS B ISO 9409-2에 준하여 제작한다.

　　　– 엔드이펙터의 위치의 결정은 핀을 이용하여 이것을 홈에 끼워 맞춤으로써 수행한다. 평행 핀(원통형)을 사용하는 것이 일반적이고 엔드이펙터는 샤프트 앞끝 구멍을 사용하여 고정하는 방법도 병행하여 사용할 수 있다.

③ 엔드이펙터 어댑터의 결합력과 분리력

　㉠ 결합력 : 엔드이펙터 어댑터 교환장치의 로봇쪽 부분과 엔드이펙터의 부분을 고정하기 위해서는 일정한 힘이 필요하며 이것을 결합력이라고 한다. 이 과정 사이에 엔드이펙터쪽 부분은 엔드이펙터 매거진에 유지되고 있는 것으로 상정한다. 결합력은 기계, 전기, 유압 또는 공기압의 이음새 전부를 결합하기 위해 필요한 외부의 힘을 포함한다.

　㉡ 분리력 : 교환장치의 로봇쪽 부분을 엔드이펙터쪽 부분에서 분리하기 위해 로봇이 가하는 힘을 분리력이라고 한다. 이 과정 사이에 엔드이펙터 옆 부분은 엔드이펙터 매거진에 계속 유지되고 있는 것으로 상정한다.

④ 엔드이펙터 어댑터의 교환시간 : 엔드이펙터 어댑터 교환에 있어서 생산성 향상을 위해 교환시간을 최대한 짧게 하는 것이 중요하다.

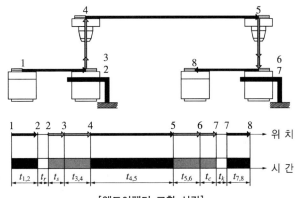

[엔드이펙터 교환 시간]

㉠ 수납시간($t_{1,2}$) : 1번의 위치에서 2번의 위치까지 움직이는 시간으로 로봇 핸드 혹은 공구가 설합된 상태에서 공구를 공구대에 수납하는 시간을 의미한다.

㉡ 해방시간($t_{2,2} = t_r$) : 2번의 위치에서 공구를 조이고 있는 결합력을 풀어냄으로써 교환장치를 풀고 로봇쪽 부분과 엔드이펙터 부분을 분리하는 데 소요되는 시간이다.

㉢ 분리시간($t_{2,3} = t_s$) : 2번에서 3번으로 이동하며 결합 방향과 반대 방향으로 동작하는 것에 의해 로봇쪽 부분과 엔드이펙터 부분을 분리하는 시간이다.

㉣ 반출시간($t_{3,4}$) : 로봇 옆 부분으로 일정한 속도로 움직여 공구의 위치로부터 완전히 벗어나는 시간이다.

㉤ 이동시간($t_{4,5}$) : 4번의 위치로부터 다른 공구가 있는 부분의 가까운 중간 위치(5번 위치)까지 움직이는 시간으로, 수납하는 공구와 새로운 공구의 위치에 따라 달라진다. 그러므로 두 공구 간의 거리를 외부의 간섭이 없는 한도에서 최대한 짧게 하여 이동시간을 최소화하도록 한다.

㉥ 반입시간($t_{5,6}$) : 5번의 위치에서 일정한 속도로 움직여 다른 공구 혹은 로봇 핸드가 있는 부분(6번 위치)으로 이동하는 시간이다.

㉦ 결합시간($t_{6,7} = t_c$) : 6번의 위치에서 로봇과 엔드이펙터 간의 결합하는 과정 중에 7번 위치로의 이동시간이다.

㉧ 조임시간($t_{7,7} = t_k$) : 7번의 위치에서 조임기구를 구동시켜 어댑터를 조합하는 시간으로 로봇과 엔드이댑터 간을 고정하는 시간이다.

㉨ 취출시간($t_{7,8}$) : 7번의 위치에서 8번 위치로 이동시켜 공구를 공구대에서 빠져나오도록 이동시키는 시간이다.

⑤ 엔드이펙터 어댑터의 요구사항

  ㉠ 부하 특성
  • 로봇 팔의 무게, 로봇 핸드의 무게, 로봇을 통해 가압하는 힘, 로봇 핸드가 들어 올리는 물체의 무게 등이 있고, 이러한 힘에 의한 부하 특성은 정적 및 동적 특성을 모두 적용하게 된다.
  • 모든 부하 특성은 어댑터의 엔드이펙터쪽 부분의 접합면을 기준면으로 하여 산정한다. 이러한 힘들이 가해지는 모멘트와 응력을 고려하여 설계한다.
  • 로봇의 최대 부하 모멘트(복합 모멘트 포함) ≤ 최대 허용 모멘트(어댑터)
  • 로봇의 최대 부하 응력(복합 응력 포함) ≤ 최대 허용 응력(어댑터)

ⓛ 허용공차
- 모든 어댑터에 대하여 공차를 활용한 설계가 필요하다.
- 일반적인 공차는 치수공차와 끼워맞춤에 있어서 정해진 모든 치수공차를 의미하는 것으로 KS B 0401 혹은 KS B ISO 286에 따라 규정되어야 하며, 기하공차는 KS A ISO 1101을 따른다.

(2) 컴플라이언스

① 컴플라이언스의 정의 및 용도
  ㉠ 컴플라이언스는 로봇 핸드도 가공공구도 아닌 특수한 말단장치로, 홀과 같은 구멍에 특수한 핀을 삽입하여 조립을 전용으로 하는 로봇 손목과 말단장치 사이를 끼워 맞추기 위한 센서 또는 기구이다.
  ㉡ 컴플라이언스 기능을 이용하면 다양한 엔드이펙터를 자동으로 교환할 때 사용 가능하다.

② 컴플라이언스의 제어 기능에 따른 분류 : 엔드이펙터의 어댑터 삽입에 있어서 능동 컴플라이언스나 수동 컴플라이언스 기능을 이용하면 공구의 종류를 쉽게 바꿀 수 있는 장점이 있다.
  ㉠ 능동 컴플라이언스 : 로봇이 힘 센서를 사용하여 센서의 출력을 이용하여 피드백제어를 통해 로봇을 수정하는 방식
- 구멍에 핀을 삽입하는 공정에 있어서 두 부품 사이의 접촉 형태
  - 핀이 구멍의 중심으로 삽입될 때 수직으로 완전히 일직선상에 있지 못하고 오차가 발생하여 핀의 끝단에 구멍의 입구가 접촉하는 측면오차가 있는 형태
  - 핀이 구멍의 입구에 비스듬히 접촉하여 회전오차를 갖는 경우
  - 정렬 상태가 불량하여 핀의 옆면과 구멍의 한쪽 벽면이 닿는 경우로 핀과 구멍의 크기 차이가 많이 나는 경우
- 정렬 상태 보정방법
  - 손목센서에서 가해지는 접촉력에 의한 축 방향 힘과 횡 방향 힘 그리고 비틀림 모멘트가 어떻게 나타나는지를 확인하여야 한다.
  - 핀에 접촉하여 걸리는(피드백되는) 힘의 크기를 줄일 수 있는 방향으로 동작함으로써 안전하게 핀을 구멍에 끼울 수 있다.

  ㉡ 수동 컴플라이언스
- 핀의 기계적인 구조 혹은 소재가 외력에 의해 쉽게 변형되어 구멍에 핀이 삽입되는 형태이다.
- 피드백제어를 하는 것과는 달리 로봇의 손목 관절이나 핀의 위치를 변형할 수 있도록 기구적으로 설계하여 삽입하는 방식이다.
  - 이를 위해서는 일반적으로 스프링이 내장된 손목 관절이 사용된다.
  - 이 원리는 원격 중심 컴플라이언스(RCC ; Remote Center Compliance) 장치에 적용된다.
  - RCC 장치는 기계의 부정확성, 부품의 진동, 구조물의 공차에 의한 위치오차를 보상하는 데 사용된다.
  - 로봇 핸드가 지그나 클램프에 충돌하여 손상되는 것을 최소화시켜 주는 기능이다.

제2과목 로봇기구 설계

제1장 로봇기구 개념 설계

01 직각좌표형 로봇에 대한 설명으로 옳은 것은?

① 기구적인 강성이 크므로 무거운 하중을 운반할 수 있다.

② 2개의 직선축과 1개의 회전축을 보유하고 있다.

③ 넓은 작업 공간에 비해 로봇 크기가 작고 설치 공간도 작다.

④ 6축 서보제어를 수행하므로 로봇 전체 가격이 다른 로봇에 비해 비싸다.

해설

② 원통좌표형 로봇

③ 수직관절형 로봇, 수평관절형 로봇

④ 수직관절형 로봇

02 작업 공간은 직사각형이고, 로터리형 모터나 리니어모터에 의해 직선운동을 하는 로봇은?

① 극좌표형 로봇

② 직각좌표형 로봇

③ 병렬 로봇

④ 수직관절형 로봇

해설

직각좌표형 로봇

• 동작기구가 직선 형태의 로봇으로서, 공간상의 이송을 위해서 4개의 직선축을 가지고 있으며 전후, 좌우, 상하와 같이 직각 교차하는 세 축 방향의 동작을 조합하여 작업용 핸드의 위치를 결정하는 산업용 로봇이다.

• 작업 공간은 직사각형으로 어떠한 작업도 작업 공간 내에 포함되는 운동이어야 한다. 움직이기 위한 동력은 로터리형 모터나 직선형 액추에이터인 리니어모터에 의해 공급되며, 타이밍벨트, 볼 스크루와 같은 동력전달장치를 통해 직선운동이 표현된다.

03 원통좌표형 로봇에 대한 설명으로 틀린 것은?

① 수직 구조는 층 공간을 유지한다.

② 큰 적재하중능력을 가진다.

③ 직각좌표형 로봇보다 제어시스템이 간단하다.

④ 회전 이동의 방향에서 직각좌표형 로봇에 비해 정확도가 낮다.

해설

원통좌표형 로봇의 단점

• 전체적인 기계적 강성은 직각좌표형 로봇의 강성보다 낮다.

• 회전 이동의 방향에서 직각좌표형 로봇에 비해 반복 정밀도와 정확도가 낮다.

• 직각좌표형 로봇보다 제어시스템이 더 복잡하다.

04 수평관절형 로봇의 설명으로 틀린 것은?

① 소형 부품의 픽 앤 플레이스 작업에 적합하다.

② SCARA 로봇이라고 불린다.

③ 작업영역에 비해 로봇이 차지하는 공간이 크다.

④ 소형 전자 부품이나 기계 부품을 고속으로 정밀하게 조립하는 용도로 널리 사용되고 있다.

해설

수평관절형 로봇의 장점

• 넓은 작업 공간에 비해 로봇 크기가 작고 설치 공간도 작다.

• 수직 방향의 하중에 강하므로 조립작업에 매우 유용하다.

• 선단속도가 직각좌표형에 비해 매우 커서 고속작업이 가능하다.

• 수직관절형과 원통좌표형에 비해 소형이며 가격이 저렴하다.

05 로봇의 종류 중 기계적 강성이 강한 순서대로 배치한 것은?

① 직각좌표용 로봇 > 원통좌표형 로봇 > 수평관절형 로봇

② 직각좌표용 로봇 > 수평관절형 로봇 > 원통좌표형 로봇

③ 원통좌표용 로봇 > 수평관절형 로봇 > 수직관절형 로봇

④ 원통좌표용 로봇 > 수직관절형 로봇 > 직각좌표용 로봇

해설

직각좌표용 로봇 > 원통좌표형 로봇 > 수평관절형 로봇 ≒ 수직관절형 로봇

06 가반하중이 큰 대형 수직관절형 로봇의 경우는 손목부도 강성이 커야 하므로, 고강성의 정밀 감속기를 사용해야 한다. 팔의 회전운동에 사용해야 하는 고강성의 부품을 고르시오.

> ㄱ. 하모닉 드라이브
> ㄴ. RV 감속기
> ㄷ. 사이클로 감속기

① ㄱ
② ㄱ, ㄴ
③ ㄴ, ㄷ
④ ㄱ, ㄴ, ㄷ

정밀 감속기에는 RV 감속기, 사이클로 감속기가 있다.

07 수직관절형 로봇의 장점으로 틀린 것은?

① 넓은 작업 공간에 비해 로봇 크기가 작고 설치 공간도 작다.
② 선단속도가 직각좌표형과 원통좌표형에 비해 매우 커 고속작업이 가능하다.
③ 7축을 보유하고 있으므로 복잡한 작업에도 충분히 대응할 수 있는 장점이 크다.
④ 자체 크기를 고려하면 다른 어떤 형태의 로봇보다 가장 큰 작업영역을 가진다.

수직관절형 로봇은 6축을 보유하고 있어 복잡한 작업에도 충분히 대응할 수 있다.

08 병렬 로봇의 특징으로 틀린 것은?

① 수직관절형 로봇으로 대체되어 사용처가 매우 제한적이다.
② 소형 부품을 고속으로 조립하는 곳에 사용된다.
③ 링크의 질량이 타 로봇에 비해 매우 작아 상대적으로 빠른 동작이 가능하다.
④ 천장에 베이스가 설치되고 링크가 가늘고 긴 특징을 가지고 있다.

병렬 로봇의 특징
• 주로 소형 부품을 고속으로 조립하는 곳에 사용된다.
• 천장에 베이스가 설치되고 링크가 가늘고 긴 특징을 가지고 있다.
• 전면에는 넓은 공간이 확보되나 로봇을 지지하기 위한 벽면과 천장에 큰 구조물이 필요하다.
• 링크의 질량이 타 로봇에 비해 매우 작아 상대적으로 빠른 동작이 가능하므로 고속을 요구하는 작업에 적합하다.

09 모형을 이용한 로봇 설계 순서로 옳은 것은?

> ㄱ. 제품의 요소 설계를 통한 동작 구현 실시
> ㄴ. 제품의 크기를 목판 크기로 축소 및 확대한다.
> ㄷ. 간단한 스케치 작도
> ㄹ. 요소 간의 간섭 및 상대운동을 확인 후 설계 보완

① ㄱ - ㄷ - ㄴ - ㄹ
② ㄷ - ㄴ - ㄱ - ㄹ
③ ㄴ - ㄹ - ㄷ - ㄱ
④ ㄹ - ㄱ - ㄴ - ㄷ

해설

모형을 이용한 로봇 설계 시 순서
• 요소 설계를 시작하기 전 목판에 간단한 스케치를 작도한다.
• 각 요소를 치수에 맞추어 정밀하게 그릴 수 있으나 요소의 구동범위와 연결부 정도만 확인하고 목판에 스케치한다.
• 실제 제작해야 할 요소의 크기를 Scaling하여 목판의 크기 안에서 동작이 구현될 수 있도록 한다.
• 설계를 통해 요소의 조립과 동작 구현을 알아보기 위함으로, 제작 시 요소의 모든 치수를 완벽히 반영하지 않아도 된다.
• 완성 후 로봇기구의 요소설계를 통해 동작 구현을 실시해 본다.
• 기구 해석에 앞서 요소 간의 간섭 및 상대운동을 직접 확인해 볼 수 있으며, 모형을 통한 요소 설계의 간단한 과정으로 설계의 수정 및 보완점을 확인할 수 있다.

10 CAD를 통한 로봇 형상을 설계할 때 해당 요소가 아닌 것은?

① 모터의 종류
② 감속기의 속도
③ 로봇 암의 크기
④ 배선 구조

해설

모터의 배치, 동력전달기구 설계, 감속기 종류와 감속비 선정, 배선 구조 등을 개략적으로 설계한다.

제2장 로봇요소 부품 설계

11 구조가 단순하고 강성이 약해 반력이 작용하지 않는 소형 로봇의 팔 및 손목 구동에 사용되는 로봇 기구요소는?

① 볼나사

② 하모닉 드라이브

③ RV 감속기

④ 사이클로 감속기

12 로봇 기계요소에 해당하지 않는 것은?

① 핀

② 스플라인

③ 너 트

④ 액추에이터

 해설

로봇의 팔과 다리를 구성하는 관절을 직진 또는 회전운동하는 구성원을 액추에이터라고 한다.

13 두 축 간의 거리가 짧고 정확한 속도비를 필요로 하는 전동장치, 변속장치에 사용되는 로봇 기계요소는?

① 스플라인

② 타이밍 벨트

③ 기 어

④ 베어링

14 폐회로(Closed Loop) 제어 방식을 사용하는 액추에이터의 종류가 아닌 것은?

① 직 류
② 동기기
③ 유도기형 교류
④ 동기기형 직류

서보모터는 직류서보모터, 동기기(SM)형 교류서보모터, 유도기(IM)형 교류서보모터로 나뉜다.

15 서보모터 선정 시 고려해야 할 조건이 아닌 것은?

① 시스템의 부하토크, 구동시간에 따른 전력 손실
② 시스템의 외력, 마찰에 따른 손실 등을 고려한 부하토크
③ 가감속의 운전토크가 선정된 서보모터의 최대 토크범위
④ 기계시스템 전체의 기계 정밀도 및 운전능력

서보모터 선정 시의 일반적인 선정 조건
• 운전 패턴의 결정 : 운전거리, 운전속도, 운전시간, 가감속시간, 위치결정의 정밀도 등을 고려한 운전 패턴을 결정할 필요가 있다.
• 구동기구시스템의 해석 : 감속기, 풀리, 볼 스크루, 롤러 등과 같은 기구시스템을 해석할 필요가 있다. 시스템의 외력, 마찰에 따른 손실 등을 고려한 부하토크를 계산하여야 한다.
• 평균 부하율이 선정된 서보모터의 연속 정격의 범위 내에 있는지, 모터의 회전자 관성에 비하여 부하의 관성비가 적절한지 등을 검토해야 한다.
• 가감속의 운전토크가 선정된 서보모터의 최대 토크범위 내에 있는지, 가감속 시 희생부하율은 적정한지 검토되어야 한다.
• 기계시스템 전체의 기계 정밀도 및 운전능력이 고려되어야 한다.

16 액추에이터의 성격이 다른 것은?

① 서보모터
② 스텝모터
③ 유압모터
④ 직접구동모터

사용 에너지의 종류에 따라 전동식, 유압식, 공압식으로 구분된다. 유압모터를 제외한 나머지 모터는 전동식이다.

17 BLDC 모터의 설명으로 틀린 것은?

① 전기적인 방법으로 정류를 한다.

② AC 서보모터에서 정류자를 없앤 것이다.

③ 브러시에서 발생하는 소음이 없다.

④ 회전속도 및 토크 특성이 인가 전압에 선형적인 장점이 있다.

DC 서보모터에서 정류자를 없앤 것이 BLDC 모터(Brushless DC Motor)이다.

18 개회로 제어 방식을 활용하는데 회전각의 검추를 위한 별도의 센서가 필요 없어서 장치의 구성이 간단한 액추에이터는?

① 서보모터

② 스텝모터

③ 스크루모터

④ 직접구동모터

19 광센서의 종류가 아닌 것은?

① 적외선센서

② CdS

③ 포토커플러

④ 초음파센서

광센서에는 포토다이오드, 포토트랜지스터, 포토인터럽터(포토커플러), CdS, 적외선센서가 있다.

20 바닥의 선을 감지하여 움직이는 라인트레이서 로봇이나 벽이나 물체를 감지하여 이동하는 마이크로마우스 등에 사용하는 센서는?

① 적외선센서
② CdS
③ 포토커플러
④ 초음파센서

적외선을 이용하여 적외선 발광 다이오드와 수광 다이오드로 물체를 감지한다.

21 초음파신호를 내보낸 후부터 신호가 되돌아올 때까지의 시간을 계산하여 거리를 측정하는 센서는?

① 레이저센서
② 비전센서
③ 초음파센서
④ 터치센서

초음파센서는 발신부에서 초음파신호를 내보낸 후부터 신호가 되돌아올 때까지의 시간을 계산한다. 이동 로봇에서는 다수의 초음파센서를 각각의 신호가 독특한 변위를 갖도록 변조시켜 동시에 사용하여 주변의 환경을 재구성한다.

22 센서에 대한 설명 중 옳은 것은?

> ㄱ. 힘센서 : 센서의 중앙축에 힘이 가해지면 센서 내부에 있는 여러 개의 스트레인게이지에도 힘이 가해지는 구조이다.
> ㄴ. 각도센서 : 양 끝에 전압을 주면 회전 각도에 비례하여 출력 전압이 발생한다.
> ㄷ. 온도센서 : 열기전력을 이용한 센서는 서미스터이다.

① ㄱ
② ㄱ, ㄴ
③ ㄱ, ㄷ
④ ㄴ, ㄷ

서미스터 : 온도가 올라감에 따라 전기저항이 낮아지는 원리을 이용한다.

23 볼나사에 대한 설명으로 틀린 것은?

① 조립용 기준으로 볼 때 원통좌표형 로봇은 C5를 쓸 수 있다.
② 일반용 기준으로 볼 때 산업용 로봇은 주로 C5, C7를 쓴다.
③ 볼나사의 등급이 높을수록 정밀도가 우수하다.
④ 나사축과 너트 사이에서 볼을 넣어 미끄럼 접촉을 하여 마찰력을 줄인다.

볼나사는 나사축과 너트 사이에서 볼을 넣어 미끄럼마찰을 구름마찰로 변환시켜서 이송마찰을 줄이고 마모량을 줄여서 정밀도와 수명을 향상시킨 동력 전달용 나사이다.

24 볼나사 선정 절차의 순서로 바른 것은?

> ㄱ. 토크 산출 후 구동모터 검토
> ㄴ. 볼나사의 등급 선정
> ㄷ. 너트 강성 및 베어링 강성 계산
> ㄹ. 나사 축 길이, 리드 선정
> ㅁ. 너트 선정
> ㅂ. 운동조건을 가정하여 동작 패턴 확인

① ㅂ-ㅁ-ㄷ-ㄴ-ㄹ-ㄱ
② ㅂ-ㄴ-ㄹ-ㅁ-ㄷ-ㄱ
③ ㄱ-ㅁ-ㄷ-ㄴ-ㄹ-ㅂ
④ ㄱ-ㄴ-ㄹ-ㅁ-ㄷ-ㅂ

볼나사 선정 절차

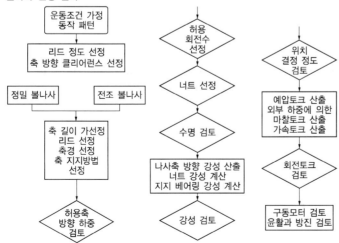

25 부하속도가 6,000mm/min인 로봇에서 리드가 6mm인 볼나사를 선정하고자 할 때, 모터의 회전속도는 몇 rpm인가?

① 1,000

② 3,000

③ 6,000

④ 36,000

리드 선정식을 이용한다.

$$l = \frac{V_{\max}}{N_{\max}}$$

여기서, l : 리드

$V_{\max}$: 선단 최고 속도

$N_{\max}$: 모터 최고 회전수

$$\therefore N_{\max} = \frac{V_{\max}}{l} = \frac{6,000}{6} = 1,000$$

26 볼나사의 길이가 615mm일 때 주행거리가 500mm, 여유 길이가 50mm라면 너트 길이는 몇 mm인가?

① 50

② 65

③ 550

④ 1,165

L = Stroke(주행거리) 길이 + 너트 길이 + 여유 길이(축단 여유)

615mm = 500mm + 너트 길이 + 50mm

∴ 너트 길이 = 65mm

27 볼나사의 축 선정 시 고정 볼나사 외경에 따른 곡경값(mm)은?

> • 최대 회전수 : 1,000rpm
> • 취부 간 거리 : 1,510mm
> • 고정-지지 계수 : 15.1

① 1   ② 10
③ 15.1   ④ 151

볼나사 외경에 따른 곡경값

$$d_r \geq \frac{N_1 L_b^2}{\lambda_2} \times 10^{-7} = \frac{1,000 \times 1,510^2}{15.1} \times 10^{-7} = 15.1$$

여기서, N_1 : 최대 회전수

L_b^2 : 취부 간 거리(고정단부터 너트 중심까지 최대 거리)

λ_2 : 취부방법에 의한 계수

λ_2	계 수
고정-지지	15.1
고정-고정	21.9
고정-자유	3.4
지지-지지	9.7

28 볼나사가 수직이고 축 스트로크가 짧을 경우에 사용하는 볼나사의 설치 유형은?

① 고정-지지
② 고정-고정
③ 고정-자유
④ 지지-지지

• 볼나사가 수직으로 사용할 경우, 축 스트로크가 짧을 경우 사용한다.
• 축 스트로크가 길거나 볼나사 강성이 약하면 휨 모멘트를 받기 쉽다.

29 위험속도에 의한 허용 회전수는 1,000, DN치에 의한 허용 회전수는 700이다. 정밀 볼나사의 강구중심경(mm)
　　은?

① 0.1　　　　　　　　　　　　　　② 0.14

③ 10　　　　　　　　　　　　　　④ 100

볼나사 강구중심경

$$D \leq \frac{70,000}{N_2} = \frac{70,000}{700} = 100$$

여기서, D : 강구중심경

　　　　　N_2 : 허용 회전수

위험속도에 의한 허용 회전수(N_1)와 DN치에 의한 허용 회전수(N_2) 중에 낮은 회전수를 허용 회전수로 한다.

30 나사축 강성은 10N/mm, 너트 강성은 30N/mm, 지지축 베어링 강성은 60N/mm일 때 볼나사의 강성(N/mm)
　　은?

① 0.15　　　　　　　　　　　　　② 10.5

③ 15　　　　　　　　　　　　　　④ 100

볼나사 강성

$$\frac{1}{K} = \frac{1}{K_s} + \frac{1}{K_N} + \frac{1}{K_B} = \frac{1}{10} + \frac{1}{30} + \frac{1}{60} = \frac{9}{60} = 0.15$$

여기서, K_s : 나사축 강성

　　　　　K_N : 너트 강성

　　　　　K_B : 지지축 베어링 강성

31 볼나사의 축 선정 시 지지축 베어링 강성이 300N/mm, 예압하중이 300N일 때 축하중 변위량(μm)은?

① 3　　　　　　　　　　　　　　② 9

③ 3,000　　　　　　　　　　　　④ 9,000

볼나사의 지지축 베어링 강성

$$K_B = \frac{3F_{a_0}}{a_0} \, (\text{N}/\mu\text{m})$$

여기서, K_B : 지지축 베어링 강성

　　　　　F_{a_0} : 지지 베어링의 예압하중(N)

　　　　　a_0 : 축하중 변위량(μm)

$$\therefore \ a_0 = \frac{3F_{a_0}}{K_B} = \frac{3 \times 300\text{N}}{\dfrac{300\text{N}}{\text{mm}} \times \dfrac{1\text{mm}}{10^3 \mu\text{m}}} = 3,000 \mu\text{m}$$

32 볼나사의 예압이 들어간 상태에서 축 방향 하중 27N, 기본 동정격 하중 10N, 강성값 3일 때 너트 강성(N/μm)은?

① 0.0009

② 0.008

③ 7.2

④ 64.8

$$K_N(\text{예압}) = 0.8 \times K \left(\frac{F_a}{0.1 C_a} \right)^{\frac{1}{3}} = 0.8 \times 3 \left(\frac{27}{0.1 \times 10} \right)^{\frac{1}{3}} = 7.2$$

여기서, K : 강성값(N/μm)

　　　　F_a : 부하축 방향 하중(N)

　　　　C_a : 기본 동정격 하중(N)

33 볼나사의 설치방법이 고정-고정일 경우 나사축의 강성(N/μm)에 대한 식은?(단, A : 볼나사 단면적, E : 탄성 변형계수, L : 취부 간의 거리)

① $\dfrac{AE}{L} \times 10^{-3}$

② $\dfrac{2AE}{L} \times 10^{-3}$

③ $\dfrac{3AE}{L} \times 10^{-3}$

④ $\dfrac{4AE}{L} \times 10^{-3}$

- 고정-고정 : $K_s = \dfrac{4AE}{L} \times 10^{-3}$

- 고정-고정 이외 : $K_s = \dfrac{AE}{L} \times 10^{-3}$

34 고정-지지 상태로 설치된 볼나사의 단면적이 20mm², 취부 간의 거리는 2,060mm일 경우 나사축의 강성(N/μm)은?(단, E : 2.06 × 10^{5}MPa)

① 0.002

② 2

③ 2,000

④ 20,000

나사축 강성(고정-고정 이외)

$$K_s = \frac{AE}{L} \times 10^{-3} = \frac{20\text{mm}^2 \times 2.06 \times 10^5 \text{MPa}}{2,060\text{mm}} \times 10^{-3} = 2\text{N/mm} = 0.002\text{N}/\mu\text{m}$$

여기서, K_s : 나사축 강성(N/μm)

　　　　A : 볼나사 단면적(mm²)

　　　　E : 탄성 변형계수(2.06 × 10^{5}MPa)

　　　　L : 취부 간의 거리(mm)

※ 1MPa = 1N/mm²

35 반송시스템에서 전진 방향으로 축 수평 방향으로 가속 시 축 방향 하중(N)은?

- 최대 속도 : 5m/s
- 가속시간 : 2.5s
- 마찰계수 : 0.4
- 질량 : 10kg

① 19.2
② 20
③ 39.2
④ 59.2

수평인 경우 전진 가속 시

$$F_{a1} = \mu mg + f + ma = 0.4 \times 10 \times 9.8 + 10 \times \frac{5}{2.5} = 59.2$$

36 반송시스템에서 전진 방향으로 축 수평 방향으로 가속 시 축 방향 하중(N) 공식은?

① $\mu mg + f$
② $\mu mg + f + ma$
③ $\mu mg + f - ma$
④ $-\mu mg - f - ma$

② 전진 가속 시
① 전진 등속 시
③ 전진 감속 시
④ 후퇴 가속 시

37 반송시스템에서 가반하중을 수평으로 전진 감속 시 볼나사의 축 방향 하중(N)은?

- 최대 속도 : 5m/s
- 가속시간 : 2.5s
- 마찰계수 : 0.4
- 질량 : 10kg

① 19.2
② 20
③ 39.2
④ 59.2

수평인 경우 전진 감속 시

$$F_{a3} = \mu mg + f - ma = 0.4 \times 10 \times 9.8 - 10 \times \frac{5}{2.5} = 19.2$$

38 반송시스템에서 가반하중을 상승 등속하는 경우, 볼나사의 축 방향 하중(N)은?

- 최대 속도 : 5m/s
- 가속시간 : 2.5s
- 질량 : 10kg

① 19.2
② 20
③ 98
④ 59.2

수직인 경우 상승 등속 시
$$F_{a2} = mg + f = 10 \times 9.8 = 98$$

39 축 방향 하중(N)이 7, 하중계수는 0.3, 기본 동정격 하중(N)은 21인 경우에 볼나사의 정격수명(rev)은?

① $\dfrac{1}{3^6} \times 10^9$
② $\dfrac{1}{7^6} \times 10^3$
③ 10^9
④ 0.9×10^6

정격수명
$$L = \left(\frac{C_a}{F_w F_a}\right)^3 \times 10^6 = \left(\frac{21}{0.3 \times 7}\right)^3 \times 10^6 = 10^9$$
여기서, F_w : 하중계수
　　　　F_a : 부하축 방향 평균 하중(N)
　　　　C_a : 기본 동정격 하중(N)

40 볼나사의 정격수명이 90,000rev, 분당 회전수가 250rpm일 경우 볼나사의 수명시간(h)은?

① 0.1
② 0.6
③ 1
④ 6

볼나사 수명시간
$$L_h = \frac{L}{60 \times N_m}(h) = \frac{90,000}{60 \times 60 \times 250} = 0.1$$
여기서, L : 정격수명
　　　　N_m : 평균 회전수(rpm)

41 하모닉 드라이브의 구성요소가 아닌 것은?

① 웨이브 제너레이터
② 플렉 스플라인
③ 크로스롤러 베어링
④ 서큘러 스플라인

하모닉 드라이브는 중앙의 타원 형상의 웨이브 제너레이터가 회전하면, 이에 맞물린 플렉 스플라인이 타원 형상으로 탄성변형되고 바깥 부분인 원형의 서큘러 스플라인과 이가 하나씩 맞물리면서 회전하게 되어, 웨이브 제너레이터가 1회전하면 반시계 방향으로 잇수 차 2개분만 이동하게 되어 감속하게 된다.

42 하모닉 드라이브의 특징이 아닌 것은?

① 백래시가 매우 작다.
② 정숙하며 진동도 극히 작다.
③ 대형 로봇의 감속기에 적합하다.
④ 복잡한 기구적 구조 없이 고속 감속비가 가능하다.

하모닉 드라이브는 크기가 소형이므로 소형 조립용 로봇에 적합하나 강성이 작아 용량이나 반력이 작용하는 용도에는 부적합하다.

43 하모닉 드라이브의 출력 최고 회전속도가 60rpm, 입력 최고 회전속도가 300rpm인 경우 감속비는?

① 0.16
② 0.2
③ 5
④ 6

하모닉 드라이브의 감속비 결정

$$\frac{i_{max}}{o_{max}} = \frac{300}{60} = 5 \geq R$$

41 ③ 42 ③ 43 ③ **Answer**

44 하모닉 드라이브의 출력 평균 회전수(rpm)는?

[통상 운전 패턴]

- 기동 시 : $t_1 = 0.3s$, $n_1 = 10$rpm
- 정상운전 시 : $t_2 = 3s$, $n_2 = 15$rpm
- 정지(감속) 시 : $t_3 = 0.4s$, $n_3 = 10$rpm
- 휴지 시 : $t_4 = 0.3s$, $n_4 = 0$rpm

① 13

② 48

③ 52

④ 74.3

하모닉 드라이브의 출력 평균 회전수

$$av_0 = \frac{n_1 \cdot t_1 + n_2 \cdot t_2 + \cdots + n_n \cdot t_n}{t_1 + t_2 + \cdots + t_n}$$

$$= \frac{10 \times 0.3 + 15 \times 3 + 10 \times 0.4 + 0 \times 0.3}{0.3 + 3 + 0.4 + 0.3} = 13$$

45 RV 감속기의 종류에 대한 설명이 틀린 것은?

RV − 80E − 121− A − B
ⓐ ⓑⓒ ⓓ ⓔ ⓕ

① ⓑ : 형번 호칭

② ⓒ : 중공형 타입

③ ⓓ : 속도비값

④ ⓔ : 출력축 볼트 체결 타입

해설

- ⓐ : RV 감속기
- ⓑ : 형번 호칭(형번에 따라 정격 출력 토크가 정해져 있음)
- ⓒ : 타입
  - E : 주베어링 내장형인 RV-E 타입
- ⓓ : 속도비값(감속비)
- ⓔ : 입력측 기어나 입력축 스플라인 혹은 중앙 기어의 형상(표준 치수품)
  - A : 가는 축 타입
- ⓕ B : 출력축 볼트 체결 타입

46 RV 감속기의 종류 중 감속비를 나타내는 것은?

RV – 80E – 121– A – B
ⓐ　ⓑ ⓒ　ⓓ　ⓔ　ⓕ

① ⓑ
② ⓒ
③ ⓓ
④ ⓕ

47 축의 설계 시 고려사항으로 해당하지 않은 것은?

① 비틀림이나 휨에 대한 축의 충분한 강도
② 진동으로 발생하는 반복 하중에 대비한 내피로성
③ 축의 고유 진동에 따른 위험 속도의 비슷한 속도
④ 열처리 및 표면경화를 하기 쉬운 재료의 성질

축의 고유 진동에 따른 위험속도를 충분히 벗어난 속도에서 운전하도록 설계하여야 한다. 진폭을 낮추고자 하면 평형잡이를 하여야 한다.

48 반지름 a인 원형 단면축에 비틀림 모멘트 T가 작용한다. 단면의 임의의 위치 $r(0 < r < a)$에서 발생하는 전단응력(τ)은 얼마인가?(단, $I_p = I_x + I_y$이고, I는 단면 2차 모멘트이다)

① 0
② $\dfrac{Tr}{I_x}$

③ $\dfrac{Tr}{I_y}$
④ $\dfrac{Tr}{I_p}$

$T = \tau \times Z_p = \tau \times \dfrac{I_p}{r}$

$\therefore \ \tau = \dfrac{Tr}{I_p} = \dfrac{T}{Z_p}$

49 바깥지름이 46mm인 중공축이 477,260N · mm의 토크를 전달하는데 허용 비틀림응력이 $\tau_a = 80$MPa일 때, 최대 안지름은 약 몇 mm인가?

① 36.9
② 41.9
③ 45.9
④ 50.9

$$T = \tau_a \times \frac{\dfrac{\pi(46^4 - d_1^4)}{32}}{\dfrac{46}{2}}$$

$$477,260 = 80 \times \frac{\dfrac{\pi(46^4 - d_1^4)}{32}}{\dfrac{46}{2}}$$

$$\therefore d_1 ≒ 41.892\text{mm}$$

50 최대 굽힘 모멘트 $M = 8$kN · m를 받는 단면의 굽힘응력을 60MPa로 하려면 정사각 단면에서 한 변의 길이는 약 몇 cm인가?

① 8.9
② 9.3
③ 10.2
④ 11.8

$$M = \sigma_b \times Z = \sigma_b \times \frac{a^3}{6}$$

$$\therefore a = \sqrt[3]{\frac{6 \times M}{\sigma_b}} = \sqrt[3]{\frac{6 \times 8,000,000}{60}} ≒ 92.83\text{mm} ≒ 9.3\text{cm}$$

51 길이 1m의 축에 굽힘 모멘트 $M = 25$kN · m가 작용하고 비틀림 모멘트 $T = 38.2$kN · m가 작용할 때 필요한 차축의 최소 지름은 약 몇 cm인가?(단, 축의 허용 굽힘응력은 85MPa로 한다)

① 4.2
② 8.2
③ 11.5
④ 16.2

$$M_e = \frac{1}{2}(M + \sqrt{M^2 + T^2})$$

$$= \frac{1}{2}(25,000,000 + \sqrt{25,000,000^2 + 38,200,000^2})$$

$$= 35,326,738.71\text{N} \cdot \text{mm}$$

$$\therefore d = \sqrt[3]{\frac{32 \times M_e}{\pi \times 85}} = \sqrt[3]{\frac{32 \times 35,326,738.71}{\pi \times 85}} = 161.76\text{mm} ≒ 16.2\text{cm}$$

52 단면 2차 모멘트가 300cm⁴인 H형강 보가 있다. 이 단면의 높이가 40cm라면 굽힘 모멘트 $M = 3,000\text{N} \cdot \text{m}$를 받을 때 최대 굽힘응력은 몇 MPa인가?

① 50
② 100
③ 200
④ 400

$$\sigma_b = \frac{M}{Z} = \frac{M}{\dfrac{I}{e}} = \frac{3,000,000}{\dfrac{3,000,000}{200}} = 200\text{MPa}$$

53 중공 원형축에 비틀림 모멘트 $T = 100\text{N} \cdot \text{m}$가 작용할 때 안지름이 20mm, 바깥지름이 25mm라면, 최대 전단응력은 약 몇 MPa인가?

① 45.2
② 55.2
③ 65.2
④ 75.2

$$T = \tau \times Z_p = \tau \times \frac{\pi d^3}{16}(1 - x^4)$$

$$\therefore \quad \tau = \frac{T}{\dfrac{\pi d_2^3}{16}(1 - x^4)} = \frac{100,000}{\dfrac{\pi \times 25^3}{16}\left\{1 - \left(\dfrac{20}{25}\right)^4\right\}} ≒ 55.2\text{MPa}$$

54 바깥지름 8cm, 안지름 4cm인 중공 원형 단면의 단면계수 약 몇 cm³인가?

① 3.14
② 47.1
③ 94.2
④ 188.4

$$Z = \frac{I}{e} = \frac{\pi D^4(1 - x^4)}{32 D_2} = \frac{\pi D_2^3}{32}(1 - x^4)$$

$$= \frac{\pi 8^3}{32}\left\{1 - \left(\frac{4}{8}\right)^4\right\} ≒ 47.1$$

55 길이 $l = 0.3\text{m}$인 1 자유도 로봇 링크 끝단에 수직으로 하중 $P = 400\text{N}$이 작용할 때, 최대 처짐량은 몇 mm인가? (단, 영계수 $E = 200\text{GPa}$이고, 단면 2차 모멘트 $I = 10^{-8}\text{m}^4$이다)

① 0.9 ② 1.8
③ 90 ④ 180

최대 처짐량 $= \dfrac{Pl^3}{3EI} = \dfrac{400\text{N} \times (0.3\text{m})^3}{3 \times 200 \times 10^9\text{N/m}^2 \times 10^{-8}\text{m}^4} = 1.8 \times 10^{-3}\text{m} = 1.8\text{mm}$

56 길이 $l = 0.2\text{m}$인 1 자유도 로봇 링크에 균일분포하중 $w = 200\text{kN/m}$이 작용할 때, 최대 처짐량은 몇 mm인가? (단, 영계수 $E = 200\text{GPa}$이고, 단면 2차 모멘트 $I = 10^{-8}\text{m}^4$이다)

① 1 ② 2
③ 10 ④ 20

최대 처짐량 $= \dfrac{wl^4}{8EI} = \dfrac{200 \times 10^3\text{N/m} \times (0.2\text{m})^4}{8 \times 200 \times 10^9\text{N/m}^2 \times 10^{-8}\text{m}^4} = 2 \times 10^{-2}\text{m} = 20\text{mm}$

57 베어링 설계 시 잘못된 내용은?

① 하중을 지지하는 방향에는 반경 방향 하중과 축 방향 하중이 있다.
② 미끄럼 베어링은 유막에 의한 감쇠력이 우수하다.
③ 구름 베어링은 강성이 자체 제작하는 경우가 많다.
④ 베어링 내부의 접촉방식에 따라 구름 베어링과 미끄럼 베어링으로 분류한다.

미끄럼 베어링은 자체 제작하는 경우가 많다.

58 미끄럼 베어링에 대한 설명이 틀린 것은?

① 정압 베어링은 동압 베어링에 비해 회전 정밀도가 우수하다.

② 유체의 종류에 따라 기름 베어링과 공기 베어링으로 구분한다.

③ 공기 베어링의 내경 형태에 따라 진원형 베어링, 2로브 베어링 등이 있다.

④ 축과 베어링의 표면거칠기 합이 베어링의 최소 유막 두께를 초과하지 않도록 하여야 한다.

기름 베어링의 내경 형태에 따라 진원형 베어링, 2로브 베어링, 3로브 베어링, 4로브 베어링, 압력댐 베어링으로 구분한다.

59 구름 베어링에 대한 설명이 틀린 것은?

① 구름 접촉을 하므로 마찰계수가 크다.

② 기동저항이 작으며 발열도 작다.

③ 규격화된 치수로 생산된다.

④ 소음이 발생하기 쉽다.

구름 베어링은 구름 접촉을 하여 마찰계수가 작고, 기동저항이 작으며, 발열도 작다.

60 레이디얼 구름 베어링의 구성요소가 아닌 것은?

① 세퍼레이터   ② 전동체

③ 리테이너   ④ 내 륜

해설

구름 베어링은 레이디얼 베어링의 경우 내륜, 외륜, 전동체, 리테이너로 구성된다.

61 스러스트 베어링의 구성요소가 아닌 것은?

① 회전륜

② 전동체

③ 세퍼레이터

④ 외 륜

스러스트 베어링의 경우 회전륜, 정지륜, 전동체, 세퍼레이터로 구성된다.

62 롤러 베어링에 대한 설명이 아닌 것은?

① 전동체는 원통이다.

② 선 접촉을 한다.

③ 고속 회전에 적합하다.

④ 큰 하중에 적합하며 충격 흡수를 한다.

롤러 베어링의 회전속도는 비교적 저속 회전에 적합하다.

63 고정밀도 고속 회전에 적합하게 개발된 비분리형 베어링으로, 반경 방향 하중과 축 방향 하중을 동시에 지지할 수 있는 구름 베어링은?

① 단열 깊은 홈 볼 베어링

② 앵귤러 볼 베어링

③ 니들 롤러 베어링

④ 스러스트 자동조심 롤러 베어링

해설

③ 니들 롤러 베어링 : 단열 분리형 베어링이다. 전동체의 길이가 직경의 3~10배 정도로 가늘고 긴 롤러 형태이다.

④ 스러스트 자동조심 롤러 베어링 : 큰 축 방향 하중을 받을 수 있다. 외륜 궤도가 구면으로서 자동조심성이 있으며, 설치오차 및 축의 휨을 받아 준다. 고속 회전에는 부적합하다.

64 베어링 선정 시 검토항목 중 거리가 가장 먼 것은?

① 베어링 설치 공간

② 허용 회전수

③ 설치와 해체

④ 전달 동력

65 종동축의 회전수가 60rpm, 원동축의 회전수가 360rpm일 경우 속도비는?

① 1/6   ② 1/5

③ 5   ④ 6

$$i = \frac{N_2}{N_1} = \frac{D_2}{D_1} = \frac{Z_1}{Z_2} = \frac{60}{360} = \frac{1}{6}$$

66 원동축의 잇수가 45개, 종동축의 잇수가 180개일 때, 속도비와 상태는?

① 가속, 4   ② 가속, 1/4

③ 감속, 1/4   ④ 감속, 4

• $i = \dfrac{N_2}{N_1} = \dfrac{Z_1}{Z_2} = \dfrac{45}{180} = \dfrac{1}{4}$

• 감속기어 : 원동기어 크기 < 종동기어 크기

• 가속기어 : 원동기어 크기 > 종동기어 크기

67 원동축의 회전수 $N_1 = 600$rpm, 종동축의 회전수 $N_2 = 200$rpm으로 아이들기어에 외접하여 회전하고 있다. 이때의 감속비는?(단, 아이들기어비 : 100)

① 1/12   ② 1/3

③ 3   ④ 12

$$i = \frac{N_3}{N_1} \cdot \frac{N_2}{N_3} = \frac{N_2}{N_1} = \frac{200}{600} = \frac{1}{3}$$

64 ④ 65 ① 66 ③ 67 ② ◀ **Answer**

68 복합 기어열 상태에서의 감속비는?($N_1 = 400$, $N_2 = 900$, $N_3 = 600$, $N_4 = 800$)

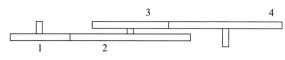

① 3
② 6
③ 1/3
④ 1/6

$$i = \frac{N_2}{N_1} \cdot \frac{N_4}{N_3} = \frac{900}{400} \times \frac{800}{600} = 3$$

69 유성기어의 구성요소가 아닌 것은?

① 외접기어
② 캐리어
③ 태양기어
④ 유성 피니언

유성기어장치는 태양기어, 캐리어, 내접기어, 유성 피니언으로 구성되며, 서로 맞물리는 쌍의 기어가 회전할 때 한쪽의 기어가
다른 쪽의 기어축을 중심으로 공전하는 장치를 말한다.

70 유성기어의 특징이 틀린 것은?

① 구조가 복잡하지만 변속비의 계산이 쉽다.
② 입력축과 출력축을 동축선상에 배치할 수 있다.
③ 큰 토크의 전달이 가능하다.
④ 적은 단수로 큰 감속비를 얻을 수 있다.

유성기어는 구조가 복잡하고 변속비의 계산이 어렵다.

제3장 로봇기구 상세 설계

71 기하공차 기호 중 자세공차 기호를 나타내는 것은?

① ——
② ○
③ ∠
④ ↗

해설
자세공차는 평행도, 직각도, 경사도가 있다.

72 형상공차 중 데이텀 기호가 필요 없는 것은?

① 경사도
② 평행도
③ 평면도
④ 직각도

해설
형상공차 중 평면도는 데이텀이 필요 없다.

73 다음 기하공차 중 원통도를 나타내는 것은?

① ——
② ○
③
④ ↗

해설
모양공차 중 원통도가 있다.

74 기하공차 종류 중 모양공차인 것은?

① 원통도 공차
② 위치도 공차
③ 동심도 공차
④ 대칭도 공차

해설
모양공차에는 진직도, 평면도, 진원도, 원통도가 있다.

75 도면 표시된 길이치수 $40^{+0.07}_{+0.05}$에서 치수공차는 얼마인가?

① 0.05

② 0.07

③ 0.02

④ 0.12

40.07 − 40.05 = 0.02

76 $\varnothing 50^{+0.25}_{-0.05}$인 축의 아래치수 허용차는 얼마인가?

① 0.05

② −0.05

③ 0.025

④ 0.3

기준치수는 50mm이고 위치수 허용차는 +0.25이고, 아래치수 허용차는 −0.05이다.

77 기계가공 도면에 치수 60±0.2로 표시되어 있는 경우의 해독이 틀린 것은?

① 기준 치수는 60mm이다.

② 치수공차값은 0.4mm이다.

③ 59.8~60.2mm 이내로 가공해야 한다.

④ 가공 후의 치수가 60.19mm이면 불합격품으로 간주한다.

60.19mm는 59.8~60.2mm 안에 들어가므로 합격이다.

78 기준치수가 30, 최대허용치수가 29.95, 최소허용치수가 29.45일 때 아래치수 허용차는?

① −0.05

② 0.5

③ −0.55

④ 1.3

아래치수 허용차 = 최소허용치수 − 기준치수 = 29.45 − 30 = −0.55

79 로봇 기구요소의 성격이 다른 것은?

① 볼나사

② 하모닉 드라이브

③ RV 감속기

④ 기 어

기어는 로봇의 기계요소에 해당한다.

80 로봇의 기구요소 중 소형 로봇의 팔 및 손목 구동에 사용하는 것은?

① 볼나사

② 하모닉 드라이브

③ RV 감속기

④ 사이클로 감속기

• 하모닉 드라이브는 소형 로봇의 팔 및 손목 구동에 사용된다.

• RV 감속기는 소형 로봇 팔의 구동과 중대형 로봇의 팔 및 손목 구동에 사용된다.

81 감속기와 모터축을 연결하며 키보다 큰 동력을 전달하는 로봇의 기계요소는?

① 핀
② 베어링
③ 기 어
④ 스플라인

스플라인은 접촉 면적이 커서 키보다 큰 동력을 전달한다.

82 비전센서의 특징으로 적합한 것은?

① 빛을 전기적 신호로 변환하는 기능을 한다.
② 정전 용량형 마이크로폰을 사용한다.
③ 모터의 회전속도에 비례한 전압을 출력한다.
④ 트레인 게이지를 내장하여 압력을 측정한다.

빛을 전기적 신호로 변환하는 기능을 하며, 렌즈를 통하여 수집된 반사광이 이미지 센서의 전기신호로 변환된다. CCD와 CMOS 센서로 구분된다.

83 각도센서의 특징으로 적합한 것은?

① 분해능을 높이려면 인코더의 비트수를 많게 할 필요가 있다.
② 회전식 인코더와 같이 회전각을 측정하면서도 가격이 저렴하다.
③ 각속도를 측정하는 자이로와 가속도를 측정하는 가속도센서가 있다.
④ 빛을 전기적 신호로 변환하는 기능을 한다.

① 포지션 인코더
③ 관성센서
④ 비전센서

제4장 로봇기구 주변장치 설계

84 로봇의 주행기술을 응용한 제품의 형태가 아닌 것은?

① 로봇청소기
② 군용 로봇
③ 주행 자동차
④ GPS

주행기술은 이미 로봇 청소기, 군용 로봇, 무인 주행 자동차, 농업용 무인 트랙터 등 개인용 서비스 로봇으로부터 전문 서비스 로봇까지 다양한 응용 제품의 형태로 구현된다.

85 로봇 주행장치 SLAM의 특징이 아닌 것은?

① 정확한 지도가 아니어도 위치 지정 등과 같은 특정 작업을 정확하게 수행한다.
② 지도가 작성되면, 로봇은 이것을 주행, 운동, 임무 계획 등과 같은 작업을 위해 사용한다.
③ 로봇은 올바르게 사용될 때 매우 정밀한 지도를 작성할 수 있는 센서와 알고리즘을 가진다.
④ 건물의 내부와 같은 구조화된 환경에서 움직인다.

정확한 지도는 로봇이 주행이나 위치 지정(Localization) 등과 같은 특정한 작업을 좀 더 빠르고 정확하게 수행한다.

86 로봇 주행장치의 구동 방식에 해당하지 않은 것은?

① 기 어
② 벨 트
③ 래크와 피니언
④ 사다리꼴 나사

로봇 주행장치 구동 방식으로는 볼나사 구동, 벨트 구동, 래크와 피니언 구동, 기어 구동이 있다.

87 V벨트의 특징이 아닌 것은?

① 벨트가 벗겨질 염려가 작다.

② 마찰력이 작고 미끄럼이 작으며 조용하다.

③ 작은 인장력으로 큰 회전력을 전달한다.

④ 평벨트보다 축간거리가 짧고 확실한 전동이 필요할 때 사용한다.

V벨트는 마찰력이 크고 미끄럼이 적으며 조용하다.

88 V벨트 풀리를 설계 및 제작하고자 하는 공정에서 적합하지 않은 것은?

① 주조품으로 소재를 제작

② 밀링으로 내·외경 치수 및 측면 절삭

③ 슬로터로 키 홈부 절삭

④ 연삭기에서 주요 공차부 연삭

선반에서 내·외경 및 측면 절삭

89 기어 구동의 용도와 설명이 틀린 것은?

① 물려지는 기어의 잇수를 바꿈에 따라 회전수를 바꾼다.

② 기어는 두 축 사이의 거리가 짧을 때 주로 쓰는 전동장치이다.

③ 벨트 전동이나 마찰차 전동보다 동력효율이 떨어진다.

④ 정확한 속도비를 필요로 하는 장치에 쓰인다.

기어 구동은 동력을 확실하게 전달할 수 있고, 내구성이 높아서 벨트 전동이나 마찰차 전동보다 우수하다.

90 스퍼기어를 설계 및 제작할 때 필요한 공정으로 적합하지 않은 것은?

① 주강품을 소재로 제작

② 선반에서 내·외경 및 측면 절삭

③ 슬로팅가공으로 치형 절삭

④ 치부 고주파 경화 처리

호빙머신에서 호브로 이(치형) 절삭

91 CAD 데이터를 이용하여 로봇 주행 기능의 공간 정보를 활용하는 것은?

① 지도 기반 로봇 주행

② 지도 작성 기반 로봇 주행

③ 지도를 사용하는 로봇 주행

④ 지도를 사용하지 않는 로봇 주행

지도 기반 로봇 주행(Map-based Navigation) : CAD 데이터를 포함, 사용자가 사전에 제작한 지도 정보를 이용하는 주행방법이다. 차량용 주행 지도도 지도의 사전 제작 방식을 활용하므로 이 범주에 속한다.

92 주행환경 내의 랜드마크나 사물을 인식하여 로봇 주행 기능의 공간 정보를 활용하는 것은?

① 지도 기반 로봇 주행

② 지도 작성 기반 로봇 주행

③ 지도를 사용하는 로봇 주행

④ 지도를 사용하지 않는 로봇 주행

지도를 사용하지 않는 로봇 주행(Mapless Navigation) : 주행환경 내의 랜드마크나 사물을 인식하여 주행하는 방식이다. Optical Flow, Appearance-based Matching, 사물 인식 등의 방법을 통해 로봇의 모션과 진행 방향을 결정한다.

93 로봇 설치대를 설계할 때 조건이 틀린 것은?

① 허용온도 : 0~40℃

② 공기 공급 압력 : 5~7kg/cm^{2}G

③ 최대 흡기량 : 300N liter/min

④ 허용 습도 : 20~80%

로봇 설치 시 최대 흡기량 : 150N liter/min

94 로봇 설치대를 설치할 때 배치 및 설치방법이 틀린 것은?

① 작업 공간을 확보한다.

② 정지표시램프는 안 보이는 곳에 설치

③ 비상 정지용 스위치는 조작반 이외에도 설치

④ 스토퍼(정지장치)의 성능 확보

정지표시램프는 보기 쉬운 곳에 설치해야 한다.

95 제어장치의 이상을 검출하여 로봇을 자동으로 정지하는 방호장치는?

① 동력차단장치

② 비상 정지 기능

③ 안전매트

④ 페일 세이프

페일 세이프

• 제어장치의 이상을 검출하여 로봇을 자동으로 정지

• 로봇의 작동 구역 내 사람 또는 기타 출입 시 감지 및 자동 정지 기능

안심Touch

96 로봇 설치대에 사용 되는 기초 볼트의 종류가 아닌 것은?

① J형   ② L형

③ A형   ④ LA형

기초 볼트 형식은 J형, L형, JA형, LA형이다.

97 치공구 설계 시 내용이 틀린 것은?

① 설계 도면을 스케치할 때 3각법으로 한다.

② 부시는 다른 치공구 요소보다 가장 먼저 스케치한다.

③ 최초 설계를 스케치할 때 설계 도면과 상이하게 그려도 된다.

④ 공작물이 요구공차범위 내로 가공되게 고정구에 위치한다.

최초 설계를 스케치할 때 설계자는 가능한 한 설계 도면과 밀접하도록 스케치한다.

98 치공구 위치결정상의 주의할 점이 아닌 것은?

① 위치결정은 3점 지지를 이용하여 3-2-1 지지법을 기본으로 한다.

② 공작물 기준면은 치수나 가공의 기준이 되므로 위치결정면으로 한다.

③ 좁은 면에 칩의 배출이 용이하도록 칩 홈을 설치한다.

④ 표준 부품과 규격품을 사용하여 제작, 조립, 수리 등이 쉽도록 한다.

넓은 면이나 면 접촉부는 칩의 배출이 용이하도록 칩 홈을 설치한다.

99 클램프장치 사용 시 유의사항으로 틀린 것은?

① 구조는 간단하고 조작이 쉽도록 한다.

② 절삭력에 의한 변위 발생이 없도록 클램핑력을 충분하게 한다.

③ 가능하면 사용자화된 부품을 사용한다.

④ 절삭 방향에 따라 위치결정면과 클램프 방법을 선택하도록 한다.

클램프장치는 가능하면 표준 부품을 사용한다.

100 고정 부시에 대한 설명으로 틀린 것은?

① 부시의 고정은 중간끼워맞춤으로 압입하여 사용한다.

② 부시의 입구는 공구의 삽입이 용이하도록 직경을 크게 하거나 둥글게 가공한다.

③ 드릴 지그에서 일반적으로 많이 사용되는 부시이다.

④ 반복해서 교환할 경우 정밀도를 해치게 된다.

부시의 고정은 억지 끼워 맞춤으로 압입하여 사용한다.

101 치공구 재료에 필요한 성질이 아닌 것은?

① 경 도

② 인 성

③ 전단강도

④ 자 성

치공구 재료는 충분한 경도, 인성, 내식성, 내마모성 등의 기계적 성질이 좋아야 한다.

102 치공구에 사용되는 재료의 조건으로 틀린 것은?

① 내마모성이 좋아야 한다.

② 피로한도가 낮아야 한다.

③ 열처리성이 우수해야 한다.

④ 가격이 저렴해야 한다.

치공구 재료는 피로한도가 높아야 한다.

103 치공구의 재료비에 포함되는 구입 가격 손실이 아닌 것은?

① 가격 인상

② 자재 결손품

③ 긴급 구매

④ 재료 절단

치공구 재료비에 포함되는 재료 수율 손실 : 재료 절단, 타 재료 전용 시 발생

104 로봇 치공구 부품의 재료에 적합하지 않은 것은?

① 볼트 너트 : SM45C

② 플레이트 : SS400

③ 본체 : SC45C

④ 와셔 : STC7

본체는 주로 GC250을 사용하며, 용접 구조물로 사용하는 강재는 주로 SS400 등을 사용한다. 필요에 따라서 SM45C 이상의 재료를 사용하기도 한다.

105 로봇 제작을 위한 치공구를 설계할 때 고려할 사항으로 틀린 것은?

① 가능한 한 부품의 단면의 열처리를 부분으로 나눠서 진행해야 한다.

② 가능한 한 모서리나 필릿은 둥글게 하여 날카롭지 않게 한다.

③ 긁힌 자국이나 거스럼 등은 응력집중현상을 일으킬 수 있다.

④ 카운터 싱킹 구멍의 모서리까지도 날카롭지 않게 한다.

질량이 불균일하면 냉각과정에서 수축률이 일정하지 않아서 변형되거나 부품 손상을 초래한다. 가능한 한 부품의 단면이 전체적으로 일정해야 한다.

제5장 로봇 엔드이펙터 설계

106 산업적으로 필요한 기능을 수행하기 위한 공구로 사용되는 엔드이펙터의 구분된 명칭은?

① 로봇 핸드
② 그리퍼
③ 생산공구
④ 컴플라이언스

산업적으로 필요한 기능, 예를 들면 용접, 절단, 드릴링, 도장, 계측 등의 작업을 수행하기 위한 공구로 공정공구 혹은 생산공구이다.

107 특수한 분야의 결합 혹은 핀의 삽입을 목적으로 제작되어 센서가 포함된 말단장치는?

① 로봇 핸드
② 그리퍼
③ 생산공구
④ 컴플라이언스

엔드이펙터의 구분
• 첫째, 물체를 잡기 위한 파지의 기능을 하는 것으로 이런 기능을 하는 것을 로봇 핸드 혹은 그리퍼라 한다.
• 둘째, 산업적으로 필요한 기능, 예를 들면 용접, 절단, 도장, 계측 등의 작업을 수행하기 위한 공구로 공정공구 혹은 생산 공구이다.
• 셋째, 특수한 분야의 결합 혹은 핀의 삽입을 목적으로 제작되어 센서가 포함된 말단장치로, 이를 컴플라이언스라고 한다.

108 로봇 그리퍼의 설명으로 틀린 것은?

① 작업물 고정 시 주로 그리퍼 내의 마찰력을 이용한다.
② 유리나 종이와 같이 대상물의 파손 및 변형이 쉽다.
③ 로봇 핸드의 닫침운동은 회전・병진운동을 이용한다.
④ 부드러운 재료에서도 사용하기 좋다.

로봇 그리퍼는 링크 구조를 이용하여 쉽게 만들 수 있으나 유리나 종이와 같이 대상물의 파손 및 변형이 쉽고 부드러운 재료에서는 사용하기 어렵다는 단점이 있다.

109 로봇 핸드의 요구사항으로 틀린 것은?

① 로봇 핸드의 기능

② 하중 모니터링 기능

③ 기능상의 효율성

④ 유지보수의 용이성

 해설

로봇 핸드의 요구사항으로는 로봇 핸드의 기능, 파지 모니터링 기능, 기능상의 효율성, 유지보수의 용이성이 있다.

110 로봇 핸드 선정 시 고려사항으로 옳은 것은?

① 로봇의 최대 가반 중량은 로봇 핸드에 대한 가반 중량을 고려해야 한다.

② 로봇의 최대 허용 관성 모멘트는 로봇 핸드에 대한 관성 모멘트를 고려해야 한다.

③ 로봇 핸드를 독립적으로 설치할 경우 다른 로봇, 공구와 간섭이 발생할 수 있다.

④ 로봇 핸드의 추가적인 작업 반경은 고려하지 않아도 된다.

 해설

일반적으로 로봇의 설치는 로봇 머니퓰레이터와 제어기가 설치되고, 로봇 핸드는 독립적으로 설치되는 경우가 많다. 그런 경우에 있어서 작업 반경의 설정 시 로봇 머니퓰레이터의 작업 반경만 이용한다면, 로봇 핸드가 설치된 이후에 추가적인 작업 반경이 발생된다.

111 10kg의 상자를 로봇 핸드로 잡고 있을 때, 마찰계수는 0.25, 안전계수가 2인 경우 로봇 핸드의 파지력(kg_f)은?

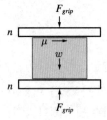

① 10

② 40

③ 80

④ 160

 해설

$$F_{grip} = \frac{wa}{\mu n} \times SF = \frac{10 \times 2}{0.25 \times 2} \times 2 = 80 \text{kg}_f$$

112 F의 힘으로 링크 간 힘이 가해져 로봇 핸드의 가압력 F_{grip}이 80kg$_f$이 되었을 때 링크 B의 힘은(kg$_f$)?

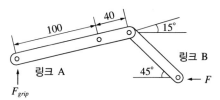

① 83.8

② 223.3

③ 301.2

④ 568.1

$$F_{grip} \times (100\cos 15°) = (F_B \sin 45°) \times (40\cos 15°) + (F_B \cos 45°) \times (40\sin 15°)$$

$F_{grip} = 80\text{kg}_f$일 경우

$7,727.4\text{kg}_f = F_B(27.3 + 7.3) = 34.6 F_B$

$\therefore\ F_B = 223.3\text{kg}_f$

113 질량 관성 모멘트를 이용한 부하 모멘트 I_x의 공식은?(단, 직육면체인 경우)

① $\dfrac{3r^2 + H^2}{12} \times W$

② $\dfrac{r^2}{2} \times W$

③ $\dfrac{L_y^2 + L_z^2}{12} \times W$

④ $\dfrac{bh^3}{12} \times W$

114 로봇 핸드와 작업물로 둘러싸인 600mm×100mm×100mm의 직육면체로 가정할 경우, 부하 모멘트 I_z는?
(단, 중량은 300kg이다)

① $5.34\text{kg} \cdot \text{m}^2$

② $9.25\text{kg} \cdot \text{m}^2$

③ $25.25\text{kg} \cdot \text{m}^2$

④ $34\text{kg} \cdot \text{m}^2$

$$I_z = \frac{L_x^2 + L_y^2}{12} \times W = \frac{0.6^2 + 0.1^2}{12} \times 300 = 9.25\text{kg} \cdot \text{m}^2$$

115 로봇 핸드의 중량 55kg, 작업물의 무게 35kg일 때 300mm × 500mm × 100mm의 범위로 둘러싸인 것으로
가정한다면, 부하 모멘트 I_x는?

① $0.75\text{kg} \cdot \text{m}^2$

② $1.95\text{kg} \cdot \text{m}^2$

③ $2.55\text{kg} \cdot \text{m}^2$

④ $3.35\text{kg} \cdot \text{m}^2$

$$I_x = \frac{L_y^2 + L_z^2}{12} \times W = \frac{0.5^2 + 0.1^2}{12} \times 90 = 1.95\text{kg} \cdot \text{m}^2$$

116 로봇 핸드의 구성요소로 옳지 않은 것은?

① 팜

② 로봇 인터페이스

③ 핑 거

④ 캠

로봇 핸드의 구성요소는 로봇 인터페이스, 팜, 핑거, 링크, 조인트, 클램핑 요소가 있다.

117 BOM 작성 시 로봇 핸드 제품의 설명으로 틀린 것은?

① 로봇 핸드는 Parent가 된다.

② 로봇 인터페이스의 경우 레벨 0이 된다.

③ 로봇 핸드 외의 부품은 반조립 혹은 완성 제품을 구성하는 부품 혹은 소재이다.

④ 로봇 핸드의 경우 제품 구성상의 위치는 최상위로 표현한다.

레벨은 제품 구성상의 위치를 나타내는데 최상위의 위치인 경우 0으로 표현한다. 로봇 핸드가 최상위이므로 레벨 0이 되어야
한다. 로봇 인터페이스는 레벨 1에 속한다.

118 BOM 작성 시 로봇 핸드의 레벨 표시를 작성할 때 옳게 기입한 것은?

① 레벨 0 : 핑거 ② 레벨 1 : 조인트

③ 레벨 2 : 로봇 핸드 ④ 레벨 3 : 와셔

레벨 3 또는 레벨 4 : 이외에 부품으로 볼트, 너트, 와셔, 키, 핀, 베어링과 같은 요소, 이런 부품들이 Raw Material이 된다.

119 BOM의 용어로 옳은 것은?

ㄱ. 레벨 : 제품 구성상의 위치
ㄴ. Parent : 특정 부품이 조립되어 나타나는 반조립 혹은 완선 제품
ㄷ. Raw Material : BOM상에 최하위 레벨의 구성 부품

① ㄱ ② ㄱ, ㄴ

③ ㄴ, ㄷ ④ ㄱ, ㄴ, ㄷ

120 다음 그림과 같은 실린더 구동회로에서 유압이 발생 시 설명으로 틀린 것은?

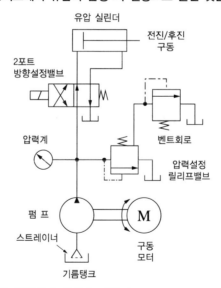

① 구동모터를 통해 유압펌프를 구동시켜 유압을 만든다.
② 유압이 발생하면 유압 실린더는 후진한다.
③ 실린더 왼쪽 방에 있는 유체는 드레인을 통해 바깥으로 배출된다.
④ 벤트회로는 릴리프밸브의 설정 압력을 원격으로 조정할 때 사용된다.

실린더 오른쪽 방에 있는 유체는 드레인을 통해 바깥으로 배출된다.

121 다음 그림과 같은 유압 회로도에서 릴리프밸브는?

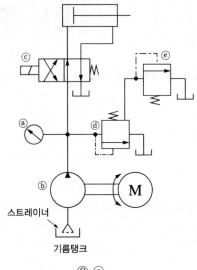

스트레이너

기름탱크

① ⓐ   ② ⓒ

③ ⓓ   ④ ⓔ

- ⓐ : 압력계
- ⓒ : 2포트 방향설정밸브
- ⓔ : 벤트회로

122 작업물을 파지하는 로봇 핸드의 압착식 구동 방식이 아닌 것은?

① 진공 압착을 이용한 방식   ② 자기력을 이용하는 방식

③ 물리적 힘을 이용하는 방식   ④ 점착성 물질을 이용하는 방식

로봇 핸드의 압착식 구동 방식에는 진공 압착을 이용한 방식, 자기력을 이용하는 방식, 점착성 물질을 이용하는 방식이 있다.

123 핸들링용 로봇의 종류와 거리가 가장 먼 것은?

① 팰릿타이징   ② 솔라 셀 조립용

③ 가공 부품 탈, 장착용   ④ 절단 및 용접용

핸들링용 로봇의 종류로는 가공 부품 탈·장착용 로봇시스템, 팰릿타이징 로봇시스템, 클린룸용 핸들링 로봇시스템, 솔라 셀 조립용 로봇시스템이 있다.

124 아크용접용 로봇이 갖는 요구사항으로 틀린 것은?

① 작업의 위치 반복 정도는 약 0.5mm 이내로 한다.

② 용접 상황에 맞게 로봇을 바닥, 벽면, 천장면에 설치 가능하여야 한다.

③ 아크 발생 관련 장치 부착 가능하며, 하중과 고온에서 견딜 수 있어야 한다.

④ 작업범위가 넓은 환경을 고려하여 로봇의 크기가 크며 전장품이 로봇 외부에 설치되어야 한다.

아크용접용 로봇은 작업범위가 좁은 환경을 고려하여 로봇의 크기가 작으며 전장품이 로봇 내부에 설치되어야 한다.

125 도장용 로봇이 갖는 요구사항으로 틀린 것은?

① 도장작업에 따라 다양한 건이 빠르게 세팅되어야 한다.

② 시스템은 자동화되어야 하며 컬러 체인지, 자동세정시스템 등이 장착되어야 한다.

③ 작업 경로는 PTP(Point To Point) 작업으로서 반복 작업이 가능하여야 한다.

④ 도장용 건은 색의 배출, 색의 변환, 세정이 간편하고, 얇고 다중 칠에 적합하여야 한다.

③의 내용은 스폿용접용 로봇의 요구사항이다.

126 현재 로봇의 공정용 툴이나 로봇 핸드를 구동시키는 가장 많이 쓰이는 방식은?

① 유 압

② 전 기

③ 공 압

④ 광 학

현재 로봇의 공정용 툴이나 로봇 핸드 구동 시 가장 많이 쓰이는 방식은 전기에너지를 이용하는 방식이다.

127 압축성 유체로 정밀성이 떨어지고 소음이 큰 공정용 툴의 동력원은?

① 유 압

② 전 기

③ 공 압

④ 광 학

공 압
• 장비가 필요하나 유압장치보다는 그 크기를 소형화할 수 있다.
• 단점은 공압시스템의 경우 압축성 유체로 정밀성이 떨어지고 소음이 크다는 점이다.
• 장점은 유지력이 유리하며 소형화에 유리하다는 점이다.

128 도장용 용접건의 구성 부품이 아닌 것은?

① 니들밸브

② 패턴 크기 조절장치

③ 와이어 공급기

④ 공기량 조절장치

도장용 건의 주요 구성 부품은 건 몸체, 방아쇠, 도료 노즐, 도료 분출량 조절장치, 패턴 크기 조절장치, 니들밸브, 도료 니플, 공기 캡, 공기밸브, 공기량 조절장치, 공기 니플 등으로 구성되어 있다.

129 홀과 같은 구멍에 특수한 핀을 삽입하여 조립을 전용으로 하는 로봇 손목과 말단장치 사이를 끼워 맞추기 위한 센서 또는 기구는?

① 로봇 핸드

② 가공공구

③ 컴플라이언스

④ 로봇 어댑터

컴플라이언스는 로봇 핸드도 가공공구도 아닌 특수한 말단장치로, 홀과 같은 구멍에 특수한 핀을 삽입하여 조립을 전용으로 하는 로봇 손목과 말단장치 사이를 끼워 맞추기 위한 센서 또는 기구이다.

127 ③ 128 ③ 129 ③ ▶Answer

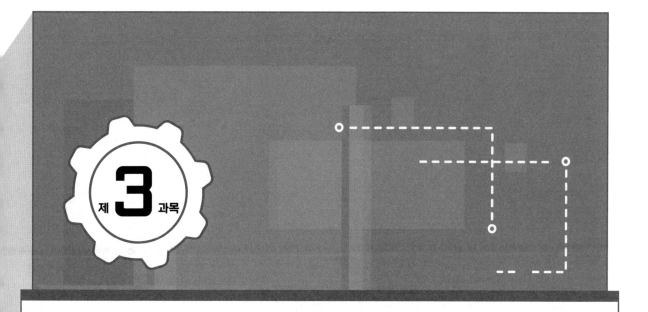

로봇기구 해석

로봇기구개발기사

한권으로 끝내기

자격증 · 공무원 · 금융/보험 · 면허증 · 언어/외국어 · 검정고시/독학사 · 기업체/취업

이 시대의 모든 합격! 시대에듀에서 합격하세요!

www.youtube.com → 시대에듀 → 구독

로봇기구 구조 해석

01 | 구조 해석

1. 유한요소 해석 절차

(1) 전처리

① 해석 대상 구조물 이해

ㄱ 우선 해석하고자 하는 구조물의 구조적 기능을 충분히 이해하고 해석을 통해 얻고자 하는 것이 무엇인지 명확하게 정의해야 한다.

ㄴ 어떤 종류의 하중이 작용하고 어떻게 반응하는지도 이해해야 한다.

② 구조물의 단순화 및 이상화

ㄱ 실제 구조물을 똑같이 유한요소모델로 만들 필요는 없다.

ㄴ 대상 구조물에서 유한요소모델에 포함할 부위를 정하여 해석의 정확성과 거동에 영향을 주지 않는 부분은 모델에 포함하지 않거나 관심영역이 아닌 부분은 하중 경로만을 단순하게 반영하는 정도로 이상화한다.

ㄷ 복잡한 체결 부위나 접촉 부위가 관심영역이 아닐 경우에는 단순화시킨다.

③ 유한요소 선정 및 요소 분할

ㄱ 구조물의 형상과 하중 지지 특성 등을 고려하여 적합한 유한요소를 선정한다.

ㄴ 유한요소가 결정되면 구조물을 여러 개의 요소들로 분할한다.

ㄷ 요소 분할하기 전에 어느 부위를 얼마나 세밀하게 분할할 것인지를 정한다.

ㄹ 어느 정도의 정밀한 결과를 요구하는지, 응력의 변화가 얼마나 급격한지 등을 기준으로 요소의 크기를 정한다.

ㅁ 관심영역이 아닌 부분은 결과에 영향을 주지 않을 정도로만 분할하여 가능한 한 모델의 크기를 줄인다.

④ 재료 상수 및 유한요소 특성 정의 : 재료의 물성치를 정의하고, 1차원 요소의 경우는 단면 형상, 단면적, 관성 모멘트 등을 정의하고, 2차원 요소의 경우는 구조물의 두께, 거동 특성(멤브레인 또는 셸) 등을 정의한다.

⑤ 경계조건 정의

ㄱ 지지되는 부위나 구조물의 일부를 잘라서 해석할 경우에는 잘린 부위는 반드시 경계조건으로 정의해야 한다.

ㄴ 정확한 경계조건을 정의하고 과잉 구속이 되지 않도록 한다.

ⓒ 과잉 구속을 할 경우는 하중 경로가 실제와 달라질 수 있으며 해석 결과가 달라질 수 있다.

⑥ 하중조건 정의 : 실제 구조물이 받고 있는 하중의 형태를 충분히 파악하여 하중을 가할 영역과 방법을 결정한다.

(2) 후처리

① 유한요소 해석이 완료되면 결과를 검토하고 예측과 일치하는지 확인한다.

② 변형된 형상을 검토하여 구조물의 거동이 타당한지 확인한다.

③ 모델상의 오류나 부적절한 가정(경계조건이나 하중조건 등) 등은 변형된 형상 확인만으로도 쉽게 찾아낼 수 있다.

2. 유한요소모델 구축을 위한 고려사항

(1) 공학적 직관력

① 유한요소 해석은 수치 해석을 통하여 근사 해를 구하는 것으로 많은 작업시간을 요구하기 때문에 유한요소 해석이 필요한지, 해석을 통하여 얻고자 하는 것이 무엇인지 명확히 정해야 한다.

② 해석 대상 구조물의 구조적 기능이 무엇인지 검토하여 구조적 기능을 훼손하지 않는 범위 내에서 가능하면 계산량과 출력량을 줄일 수 있도록 모델을 만들어야 한다.

③ 해석 대상 구조물이 결정되면 구조물의 반을, 즉 거동이 어떻게 될 것인가를 사전에 예측하고 이에 적절한 해석방법을 결정해야 한다.

④ 해석하기 전에 반드시 검토해야 할 것이 대칭조건을 이용할 수 있을 것인가이다.

⑤ 대칭조건을 잘 이용하면, 해석해야 하는 모델의 크기를 작게 줄일 수 있고 해석 결과의 정확성도 향상된다.

(2) 경제성

① 유한요소모델의 정밀도에 영향을 미치는 것이 해석의 정확도이다.

② 개념 설계 단계에서 개략적인 형상 설계를 위해 필요한 유한요소모델과 기본 설계 단계에서 주요 구조물의 배치 설계를 위한 유한요소모델이 동일할 수는 없다.

③ 최종 상세 설계를 위한 유한요소모델은 기본설계모델과는 정교한 정도가 확연히 다르다.

④ 이는 요구되는 해석의 정확도가 설계 단계별로 달라지기 때문이다. 요소의 수가 많아지면 해석시간도 기하급수적으로 늘어난다.

⑤ 가능한 한 해석의 종류에 맞는 요소를 선택하고 실제 구조물을 단순화하여 요소수를 줄여야 한다.

⑥ 유한요소모델의 크기를 적절히 조절하려면 해석 대상 부위에 따라 요소의 크기를 다르게 설정한다.

⑦ 응력 구배가 상대적으로 낮거나 관심 대상이 아닌 영역은 요소를 크게 생성하고, 응력 구배가 크면 해석의 주요 대상이 되는 영역은 요소를 세밀하게 나누도록 한다.

(3) 유한요소 선택

① 기본적인 유한요소

㉠ 1차원 요소
- 길이가 길면서 축하중만을 지지하거나 전단력과 굽힘하중을 동시에 지지하는 구조물의 모델링에 주로 사용한다.
- 세로대(Longeron)나 프레임의 캡, 보강재, 보 등이 있다.

㉡ 2차원 요소
- 주로 얇은 판 모양 구조물의 모델링에 사용된다.
- 구조물의 하중 지지 능력에 따라 면내(In-plane) 하중만을 지지하는 막(멤브레인) 또는 전단력과 굽힘하중을 동시에 지지하는 일반적인 셸요소 등이 있다.

㉢ 3차원 요소 : 두꺼운 판이나 고체 형태의 구조물을 모델링할 때 사용한다.

㉣ 스프링요소
- 구조물을 체결하는 볼트 등을 모델링할 때 볼트의 모양에 상관없이 볼트가 갖는 강성만 구현해 주고자 할 때 많이 사용된다.
- 스프링요소는 별도의 요소 형상 정의가 필요 없으며 단지 연결할 두 절점과 연결할 방향의 자유도 번호, 그리고 강성값만 정의해 주면 된다.
- 절점 : 구조물을 구성하는 부재와 부재의 접합점

㉤ 강체요소
- 주변 구조물과 비교하여 상대적으로 강성이 매우 큰 구조물을 모델링할 때 주로 사용한다.
- 강체요소도 요소 형상의 정의가 필요 없이 연결되는 절점들 사이의 변위관계를 직접 정의해 주는 요소이다.

② 삼각형요소

㉠ 삼각형요소는 요소의 특성상 사각형요소보다 강성이 크기 때문에 사각형요소와 함께 사용하면 삼각형요소가 주변의 사각형요소보다 많은 하중을 가져간다.

㉡ 삼각형요소에서 과다한 응력이 발생하게 되므로 기하학적 형상의 필요성 때문에 사용하는 경우를 제외하고는 사용하지 않는다.

㉢ 응력의 변화가 큰 구간에서 사용하면 응력 분포가 이상해질 수 있다.

③ 셸요소와 고체요소

㉠ 셸요소
- 셸요소는 평판의 두께가 다른 치수(길이나 폭)에 비해 얇은 구조물의 모델링에 사용하기 적합하다.
- 셸요소의 이상적인 위치는 실제 평판의 중심면이다.
- 두께가 일정하지 않은 평판을 모델링하거나 두께가 다른 구조물들을 연결할 경우에는 셸요소가 평판의 중심 면에 위치하지 않게 되므로 중심면과 요소의 위치 차이를 정의하기 위하여 옵셋(Offset)을 준다.

㉡ 고체요소
- 이론적으로는 모든 구조물들은 고체요소로 모델링할 수 있다.
- 고체요소를 사용하면 셸요소를 평판의 중심면에 설정하기 위하여 옵셋을 주는 문제를 없앨 수 있으며

구조물의 단면 특성을 정확히 나타낼 수 있다.

- 굽힘하중을 받는 평판과 같은 구조물에 고체요소를 사용하여 굽힘응력을 정확히 계산하려면 두께 방향으로 여러 개의 요소들을 만들어 주어야 한다.
- 셸요소와 비교하여 동일한 결과를 얻기 위해서는 고체요소의 수가 매우 많아지므로 얇은 구조물을 고체요소로 모델링하는 것은 효과적이지 못하다.

④ 육면체요소와 사면체요소

ㄱ 육면체요소

- 고체요소 중에서 8절점을 가지는 육면체요소가 사면체요소보다 좋은 결과를 준다.
- CAD 프로그램에서 생성되는 설계 형상은 대부분 6개 이상의 면을 가지므로 바로 육면체요소로 분할할 수 있는 경우는 드물다.
- 육면체요소로 분할하기 위해서는 복잡한 고체 형상을 5개 또는 6개의 면을 가지는 단순한 형상으로 나누어 주어야 하는 번거롭고 시간 소모적인 작업을 거쳐야 한다.
- 결과의 정확도가 높음에도 불구하고 주로 육면체요소보다는 사면체요소를 사용한다.

ㄴ 사면체요소

- 4절점 사면체요소 : 일정−변형률 요소이기 때문에 정확한 결과를 얻기 위해서는 매우 많은 수의 요소가 필요하므로 가급적 4절점 사면체요소는 피한다.
- 10절점 사면체요소
  - 선형−변형률 요소이므로 요소 내에서 선형적으로 변하는 변형률을 나타낼 수 있다.
  - 사면체요소를 사용할 경우에는 10절점 요소를 사용하도록 한다.
  - 10절점 사면체요소는 4개의 모서리 절점과 6개의 중간 절점을 가지고 있기 때문에 곡선이나 곡면을 표현할 수 있다.

(4) 단위계의 일관성

① 유한요소 해석프로그램은 사용자가 입력한 데이터의 단위를 인식하지 못하므로 사용자가 일관성 있는 단위 체계를 사용해야 한다.

② 진동, 응답 해석 등과 같이 요소의 질량 행렬이 필요한 동특성 해석을 수행할 경우에는 질량과 밀도의 단위를 정확하게 입력하는 것이 매우 중요하다.

(5) 경계조건 및 하중조건

① 경계조건

ㄱ 유한요소모델에서 힘의 평형은 외부에서 작용하는 하중과 경계조건에 의해 구속된 절점에서의 반력에 의해 이루어진다.

ㄴ 유한요소모델은 최소한 강체운동을 방지할 수 있는 구속이 경계조건으로 설정되어야 한다.

ㄷ 유한요소모델의 경계조건은 특정 절점들의 자유도가 0의 변위를 가지도록 구속해 준다.

② 하중조건

　　㉠ 하중조건을 정의할 때 실제 구조물이 받고 있는 하중의 종류와 방향을 고려한다.

　　㉡ 모델에 사용된 다른 치수들의 단위와 일관된 단위계를 사용한다.

　　㉢ 하중이 작용하는 방향을 정확히 정의한다.

　　㉣ 한 절점에 큰 집중하중을 가하기보다는 여러 절점들에 분산시켜 가한다.

　　㉤ 선형 해석의 경우 중첩원리를 이용하여 작용하중을 단순화시켜 가한다.

　　㉥ 대칭 구조물의 경우는 대칭성을 이용하되 대칭면에 위치한 절점에 하중을 가할 때는 원래 하중의 절반만 가해야 한다.

　　㉦ 셸요소면에 압력을 가할 경우 작용 방향이 의도한 대로 설정되었는지 확인해야 한다.

　　㉧ 고체요소의 절점은 회전 자유도에 대한 강성이 없기 때문에 모멘트나 회전 강체 변위를 가하더라도 아무런 효과가 없다.

　　㉨ 이 경우는 강체요소를 사용하여 여러 절점들을 하중 작용점과 연결하여 모멘트를 가해 준다.

　　㉩ 강체요소는 가해진 모멘트를 고체요소 절점들에서의 힘으로 분포시켜 준다.

(6) 유한요소모델 확인

① 모델의 자유 경계면을 확인하여 모든 요소들이 적절하게 연결되어 있는지 확인한다.

② 동일 위치에 중복되어 생성된 절점이나 요소가 없는지 확인한다.

③ 해석좌표계로 국부좌표계를 사용할 경우 해당 절점들의 해석좌표계와 자유도가 제대로 설정되어 있는지 확인한다.

④ 보요소의 경우 방향 벡터가 제대로 설정되어 있는지 확인한다.

⑤ 셸요소와 고체요소의 비틀림 정도를 확인한다.

⑥ 셸요소의 수직 방향이 모두 한 방향으로 설정되어 있는지 확인한다.

⑦ 셸요소에 옵셋을 사용하였을 경우 제대로 정의되어 있는지 확인한다.

로봇기구 동역학 해석

제 2 장

01 | 동역학 해석

1. 로봇운동 표현

(1) 행렬 구성

로봇에 있어서 모든 관절과 링크 매개변수들은 지속적으로 측정되어야 하고 끝점은 항상 알고 있어야 하므로 정확한 기구학적인 위치제어를 위해 계속 감시되어야 한다. 로봇운동은 주로 행렬식을 사용하여 표현된다. 행렬을 한 좌표계 내의 기구학적 요소들과 물체들뿐만 아니라 점, 벡터, 좌표계, 병진, 회전 그리고 변환을 표현하는데 사용된다.

① 3차원 공간상의 한 점 P는 기준좌표계에 대한 3개의 좌표로 표현된다.

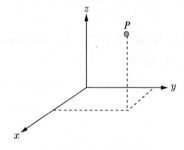

[공간상의 한 점의 위치]

$$P = a_x i + b_y j + c_z k$$

여기서, a_x, b_y, c_z는 기준 좌표계상에서 본 점 P의 3개의 좌표들이다.

② 벡터 P가 점 A에서 시작하고 점 B에서 끝난다면, 다음과 같이 표현된다.

$$\overline{P_{AB}} = (B_x - A_x)i + (B_y - A_y)j + (B_z - A_z)k$$

③ 벡터의 3요소는 행렬로 표현이 가능하다.

$$P = \begin{bmatrix} a_x \\ b_y \\ c_z \end{bmatrix}$$

여기서, a_x, b_y, c_z는 기준좌표계 벡터의 3요소이다.

④ x, y, z가 크기계수인 w에 의해 나누어지면 w를 포함하는 형식으로 약간의 수정이 가능하며 a_x, b_y, c_z를 구할 수 있다.

$$P = \begin{bmatrix} x \\ y \\ z \\ w \end{bmatrix}$$

여기서, $a_x = \dfrac{x}{w}$, $b_y = \dfrac{y}{w}$, $c_z = \dfrac{z}{w}$

㉠ 변수 w는 어떤 값일 수도 있고 이것이 변함에 따라 벡터의 전체적인 크기가 변할 수 있다.

㉡ w가 단위 벡터이면 모든 요소들의 크기는 변하지 않으나 a_x, b_y, c_z는 무한대의 값을 가진다. 이 경우 x, y, z도 a_x, b_y, c_z와 마찬가지로 길이가 무한한 벡터로서 표현되나, 벡터에는 방향에 대한 표현이 있다. 이것은 방향 벡터가 크기 요소인 $w = 0$에 의해 표현될 수 있음을 의미하며 크기는 중요하지 않지만 벡터의 요소에 의해 그 방향은 표현된다.

(2) 고정된 기준좌표계의 원점

기준좌표계에 대한 국부좌표계는 3개 벡터에 의해 표현이 가능하며 이 벡터들은 수직(Normal), 회전(Orientation), 접근(Approach) 벡터라고 불리며, 각각 단위 벡터로 표현된다. 이 단위 벡터들은 기준좌표계의 3개 요소들에 의해서 표현되며 좌표계 H는 다음과 같이 행렬 형태의 3개의 벡터로 표현된다.

$$T = \begin{bmatrix} n_x & o_x & a_x \\ n_y & o_y & a_y \\ n_z & o_z & a_z \end{bmatrix}$$

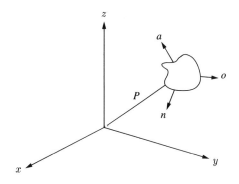

(3) 고정된 기준좌표계에서 한 좌표계의 표현

만일 국부좌표계가 원점에 있지 않는 경우나 원점에 있더라도 기준좌표계에 대한 국부좌표계의 원점 위치는 표현되어야 한다. 국부좌표계의 원점과 좌표계의 위치를 묘사하는 기준좌표계의 원점과의 벡터가 표현되어야 한다. 좌표계는 방향 단위 벡터를 묘사하는 3개의 벡터에 의해 표현될 수 있다. 그것의 위치를 묘사하는 4번째 벡터는 다음과 같이 동차변환행렬로 표현되었다.

$$T = \begin{bmatrix} n_x & o_x & a_x & P_x \\ n_y & o_y & a_y & P_y \\ n_z & o_z & a_z & P_z \\ 0 & 0 & 0 & 1 \end{bmatrix}$$

첫 3개의 벡터는 $w=0$인 방향 벡터이며 $\bar{n}$, $\bar{o}$, $\bar{a}$ 좌표계에서의 3개의 단위 벡터의 방향을 나타내고, $w=1$인 4번째 벡터는 기준좌표계에 대한 임의좌표계 원점의 위치를 표현한다. 단위 벡터들과 달리 벡터 P의 길이는 매우 중요하므로 크기계수를 하나로 사용할 수 있다.

(4) 병진에 대한 표현

로봇의 이동에 관한 방정식을 찾기 위해서는 다른 순서로 많은 행렬을 곱해야 하기 때문에 정방행렬을 사용해야 한다. 공간상의 강체는 x, y, z축을 따라서 선형운동을 할 뿐만 아니라 세 축에 대하여 회전하는 등 6개의 자유도를 갖는다. 3차원 공간상에서 한 물체의 운동을 정의하기 위해서는 x, y, z축에 대한 방위와 기준좌표계에서의 물체 위치를 표현하는 6개의 정보가 요구된다. 로봇은 다음의 세 형식 중 하나로 움직이게 된다.

① 순수 이동

② 한 축에 대한 순수 회전

③ 이동과 회전의 조합

물체가 회전을 하지 않고, 순수 이동만 한다면 변환행렬을 다음과 같이 단순화할 수 있다.

$$T = \begin{bmatrix} 1 & 0 & 0 & d_x \\ 0 & 1 & 0 & d_y \\ 0 & 0 & 1 & d_z \\ 0 & 0 & 0 & 1 \end{bmatrix} = \begin{bmatrix} \text{Rotation} & \text{Translation} \\ (3\times3) & (3\times1) \\ \\ 0 & 1 \\ (1\times3) & (1\times1) \end{bmatrix}$$

여기서, d_x, d_y, d_z는 기준좌표계의 x, y, z축에 연관된 순수 이동 벡터 $\bar{d}$의 3개 요소들이다. 첫 3개의 열은 회전을 나타내지 않고 마지막 열은 이동을 나타낸다. 좌표계의 새로운 위치는 다음과 같다.

$$T = \begin{bmatrix} n_x & o_x & a_x & P_x+d_x \\ n_y & o_y & a_y & P_y+d_y \\ n_z & o_z & a_z & P_z+d_z \\ 0 & 0 & 0 & 1 \end{bmatrix}$$

이 방정식을 단순화하면 다음과 같다.

$$F_{new} = T(d_x, d_y, d_z) \times F_{old}$$

(5) 한 축에 대한 순수 회전의 표현

기준좌표계의 원점에 위치한 국부좌표계가 기준좌표계 각 x, y, z축에 대한 θ만큼 회전한다고 가정하자. 그러면 좌표 변환행렬은 다음과 같다.

① x축에 대한 회전 : $\begin{bmatrix} P_x \\ P_y \\ P_z \end{bmatrix} = \begin{bmatrix} 1 & 0 & 0 \\ 0 & \cos\theta & -\sin\theta \\ 0 & \sin\theta & \cos\theta \end{bmatrix} \begin{bmatrix} P_n \\ P_o \\ P_a \end{bmatrix}$

② y축에 대한 회전 : $\begin{bmatrix} P_x \\ P_y \\ P_z \end{bmatrix} = \begin{bmatrix} \cos\theta & 0 & \sin\theta \\ 0 & 1 & 0 \\ -\sin\theta & 0 & \cos\theta \end{bmatrix} \begin{bmatrix} P_n \\ P_o \\ P_a \end{bmatrix}$

③ z축에 대한 회전 : $\begin{bmatrix} P_x \\ P_y \\ P_z \end{bmatrix} = \begin{bmatrix} \cos\theta & -\sin\theta & 0 \\ \sin\theta & \cos\theta & 0 \\ 0 & 0 & 1 \end{bmatrix} \begin{bmatrix} P_n \\ P_o \\ P_a \end{bmatrix}$

기준좌표계에서 좌표를 얻기 위해서는 위에서 살펴본 바와 같이 회전된 좌표계에서의 점 P의 좌표를 반드시 회전행렬 뒤에 곱해야 한다. 이 회전행렬은 기준좌표계의 축에 대한 순수 회전이며 다음과 같이 나타낼 수 있다.

$$P_{xyz} = Rot(x,\theta) \times P_{noa}$$

회전행렬을 단순화하여 표현하면 다음과 같다.

$$Rot(x,\theta) = \begin{bmatrix} 1 & 0 & 0 \\ 0 & C\theta & -S\theta \\ 0 & S\theta & C\theta \end{bmatrix}, \quad Rot(y,\theta) = \begin{bmatrix} C\theta & 0 & S\theta \\ 0 & 1 & 0 \\ -S\theta & 0 & C\theta \end{bmatrix}, \quad Rot(z,\theta) = \begin{bmatrix} C\theta & -S\theta & 0 \\ S\theta & C\theta & 0 \\ 0 & 0 & 1 \end{bmatrix}$$

변환의 표현인 $^{U}T_{R}$은 우주 좌표계 U에 관련된 좌표계 R의 변환으로써 표현할 수 있으며, P_{noa}에서 ^{R}P는 좌표계 R에 관련된 P를 의미하며 P_{xyz}에서 ^{U}P는 좌표계 U에 관련된 P로 표현될 수 있다.

$$^{U}P = {}^{U}T_{R} \times {}^{R}P$$

(6) 조합된 변환의 표현

조합된 운동은 고정된 기준좌표계 또는 움직이는 현재 좌표계에 관해서 많은 연속적인 이동과 회전으로 구성되어 있다. 예를 들어 x축에 대하여 좌표계를 회전하고, x, y, z에 대하여 이동하고 그 다음에 필요로 하는 변환을 실행하기 위하여 y축에 대해 회전할 수도 있다. 이 순서는 매우 중요하다. 2개의 연속적인 변환 순서가 바뀌면 완전히 다른 결과를 갖게 된다. 이때 행렬의 순서는 변해서는 안 되며, 기준좌표계에 관하여 각각의 변환에 대해서 행렬은 앞에 곱해져야 한다.

① **고정좌표계(절대) 조합 변환의 예** : 임의의 좌표계$(\bar{n}, \bar{o}, \bar{a})$가 기준좌표계$(x, y, z)$에 관련된 3개의 연속적인 변환에 종속된다고 가정한다.

　㉠ x축에 대하여 $\alpha°$만큼 회전한다.

　　점 P_{noa}는 기준좌표계의 원점에 있는 회전좌표계에 부착되어 있다. 그러므로 점 P는 좌표계가 움직인 만큼 움직이고 기준좌표계에 관련된 그 점의 좌표계도 변한다.

$$P_{1,xyz} = Rot(x,\alpha) \times P_{noa}$$

　　여기서, $P_{1,xyz}$는 기존좌표계에 관련된 첫 변환 후에 그 점의 좌표이다.

　㉡ x, y, z축에 대하여 $[l_1, l_2, l_3]$만큼 이동한다.

$$P_{2,xyz} = Trans(l_1, l_2, l_3) \times P_{1,xyz} = Trans(l_1, l_2, l_3) \times Rot(x,\alpha) \times P_{noa}$$

　㉢ y축에 대하여 $\beta°$만큼 회전한다.

$$P_{3,xyz} = Rot(y,\beta) \times P_{2,xyz} = Rot(y,\beta) \times Trans(l_1, l_2, l_3) \times Rot(x,\alpha) \times P_{noa}$$

② **이동좌표계(상대) 조합 변환** : 고정좌표계의 조합 변환에서는 행렬들을 좌측 곱셈하였다. 한편 변환의 결과로 생긴 이동좌표계에 대하여 상대 변환을 행한다면 변환행렬을 우측 곱셈하여야만 절대 변환의 경우와 동일한 결과를 얻게 된다.

③ **상대 변환, 절대 변환의 정리**

　㉠ 상대 변환은 변환행렬을 이전 변환행렬의 오른쪽에서 곱하면서 이동좌표계에 대하여 이동과 회전을 시키는 경우에 사용한다.

ⓛ 절대 변환은 변환행렬을 이전 변환행렬의 왼쪽에서 곱하면서 고정좌표계에 대하여 이동과 회전을 시키는 경우이다.

④ 각 링크에 부착된 좌표계 사이의 연속 변환 : 각 링크의 현재 좌표계는 강체좌표계이다.

$$^0T_n = {}^0T_1^1T_2^2T_3 \cdots {}^{n-1}T_n$$

(7) 역변환행렬

기준좌표계 U에 관련된 로봇의 기준 위치는 좌표계 R에 의해 표현되고, 로봇의 손은 좌표계 H에 의해 표현되며, 말단장치는 좌표계 E에 의해 표현되고, 드릴의 끝 부분은 구멍을 뚫기 위해 사용된다. 부품의 위치는 좌표계 P에 의해 표현된다. 구멍이 뚫어지는 점의 위치는 2개의 독립적인 경로를 통해 기준좌표계 U에 연관시킬 수 있다. 하나는 부품에 관련되고, 다른 하나는 로봇에 관련된 것이다.

$$^UT_E = {}^UT_R\,{}^RT_H\,{}^HT_E = {}^UT_P\,{}^PT_E$$

이 의미는 부품 위의 점 E의 위치는 U에서 P로, P에서 E로 움직임을 얻을 수 있으며, 다른 방법으로는 U에서 R로, R에서 H로, H에서 E로 변환을 수행함으로써 얻을 수 있다.

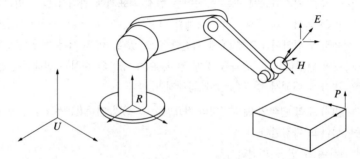

① x축에 관한 회전 역행렬 : $Rot(x,\theta)^{-1} = Rot(x,\theta)^T$

② y축에 관한 회전 역행렬 : $Rot(y,\theta)^{-1} = Rot(y,\theta)^T$

③ z축에 관한 회전 역행렬 : $Rot(z,\theta)^{-1} = Rot(z,\theta)^T$

④ 역변환행렬 :
$$T = \begin{bmatrix} n_x & o_x & a_x & P_x \\ n_y & o_y & a_y & P_y \\ n_z & o_z & a_z & P_z \\ 0 & 0 & 0 & 1 \end{bmatrix},\quad T^{-1} = \begin{bmatrix} n_x & o_x & a_x & -\overline{P}\cdot\overline{n} \\ n_y & o_y & a_y & -\overline{P}\cdot\overline{o} \\ n_z & o_z & a_z & -\overline{P}\cdot\overline{a} \\ 0 & 0 & 0 & 1 \end{bmatrix}$$

여기서, $\overline{P} = \begin{bmatrix} P_x \\ P_y \\ P_z \end{bmatrix}$, $\overline{n} = \begin{bmatrix} n_x \\ n_y \\ n_z \end{bmatrix}$, $\overline{o} = \begin{bmatrix} o_x \\ o_y \\ o_z \end{bmatrix}$, $\overline{a} = \begin{bmatrix} a_x \\ a_y \\ a_z \end{bmatrix}$

(8) 위치에 대한 정·역기구학

강체에 부착된 좌표계의 원점의 위치는 3자유도를 가지며 3개의 정보에 의해 완전하게 정의된다. 결과적으로 좌표계의 원점 위치는 기존에 사용되던 전형적인 방법으로 표현이 가능하며, 로봇의 위치는 어떤 전형적인 좌표계에 관련되는 운동을 통하여 얻을 수 있다. 보통 직교좌표를 기초로 한 공간상의 임의의 점도 위치시키는 것이 가능하다. 이것은 $\overline{x}$, $\overline{y}$, $\overline{z}$축에 관련된 3개의 선형운동이 존재한다는 것을 의미한다.

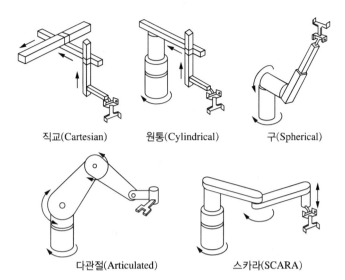

직교(Cartesian)   원통(Cylindrical)   구(Spherical)

다관절(Articulated)   스카라(SCARA)

① **직교좌표계** : 이 경우 x, y, z의 3개의 축을 따라서 3개의 선형운동이 존재한다. 이러한 로봇의 형태는 모든 구동기가 선형이고, 로봇 손의 위치는 3개의 축을 따라서 3개의 선형 관절의 움직임으로 얻어질 수 있다. 물론 여기에 어떤 회전운동도 없기 때문에 점 P의 운동을 표현하는 변환행렬은 단순한 이동변환행렬이 된다.

$$^R T_P = T_{cart} = \begin{bmatrix} 1 & 0 & 0 & P_x \\ 0 & 1 & 0 & P_y \\ 0 & 0 & 1 & P_z \\ 0 & 0 & 0 & 1 \end{bmatrix}$$

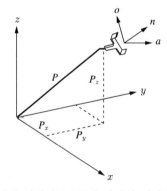

② **실린더좌표계** : 실린더좌표계는 2개의 선형이동운동과 하나의 회전운동으로 구성된다. 그 순서는 x축을 따라 r만큼 이동하고, z축에 대하여 α만큼 회전하고, z축을 따라 l만큼 이동한다. 이 변환은 모두 우주좌표계의 축에 관련되므로 기준좌표계와 로봇손좌표계의 원점을 연관시킨 3개의 변환에 의해 야기되는 전체적인 변환은 각각의 행렬을 다음과 같이 앞에 곱함으로써 구할 수 있다.

$$^R T_P = T_{cyl} = \begin{bmatrix} C\alpha & -S\alpha & 0 & rC\alpha \\ S\alpha & C\alpha & 0 & rS\alpha \\ 0 & 0 & 1 & l \\ 0 & 0 & 0 & 1 \end{bmatrix}$$

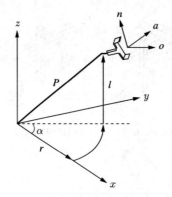

③ **구좌표계** : 구좌표계 시스템은 하나의 선형운동과 2개의 회전으로 구성된다. z축을 따라서 r만큼 이동하고, y축에 대하여 β만큼 회전하고, z축에 대하여 γ만큼 회전한다. 이 변환이 우주좌표계의 축에 관련되기 때문에 기준좌표계에 있는 손좌표계의 원점에 관계되는 3개의 변환에 의해 야기되는 총변환은 각각의 행렬을 앞에 곱함으로써 구할 수 있다.

$$^{R}T_{P} = T_{sph} = \begin{bmatrix} C\beta \cdot C\gamma & -S\gamma & S\beta \cdot C\gamma & rS\beta \cdot C\gamma \\ C\beta \cdot S\gamma & C\gamma & S\beta \cdot S\gamma & rS\beta \cdot S\gamma \\ -S\beta & 0 & C\beta & rC\beta \\ 0 & 0 & 0 & 1 \end{bmatrix}$$

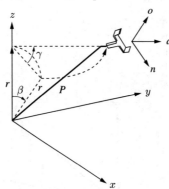

④ **다관절형 좌표계** : 3개의 회전으로 구성되어 있으며, D-H 표현법에서 다룬다.

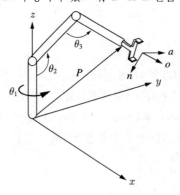

2. 로봇운동 표현

(1) 롤·피치·요(RPY)각($\phi_a = \phi$, $\phi_o = \theta$, $\phi_n = \psi$)

① 로봇 손을 원하는 방위에 위치시키는 현재의 $\bar{a}$, $\bar{o}$, $\bar{n}$축 각각에 대한 3개의 회전 순서이다. 현재 좌표계는 기준좌표계와 평행이고 방위는 RPY운동 이전의 기준좌표계와 같다고 가정한다. 움직이는 좌표계의 원점의 위치 변화가 발생하는 것을 원하지 않으므로 RPY 회전에 관련된 운동은 현재 움직이는 축과 관련되어 있다는 것을 인식하는 것은 매우 중요하다. 이동좌표계는 위치를 변화시키므로 RPY에 의한 방위 변화에 관련한 모든 행렬은 나중에 곱해져야 한다. 즉, 회전하는 좌표계의 현재 자세에 대한 상대 회전을 말한다.

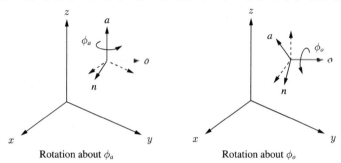

Rotation about ϕ_a Rotation about ϕ_o

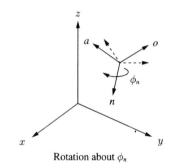

Rotation about ϕ_n

[현재 축에 대한 RPY 회전]

㉠ $\bar{a}$축(움직이는 좌표계에 대한 z축)에 관한 ϕ_a 회전을 롤이라고 한다.

㉡ $\bar{o}$축(움직이는 좌표계에 대한 y축)에 관한 ϕ_o 회전을 피치라고 한다.

㉢ $\bar{n}$축(움직이는 좌표계에 대한 x축)에 관한 ϕ_n 회전을 요라고 한다.

② RPY 방위 변화를 표현하는 행렬을 다음과 같다.

$$RPY(\phi_a, \phi_o, \phi_n) = Rot(a, \phi_a)\,Rot(o, \phi_o)\,Rot(n, \phi_n)$$

$$= \begin{bmatrix} C\phi_a C\phi_o & C\phi_a S\phi_o S\phi_n - S\phi_a C\phi_n & C\phi_a S\phi_o C\phi_n + S\phi_a S\phi_n & 0 \\ S\phi_a C\phi_o & S\phi_a S\phi_o S\phi_n + C\phi_a C\phi_n & S\phi_a S\phi_o C\phi_n - C\phi_a S\phi_n & 0 \\ -S\phi_o & C\phi_o S\phi_n & C\phi_o C\phi_n & 0 \\ 0 & 0 & 0 & 1 \end{bmatrix}$$

이 행렬은 단지 RPY에 의한 방위 변화를 표현한다. 기준좌표계에 관련된 좌표계의 위치와 최종 방위는 위치 변화와 RPY를 표현하는 2개 행렬의 곱이 될 것이다.

㉠ 구좌표시스템과 RPY의 예시 : $^R T_H = T_{sph}(r, \beta, \gamma) \times RPY(\phi_a, \phi_o, \phi_n)$

㉡ RPY에 대한 역기구학 : 3개의 각도에 대한 코사인, 사인 방정식을 풀기 위해서는 $Rot(a, \phi_a)^{-1}$를 양변의 앞에 곱해야 한다.

$$Rot(a, \phi_a)^{-1} RPY(\phi_a, \phi_o, \phi_n) = Rot(o, \phi_o) Rot(n, \phi_n)$$

RPY에 의해 구해진 최종적 원하는 방위가 $(\bar{n}, \bar{o}, \bar{a})$ 행렬로 표현되면

$$Rot(a, \phi_a)^{-1} \begin{bmatrix} n_x\, o_x\, a_x\, 0 \\ n_y\, o_y\, a_y\, 0 \\ n_z\, o_z\, a_z\, 0 \\ 0\ \ 0\ \ 0\ \ 1 \end{bmatrix} = Rot(o, \phi_o) Rot(n, \phi_n)$$

행렬을 곱해 다음과 같이 좌변과 우변의 다른 요소들을 서로 같게 한다.

$$\begin{bmatrix} n_x C\phi_a + n_y S\phi_a & o_x C\phi_a + o_y S\phi_a & a_x C\phi_a + a_y S\phi_a & 0 \\ n_y C\phi_a - n_x S\phi_a & o_y C\phi_a - o_x S\phi_a & a_y C\phi_a - a_x S\phi_a & 0 \\ n_z & o_z & a_z & 0 \\ 0 & 0 & 0 & 1 \end{bmatrix} = \begin{bmatrix} C\phi_o & S\phi_o S\phi_n & S\phi_o C\phi_n & 0 \\ 0 & C\phi_n & -S\phi_n & 0 \\ -S\phi_o & C\phi_o S\phi_n & C\phi_o C\phi_n & 0 \\ 0 & 0 & 0 & 1 \end{bmatrix}$$

위 행렬로부터 ATAN2 함수를 이용하면 다음을 알 수 있다. ATAN2를 이용하면 각도가 어느 사분면에 위치하여 있는지 알 수 있다.

• $n_y C\phi_a - n_x S\phi_a = 0$으로부터 $\phi_a = \text{ATAN2}(n_y, n_x)$, $\phi_a = \text{ATAN2}(-n_y, -n_x)$

• $n_x C\phi_a + n_y S\phi_a = C\phi_o$, $-n_z = S\phi_o$로부터 $\phi_o = \text{ATAN2}[-n_z, (n_x C\phi_a + n_y S\phi_a)]$

• $o_y C\phi_a - o_x S\phi_a = C\phi_n$, $-a_y C\phi_a + a_x S\phi_a = S\phi_n$으로부터 $\phi_n = \text{ATAN2}[(-a_y C\phi_a + a_x S\phi_a),$ $(o_y C\phi_a - o_x S\phi_a)]$

㉢ RPY 각도에 대한 다른 표현 방식

$$RPY(\phi_a, \phi_o, \phi_n) = Rot(a, \phi_a) Rot(o, \phi_o) Rot(n, \phi_n)$$

$$= \begin{bmatrix} C\phi_a C\phi_o & C\phi_a S\phi_o S\phi_n - S\phi_a C\phi_n & C\phi_a S\phi_o C\phi_n + S\phi_a S\phi_n & 0 \\ S\phi_a C\phi_o & S\phi_a S\phi_o S\phi_n + C\phi_a C\phi_n & S\phi_a S\phi_o C\phi_n - C\phi_a S\phi_n & 0 \\ -S\phi_o & C\phi_o S\phi_n & C\phi_o C\phi_n & 0 \\ 0 & 0 & 0 & 1 \end{bmatrix}$$

• $\tan\phi_a = \dfrac{n_y}{n_x} \rightarrow \phi_a = \text{ATAN2}(n_y, n_x)$

• $\tan\phi_o = \dfrac{-n_z}{\sqrt{o_z^2 + a_z^2}} \rightarrow \phi_o = \text{ATAN2}(-n_z, \sqrt{o_z^2 + a_z^2})$

• $\tan\phi_n = \dfrac{o_z}{a_z} \rightarrow \phi_n = \text{ATAN2}(o_z, a_z)$

(2) 오일러 각

① 최종 회전이 현재의 a축과 관련 있다는 것을 제외하면 오일러 각은 RPY와 매우 유사하다. 현재의 축과 관련된 모든 회전은 로봇의 위치 변화가 발생하지 않아야 한다.

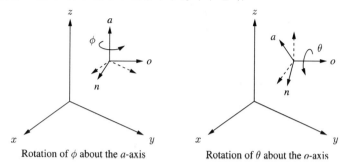

Rotation of ϕ about the a-axis   Rotation of θ about the o-axis

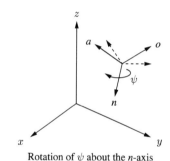

Rotation of ψ about the n-axis

[현재 축에 대한 오일러 회전]

㉠ $\bar{a}$축(움직이는 좌표계에 대한 z축)에 대해 ϕ회전한다.

㉡ $\bar{o}$축(움직이는 좌표계에 대한 y축)에 대해 θ회전한다.

㉢ $\bar{n}$축(움직이는 좌표계에 대한 x축)에 대해 ψ회전한다.

② 오일러 각 방향 변화를 표현하는 행렬은 다음과 같다.

$$Euler(\phi, \theta, \psi) = Rot(a, \phi)\,Rot(o, \theta)\,Rot(n, \psi)$$

$$= \begin{bmatrix} C\phi C\theta C\psi - S\phi S\psi & -C\phi C\theta S\psi - S\phi C\psi & C\phi S\theta & 0 \\ S\phi C\theta C\psi + C\phi S\psi & -S\phi C\theta S\psi + C\phi C\psi & S\phi S\theta & 0 \\ -S\theta C\psi & S\theta S\psi & C\theta & 0 \\ 0 & 0 & 0 & 1 \end{bmatrix}$$

기준좌표계에 관련된 좌표계의 위치와 최종 방위는 위치 변화와 오일러 각을 나타낸 2개 행렬의 곱이다.

㉠ 오일러 각에 대한 역기구학 : RPY와 매우 유사한 방식으로 얻을 수 있다. 한 변으로부터 ϕ를 제거하기 위해서 $Rot(a, \phi)^{-1}$을 오일러 방정식 양변의 앞에 곱하여 양 변의 요소들을 각각 같게 하고 오일러 각에 의해 얻어진 최종적으로 원하는 방위가 $(\bar{n}, \bar{o}, \bar{a})$ 행렬로 표현된다.

$$Rot(a, \phi)^{-1} \times \begin{bmatrix} n_x & o_x & a_x & 0 \\ n_y & o_y & a_y & 0 \\ n_z & o_z & a_z & 0 \\ 0 & 0 & 0 & 1 \end{bmatrix} = \begin{bmatrix} C\theta C\psi & -C\theta S\psi & S\theta & 0 \\ S\psi & C\psi & 0 & 0 \\ -S\theta C\psi & S\theta S\psi & C\theta & 0 \\ 0 & 0 & 0 & 1 \end{bmatrix}$$

$\bar{n}$, $\bar{o}$, $\bar{a}$의 요소들이 일반적으로 주어지는 알 수 있는 값이면 이는 최종적으로 원하는 값을 나타낸다는 것을 숙지해야 한다. 오일러 각의 값은 알려지지 않은 변수들이다. 좌변을 곱하면 다음 행렬로 표현 가능하다.

$$
\begin{bmatrix}
n_x C\phi + n_y S\phi & o_x C\phi + o_y S\phi & a_x C\phi + a_y S\phi & 0 \\
n_y C\phi - n_x S\phi & o_y C\phi - o_x S\phi & a_y C\phi - a_x S\phi & 0 \\
n_z & o_z & a_z & 0 \\
0 & 0 & 0 & 1
\end{bmatrix}
=
\begin{bmatrix}
C\theta C\psi & -C\theta S\psi & S\theta & 0 \\
S\psi & C\psi & 0 & 0 \\
-S\theta C\psi & S\theta S\psi & C\theta & 0 \\
0 & 0 & 0 & 1
\end{bmatrix}
$$

우변과 좌변의 다른 요소를 같게 하면 다음을 얻을 수 있다.

- $a_y C\phi - a_x S\phi = 0$으로부터 $\phi = \text{ATAN2}(a_y, a_x)$, $\phi = \text{ATAN2}(-a_y, -a_x)$
- $S\psi = -n_x S\phi + n_y C\phi$, $C\psi = -o_x S\phi + o_y C\phi$로부터 $\psi = \text{ATAN2}(-n_x S\phi + n_y C\phi,\ -o_x S\phi + o_y C\phi)$
- $S\theta = a_x C\phi + a_y S\phi$, $C\theta = a_z$으로부터 $\theta = \text{ATAN2}(a_x C\phi + a_y S\phi,\ a_z)$

ⓛ 오일러 각에 대한 다른 표현 방식

$Euler(\phi, \theta, \psi) = Rot(a, \phi)\, Rot(o, \theta)\, Rot(n, \psi)$

$$
=
\begin{bmatrix}
C\phi C\theta C\psi - S\phi S\psi & -C\phi C\theta S\psi - S\phi C\psi & C\phi S\theta & 0 \\
S\phi C\theta C\psi + C\phi S\psi & -S\phi C\theta S\psi + C\phi C\psi & S\phi S\theta & 0 \\
-S\theta C\psi & S\theta S\psi & C\theta & 0 \\
0 & 0 & 0 & 1
\end{bmatrix}
$$

- $\theta \neq 0°$, $\theta \neq \pi$인 경우

  $-\ \tan\theta = \dfrac{\sqrt{n_z^2 + o_z^2}}{a_z} \ \rightarrow\ \theta = \text{ATAN2}\left(\sqrt{n_z^2 + o_z^2},\, a_z\right)$

  $-\ \tan\phi = \dfrac{\dfrac{a_y}{S\theta}}{\dfrac{a_x}{S\theta}} \ \rightarrow\ \phi = \text{ATAN2}\left(\dfrac{a_y}{S\theta},\, \dfrac{a_x}{S\theta}\right)$

  $-\ \tan\psi = \dfrac{\dfrac{o_z}{S\theta}}{-\dfrac{n_z}{S\theta}} \ \rightarrow\ \psi = \text{ATAN2}\left(\dfrac{o_z}{S\theta},\, -\dfrac{n_z}{S\theta}\right)$

- $\theta = 0°(z_z = 1)$인 경우 : $\phi + \psi = \text{ATAN2}(-y_z,\ x_x)$
- $\theta = \pi(z_z = -1)$인 경우 : $\phi - \psi = \text{ATAN2}(y_z,\ x_x)$

(3) 다관절

다관절은 3개의 회전으로 구성된다. D-H(Denavit-Hartenberg) 표현법에 대해 설명할 때 다관절을 표현하는 행렬에 대해서 다룬다.

3. 로봇 정기구학

(1) 로봇 정기구학은 1955년 Denavit와 Hartenberg가 발표한 논문을 토대로, 로봇의 운동 방정식을 유도하는 개념이 정립되어 현재까지 사용하고 있다. 이 개념은 로봇을 표현하고 운동을 모델링하는 데 기준으로 사용되어 왔으며 Denavit-Hartenberg(D-H) 표현 모델은 어떤 로봇 형상에 사용되는 로봇 링크와 관절에 대해서도 사용할 수 있다.

(2) 또 D-H 표현법은 자코비안 힘 계산, 힘 해석같은 연산 결과를 사용하는 것에 대해서도 많은 기술이 개발되면서 부가적인 장점을 가지게 되었다.

(3) 로봇이 연속적인 관절과 링크로 만들어질 수 있다고 가정하면 관절은 병진 관절이거나 회전 관절이며 임의의 순서대로 임의 평면에 존재한다. 링크의 길이도 0을 포함한 어떤 길이로도 변화가 가능하며, 구부러지거나 쇼일 수 있고 어떤 평면에도 존재할 수 있다.

(4) 이를 위해서 각 관절에 기준좌표계를 할당하고, 후에 하나의 관절에서 다음 관절로 변환하는 일반적인 절차를 정의한다. 기저에서 첫 관절, 첫 관절에서 두 번째 관절, 그리고 최종 관절에 도착할 때까지의 모든 변환을 조합한다면 로봇의 총변환행렬을 얻을 수 있다.

(5) 범용 관절-링크 조합의 D-H 표현법

다음 그림은 3개의 연속적인 관절과 2개의 링크로 이루어져 있다. 각각의 관절은 회전하고 이동할 수 있다. 처음 보인 관절을 n번으로 설정하고, 두 번째 나타낸 관절을 $n+1$로, 세 번째 관절을 $n+2$라고 하자. 관절 n과 관절 $n+1$ 사이에는 링크가 n으로, 관절 $n+1$과 관절 $n+2$ 사이에는 링크가 $n+1$이 있다.

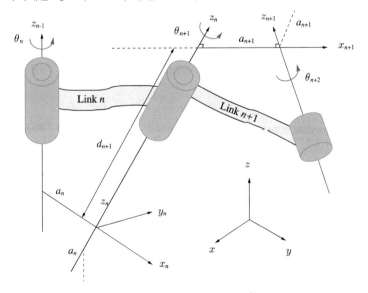

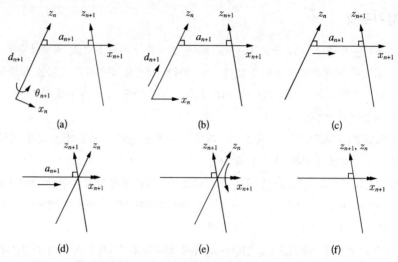

(a)   (b)   (c)

(d)   (e)   (f)

① 관절 파라미터(2개의 연속된 링크의 상대 위치와 회전을 나타내기 위함)

  ㉠ 관절 각도(θ) : z축을 기준으로 회전해야 하는 각

  ㉡ 관절 간격(d) : 2개의 연속적인 공통법선 사이(축의 교차)의 z축 위에서 이동해야 하는 거리(링크 간의 오프셋)

  ※ 회전 관절에서는 θ가 변수이고, 병진 관절에서는 d가 변수다.

② 링크 파라미터(2개의 관절을 연결시키는 링크를 정의하기 위함)

  ㉠ a : 2개의 연속적인 z축이 교차하기 위해 x축을 따라 이동해야 하는 거리(링크 길이)

  ㉡ 링크 비틀림 각도(α) : 2개의 연속적인 z축이 같은 방향으로 평행하기 위해 x축을 기준으로 회전해야 하는 각(관절 비뚤어짐)

  ※ 일반적으로 θ와 d만 관절변수이다.

(6) D-H 표현법으로 기준좌표계 할당 절차

① x, z축에 상호 수직인 y축을 항상 알 수 있으므로 각 관절에 대하여 z, x축을 할당해야 한다.

② 모든 관절은 예외 없이 z축에 의해서 표현된다. 회전 관절이면 오른손 법칙에 의해 회전축 방향은 z축이 된다. 병진 관절이면 z축은 직선 이동 방향이다. 각각의 경우 관절 n에 대한 z축의 첨자는 $n-1$이다. 관절번호 $n+1$을 표현하는 z축은 z_n이다. 회전 관절에 있어서 z축에 관한 회전값(θ)은 관절변수이다. 병진 관절에 있어서 d로 표현되는 z축에 따른 링크의 길이가 관절변수이다.

③ 일반적으로 관절은 반드시 평행하거나 교차하지 않을 수도 있다. 결과적으로 z축은 사선형 라인이다. 2개의 사선형 라인에 상호 수직인 하나의 직선이 존재하며 두 선 사이의 최단 거리를 나타낸다. 이것을 공통법선이라고 한다. 공통법선의 방향에 지역적인 기준좌표계의 x축을 할당한다. a_n은 z_{n-1}과 z_n 사이의 공통법선을 나타내고 x_n의 방향은 a_n을 따라서 존재한다.

④ 2개 관절의 z축이 평행하다면 공통법선은 무한개로 존재할 것이다.

⑤ 2개의 연속적 관절의 z축이 교차한다면 그들 사이에는 공통법선이 없는 길이 0을 가질 것이다. 두 축에 의해서 형성된 평면에 수직인 선을 따라서 x축을 할당한다.

(7) 임의의 기준좌표계에서 다음 좌표계까지 변환하는 데 필요한 운동

① 현재 시점이 지역좌표계 $x_n - z_n$에 있다고 가정하면, 다음 지역좌표계 $\theta_{n+1} - z_{n+1}$에 도달하기 위해서 4개의 표준운동을 따라야 한다.

  ㉠ z_n축에 관하여 x_{n+1}만큼 회전하라. 이것은 x_n와 x_{n+1}에 대해서 서로 평행하게 만들 것이다. 이는 a_n와 a_{n+1}는 z_n에 모두 수직이고 z_n축에 대하여 θ_{n+1}만큼 회전하는 것은 그들을 평행하게 만들기 때문이다.

  ㉡ x_n와 x_{n+1}를 동일선상에 있게 하기 위하여 z_n축을 따라서 d_{n+1}만큼 이동시켜라.

  ㉢ x_n와 x_{n+1}의 원점을 같게 하기 위하여 z_n축을 따라서 a_{n+1}만큼 이동시켜라. 이 점에서 2개의 기준좌표계의 원점은 똑같은 위치에 존재한다.

  ㉣ z_n축과 z_{n+1}축을 일직선 하기 위하여 x_{n+1}축에 관하여 a_{n+1}만큼 z_n을 회전하라. 이 점에서 좌표계 n과 $n+1$은 정확하게 일치하게 되며, 이는 하나의 좌표계에서 다음 좌표계까지 변환한 것이다.

② 좌표계 $n+1$과 $n+2$ 사이 4개의 운동의 같은 순서를 정확하게 실행하는 것은 하나에서 다음까지를 변환시키는 것이며, 필요시 이것을 반복함으로써 연속적인 좌표계 사이를 변환시킬 수 있다.

③ 기준좌표계에서 시작하여 로봇의 기저(베이스)까지 또는 첫 좌표계까지 또는 두번째 좌표계까지 등의 방식으로 심지어 말단장치까지 변환이 가능하다.

(8) 행 렬

4개의 운동을 표현하는 행렬 A는 4개의 운동을 표현하는 4개의 행렬을 앞에 곱함으로써 구할 수 있다. 모든 변환은 현재 좌표계에 관련되기에 모든 행렬은 뒤에 곱한다.

① n 링크좌표계 $\Rightarrow \theta_{n+1} \rightarrow d_{n+1} \rightarrow a_{n+1} \rightarrow \alpha_{n+1} \Rightarrow n+1$ 링크좌표계
  (x_n, y_n, z_n) $(x_{n+1}, y_{n+1}, z_{n+1})$

  여기서, θ_n : z_n축을 주위로 측정한 x_{n-1}축과 x_n축 사이 각도

           d_n : z_n축을 따라 측정한 x_{n-1}축과 x_n축 원점 사이의 거리

           a_n : x_n축을 따라 측정한 z_n축과 z_{n+1}까지의 거리

           α_n : x_n축을 주위로 측정한 z_n축과 z_{n+1} 사이의 각도

② 두 좌표계 사이의 변환 순서

  ㉠ $^n T_{n+1} = A_{n+1} = R(z_n, \theta_{n+1}) \times T(0,0,d_{n+1}) \times T(a_{n+1},0,0) \times R(x_{n+1},\alpha_{n+1})$

  여기서, $R(z,\theta_{n+1})$: z_n축에 관하여 x_{n+1}만큼 회전시키면 x_n축이 x_{n+1}축과 평행하게 됨

           $T(0,0,d_{n+1})$: z_n축을 따라서 d_{n+1}만큼 이동시키면 x_n축이 x_{n+1}축이 동일선상에 일치하게 됨

           $T(a_{n+1},0,0)$: x_n축을 따라서 a_{n+1}만큼 이동하면, z_n축의 원점이 z_{n+1}축의 원점과 일치하게 됨

           $R(x_{n+1},\alpha_{n+1})$: x_{n+1}축에 관하여 α_{n+1}만큼 x_n를 회전시키면 z_n축이 z_{n+1}축과 일치하게 됨

$$\textcircled{\small L}\ {}^{n}T_{n+1} = \begin{bmatrix} C\theta_{n+1} & -S\theta_{n+1} & 0 & 0 \\ S\theta_{n+1} & C\theta_{n+1} & 0 & 0 \\ 0 & 0 & 1 & 0 \\ 0 & 0 & 0 & 1 \end{bmatrix} \times \begin{bmatrix} 1 & 0 & 0 & 0 \\ 0 & 1 & 0 & 0 \\ 0 & 0 & 1 & d_{n+1} \\ 0 & 0 & 0 & 1 \end{bmatrix} \times \begin{bmatrix} 1 & 0 & 0 & a_{n+1} \\ 0 & 1 & 0 & 0 \\ 0 & 0 & 1 & 0 \\ 0 & 0 & 0 & 1 \end{bmatrix} \times \begin{bmatrix} 1 & 0 & 0 & 0 \\ 0 & C\alpha_{n+1} & -S\alpha_{n+1} & 0 \\ 0 & S\alpha_{n+1} & C\alpha_{n+1} & 0 \\ 0 & 0 & 0 & 1 \end{bmatrix}$$

$$\textcircled{\small C}\ A_{n+1} = \begin{bmatrix} C\theta_{n+1} & -S\theta_{n+1}C\alpha_{n+1} & S\theta_{n+1}S\alpha_{n+1} & a_{n+1}C\theta_{n+1} \\ S\theta_{n+1} & C\theta_{n+1}C\alpha_{n+1} & -C\theta_{n+1}S\alpha_{n+1} & a_{n+1}S\theta_{n+1} \\ 0 & S\alpha_{n+1} & C\alpha_{n+1} & d_{n+1} \\ 0 & 0 & 0 & 1 \end{bmatrix}$$

③ 로봇의 관절 2와 3 사이의 변환은 다음과 같이 단순화할 수 있다.

$$^{2}T_{3} = A_{3} = \begin{bmatrix} C\theta_{3} & -S\theta_{3}C\alpha_{3} & S\theta_{3}S\alpha_{3} & a_{3}C\theta_{3} \\ S\theta_{3} & C\theta_{3}C\alpha_{3} & -C\theta_{3}S\alpha_{3} & a_{3}S\theta_{3} \\ 0 & S\alpha_{3} & C\alpha_{3} & d_{3} \\ 0 & 0 & 0 & 1 \end{bmatrix}$$

④ 로봇의 기저에서 보면, 첫 관절에서 시작해서 두 번째 관절로 변환하고 그 다음 세 번째 관절로 변환하는 방식으로 결국에는 말단 장치까지 변환시킬 수 있다. 각각의 변환을 A_{n+1}로 부르면 다수의 A 변환행렬을 갖는다. 로봇의 기저에서 로봇 손까지의 총 변환은 다음과 같다.

$$^{R}T_{H} = {}^{R}T_{1}{}^{1}T_{2}{}^{2}T_{3}\cdots {}^{n-1}T_{n} = A_{1}A_{2}A_{3}\cdots A_{n}$$

(9) D-H 표현에 의한 로봇의 기구학 프로그래밍

① **질량 특성 계산** : 개략 구조 설계된 수평 다관절 로봇에 대하여 솔리드 모델링을 수행하고 로봇 암의 질량 및 각 관절에 부가되는 관성 모멘트를 구한다.

② **동역학적 해석** : 각 관절에 부가되는 반력과 소요 토크를 계산하기 위하여 Duty Cycle을 사용 조건과 유사하게 정한다. 계산된 질량 특성과 Duty Cycle을 로봇 모델에 입력하고 각 관절의 운동 조건, 구속 조건 등을 정하고 ADAMS, RecurDyn 등 동역학 해석 패키지로 각 관절의 소요 토크와 하중 조건을 구한다.

(10) 로봇의 좌표 변환 행렬(2링크 및 3링크)

① $R_{z}-R_{z}$형 로봇

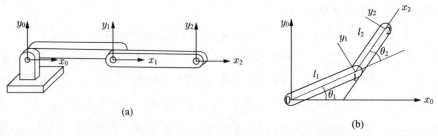

(a) (b)

링 크	θ	d	a	α	변 수
1	θ_{1}	0	l_{1}	0	θ_{1}
2	θ_{2}	0	l_{2}	0	θ_{2}

$$
{}^0T_2 = \begin{bmatrix} C_1 & -S_1 & 0 & l_1C_1 \\ S_1 & C_1 & 0 & l_1S_1 \\ 0 & 0 & 1 & 0 \\ 0 & 0 & 0 & 1 \end{bmatrix} \begin{bmatrix} C_2 & -S_2 & 0 & l_2C_2 \\ S_2 & C_2 & 0 & l_2S_2 \\ 0 & 0 & 1 & 0 \\ 0 & 0 & 0 & 1 \end{bmatrix} = \begin{bmatrix} C_{12} & -S_{12} & 0 & l_1C_1+l_2C_{12} \\ S_{12} & C_{12} & 0 & l_1S_1+l_2S_{12} \\ 0 & 0 & 1 & 0 \\ 0 & 0 & 0 & 1 \end{bmatrix}
$$

② $R_z - R_y$형 로봇

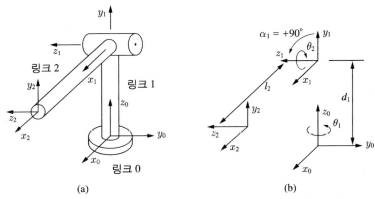

(a)　　　　　　　　　　　　　(b)

링크	θ	d	a	α	변수
1	θ_1	d_1	0	90°	θ_1
2	θ_2	0	l_2	0	θ_2

$$
{}^0T_2 = \begin{bmatrix} C_1 & 0 & S_1 & 0 \\ S_1 & 0 & -C_1 & 0 \\ 0 & 1 & 0 & d_1 \\ 0 & 0 & 0 & 1 \end{bmatrix} \begin{bmatrix} C_2 & -S_2 & 0 & l_2C_2 \\ S_2 & C_2 & 0 & l_2S_2 \\ 0 & 0 & 1 & 0 \\ 0 & 0 & 0 & 1 \end{bmatrix} = \begin{bmatrix} C_1C_2 & -C_1S_2 & S_1 & l_2C_1C_2 \\ S_1C_2 & -S_1S_2 & -C_1 & l_2S_1C_2 \\ S_2 & C_2 & 0 & d_1+l_2S_2 \\ 0 & 0 & 0 & 1 \end{bmatrix}
$$

③ $R_z - T_y$형 로봇

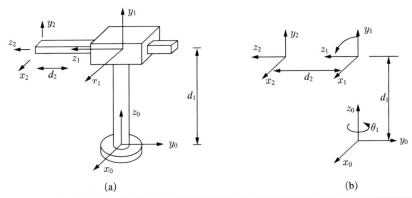

(a)　　　　　　　　　　　　　(b)

링크	θ	d	a	α	변수
1	θ_1	d_1	0	90°	θ_1
2	0	d_2	0	0	d_2

$$
{}^0T_2 = \begin{bmatrix} C_1 & 0 & S_1 & 0 \\ S_1 & 0 & -C_1 & 0 \\ 0 & 1 & 0 & d_1 \\ 0 & 0 & 0 & 1 \end{bmatrix} \begin{bmatrix} 1 & 0 & 0 & 0 \\ 0 & 1 & 0 & 0 \\ 0 & 0 & 1 & d_2 \\ 0 & 0 & 0 & 1 \end{bmatrix} = \begin{bmatrix} C_1 & 0 & S_1 & d_2S_1 \\ S_1 & 0 & -C_1 & -d_2C_1 \\ 0 & 1 & 0 & d_1 \\ 0 & 0 & 0 & 1 \end{bmatrix}
$$

④ $R_z - R_y - T_z$ 형 로봇

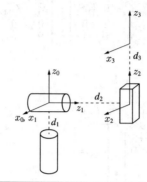

링 크	θ	d	a	α	변 수
1	θ_1	d_1	0	$-90°$	θ_1
2	θ_2	d_2	0	$90°$	θ_2
3	0	d_3	0	0	d_3

$$^0T_2 = \begin{bmatrix} C_1 & 0 & S_1 & 0 \\ S_1 & 0 & C_1 & 0 \\ 0 & -1 & 0 & 0 \\ 0 & 0 & 0 & 1 \end{bmatrix} \begin{bmatrix} C_2 & 0 & S_2 & 0 \\ S_2 & 0 & -C_2 & 0 \\ 0 & 1 & 0 & d_2 \\ 0 & 0 & 0 & 1 \end{bmatrix} \begin{bmatrix} 1 & 0 & 0 & 0 \\ 0 & 1 & 0 & 0 \\ 0 & 0 & 1 & d_3 \\ 0 & 0 & 0 & 1 \end{bmatrix} = \begin{bmatrix} C_1C_2 & -S_1S_2 & C_1S_2 & C_1S_2d_3 - S_1d_2 \\ S_1C_2 & C_1 & S_1S_2 & S_1S_2d_3 + C_1d_2 \\ -S_2 & 0 & C_2 & C_2d_3 \\ 0 & 0 & 0 & 1 \end{bmatrix}$$

4. 자코비안

(1) 자코비안의 목적

관절속도와 로봇 끝점의 선속도 및 각속도 관계식을 찾아내는 것이다.

(2) n자유도의 로봇에서 정기구학

$$^0T_n(q) = \begin{bmatrix} R(q) & p(q) \\ 1 & 0 \end{bmatrix}$$

여기서, $q = [q_1, \cdots, q_n]^T$: 관절변수의 벡터

　　　　n : 로봇 링크의 수

로봇 끝점의 위치 및 방향은 q에 따라 변한다. 끝점의 선속도 $\dot{p}$와 각속도 ω를 관절 변수 $\dot{q}$의 함수로 표현할 수 있다.

$$\dot{p} = J_L(q)\dot{q}, \quad \omega = J_A(q)\dot{q}$$

여기서, J_L : $(3 \times n)$행렬

　　　　J_A : $(3 \times n)$행렬

이를 다시 쓰면 다음과 같고, $(6 \times n)$ 행렬 J를 기하학적 자코비안이라고 하며 관절변수의 q의 함수이다.

$$v = \begin{bmatrix} \dot{p} \\ \omega \end{bmatrix} = J(q)\dot{q} = \begin{bmatrix} J_L(q) \\ J_A(q) \end{bmatrix}$$

5. 로봇 정역학

(1) 로봇 정역학의 목적

로봇 끝점에 가해진 일반 힘(힘과 모멘트)과 관절에 가해진 일반 힘(직동 관절인 경우에 힘, 회전 관절 경우에 토크)과의 관계를 구하는 것이다.

$$\tau = J^T(q)\gamma$$

여기서, τ : $(n \times 1)$ 관절토크 벡터

γ : $(r \times 1)$ 끝점 힘 모멘트 벡터

(2) 2링크 평면 로봇

① 좌표계 0으로 표시된 힘에 대한 토크 : $\begin{bmatrix} \tau_1 \\ \tau_2 \end{bmatrix} = \begin{bmatrix} -(l_1 S_1 + l_2 S_{12}) & l_1 C_1 + l_2 C_{12} \\ -l_2 S_{12} & l_2 C_{12} \end{bmatrix} \begin{bmatrix} f_x{}^0 \\ f_y{}^0 \end{bmatrix} = (J^0)^T \gamma^0$

② 좌표계 2으로 표시된 힘에 대한 토크 : $\begin{bmatrix} \tau_1 \\ \tau_2 \end{bmatrix} = \begin{bmatrix} l_1 S_2 & l_1 C_2 + l_2 \\ 0 & l_2 \end{bmatrix} \begin{bmatrix} f_x{}^2 \\ f_y{}^2 \end{bmatrix} = (J^2)^T \gamma^2$

③ 좌표계 2와 0 간의 자코비안의 관계 : $J^2 = R_0^2 J^0 = \begin{bmatrix} C_{12} & S_{12} \\ -S_{12} & C_{12} \end{bmatrix} \begin{bmatrix} -(l_1 S_1 + l_2 S_{12}) & -l_2 S_{12} \\ l_1 C_1 + l_2 C_{12} & l_2 C_{12} \end{bmatrix} = \begin{bmatrix} l_1 S_2 & 0 \\ l_1 C_2 + l_2 & l_2 \end{bmatrix}$

제3과목 로봇기구 해석

제1장 로봇기구 구조 해석

01 로봇기구 구조 해석 절차 중 전처리에 해당하지 않는 것은?

① 해석 대상 구조물 이해
② 구조물의 단순화 및 이상화
③ 하중조건 정의
④ 공학적 직관력

유한요소 해석 절차 중 전처리에는 해석 대상 구조물 이해, 구조물의 단순화 및 이상화, 유한요소 선정 및 요소 분할, 재료 상수 및 유한요소 특성 정의, 경계조건 정의, 하중조건 정의가 있다.

02 로봇기구 구조 해석 절차 중 재료의 물성치를 정의하는 전처리 단계는?

① 유한요소 선정 및 요소 분할
② 재료 상수 및 유한요소 특성 정의
③ 해석 대상 구조물 이해
④ 하중조건 정의

재료 상수 및 유한요소 특성 정의 : 재료의 물성치를 정의하고, 1차원 요소의 경우는 단면 형상, 단면적, 관성 모멘트 등을 정의하고, 2차원 요소의 경우는 구조물의 두께, 거동 특성(멤브레인 또는 셸) 등을 정의한다.

03 로봇기구 구조 해석 절차의 전처리 단계 중 유한요소 선정 및 요소 분할 단계의 설명으로 틀린 것은?

① 유한요소가 결정되면 구조물을 여러 개의 요소들로 분할한다.

② 요소 분할하기 전에 어느 부위를 얼마나 세밀하게 분할할 것인지를 정한다.

③ 어느 정도의 정밀한 결과를 요구하는지, 응력의 변화가 얼마나 급격한지 등을 기준으로 요소의 크기를 정한다.

④ 관심영역이 아닌 부분도 세밀하게 분할하여 가능한 한 모델의 크기를 줄인다.

 해설

유한요소 선정 및 요소 분할 단계에서 관심영역이 아닌 부분은 결과에 영향을 주지 않을 정도로만 분할하여 가능한 모델의 크기를 줄인다.

04 로봇기구 구조 해석 절차 중 후처리에 대한 설명으로 틀린 것은?

① 유한요소가 결정되면 구조물을 여러 개의 요소들로 분할한다.

② 유한요소 해석이 완료되면 결과를 검토하고 예측과 일치하는지 확인한다.

③ 변형된 형상을 검토하여 구조물의 거동이 타당한지 확인한다.

④ 모델상의 오류나 부적절한 가정 등은 변형된 형상 확인만으로도 쉽게 찾아낼 수 있다.

 해설

유한요소가 결정되면 구조물을 여러 개의 요소로 분할하는 것은 전처리의 유한요소 선정 및 요소 분할 절차에 해당한다.

05 로봇기구 구조 해석 절차 중 후처리에 대한 설명으로 옳은 것은?

① 해석하고자 하는 구조물의 구조적 기능을 충분히 이해하고 얻고자 하는 것이 무엇인지 명확하게 정의해야 한다.

② 복잡한 체결 부위나 접촉 부위는 관심영역이 아닐 경우에는 단순화시킨다.

③ 변형된 형상을 검토하여 구조물의 거동이 타당한지를 확인한다.

④ 실제 구조물이 받고 있는 하중의 형태를 충분히 파악하여 하중을 가할 영역과 방법을 결정한다.

 해설

후처리
• 유한요소 해석이 완료되면 결과를 검토하고 예측과 일치하는지 확인한다.
• 변형된 형상을 검토하여 구조물의 거동이 타당한지 확인한다.
• 모델상의 오류나 부적절한 가정(경계조건이나 하중조건 등) 등은 변형된 형상 확인만으로도 쉽게 찾아낼 수 있다.

06 유한요소모델 구축을 위해 공학적 직관력으로 해석할 경우 반드시 검토해야 할 조건은?

① 대 칭　　　　　　　　　　② 확대 및 축소
③ 복 사　　　　　　　　　　④ 스케일

유한요소를 해석하기 전에 반드시 검토해야 할 점이 대칭조건을 이용할 수 있을 것인가이다. 대칭조건을 잘 이용하면 해석해야 하는 모델의 크기를 작게 줄일 수 있고 해석 결과의 정확성도 향상된다.

07 로봇기구 해석 절차 중 유한요소모델 구축을 위한 고려사항으로 설명이 틀린 것은?

① 설계 단계별로 해석의 정교한 정도가 일관성 있어야 한다.
② 요소의 수가 많아지면 해석시간도 기하급수적으로 늘어난다.
③ 응력 구배가 상대적으로 낮거나 관심 대상이 아닌 영역은 요소를 크게 생성한다.
④ 해석 대상 부위에 따라 요소의 크기를 다르게 설정한다.

최종 상세 설계를 위한 유한요소모델은 기본설계모델과는 정교한 정도가 확연히 다르다. 이는 요구되는 해석의 정확도가 설계 단계별로 달라지기 때문이다.

08 기본적인 유한요소에 해당하지 않은 것은?

① 1차원 요소　　　　　　　② 스프링 요소
③ 삼각형 요소　　　　　　　④ 3차원 요소

기본적인 유한요소로는 1차원 요소, 2차원 요소, 3차원 요소, 스프링요소, 강체요소가 있다.

09 로봇구조 해석을 위한 유한요소 선택 시 1차원 요소에 해당하는 않는 것은?

① 세로대　　　　　　　　　② 멤브레인
③ 보강재　　　　　　　　　④ 보

멤브레인은 2차원 요소에 해당한다.

6 ① 7 ① 8 ③ 9 ② **Answer**

10 로봇구조 해석을 위한 유한요소 선택 시 2차원 요소에 해당하는 것은?

① 셀 요소
② 스프링
③ 강 체
④ 프레임의 캡

구조물의 하중 지지 능력에 따라 면내(In-plane) 하중만을 지지하는 막(멤브레인) 또는 전단력과 굽힘하중을 동시에 지지하는 일반적인 셀 요소 등이 있다.

11 주변 구조물과 비교하여 상대적으로 강성이 매우 큰 구조물을 모델링할 때 주로 사용하는 유한요소의 종류는?

① 강체요소
② 2차원 요소
③ 스프링요소
④ 3차원 요소

12 유한요소의 종류인 삼각형요소에 대한 설명으로 틀린 것은?

① 요소의 특성상 사각형요소보다 강성이 크다.
② 사각형요소와 함께 사용할 경우에 삼각형요소가 더 작은 하중을 가져간다.
③ 기하학적 형상의 필요성 때문에 사용하는 경우를 제외하고는 사용하지 않는다.
④ 응력의 변화가 큰 구간에서 사용하면 응력 분포가 이상해질 수 있다.

삼각형요소는 요소의 특성상 사각형요소보다 강성이 크기 때문에 사각형요소와 함께 사용하면 삼각형요소가 주변의 사각형요소보다 많은 하중을 가져간다.

13 유한요소의 종류인 셀요소에 대한 설명으로 틀린 것은?

① 셀요소의 이상적인 위치는 실제 평판의 중심면이다.
② 주로 얇은 판 모양 구조물의 모델링에 사용된다.
③ 두께가 다른 구조물들을 연결할 경우에는 셀요소가 평판의 중심 면에 위치하지 않는다.
④ 일반적으로 중심면과 요소의 위치 차이를 정의하기 위해 옵셋을 준다.

두께가 일정하지 않은 평판을 모델링하거나 두께가 다른 구조물들을 연결할 경우에는 셀요소가 평판의 중심 면에 위치하지 않게 되므로 중심면과 요소의 위치 차이를 정의하기 위하여 옵셋을 준다.

14 유한요소의 종류인 고체요소에 대한 설명으로 틀린 것은?

① 이론적으로는 모든 구조물들은 고체요소로 모델링할 수 있다.

② 고체요소를 사용하면 셸요소의 옵셋을 주는 문제를 없앨 수 있다.

③ 얇은 구조물을 고체요소로 모델링하는 것은 효과적이다.

④ 구조물의 단면 특성을 정확히 나타낼 수 있다.

셸요소와 비교하여 동일한 결과를 얻기 위해서는 고체요소의 수가 매우 많아지므로 얇은 구조물을 고체요소로 모델링하는 것은
효과적이지 못하다.

15 유한요소의 종류인 육면체요소에 대한 설명으로 옳은 것은?

① 고체요소 중에서 8절점을 가지는 육면체요소가 사면체요소보다 결과가 좋지 않다.

② CAD 프로그램에서 생성되는 설계 형상은 대부분 4개 이상의 면을 가지므로 바로 육면체요소로 분할할
수 있는 경우는 드물다.

③ 육면체요소로 분할하기 위해서는 복잡한 고체 형상을 5개 또는 6개의 면을 가지는 단순한 형상으로 나누어
주어야 하는 번거로운 작업을 거쳐야 한다.

④ 결과의 정확도가 높음에도 불구하고 사면체요소보다는 육면체요소를 주로 사용한다.

육면체요소
• 고체요소 중에서 8절점을 가지는 육면체요소가 사면체요소보다 좋은 결과를 준다.
• CAD 프로그램에서 생성되는 설계 형상은 대부분 6개 이상의 면을 가지므로 바로 육면체요소로 분할할 수 있는 경우는 드물다.
• 육면체 요소로 분할하기 위해서는 복잡한 고체 형상을 5개 또는 6개의 면을 가지는 단순한 형상으로 나누어 주어야 하는 번거롭고
  시간 소모적인 작업을 거쳐야 한다.
• 결과의 정확도가 높음에도 불구하고 육면체요소보다는 사면체요소를 주로 사용한다.

16 로봇기구 유한요소모델 구축을 위해 사면체요소를 선택할 때 곡선이나 곡면을 표현할 수 있는 것은?

① 4절점 사면체요소

② 6절점 사면체요소

③ 8절점 사면체요소

④ 10절점 사면체요소

10절점 사면체요소는 4개의 모서리 절점과 6개의 중간 절점을 가지고 있기 때문에 곡선이나 곡면을 표현할 수 있다.

17 유한요소모델 구축을 위한 고려사항이 아닌 것은?

① 공학적 직관력
② 단위계의 다양성
③ 경계조건 및 하중조건
④ 유한요소모델 확인

유한요소 해석 프로그램은 사용자가 입력한 데이터의 단위를 인식하지 못하므로 사용자가 일관성 있는 단위 체계를 사용해야 한다.

18 유한요소모델 구축을 위한 고려사항 중 하중조건에 대한 설명으로 틀린 것은?

① 한 절점에 여러 절점들에 분산시키기보다는 큰 집중하중을 가한다.
② 강체요소는 가해진 모멘트를 고체요소 절점들에서의 힘으로 분포시켜 준다.
③ 선형 해석의 경우 중첩원리를 이용하여 작용하중을 단순화시켜 가한다.
④ 모델에 사용된 다른 치수들의 단위와 일관된 단위계를 사용한다.

유한요소모델 구축 시 한 절점에 큰 집중하중을 가하기보다는 여러 절점들에 분산시켜 가한다.

19 유한요소모델의 확인에 대한 설명으로 틀린 것은?

① 동일 위치에 중복되어 생성된 절점이나 요소가 없는지 확인한다.
② 보요소의 경우 방향 벡터가 제대로 설정되어 있는지 확인한다.
③ 셸요소와 강체요소의 비틀림 정도를 확인한다.
④ 셸요소에 옵셋을 사용하였을 경우 제대로 정의되어 있는지 확인한다.

유한요소모델 확인 시 셸요소와 고체요소의 비틀림 정도를 확인한다.

제2장 로봇기구 동역학 해석

20 좌표계 중 점 A에서 시작하고 점 B에서 끝나는 점 P의 위치 벡터를 식으로 표현한 것은?(단, x, y, z방향의 단위 벡터가 각각 i, j, k이다)

① $\overline{P_{AB}} = (B_x - A_x)i + (B_y - A_y)j + (B_z - A_z)k$

② $\overline{P_{AB}} = (B_y - A_y)i + (B_x - A_x)j + (B_z - A_z)k$

③ $\overline{P_{AB}} = (B_x - A_x)j + (B_y - A_y)i + (B_z - A_z)k$

④ $\overline{P_{AB}} = (B_x - A_y)i + (B_y - A_z)j + (B_z - A_x)k$

21 하나의 벡터가 $P = 3i + 6j + 2k$라고 표현된다고 할 때 행렬 형태이고, 크기계수가 2인 벡터를 표현한 것은?

① $P = \begin{bmatrix} 3 \\ 6 \\ 2 \\ 2 \end{bmatrix}$
② $P = \begin{bmatrix} 6 \\ 12 \\ 4 \\ 0 \end{bmatrix}$

③ $P = \begin{bmatrix} 3 \\ 6 \\ 2 \\ 1 \end{bmatrix}$
④ $P = \begin{bmatrix} 6 \\ 12 \\ 4 \\ 2 \end{bmatrix}$

해설

$P = \begin{bmatrix} 6 \\ 12 \\ 4 \\ 2 \end{bmatrix}$, $P = \begin{bmatrix} 3 \\ 6 \\ 2 \\ 0 \end{bmatrix}$

22 하나의 벡터가 $P = 1i + 2j + 2k$라고 표현된다고 할 때 행렬 형태이고, 크기계수가 2인 단위 벡터로 방향을 표현한 것은?

① $P = \begin{bmatrix} 0.33 \\ 0.66 \\ 0.66 \\ 1 \end{bmatrix}$
② $P = \begin{bmatrix} 0.66 \\ 0.33 \\ 0.33 \\ 0 \end{bmatrix}$

③ $P = \begin{bmatrix} 0.33 \\ 0.66 \\ 0.66 \\ 0 \end{bmatrix}$
④ $P = \begin{bmatrix} 0.66 \\ 0.33 \\ 0.33 \\ 1 \end{bmatrix}$

해설

행렬로 표현한 것을 단위 벡터로 만들기 위해서는 전체의 크기를 구하여 새로운 크기의 평균화해야 한다. 이를 위해서 각각의 벡터요소들이 $\sqrt{}$세 요소의 제곱의 합으로 나누어져야 한다.

$\lambda = \sqrt{1^2 + 2^2 + 2^2} = 3$

여기서, $P_x = \dfrac{1}{3}, P_y = \dfrac{2}{3}, P_z = \dfrac{2}{3}$

$\therefore P = \begin{bmatrix} 0.33 \\ 0.66 \\ 0.66 \\ 0 \end{bmatrix}$

20 ① 21 ④ 22 ③ ▶ **Answer**

23 다음 설명 중 ( ) 안에 들어갈 알맞은 용어를 나열한 것은?

> 기준좌표계에 대한 국부좌표계는 3개의 벡터에 의해 표현이 가능하며 이 벡터들은 ( ), 회전, ( ) 벡터라고 불리며, 각각 단위 벡터로 표현된다.

① 수직, 대칭　　　　　　　　　　② 수평, 대칭

③ 수직, 수평　　　　　　　　　　④ 수직, 접근

24 좌표계는 좌표 (3,4,8)에 위치하고, n축은 x축에 평행하고, o축은 y축에 45° 기울어져 있고, a축은 z축에 45° 기울어져 있다. 이 좌표계를 바르게 표현한 것은?

① $H = \begin{bmatrix} 1 & 0 & 0 & 3 \\ 0 & 0.707 & -0.707 & 4 \\ 0 & 0.707 & 0.707 & 8 \\ 0 & 0 & 0 & 1 \end{bmatrix}$
② $H = \begin{bmatrix} 1 & 0 & 0 & 3 \\ 0 & 0.707 & 0.707 & 4 \\ 0 & 0.707 & 0.707 & 8 \\ 0 & 0 & 0 & 1 \end{bmatrix}$

③ $H = \begin{bmatrix} 1 & 0 & 0 & 3 \\ 0 & -0.707 & -0.707 & 4 \\ 0 & -0.707 & 0.707 & 8 \\ 0 & 0 & 0 & 1 \end{bmatrix}$
④ $H = \begin{bmatrix} 1 & 0 & 0 & 3 \\ 0 & 0.707 & -0.707 & 4 \\ 0 & 0.707 & 0.707 & 8 \\ 0 & 0 & 0 & 0 \end{bmatrix}$

해설

x축에 평행하므로 $R(x,\theta) = \begin{bmatrix} 1 & 0 & 0 & P_x \\ 0 & C\theta & -S\theta & P_y \\ 0 & S\theta & C\theta & P_z \\ 0 & 0 & 0 & 1 \end{bmatrix}$ 에 대입한다.

25 점 $P(5,3,4)^T$는 회전좌표계에 부착되어 있다. 이 좌표계는 기준좌표계의 x축에 대하여 90°만큼 회전한다. 회전한 후 기준좌표계의 관련된 점의 좌표(P_x, P_y, P_z)는?

① $\begin{bmatrix} 5 \\ 4 \\ 3 \end{bmatrix}$
② $\begin{bmatrix} 5 \\ 4 \\ -3 \end{bmatrix}$

③ $\begin{bmatrix} 5 \\ -4 \\ 3 \end{bmatrix}$
④ $\begin{bmatrix} 5 \\ -4 \\ -3 \end{bmatrix}$

해설

$\begin{bmatrix} P_x \\ P_y \\ P_z \end{bmatrix} = \begin{bmatrix} 1 & 0 & 0 \\ 0 & \cos\theta & -\sin\theta \\ 0 & \sin\theta & \cos\theta \end{bmatrix} \begin{bmatrix} P_n \\ P_o \\ P_a \end{bmatrix} = \begin{bmatrix} 1 & 0 & 0 \\ 0 & 0 & -1 \\ 0 & 1 & 0 \end{bmatrix} \begin{bmatrix} 5 \\ 3 \\ 4 \end{bmatrix} = \begin{bmatrix} 5 \\ -4 \\ 3 \end{bmatrix}$

26 좌표계를 대신하여 공간상의 점 $P = (2,4,6)^T$이 길이 $d = (2,3,4)^T$만큼 이송된다고 가정할 때 기준좌표계에 대한 점의 새로운 위치는?

① $\begin{bmatrix} 4 \\ 6 \\ 10 \\ 1 \end{bmatrix}$

② $\begin{bmatrix} 5 \\ 7 \\ 10 \\ 1 \end{bmatrix}$

③ $\begin{bmatrix} 4 \\ 7 \\ 10 \\ 1 \end{bmatrix}$

④ $\begin{bmatrix} 4 \\ 1 \\ 2 \\ 1 \end{bmatrix}$

해설

$$P = \begin{bmatrix} 1 & 0 & 0 & 2 \\ 0 & 1 & 0 & 3 \\ 0 & 0 & 1 & 4 \\ 0 & 0 & 0 & 1 \end{bmatrix} \begin{bmatrix} 2 \\ 4 \\ 6 \\ 1 \end{bmatrix} = \begin{bmatrix} 4 \\ 7 \\ 10 \\ 1 \end{bmatrix}$$

27 기준좌표계의 y축에 대한 회전행렬식은?

① $\begin{bmatrix} P_x \\ P_y \\ P_z \end{bmatrix} = \begin{bmatrix} 1 & 0 & 0 \\ 0 & \cos\theta & -\sin\theta \\ 0 & \sin\theta & \cos\theta \end{bmatrix} \begin{bmatrix} P_n \\ P_o \\ P_a \end{bmatrix}$

② $\begin{bmatrix} P_x \\ P_y \\ P_z \end{bmatrix} = \begin{bmatrix} \cos\theta & \sin\theta & 0 \\ \sin\theta & \cos\theta & 0 \\ 0 & 0 & 1 \end{bmatrix} \begin{bmatrix} P_n \\ P_o \\ P_a \end{bmatrix}$

③ $\begin{bmatrix} P_x \\ P_y \\ P_z \end{bmatrix} = \begin{bmatrix} \cos\theta & \sin\theta & 0 \\ \sin\theta & \cos\theta & 0 \\ 0 & 0 & \cos\theta \end{bmatrix} \begin{bmatrix} P_n \\ P_o \\ P_a \end{bmatrix}$

④ $\begin{bmatrix} P_x \\ P_y \\ P_z \end{bmatrix} = \begin{bmatrix} \cos\theta & 0 & \sin\theta \\ 0 & 1 & 0 \\ -\sin\theta & 0 & \cos\theta \end{bmatrix} \begin{bmatrix} P_n \\ P_o \\ P_a \end{bmatrix}$

28 기준좌표계의 z축에 대한 회전행렬식은?

① $\begin{bmatrix} P_x \\ P_y \\ P_z \end{bmatrix} = \begin{bmatrix} 1 & 0 & 0 \\ 0 & \cos\theta & -\sin\theta \\ 0 & \sin\theta & \cos\theta \end{bmatrix} \begin{bmatrix} P_n \\ P_o \\ P_a \end{bmatrix}$

② $\begin{bmatrix} P_x \\ P_y \\ P_z \end{bmatrix} = \begin{bmatrix} \cos\theta & 0 & \sin\theta \\ 0 & 1 & 0 \\ -\sin\theta & 0 & \cos\theta \end{bmatrix} \begin{bmatrix} P_n \\ P_o \\ P_a \end{bmatrix}$

③ $\begin{bmatrix} P_x \\ P_y \\ P_z \end{bmatrix} = \begin{bmatrix} \cos\theta & -\sin\theta & 0 \\ \sin\theta & \cos\theta & 0 \\ 0 & 0 & 1 \end{bmatrix} \begin{bmatrix} P_n \\ P_o \\ P_a \end{bmatrix}$

④ $\begin{bmatrix} P_x \\ P_y \\ P_z \end{bmatrix} = \begin{bmatrix} \cos\theta & \sin\theta & 1 \\ \sin\theta & \cos\theta & 1 \\ 0 & 0 & 1 \end{bmatrix} \begin{bmatrix} P_n \\ P_o \\ P_a \end{bmatrix}$

29 x축에 대하여 $45°$ 회전한 후 기준좌표축에 대한 점 $P(0,1,1)^T$의 좌표축은?

① $\begin{bmatrix} 0 \\ 0 \\ 1.414 \end{bmatrix}$ ② $\begin{bmatrix} 0 \\ 1.414 \\ 1.414 \end{bmatrix}$

③ $\begin{bmatrix} 0.707 \\ 0 \\ 1.414 \end{bmatrix}$ ④ $\begin{bmatrix} 0 \\ 0 \\ 0.707 \end{bmatrix}$

해설

$$P = Rot(x,45)\begin{bmatrix} 0 \\ 1 \\ 1 \end{bmatrix} = \begin{bmatrix} 1 & 0 & 0 \\ 0 & 0.707 & -0.707 \\ 0 & 0.707 & 0.707 \end{bmatrix}\begin{bmatrix} 0 \\ 1 \\ 1 \end{bmatrix} = \begin{bmatrix} 0 \\ 0 \\ 1.414 \end{bmatrix}$$

30 z축에 대하여 $30°$ 회전한 후 기준좌표축에 대한 점 $P(0,1,1)^T$의 좌표축은?

① $\begin{bmatrix} -0.5 \\ 1.366 \\ 1 \end{bmatrix}$ ② $\begin{bmatrix} -0.5 \\ 0.866 \\ 1 \end{bmatrix}$

③ $\begin{bmatrix} 0.366 \\ 0.866 \\ 1 \end{bmatrix}$ ④ $\begin{bmatrix} -0.5 \\ 0.366 \\ 1 \end{bmatrix}$

해설

$$P = Rot(z,30)\begin{bmatrix} 0 \\ 1 \\ 1 \end{bmatrix} = \begin{bmatrix} 0.866 & -0.5 & 0 \\ 0.5 & 0.866 & 0 \\ 0 & 0 & 1 \end{bmatrix}\begin{bmatrix} 0 \\ 1 \\ 1 \end{bmatrix} = \begin{bmatrix} -0.5 \\ 0.866 \\ 1 \end{bmatrix}$$

31 점 $P(7,3,2)^T$은 고정좌표계 $(\overline{n},\overline{o},\overline{a})$에 부착되고, 다음에 표시되는 변환에 종속된다. 변환의 결과에 있는 기준 좌표계의 관련 점의 좌표는?

> 1. z축에 대하여 $60°$만큼 회전한다.
> 2. x축에 대하여 $90°$만큼 회전한다.
> 3. [1,2,3]만큼 이동한다.

① $P_{xyz} = Trans(7,3,2)Rot(x,90)Rot(z,60)P_{noa}$

② $P_{xyz} = Trans(1,2,3)Rot(x,90)Rot(z,60)P_{noa}$

③ $P_{xyz} = Trans(1,2,3)Rot(z,60)Rot(x,90)P_{noa}$

④ $P_{xyz} = Trans(7,3,2)Rot(z,60)Rot(x,90)P_{noa}$

해설

연속적인 변환 순서가 바뀌면 완전히 다른 결과를 갖게 된다. 이때 행렬의 순서는 변하면 안 되며, 기준좌표계에 관하여 각각의 변환에 대해서 행렬은 앞에 곱해져야 한다.

32 점 $P(5,4,2)^T$은 고정좌표계 $(\overline{n},\overline{o},\overline{a})$에 부착되고, 다음에 표시되는 변환에 종속된다. 변환의 결과에 있는 기준 좌표계의 관련 점의 좌표는?

> 1. z축에 대하여 90°만큼 회전한다.
> 2. [4,−3,7]만큼 이동한다.
> 3. y축에 대하여 90°만큼 회전한다.

① $P_{xyz} = Rot(z,90)\,Trans(4,-3,7)\,Rot(y,90)\,P_{noa}$

② $P_{xyz} = Rot(y,90)\,Trans(5,4,2)\,Rot(z,90)\,P_{noa}$

③ $P_{xyz} = Rot(y,90)\,Trans(4,-3,7)\,Rot(z,90)\,P_{noa}$

④ $P_{xyz} = Rot(z,90)\,Trans(5,4,2)\,Rot(y,90)\,P_{noa}$

33 로봇의 위치를 표현하는 직교좌표계의 변환행렬로 적합한 것은?

① $\begin{bmatrix} 1 & 0 & 0 & P_x \\ 0 & 1 & 0 & P_y \\ 0 & 0 & 1 & P_z \\ 0 & 0 & 0 & 1 \end{bmatrix}$

② $\begin{bmatrix} C\alpha & -S\alpha & 0 & rC\alpha \\ S\alpha & C\alpha & 0 & rS\alpha \\ 0 & 0 & 1 & l \\ 0 & 0 & 0 & 1 \end{bmatrix}$

③ $\begin{bmatrix} C\beta \cdot C\gamma & -S\gamma & S\beta \cdot C\gamma & rS\beta \cdot C\gamma \\ C\beta \cdot S\gamma & C\gamma & S\beta \cdot S\gamma & rS\beta \cdot S\gamma \\ -S\beta & 0 & C\beta & rC\beta \\ 0 & 0 & 0 & 1 \end{bmatrix}$

④ $\begin{bmatrix} n_x & o_x & a_x & P_x \\ n_y & o_y & a_y & P_y \\ n_z & o_z & a_z & P_z \\ 0 & 0 & 0 & 1 \end{bmatrix}$

34 로봇의 위치를 표현하는 직교좌표계의 설명으로 옳은 것은?

① 로봇의 형태는 모든 구동기가 선형이다.

② 2개의 선형이동운동과 하나의 회전운동으로 구성된다.

③ 3개의 회전으로 구성되어 있다.

④ 하나의 선형운동과 2개의 회전으로 구성된다.

해설

로봇의 형태는 모든 구동기가 선형이고, 로봇 손의 위치는 3개의 축을 따라서 3개의 선형 관절의 움직임으로 얻어질 수 있다.

35 로봇의 위치를 표현하는 실린더좌표계의 변환 행렬로 적합한 것은?

① $\begin{bmatrix} C\beta \cdot C\gamma & -S\gamma & S\beta \cdot C\gamma & rS\beta \cdot C\gamma \\ C\beta \cdot S\gamma & C\gamma & S\beta \cdot S\gamma & rS\beta \cdot S\gamma \\ -S\beta & 0 & C\beta & rC\beta \\ 0 & 0 & 0 & 1 \end{bmatrix}$

② $\begin{bmatrix} n_x & o_x & a_x & P_x \\ n_y & o_y & a_y & P_y \\ n_z & o_z & a_z & P_z \\ 0 & 0 & 0 & 1 \end{bmatrix}$

③ $\begin{bmatrix} 1 & 0 & 0 & P_x \\ 0 & 1 & 0 & P_y \\ 0 & 0 & 1 & P_z \\ 0 & 0 & 0 & 1 \end{bmatrix}$

④ $\begin{bmatrix} C\alpha & -S\alpha & 0 & rC\alpha \\ S\alpha & C\alpha & 0 & rS\alpha \\ 0 & 0 & 1 & l \\ 0 & 0 & 0 & 1 \end{bmatrix}$

36 로봇의 위치를 표현하는 실린더좌표계의 설명으로 옳은 것은?

① 어떤 회전운동도 없기 때문에 단순한 이동변환행렬이 된다.
② x축을 따라 r만큼 이동하고, z축에 대하여 α만큼 회전하고, z축을 따라 l만큼 이동한다.
③ 하나의 선형운동과 2개의 회전으로 구성된다.
④ D-H 표현법으로 다룬다.

37 로봇의 위치를 표현하는 구좌표계의 변환행렬로 적합한 것은?

① $\begin{bmatrix} 1 & 0 & 0 & P_x \\ 0 & 1 & 0 & P_y \\ 0 & 0 & 1 & P_z \\ 0 & 0 & 0 & 1 \end{bmatrix}$

② $\begin{bmatrix} C\alpha & -S\alpha & 0 & rC\alpha \\ S\alpha & C\alpha & 0 & rS\alpha \\ 0 & 0 & 1 & l \\ 0 & 0 & 0 & 1 \end{bmatrix}$

③ $\begin{bmatrix} C\beta \cdot C\gamma & -S\gamma & S\beta \cdot C\gamma & rS\beta \cdot C\gamma \\ C\beta \cdot S\gamma & C\gamma & S\beta \cdot S\gamma & rS\beta \cdot S\gamma \\ -S\beta & 0 & C\beta & rC\beta \\ 0 & 0 & 0 & 1 \end{bmatrix}$

④ $\begin{bmatrix} n_x & o_x & a_x & P_x \\ n_y & o_y & a_y & P_y \\ n_z & o_z & a_z & P_z \\ 0 & 0 & 0 & 1 \end{bmatrix}$

38 로봇의 위치를 표현하는 구좌표계의 설명으로 옳은 것은?

① 로봇 손의 위치는 3개의 축을 따라서 3개의 선형 관절의 움직임으로 얻어질 수 있다.

② z축을 따라서 r만큼 이동하고, y축에 대하여 β만큼 회전하고, z축에 대하여 γ만큼 회전한다.

③ x축을 따라 r만큼 이동하고, z축에 대하여 α만큼 회전하고, z축을 따라 l만큼 이동한다.

④ 점 P의 운동을 표현하는 변환행렬은 단순한 이동변환행렬이다.

39 실린더좌표계에서 x축을 따라 이동한 r의 값은?

$$T_{cyl} = \begin{bmatrix} 1 & -2 & 0 & 2 \\ 2 & 1 & 0 & 4 \\ 0 & 0 & 1 & 2 \\ 0 & 0 & 0 & 1 \end{bmatrix}$$

① 1   ② 2

③ −2   ④ 4

 해설

$T_{cyl} = \begin{bmatrix} C\alpha & -S\alpha & 0 & rC\alpha \\ S\alpha & C\alpha & 0 & rS\alpha \\ 0 & 0 & 1 & l \\ 0 & 0 & 0 & 1 \end{bmatrix}$ 에서 $C\alpha = 1$, $rC\alpha = 2$이므로 $r = 2$이다.

40 실린더좌표계에서 z축을 따라 이동한 l의 값은?

$$T_{cyl} = \begin{bmatrix} 1 & -2 & 0 & 3 \\ 2 & 1 & 0 & 6 \\ 0 & 0 & 1 & 4 \\ 0 & 0 & 0 & 1 \end{bmatrix}$$

① 2   ② 3

③ 4   ④ 6

해설

$T_{cyl} = \begin{bmatrix} C\alpha & -S\alpha & 0 & rC\alpha \\ S\alpha & C\alpha & 0 & rS\alpha \\ 0 & 0 & 1 & l \\ 0 & 0 & 0 & 1 \end{bmatrix}$ 이므로 $l = 4$이다.

38 ②   39 ②   40 ③   **Answer**

41 실린더좌표계에서 z축에 대하여 회전한 α의 값은?

$$T_{cyl} = \begin{bmatrix} 0.707 & -0.707 & 0 & 1.414 \\ 0.707 & 0.707 & 0 & 1.414 \\ 0 & 0 & 1 & 0.866 \\ 0 & 0 & 0 & 1 \end{bmatrix}$$

① 0   ② 30

③ 45°   ④ 60

$T_{cyl} = \begin{bmatrix} C\alpha & -S\alpha & 0 & rC\alpha \\ S\alpha & C\alpha & 0 & rS\alpha \\ 0 & 0 & 1 & l \\ 0 & 0 & 0 & 1 \end{bmatrix}$ 에서 $\cos\alpha = 0.707$이므로 $\alpha = 45°$이다.

42 구좌표계에서 필요한 변수값인 r, β, γ은?

$$T_{sph} = \begin{bmatrix} 1 & 0 & 0 & 1 \\ 0 & 1 & 0 & 1.732 \\ 0 & 0 & 1 & 3.464 \\ 0 & 0 & 0 & 1 \end{bmatrix}$$

① $r = 2$, $\beta = 45°$, $\gamma = 60°$

② $r = 2$, $\beta = 30°$, $\gamma = 90°$

③ $r = 4$, $\beta = 60°$, $\gamma = 45°$

④ $r = 4$, $\beta = 30°$, $\gamma = 60°$

$T_{sph} = \begin{bmatrix} C\beta \cdot C\gamma & -S\gamma & S\beta \cdot C\gamma & rS\beta \cdot C\gamma \\ C\beta \cdot S\gamma & C\gamma & S\beta \cdot S\gamma & rS\beta \cdot S\gamma \\ -S\beta & 0 & C\beta & rC\beta \\ 0 & 0 & 0 & 1 \end{bmatrix}$

여기서, $r\sin\beta\cos\gamma = 1$, $r\sin\beta\sin\gamma = 1.732$, $r\cos\beta = 3.464$이다.

- $\dfrac{r\sin\beta\sin\gamma}{r\sin\beta\cos\gamma} = \dfrac{1.732}{1}$ $\rightarrow$ $\dfrac{\sin\gamma}{\cos\gamma} = \tan\gamma = 1.732$ $\rightarrow$ $\gamma = 60°$

- $\dfrac{r\sin\beta\cos\gamma}{r\cos\beta} = \dfrac{1}{3.464}$ $\rightarrow$ $\dfrac{\sin\beta}{\cos\beta} = \tan\beta = \dfrac{1}{3.464\cos\gamma} = \dfrac{1}{3.464\cos60°} = 0.577$ $\rightarrow$ $\beta = 30°$

- $r\cos\beta = 3.464$ $\rightarrow$ $r = \dfrac{3.464}{\cos\beta} = \dfrac{3.464}{\cos30°} = 4$

43 로봇이 직교-RPY의 관절 조합으로 구성되었을 때 ϕ_a의 값은?

$$T = \begin{bmatrix} 1 & 0 & 0 & 1 \\ 1.732 & 1 & 0 & 1.732 \\ 3 & 1 & 1 & 3.464 \\ 0 & 0 & 0 & 1 \end{bmatrix}$$

① 0   ② 30°

③ 45°   ④ 60°

 해설

$\tan\phi_a = \dfrac{n_y}{n_x} = \dfrac{S\phi_a C\phi_o}{C\phi_a C\phi_o} = \dfrac{1.732}{1}$ 이므로 $\phi_a = 60°$ 이다.

44 로봇이 직교-RPY의 관절 조합으로 구성되었을 때 ϕ_o의 값은?

$$T = \begin{bmatrix} 1 & 1 & 1.414 & 1 \\ 1.732 & 1 & 0 & 1.732 \\ -1.414 & 1 & 1 & 3.464 \\ 0 & 0 & 0 & 1 \end{bmatrix}$$

① 0   ② 30°

③ 45°   ④ 60°

 해설

$\tan\phi_o = \dfrac{-n_z}{\sqrt{o_z^2 + a_z^2}} = \dfrac{1.414}{\sqrt{1+1}} = 1$ 이므로 $\phi_o = 45°$ 이다.

45 로봇이 직교-RPY의 관절 조합으로 구성되었을 때 ϕ_n의 값은?

$$T = \begin{bmatrix} 1 & 1 & 1.414 & 1 \\ 1.732 & 1 & 0 & 1.732 \\ -1.414 & 1 & 1 & 3.464 \\ 0 & 0 & 0 & 1 \end{bmatrix}$$

① 0   ② 30°

③ 45°   ④ 60°

 해설

$\tan\phi_n = \dfrac{o_z}{a_z} = \dfrac{1}{1}$ 이므로 $\phi_n = 45°$ 이다.

46 로봇이 직교-오일러의 관절 조합으로 구성되었을 때 θ값은?

$$T = \begin{bmatrix} 1 & 1 & 1.414 & 1 \\ 1.732 & 1 & 0 & 1.732 \\ 1 & 1 & 1.414 & 3.464 \\ 0 & 0 & 0 & 1 \end{bmatrix}$$

① 0   ② 30°

③ 45°   ④ 60°

 해설

$\tan\theta = \dfrac{\sqrt{n_z^2 + o_z^2}}{a_z} = \dfrac{\sqrt{1+1}}{1.414} = 1$ 이므로 $\theta = 45°$이다.

47 로봇이 직교-오일러의 관절 조합으로 구성되었을 때 ϕ값은?

$$T = \begin{bmatrix} 1 & 1 & 1 & 1 \\ 1.732 & 1 & 1.732 & 1.732 \\ 1 & 1 & 1.414 & 3.464 \\ 0 & 0 & 0 & 1 \end{bmatrix}$$

① 0   ② 30°

③ 45°   ④ 60°

 해설

$\tan\phi = \dfrac{\dfrac{a_y}{S\theta}}{\dfrac{a_x}{S\theta}} = \dfrac{1.732}{1}$ 이므로 $\phi = 60°$이다.

48 로봇이 직교-오일러의 관절 조합으로 구성되었을 때 ψ값은?

$$T = \begin{bmatrix} 1 & 1 & 1 & 1 \\ 1.732 & 1 & 1.732 & 1.732 \\ -1 & 1 & 1.414 & 3.464 \\ 0 & 0 & 0 & 1 \end{bmatrix}$$

① 0

② 30°

③ 45°

④ 60

 해설

$\tan\psi = \dfrac{\dfrac{o_z}{S\theta}}{-\dfrac{n_z}{S\theta}} = \dfrac{1}{1}$ 이므로 $\psi = 45°$이다.

49 D-H 표현법에서 파라미터에 대한 설명으로 틀린 것은?

① θ : z축을 기준으로 회전해야 하는 각

② d : 2개의 연속적인 공통법선 사이의 z축 위에서 이동해야 하는 거리

③ a : 링크 길이

④ α : 2개의 x축이 같은 방향으로 평행하기 위해 z축을 기준으로 회전해야 하는 각

해설

링크 비틀림 각도(α) : 2개의 연속적인 z축이 같은 방향으로 평행하기 위해 x축을 기준으로 회전해야 하는 각(관절 비뚤어짐)

50 다음 그림과 같은 $R_z - R_z$형 로봇에 대한 D-H 테이블의 빈칸 (A), (B)에 들어갈 내용은?

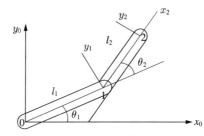

링 크	θ	d	a	α
1	θ_1	0	(B)	0
2	(A)	0	l_2	0

① A : θ_2, B : l_1

② A : θ_2, B : $l_1 + l_2$

③ A : $\theta_1 + \theta_2$, B : l_1

④ A : $\theta_1 + \theta_2$, B : $l_1 + l_2$

51 다음 그림과 같은 $R_z - R_y$형 로봇에 대한 D-H 테이블의 빈칸 (A), (B)에 들어갈 내용은?

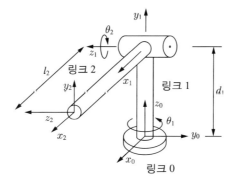

링 크	θ	d	a	α
1	θ_1	(A)	0	(B)
2	θ_2	0	l_2	0

① A : 0, B : 90°

② A : d_1, B : 90°

③ A : d_1, B : 0°

④ A : $d_1 + l_1$, B : −90°

52 다음 그림과 같은 $R_z - T_y$형 로봇에 대한 D-H 테이블의 빈칸 (A), (B)에 들어갈 내용은?

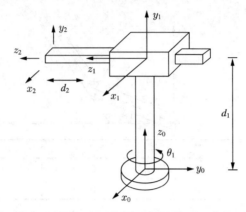

링 크	θ	d	a	α
1	θ_1	d_1	0	(B)
2	0	(A)	0	0

① A : 0, B : 90°

② A : d_1, B : 90°

③ A : d_1, B : −90°

④ A : d_2, B : 90°

해설

• θ_n : z_n축을 주위로 측정한 x_{n-1}축과 x_n축 사이 각도

• d_n : z_n축을 따라 측정한 x_{n-1}축과 x_n축 원점 사이의 거리(축 교차 시 $d=0$)

• a_n : x_n축을 따라 측정한 z_n축과 z_{n+1}까지의 거리(축 일치 시 $a=0$)

• α_n : x_n축을 주위로 측정한 z_n축과 z_{n+1} 사이의 각도

※ R(회전)과 T(병진)의 z방향이 다르므로 유의한다.

53 다음 그림과 같은 $R_z - R_y - T_z$형 로봇에 대한 D-H 테이블의 빈칸 (A), (B)에 들어갈 내용은?

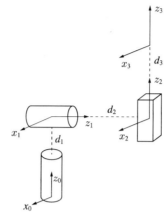

링크	θ	d	a	α
1	θ_1	d_1	0	(B)
2	θ_2	d_2	0	90°
3	(A)	d_3	0	0

① A : 0, B : 90°

② A : 0, B : −90°

③ A : θ_3, B : −90°

④ A : θ_3, B : 90°

해설

- θ_n : z_n축을 주위로 측정한 x_{n-1}축과 x_n축 사이 각도
- d_n : z_n축을 따라 측정한 x_{n-1}축과 x_n축 원점 사이의 거리(축 교차 시 $d=0$)
- a_n : x_n축을 따라 측정한 z_n축과 z_{n+1}까지의 거리(축 일치 시 $a=0$)
- α_n : x_n축을 주위로 측정한 z_n축과 z_{n+1} 사이의 각도

※ R(회전)과 T(병진)의 z방향이 다르므로 유의한다.

54 다음 그림과 같은 3자유도를 가진 로봇팔에 대한 D-H 테이블의 빈칸 (A), (B)에 들어갈 내용은?

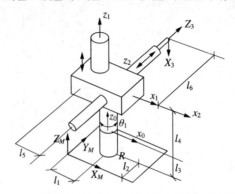

링 크	θ	d	a	α
1	θ_1	(B)	0	0
2	0	0	l_5	$-90°$
3	(A)	l_6	0	0

① A : 90°, B : l_4

② A : -90°, B : l_3

③ A : 0, B : l_4

④ A : -90°, B : $l_3 + l_4$

해설

- θ_n : z_n축을 주위로 측정한 x_{n-1}축과 x_n축 사이 각도
- d_n : z_n축을 따라 측정한 x_{n-1}축과 x_n축 원점 사이의 거리(축 교차 시 $d=0$)
- a_n : x_n축을 따라 측정한 z_n축과 z_{n+1}까지의 거리(축 일치 시 $a=0$)
- α_n : x_n축을 주위로 측정한 z_n축과 z_{n+1} 사이의 각도
- ※ R(회전)과 T(병진)의 z방향이 다르므로 유의한다.

55 다음 그림과 같은 스카라 로봇에 대한 D-H 테이블의 빈칸 (A), (B)에 들어갈 내용은?

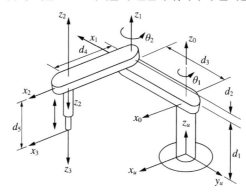

링 크	θ	d	a	α
1	θ_1	(A)	d_3	0
2	θ_2	0	d_4	(B)
3	0	d_5	0	0

① A : d_1, B : $-90°$

② A : d_1, B : 0

③ A : 0, B : 90°

④ A : 0, B : 0

해설

• θ_n : z_n 축을 주위로 측정한 x_{n-1} 축과 x_n 축 사이 각도
• d_n : z_n 축을 따라 측정한 x_{n-1} 축과 x_n 축 원점 사이의 거리(축 교차 시 $d=0$)
• a_n : x_n 축을 따라 측정한 z_n 축과 z_{n+1} 까지의 거리(축 일치 시 $a=0$)
• α_n : x_n 축을 주위로 측정한 z_n 축과 z_{n+1} 사이의 각도
※ R(회전)과 T(병진)의 z방향이 다르므로 유의한다.

56 다음 그림과 같은 3자유도 로봇에 대한 D-H 테이블의 빈칸 (A), (B)에 들어갈 내용은?

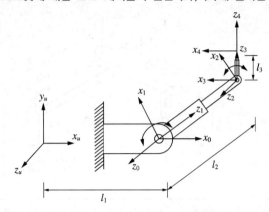

링크	θ	d	a	α
1	(A)	0	0	90°
2	0	l_2	0	−90°
3	θ_3	0	0	90°
4	0	(B)	0	0

① A : 90°, B : l_1

② A : $90+\theta_1$, B : l_3

③ A : θ_1, B : l_2

④ A : 0, B : l_2+l_3

해설

• θ_n : z_n축을 주위로 측정한 x_{n-1}축과 x_n축 사이 각도
• d_n : z_n축을 따라 측정한 x_{n-1}축과 x_n축 원점 사이의 거리(축 교차 시 $d=0$)
• a_n : x_n축을 따라 측정한 z_n축과 z_{n+1}까지의 거리(축 일치 시 $a=0$)
• α_n : x_n축을 주위로 측정한 z_n축과 z_{n+1} 사이의 각도
※ R(회전)과 T(병진)의 z방향이 다르므로 유의한다.

제 **4** 과목

로봇 통합 및 시험

로봇기구개발기사

한권으로 끝내기

합격의 공식
시대에듀

로봇 통합 및 기능 시험

제 **1** 장

01 로봇 통합하기

1. 로봇 통합 준비

(1) 기본적인 용어의 이해

① 로봇과 로봇시스템

㉠ 로봇시스템이란 로봇을 구동하기 위한 전반적인 설비 또는 다수의 로봇이 하나의 시스템으로서 구성될 경우를 지칭한다.

㉡ 구성요소는 크게 운동부, 제어부, 작업부 등으로 나뉜다.

② 조립

㉠ 여러 부품을 하나의 구조물 제품으로 만드는 것이다.

㉡ 부품의 개수가 적은 제품의 조립은 안내서나 지시서 없이도 조립이 가능하다.

㉢ 복잡한 기계 조립에는 부품도, 조립도, 조립 기준서 등 필요하다.

㉣ 복잡한 기계 조립은 단위의 부품을 조립하여 더 큰 단위의 부품을 만들고 또다시 부품들을 조립하여 제품을 완성한다.

(2) 조립작업의 5가지 원칙

① 부품 누락 또는 이품 조립의 방지

㉠ 어떤 기계의 부품 중 하나 또는 일부가 빠진 채로 조립되거나 유사 부품이 바뀌어 들어가 체결되는 실수를 하는 경우가 발생한다.

㉡ 방지대책으로는 실수방지장치를 설치하여 작업의 착각을 미리 예방하거나, 조립의 앞 공정에서 확인 또는 본 공정 조립 전에 2중, 3중으로 확인하여 실수를 예방할 수 있다. 이 실수는 조립 공정에서 많이 나타나는 현상이고 비중이 큰 편이다.

② 조립 부품의 청정도관리

㉠ 로봇 조립에 있어서 부품의 표면, 내면 등에 이물질이 묻어 있는 상태로 조립되면 치명적인 결과를 초래할 수 있다.

㉡ 이러한 문제는 부품 제작과정 중 세척 시에 발생하거나 조립 장소로 이동하는 과정 또는 보관하는 과정 중에 이물질이 들어가 발생하는 경우가 일반적이다.

ⓒ 부품가공이 시작되는 때부터 청정도 유지 및 관리를 해야 하며, 보관 장소 및 용기(Pallet)의 커버(또는 덮개)가 있어야 하고, 중요 부품은 전용보호용기를 만들어 관리해야 한다.

ⓔ 공장환경의 청정도를 유지하기 위해 조립 공장 바닥의 청결 상태 점검, 분진이 발생하는 요소관리 등을 철저히 하여야 한다.

③ 부품 체결력관리

ⓐ 로봇을 구성하는 기본적인 기계 부품의 조립에 있어서 각각의 부품에는 그 특성에 따라 체결력(단위 : kgm)이 정해져 있다.

ⓑ 일반 공구인 스패너, 몽키 등은 정확한 체결력을 측정할 수 없어 작업자의 감으로 측정하므로 일관성이 없기 때문에 당시 작업자의 컨디션에 따라 차이가 많이 날 수 있다.

ⓒ 체결력의 차이를 없애기 위하여 힘을 측정할 수 있는 공구인 토크렌치를 사용하거나 자동으로 조립되는 메커트로닉스 구조인 자동체결기를 적용하여 체결오차를 최소한으로 줄일 수 있도록 관리해야 한다.

④ 조립 방향과 위치 실수 방지

ⓐ 로봇과 같이 형상이 복잡한 부품 조립상에서 많이 나타나는 실수로 부품이 좌우 대칭인 것 같이 보이는 것, 상하 방향의 구분이 어려운 것들이 대상이 된다.

ⓑ 이들 부품은 설계에서부터 조립 실수 방지를 위한 구조가 되어야 하고, 조립현장에서 실수방지장치를 사용하면 사전에 예방할 수 있다.

⑤ 부품의 찍힘 방지

ⓐ 청정도관리와 유사한 내용으로 운반과정에서 종종 일어나는 결함이다.

ⓑ 로봇과 같이 다수의 부품이 사용되는 경우, 부품 자체의 무게와 포장방법에 따라 차이가 있다.

ⓒ 특히, 취급상에서 발생되므로 전용포장용기와 부품을 보호하면서 운반할 수 있는 핸들링기구를 사용하여야 찍힘을 방지할 수 있다.

(3) 조립용 공구의 종류

① 렌치류 : 대상물의 축을 비틀어서 작업하는 조립용 공구이다.

ⓐ L렌치 : 머리에 각 형의 구멍이 있는 볼트를 조이거나 육각머리 볼트를 풀 때 사용하는 공구이다.

ⓑ 토크렌치 : 볼트조임토크를 이용하여 도면이나 사양에 규정된 힘으로 조일 때와 같이 정확한 힘을 필요로 하는 경우에 사용하는 도구이다.

ⓒ 오픈렌치

- 일반적으로 스패너라고 많이 불리며 볼트와 너트의 분해나 조립에 사용한다. 인치 단위계를 사용하는 것과 미터 단위계를 사용하는 것이 있어서 정확한 치수를 알고 사용해야 하는 도구이다.
- 볼트의 모서리가 상하거나 헛돌지 않도록 대상물의 크기가 맞는 것을 사용해야 되며, 밀고 당기는 방향으로 힘을 가해서 사용한다.

② 플라이어류

ⓐ 지렛대의 원리를 이용하여 압력을 증가시켜 작업하는 공구이다.

ⓑ 롱 노즈 플라이어, 니퍼, 파이프렌치, 바이스 플라이어, 스냅링 플라이어 등이 있다.

ⓒ 조립 시에 이 공구들을 해머나 망치를 대신하여 타격하는 데 사용해서는 안 된다.

③ 드라이버류 : 볼트, 나사 등을 조이거나 풀어내는 목적에 사용되며, 주로 강철재로 된 몸체에 손잡이가 있는 형태이다. 인선의 폭과 길이로 규격을 표시한다.

(4) 기계요소의 개요

① 결합용 요소

ⓒ 나사, 키, 코터, 핀, 리벳 등으로 임시적 체결이나 반영구적 체결을 하는 기계 부품이며 작지만 매우 중요한 부분이다.

ⓒ 2개 이상의 기계 부품을 서로 임시적 혹은 영구적으로 체결하는 데에 사용한다.

② 전동요소

ⓒ 회전축, 마찰차, 기어, 벨트, 로프, 체인 등과 같이 동력을 전하는 부분이다.

ⓒ 운동이나 힘을 전달하는 기계요소로서, 일반적으로 원동기에 연결되어 회전하는 주동축의 운동과 힘을 다른 축에 전달하기 위해 사용되는 기계요소이다.

ⓒ 두 축 사이의 거리, 방향, 속도, 소음, 미끄러짐 등 다양한 조건에 따라 용도가 다르다.

③ 축계요소

ⓒ 축, 축이음, 미끄럼 베어링, 볼 베어링, 롤러 베어링 등과 같이 축을 연결하거나 축을 지지하는 부분이다.

ⓒ 축용 기계요소는 크랭크축, 허브축 등과 같이 회전체의 중심이 되는 축과 미끄럼 베어링, 볼 베어링, 롤러 베어링 등과 같이 축을 지탱하는 기계요소가 사용된다.

④ 운동조정용 요소 : 브레이크와 같은 제동요소와 스프링 관성차와 같은 완충요소가 포함된다.

⑤ 관용 기계요소 : 관, 관이음, 밸브 등과 같이 물, 기름, 가스 등 유체 흐름과 관계된 기계요소이다.

(5) 조립에 사용되는 일반적인 방법

① 결합(분해 가능한 조립방법)

ⓒ 쐐기 결합 : 쐐기작용을 응용하여 2개 부품의 상호 위치를 속박하여 확보하는 방법으로, 테이퍼핀 등을 이용한 핀 결합이 ㄱ 주류이다.

ⓒ 나사 결합 : 나사죄기작용(일종의 쐐기작용)의 힘으로 소박시키는 결합으로 볼트, 너트와 같이 아주 광범위하게 이용되고 있다.

ⓒ 베이어닛(Bayonet) 결합 : 서로 결합하려는 부품의 한쪽을 어떤 방향으로 이동하거나 회전해서 미리 만든 홈과 홈을 안내시키는 일과 스프링작용에 의해 결합을 하는 방식이다. 도구를 이용하지 않고 사람의 힘에 의해서 분해, 결합하는 것이다.

② 접합(분해 불가능한 조립방법)

ⓒ 용접 : 금속을 가열에 의해 용융 상태 또는 점성 상태로 해서 야금적으로 접합하는 방법으로, 특별히 광범위한 기계류, 장치들에 적용한다.

ⓒ 용착 : 용접과 거의 비슷하지만 유리와 금속, 자기(瓷器) 등의 결합을 말한다. 결합부에 일종의 합금을 형성시키는 방식으로 전구 등의 구금부, 의학용 및 화학용기를 붙이는 것들이다.

ⓒ 납땜 : 금속질 접합제(납, 은납, 황동, 알루미늄 등)에 의한 박판층의 결합에 사용되는 것으로 판금 작업, 관 부품의 결합이 이에 속한다.

ⓔ 접착 : 비교적 넓은 면에 접착재료를 얇은 층으로 펼쳐 바르는 결합방법으로 목재, 껍질, 종이 등에 이용되나 최근에는 고분자재료와 금속, 세라믹스의 접착 등에도 사용된다.

ⓜ 파 넣음 : 액상의 재료로 이미 꽂아 넣은 부품을 넣어 고정시키는 결합으로, 2개 부품의 차단과 고정, 절연 등으로 이용된다.

ⓗ 압축 결합 : 2개의 부품에서 한 가지가 상대의 어떤 부분에 응력을 가하여 이로 인해 생기는 마찰력에 의한 결합 방식이다. 예를 들어 열간끼움(박음), 냉간끼움(박음)이 이에 속한다.

ⓢ 리벳 결합 : 1개 또는 여러 개의 리벳을 이용한 결합으로 재질이 다른 부품의 조립, 두께가 다른 것끼리의 접합, 용접이 어려운 조건의 결합에 유리하다.

(6) 조립도와 부품도를 통한 사전 확인사항

① 조립도에서 확인해야 할 항목

ⓐ 구조 및 작동 : 제품이 어떤 모양으로 생겼으며 어느 부품과 어떤 형태로 조립되는지 등을 확인한다. 여러 개의 부품이 조립되어 동작하는 제품은 조립품의 구조 기능 및 동작방법 등을 파악할 수 있다.

ⓑ 조립 상태 : 조립도는 전체 부품의 조립 상태를 알아볼 수 있으며, 조립 순서와 조립 공정 순서를 결정하는 데 중요한 기준이 된다.

ⓒ 기준 치수 : 부품의 치수를 결정하는 기준이 되는 정보가 조립도에 표시되어 있다. 예를 들면 베어링 번호, 기어의 모듈 및 이수 등을 기준으로 전체 제품의 치수가 결정된다.

ⓔ 제품을 구성하는 부품 명칭 : 제품이 어떤 부품으로 구성되어 있는지 조립도에서 한눈에 파악할 수 있다. 부품의 명칭은 기능이나 형상을 이해하는 데 꼭 필요하며 품번과 함께 사용된다.

ⓜ 부품 수량 : 완성된 제품 하나에 그 부품이 몇 개 필요한지가 부품란에 표기되어 있다.

ⓗ 생산 수량과 납기 및 생산주기 : 생산 계획을 수립하는 데 필요한 내용을 확인하며, 이는 생산방법을 결정하는 기초요소가 된다.

② 부품도에서 확인해야 할 항목

ⓐ 치수 및 치수공차 : 도면에 나타나는 치수는 크기, 위치, 자세를 표현하므로 치수를 바르게 확인하는 것은 매우 중요하다. 조립이나 작동에 영향을 미치는 중요한 부분은 공차를 지시하여 정밀도를 확보한다.

ⓑ 형상 정밀도 및 표면거칠기 : 작동이나 조립을 위하여 필요한 경우 가공을 하는 작업자에게 형상 정밀도 및 표면거칠기를 규정하여 지시한다.

ⓒ 가공방법 : 필요한 경우 특별한 가공방법을 지정한다.

(7) 조립공차와 끼워맞춤의 이해

① 치수공차 : 부품의 치수에 공차를 두는 이유는 다른 부품과 조립되는 부분, 운동의 범위에 대한 부분 등이며, 필요 이상으로 정밀한 공차가 주어지면 생산 원가가 높아진다.

ⓐ 기준치수 : 치수공차를 정할 때 기준이 되는 치수로 지금까지 도면에 기입해 온 치수이다. 가공을 마친 완성 치수를 기입한다.

　　　ⓛ 실치수 : 가공이 완료된 후 실제로 측정했을 때의 치수이다.

　　　ⓒ 허용한계치수 : 허용할 수 있는 실치수의 범위로, 최대허용치수와 최소허용치수가 있다.

　　　ⓔ 최대허용치수 : 허용할 수 있는 가장 큰 실 치수이다. 실치수가 이 치수보다 크면 안 된다.

　　　ⓜ 최소허용치수 : 허용할 수 있는 가장 작은 실 치수이다. 실치수가 이 치수보다 작으면 안 된다.

　　　ⓗ 치수 허용 : 허용한계치수와 기준치수의 차이다. 위치수 허용차와 아래치수 허용차가 있다.

　　　ⓢ 위치수 허용차 : 최대허용치수와 기준치수의 차이다.

　　　ⓞ 아래치수 허용차 : 최소허용치수와 기준치수의 차이다.

　　　ⓩ 치수공차 : 최대허용치수와 최소허용치수의 차 또는 위치수 허용차와 아래치수 허용차의 차이며, 공차라고도 한다.

　② 개별 공차 지시가 없는 치수에 대한 공차

　　　㉠ 도면에 기입되는 모든 치수에는 공차가 허용되어야 한다. 그러나 대부분의 치수는 특별한 정밀도를 필요로 하지 않는다.

　　　㉡ 개별 공차 지시가 없는 치수에 대한 공차는 특별한 정밀도를 요구하지 않는 부분에 일일이 공차를 기입하지 않고 일괄하여 기입할 목적으로 규정되었다.

　　　㉢ 개별 공차 지시가 없는 치수에 대한 공차를 적용함으로써 설계자는 특별한 정밀도를 필요로 하지 않는 치수의 공차까지 결정해야 하는 수고를 덜 수 있으며 도면이 훨씬 간단해진다.

　　　㉣ 개별 공차 지시가 없는 치수에 대한 공차는 주서란에 기입한다.

　③ 끼워맞춤 : 개별 공차 지시가 없는 치수에 대한 공차가 길이 치수와 각도 치수에 대한 공차라면 끼워맞춤은 끼워 맞춰지는 구멍과 축 사이의 공차이다. 끼워맞춤에서의 구멍은 구멍과 같은 역할을 하는 안쪽 형체 모두를 의미하고, 축은 축과 같은 기능을 가진 바깥쪽 형체 모두를 의미한다.

　　　㉠ IT 등급

　　　　• IT 등급은 0mm 초과, 500mm 이하의 기준 치수에 대하여 IT 01, IT 0, IT 1, IT 2, …, IT 18까지 20개 등급으로 구분한다.

　　　　• 기준치수가 500mm 초과, 3,150mm 이하인 경우에는 IT 1~IT 18까지 18개 등급으로 구분되나 IT 1~IT 4는 실험적으로 사용하기 위한 잠정적인 것이다.

　　　　• 게이지 제작에는 공차가 작은 정밀한 등급이 사용된다. 구멍의 IT 등급은 축의 IT 등급보다 한 등급 위의 것을 적용한다.

　　　　• 기준치수가 클수록, IT 등급이 높을수록 공차가 커진다.

용 도	게이지 제작	끼워맞춤	끼워맞춤 외
적용 가공	특수가공, 입자가공	절삭가공	소성가공
구 멍	IT 1~IT 5	IT 6~IT 10	IT 11~IT 18
축	IT 1~IT 4	IT 5~IT 9	IT 10~IT 18

　　　㉡ 틈새와 죔새 : 축이 구멍보다 작을 때 생기는 치수 차이를 틈새라 하고, 축이 구멍보다 클 때 생기는 치수 차이를 죔새라고 한다.

　　　㉢ 방식에 따른 분류

　　　　• 구멍 기준 끼워맞춤 : 기초가 되는 치수 허용차가 0인 H의 구멍을 기준으로 이에 적당한 축을 선정하여 죔새나 틈새를 얻는 방식이다.

- 축 기준 끼워맞춤 : 기초가 되는 치수 허용차가 0인 h의 축을 기준으로 이에 적당한 구멍을 선정하여 죔새나 틈새를 얻는 방식이다.
② 끼워맞춤의 종류
  - 헐거운 끼워맞춤
    - 구멍의 최소허용치수가 축의 최대허용치수와 같거나 큰 경우로 항상 틈새가 생기는 끼워맞춤이다.
    - 구멍의 최소허용치수와 축의 최대허용치수의 차가 최소 틈새의 크기가 되고, 구멍의 최대허용치수와 축의 최소허용치수의 차가 최대 틈새의 크기가 된다.
  - 억지끼워맞춤
    - 구멍의 최대허용치수가 축의 최소허용치수보다 작은 것으로 항상 죔새가 생기는 끼워맞춤이다.
    - 축의 최소허용치수와 구멍의 최대허용치수의 차가 최소 죔새의 크기가 되고, 구멍의 최소허용치수와 축의 최대허용치수의 차가 최대 죔새의 크기가 된다.
  - 중간끼워맞춤
    - 구멍이 클 수도 있고 축의 치수가 구멍보다 클 수도 있는 끼워맞춤으로, 구멍과 축의 실제 치수에 따라서 죔새가 생길 수도 있고 틈새가 생길 수도 있다.
    - 용도에 따라 헐거운 끼워맞춤이나 억지끼워맞춤이 얻어질 수 있도록 선택하여 조립한다.

기준 구멍	축의 공차역 클래스								
	헐거운			중 간			억 지		
H6		g5	h5	js5	k5	m5			
	f6	g6	h6	js6	k6	m6	n6	p6	
H7	f6	g6	h6	js6	k6	m6	n6	p6	r6
	f7		h7	js7					
H8	f7		h7						
	f8		h8						

기준 축	구멍의 공차역 클래스								
	헐거운			중 간			억 지		
h5			H6	JS6	K6	M6	N6	P6	
h6	F6	G6	H6	JS6	K6	M6	N6	P6	
	F7	G7	H7	JS7	K7	M7	N7	P7	R7
h7	F7		H7						
	F8		H8						
h8	F8		H8						

④ 표면거칠기 : 표면거칠기를 나타내는 방법에는 중심선 평균거칠기(R_a), 최대높이(R_{max}), 10점 평균 거칠기(R_z)가 있으며, 얻어진 값을 미크론 단위(μm)로 나타낸다.

다듬질 기호		표면거칠기			설 명	적용 예
		R_a	R_{max}	R_z		
∇	///////	특별히 규정하지 않음			가공하지 않은 면	
	~				아주 거친 곳만 약간 가공(버 제거)	스패너 자루, 핸들, 플라이휠
w ∇	▽	25a	100S	100Z	가공 흔적이 남은 정도	드릴가공면, 축의 끝단면
x ∇	▽▽	6.3a	25S	25Z	가공 흔적이 거의 없는 중간 정도 다듬질	기어, 크랭크 측면, 접촉하여 작동하지 않는 면
y ∇	▽▽▽	1.6a	6.3S	6.3Z	가공 흔적이 전혀 없는 다듬질	게이지 측정면, 접촉되어 작동하는 면
z ∇	▽▽▽▽	0.2a	0.8S	0.8Z	광택이 나는 고운 다듬질	특수 용도의 고급 면

02 현장 통합

1. 현장 통합을 위한 일반사항 확인

(1) 현장 통합을 위한 일반사항 확인

로봇 또는 로봇시스템은 제조업자의 권고사항과 수용 가능한 산업표준에 부합되도록 설치되어야 한다. 새로운 장비의 설치와 관련된 유해성을 최소화하기 위해서는 일시적인 방호장치와 작업 절차를 이용해야 한다. 고려되어야 할 조건은 다음과 같다.

① 설치설명서
② 물리적 설비
③ 전기적 설비
④ 로봇과 통합적으로 작동하는 부대장치의 동작
⑤ 보증조건
⑥ 제어 및 긴급 정지 요구조건
⑦ 특정 로봇의 작동 절차 또는 조건

(2) 로봇 및 로봇시스템의 안전한 운영과 설치 권고사항

① **제어 및 방호장치** : 로봇 또는 로봇시스템의 계획, 설치 그리고 운영 단계에 대해 고려하여야 한다.
② **위험성 평가**
　㉠ 로봇과 로봇시스템 개발의 각 단계에서 위험성 평가는 수행되어야 한다.
　㉡ 각 단계마다 다른 시스템과 방호장치 요구조건이 있다.
　㉢ 위험성 평가에 의해 채택된 적절한 방호장치가 적용되어야 한다.
③ **방호장치** : 하나 이상의 방호장치를 사용하여 로봇의 동작범위와 관련된 위험요인으로부터 사람을 보호하여야 한다. 대표적인 방호장치는 다음과 같다.
　㉠ 기계적 제한장치
　㉡ 비기계적인 제한장치
　㉢ 감응식 방호장치
　㉣ 고정된 방호-동작부와의 접촉을 방지하는 것
　㉤ 방책 인터로크 장치
④ **경고표시장치** : 전형적인 경고표시장치는 지지대 둘레를 감싸는 체인 또는 로프, 경고등, 경고신호, 경고음이다. 그것은 보통 다른 방호장치들과 혼용된다.
⑤ **프로그램 입력자에 대한 방호**
　㉠ 동작 입력 모드 시에 교시를 수행하는 사람은 로봇 및 관련 장비를 제어하게 된다. 이러한 사람은 프로그램이 되는 동작과 시스템 인터페이스 그리고 로봇과 다른 장비에 대한 제어 기능에 대해 익숙하게 알고 있어야 한다.

    ⓛ 시스템이 방대하고 복잡할 때는 부적절한 기능을 활성화시킬 우려가 있다. 로봇을 교시하는 사람은 로봇의 동작범위 안에 있기 때문에 이러한 실수는 사고를 유발할 수 있다.

    ⓒ 프로그래밍 작업에서의 실수 또한 유사한 결과를 초래하는 비의도적인 움직임을 초래할 수 있다. 로봇을 교시하는 사람의 잠재적인 상해를 최소화하기 위해서 교시하는 동안 로봇의 모든 부위의 속도를 250mm/s 또는 10inch/s로 제한하여야 한다.

⑥ 조작자 방호 : 시스템 조작자는 로봇 동작 중에 발생할 수 있는 모든 유해요인으로부터 보호되어야 한다. 로봇이 자동으로 작동할 때 모든 방호장비는 활성화되어 있어야 하며, 어떤 경우라도 조작자의 신체 일부분이 로봇의 방호지역 안에 있어서는 안 된다.

⑦ 방호지역에 인접한 조작작업

    ㉠ 사람이 로봇의 움직임 또는 다른 작동 상태를 평가·점검하기 위해서 로봇의 동작범위 안에서 또는 근접해서 작업할 경우, 모든 연속 작업에 대한 방호장치는 가동되어야 한다.

    ㉡ 이러한 작업을 하는 동안 로봇은 낮은 속도로 운영되어야 하며, 조작자는 로봇을 교시 모드에서 다루고 모든 조작을 완전히 제어할 수 있어야 한다.

2. 로봇 설치를 위한 기초 공사 준비

(1) 기초 공사의 설계

① 로봇의 정밀도 증가와 설계기술 및 제작기술의 발전에 따라 고도의 정밀도를 가지는 대형·중량 기계가 많이 제작되어, 로봇시스템 자체가 완성되어 설치 및 운전까지 연결되므로 기초를 잘해야 한다.

② 로봇의 설치에 있어서 설비 방식, 기초의 설계, 관련 설비 등이 기계의 기능 발휘에 미치는 영향은 매우 크며 이러한 설비 방식, 특히 기초 설계와 관련 설비 등은 매우 중요한 부문이다.

③ 기계의 종류가 많고 설치방법도 다양하여 기초에 대해서는 그 분야가 토목 부문인가, 기계 부문인가가 확실하지 않은 점이 있기 때문에 과정마다 공사 사양을 지키는 것이 중요하다.

(2) 기초 공사의 역할과 순서

① 로봇을 필요한 위치 및 상태로 유지한다.

② 로봇의 정밀도를 유지한다.

③ 로봇의 진동을 방지하고 외부로의 전파를 방지한다.

④ 외부의 진동이 로봇에 전파하는 것을 차단한다.

⑤ 해당 로봇을 사용하는 작업이 용이하도록 한다.

⑥ 로봇의 보수작업이 쉽고 기초 공사 관련 설비 사용이 용이하도록 한다.

(3) 기초에 필요한 조건

① 로봇과 지반 혹은 이것에 준하는 것과의 사이에 있고 그 압력을 충분히 견디고 모든 축대가 땅의 압력에 대하여 충분히 안전하도록 한다.

② 로봇의 정밀도 및 기능의 유지에 충분한 것이어야 한다.

③ 로봇 및 기초의 일부 또는 전체가 침전(침하)되지 않도록 한다.

④ 로봇 및 기초가 안정성을 유지하도록 한다.

⑤ 로봇 및 기초가 붕괴되지 않도록 한다.

⑥ 로봇 및 기초가 마찰 또는 회전되지 않도록 한다.

⑦ 로봇 및 기초가 기울거나 유동되지 않도록 한다.

⑧ 로봇 자체가 파손되지 않도록 한다.

⑨ 로봇과 주위에 진동이 생기지 않도록 한다.

⑩ 해당 로봇을 사용하는 작업이 안전하고 쉬워야 한다.

⑪ 로봇의 관리보수작업이 용이하고 안전해야 한다.

⑫ 시공이 간편하고 공사비가 저렴해야 한다.

(4) 프레임 설치 시 고려사항

① 로봇 설치에 있어서 가장 기본적인 것은 로봇의 능력과 성능을 최대한 발휘시키고, 수명은 최대한 유지시켜야 한다.

② 이를 위해서는 설치 기초 부분의 강성, 조립의 정밀도 등이 설계 사양대로 이루어져야 한다.

③ 로봇은 기구와 구조가 복잡하고 구동부가 많으므로 각부의 형상오차를 최대한 정밀도가 나오도록 조립해서 설치해야 한다.

④ 로봇의 각부 운동은 상하운동, 왕복운동, 회전운동 등이 반복적으로 이루어지기 때문에 이에 대한 강성과 수명에 대한 보장이 이루어지도록 신중하게 조립한다.

(5) 수평잡기의 중요성

① 로봇 설치에서 기본적인 프레임을 설치하기 위해 기본선을 긋기 전에 설치할 공장 내부 전체의 바닥 수평 상태와 거친 곳 등을 미리 조사하여 부적당한 곳은 개선작업을 해야 하며 기계 프레임의 높고 낮음을 없애도록 철저히 준비해야 한다.

② 로봇 전체는 매우 무겁기 때문에 바닥에 닿는 각 기부에 상당한 중량이 걸린다. 또 로봇을 땅바닥에 바로 설치를 하면 작동 시의 진동, 충격에 의해 운전 후 바닥이 가라앉아서 최악의 경우 로봇의 수평이 틀어지는 현상이 발생할 수 있다.

③ 따라서 로봇을 설치하기 위한 수평잡기에서는 지반 침하가 되지 않도록 기초 공사를 튼튼히 하는 것이 중요하다. 보통 10~15cm의 콘크리트를 치면서 철근을 넣고 견고한 기계 기초 공사를 한다.

3. 로봇 통합을 위한 안전장치 준비

(1) 설계상의 안전대책은 비상 정지 버튼, 로봇의 전자파 적합성, 재현성의 정확도, 제어기의 인터로크 기능 등이 있다.

(2) 로봇 사용자에 의해 적용되는 안전대책에는 제작자의 지침에 따른 안전장치 설치, 시동키를 항상 지정된 사람이 보관, 제작자의 안전 및 보수지침 준수 등이 있다.

(3) 안전장치 사양

① 로봇은 안전장치와 함께 제공되지 않지만, 안전장치는 사람을 위험으로부터 보호하는 데 있어 필수적이다.

② 고객이 안전장치가 설치된 생산라인에서 로봇을 이용할 때는 안전장치를 따로 만들 필요가 없다. 그러나 안전장치가 없는 경우 고객은 안전장치를 준비·설치하고 인터로크 스위치를 로봇제어기에 접속하여 다른 기계 또는 로봇과 간섭하지 않도록 해야 한다.

③ 안전장치용으로는 몇 가지 종류의 보호장치가 있다. 제어기는 안전장치의 공간 외부에 설치되어야 하며, 인터로크 기능을 가져야 한다.

(4) 고정된 안전장치

① 안전장치는 예측 가능한 작동과 환경의 영향을 견딜 수 있도록 만들어야 한다.

② 인터로크 관련 진입구 또는 물체감지장치를 통하는 경우를 제외하고는 안전장치 공간에 접근할 수 없어야 하며, 한 위치에 영구 고정되어 연장 등의 도구를 통해서만 철거가 가능해야 한다.

③ 날카로운 모서리와 돌출부가 없고 그 자체가 위험하지 않아야 하며, 안전장치 전면에 경고, 접근금지, 접촉금지 등과 같은 경고사인이 있어야 한다.

④ 하나의 인터로크 도어가 있고 그 전방과 내부에 물체감지장치를 가짐으로써, 안전장치영역으로 사람이 들어가는 것을 방지하는 2단계 보호방법이다. 따라서 사람이 안전장치영역으로 들어가려는 경우 우선 인터로크 장치가, 그리고 다음에 물체감지장치가 침입을 감지하고 로봇시스템이 작동을 정지하며, 경고신호장치를 통해 사람에게 인식 가능한 가청 또는 가시적인 신호를 제공한다.

(5) 인터로크 안전장치

① 인터로크는 안전장치가 닫힐 때까지는 로봇시스템이 다음 작동이나 상태로 이행하지 않도록 하는 장치이다.

② 상해 위험이 없어질 때까지 안전장치를 로크된 상태로 유지시키거나 로봇시스템 운전 중 안전장치를 열 때 정지 또는 비상 정지 명령이 주어지도록 해야 한다.

(6) 물체감지장치

① 사람이 작동 정지 없이 위험지역에 들어가 접근할 수 없도록 또는 위험 상태가 끝나기 전에 제한구역에 접근할 수 없도록 물체감지장치를 설치해야 한다. 예를 들어 물체감지장치와 함께 방호벽을 사용할 수 있다.

② 시스템이 필요로 하는 어떠한 환경조건에 의해서도 감지장치의 작동이 영향을 받아서는 안 된다.

③ 물체감지장치가 작동되면, 이것이 다른 위험 상태를 만들지 않는다는 전제하에 로봇시스템을 정지 위치에서 다시 구동시킬 수 있다. 로봇 작동 재개에는 감지영역 방해요인을 제거한 후 구동시킨다. 이로 인해 자동작동이 다시 구동되어서는 안 된다.

(7) 주의수단

① **주의방책 설치** : 제한구역에 무의식적으로 들어가는 것을 방지하기 위하여 만들어 설치한다.

② **주의신호장치 배치** : 위험물에 접근 또는 위험물 존재를 표시하는 청각적 또는 시각적 신호를 멀리 떨어진 거리에서도 사람에게 보여 줄 수 있도록 주의신호장치를 만들어 배치해야 한다.

4. 로봇의 평면 설치 실례

(1) 강판 위의 로봇 설치

① 평탄한 강판 위에 로봇을 설치할 때 보통의 기초 플레이트는 로봇 움직임에 견딜 수 있도록 설치되어야 한다.

② 설치 위치를 정확히 선정하기 위해 기초 부위의 볼트 구멍은 정확한 위치에 H9의 공차로 가동된다. 이 경우 정확한 위치에 기초 플레이트의 탭을 가공하고 소켓 볼트를 사용하여 고정시킨다.

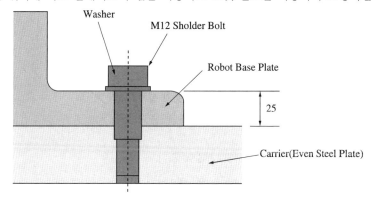

[로봇 설치용 기초 플레이트]

(2) 바닥에서의 로봇 설치

로봇을 바닥에 세팅할 때 바닥은 견고하고 강하여 로봇을 지탱할 수 있어야 한다.

① Case 1 : 바닥 두께가 200mm 이상일 때

ㄱ 바닥 표면은 평탄하여야 하며, 그렇지 않은 경우 평탄하게 한다.

ㄴ 균열이 있는 경우 바닥을 평평하게 재시공하거나 채운다.

② Case 2 : 바닥 두께가 200mm 미만일 때

ㄱ 설치를 위해 바닥을 파낸다.

ⓛ 자갈로 메우고, 콘크리트로 경화시킨다.

ⓒ 자갈 사이에 모르타르를 넣고 콘크리트 기초를 한다. 콘크리트 두께가 20mm 이상이면 평평하게 펴낸다.

ⓔ 로봇을 설치하기 전, 콘크리트가 경화되도록 약 7일간 방치한다.

ⓜ 로봇을 설치한 후 M16으로 고정한다.

(3) 로봇 설치의 조건

로봇 설치는 로봇의 수명과 재현성에 영향을 주기 때문에 다음 표의 설치조건을 따라야 한다.

항 목		사 양
공기압	공기 공급압력	$5\sim7kg/cm^2G$(세팅 압력 $5kg/cm^2G$)
	흡기량	최대 흡기량 150N liter/min[1]
허용 온도		$0\sim40℃$
고 도		최고 2,000m
허용 습도		정상 사용 시 : $20\sim80\%$, 건구
설치환경		부식가스가 없을 것[2]
진 동		0.5G 이하

주 1) 이것은 공기 조절기의 용량으로, 작업자는 제한값 이하를 사용해야 한다.
주 2) 강한 전기 잡음에서는 로봇을 격리시켜야 한다(예 Plasma 처리).

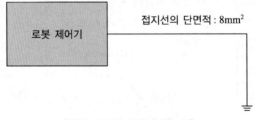

[용접 로봇의 설치조건의 예]

(4) 접 지

① 로봇 특성에 맞게 전용접지로 설치할 필요가 있다.

② 용접장비 또는 발전기 등의 접지선과 함께 사용하지 않는다.

③ 다른 장비와 접지선을 공용하면 로봇제어기 내로 전기 잡음이 유입되어 로봇에 치명적인 에러를 줄 수 있다.

5. 로봇 통합의 개념

(1) 조립된 로봇에 최종적으로 소프트웨어를 통합하는 과정에 있어서 가장 중요한 것은 인터페이스를 준수하는 것이다.

(2) 인터페이스란 하나의 시스템을 구성하는 2개의 구성요소(하드웨어, 소프트웨어) 또는 2개의 시스템이 상호 작용할 수 있도록 접속되는 경계 또는 이 경계에서 상호 접속하기 위한 하드웨어, 소프트웨어, 조건, 규약 등을 포괄적으로 가리키는 것으로 정의된다.

(3) 통상적으로는 하드웨어에서는 기기를 접속하는 커넥터 규격을 말하며, 소프트웨어에서는 프로그램 간에 데이터를 교환하기 위해서 정해진 사양이나 API(Application Programming Interface) 등이 있다.

6. 로봇현장 통합하기

(1) 로봇기구 및 하드웨어에 로봇 소프트웨어를 탑재한다.
① 로봇 설치 시에는 일반적으로 가장 먼저 운영체제를 설치하고, 다음으로 그에 따른 미들웨어를 설치하며, 마지막으로 특수 기능을 위한 응용프로그램을 설치한다.
② 응용프로그램은 사용자 편의를 위해 제공되며, 운영체제에 의해 구동되고 운영체제의 API를 기반으로 작성된다.
③ 미들웨어는 실제 로봇 동작의 계산을 위한 계산과 센서 데이터의 입출력 코드를 모듈화하여 라이브러리 형태로 제공하며 운영체제 위에서 동작하는 응용 계층을 지원하는 플랫폼이라고 할 수 있다.

(2) 로봇 통합 상태를 확인하고 점검한다.
① 로봇시스템의 시운전 : 로봇시스템의 통합 상태를 확인하기 위해 탑재된 소프트웨어는 먼저 시뮬레이션 프로그램을 이용하여 점검하여 문제가 없는지 검토한다. 소프트웨어에 대하여 확인이 되면, 다음과 같은 순서를 참고하여 하드웨어에 대한 확인을 수행한다.
  ㉠ 육안으로 전체 통합된 상태를 다시 검토한 후 시운전하기 전에 설치 상황을 다시 한번 확인한다.
  ㉡ 로봇시스템의 설치 장소, 상태, 배선 등을 확인하고, 절연 내압 측정 및 전원 전압을 확인한 후에 전원을 투입한다.
  ㉢ 전원 투입 후 Run 동작을 수행하기 전에 외부 기기와의 배선 상태를 확인하고, 안전회로의 동작 여부도 확인한다.
  ㉣ 결선 및 회로가 검토된 후에 반드시 부분적으로 수동 운전을 단계적으로 실시하여 부하의 정상 동작을 확인한다.
  ㉤ 소프트웨어 점검 시 사용했던 시뮬레이션이 끝난 프로그램을 로봇시스템에 탑재하여 실제 부하에서 시운전을 한다.
  ㉥ 최종 에러를 체크한 후 이상이 없으면, 로봇 소프트웨어는 보존용 자료(프린트, 테이프, 디스크, ROM) 로 만들어 별도로 보관한다.

② 로봇시스템의 세부 점검

　㉠ 로봇시스템의 장착 상태 : 설치된 제어반의 구조 및 설치환경을 로봇 설치 매뉴얼과 같은 관련 요령에 따라 먼저 점검한다. 그리고 다음과 같은 각 유닛의 장착 상태를 확인한다.
　　• 유닛의 배치
　　• 나사 조임새
　　• 커넥터의 고정
　　• 각종 설정 스위치 확인
　　• 유닛 근처에 발열체나 전기적 노이즈 발생 원인이 없는지 확인

　㉡ 배선 및 전원 : 로봇 전장부 결선도에 명시된 바를 지키고 있는지 검토한다. 여기서 전원 배선은 사용하는 시방대로 전압의 전원에 일치하는지 확인하여야 하며, 공용의 경우(110V/220V)에는 전체 시스템과 일치시킨다. 특히 접지, 배선의 굵기, 배선의 고정 등을 확인한다.

　㉢ 절연 내압 : 절연 측정과정에서 로봇시스템이 손상되지 않도록 절연 테스트를 할 곳과 행해서는 안 되는 곳을 구별해서 시행한다. 측정할 부분들을 서로 단락시킨 후 절연저항을 측정한다. 측정 부분과 접지 간의 절연저항이 보통 1~100MΩ이면 합격이다.

　㉣ 전원 투입
　　• 잘못된 배선에 의한 피해를 최소화하기 위하여 다음 사항을 확인한다.
　　　- 동력회로 Off 점검
　　　- 안전상 문제가 있거나 기기 파손이 예상되는 부분의 배선 제거
　　　- 공기압, 유압에 의한 구동기기에 대한 안전조치
　　• 전원 투입 후 다음 사항을 검토한다.
　　　- PLC의 지시램프 확인(CPU, 메모리, 파워 등)
　　　- 입출력 모듈의 표시램프에 의한 PLC 동작 상태 확인
　　　- PLC의 전원 전압 및 입출력회로의 전압 체크

　㉤ 외부 배선 및 안전회로 검토
　　• 입출력 전원을 On시킨다.
　　• 입력 소자들을 하나씩 On시켜 로봇시스템의 동작 상태를 확인한다.
　　• 강제 On 기능에 의해 출력 소자들을 하나씩 점검한다. 강제 On 기능이 없을 경우에는 단자 부분에서 짧은 순간 쇼트시킴에 의해서 가능하다.
　　• 비상 정지 버튼, 비상 정지 와이어, 세이프티 플러그, 광전 스위치 등에 대하여 차례로 검토한다. 각 구동기기의 안전장치(모터의 열동형 계전기 등)에 모의적으로 과부하나 이상신호를 만들어 안전 장치의 작동을 확인한다.

　㉥ 부분적 수동 운전 : 각 설비를 한 동작씩 수동으로 진행시키면서 운전 상태를 확인한다. 보통 로봇 시스템은 로봇과 이송, 분류 등의 작업을 수행하는 자동화된 부대장치들로 구성이 되는데, 이 단계에서 각각의 기능 및 동작 순서 등을 반드시 확인해야 한다.

　㉦ 자동 운전 : 작성된 프로그램에 의해 자동 운전을 수행한다.

　㉧ 에러 수정 및 이상 운전 테스트 : 시운전에 이상이 있을 때에는 이상 부분을 처리하고, 정상 동작을 확인한 후에 가상의 이상 운전 상태를 만들어 안전 상태를 재점검한다.

ⓩ 보존용 프로그램 작성 : 완전한 정상 운전이 확인되면 최종 프로그램은 보존용으로 만들어 반드시 별도로 보관해 두어야 한다.

03 | 기능 시험하기

1. 기능 시험

(1) 기능시험기준서 작성을 위한 로봇 기초 지식

기능시험설계서란 로봇시스템 구축에 필요한 기능별 구성 계획을 기술한 문서이다.

① 로봇의 구조

㉠ 로봇기구 구조
- 로봇기구는 모터 등의 구동원으로부터 감속기를 통해 속도를 감소시킨다. 토크를 증대시켜 로봇 팔을 구동하며 로봇 손을 통해 원하는 작업을 수행하기 위한 구동 메커니즘과 구조물로 구성된다.
- 주요 구성요소 : 구동을 위한 구동계, 구동계를 지지하는 구조물

㉡ 로봇 구동계의 목적과 기능
- 동력 전달 : 모터의 토크와 속도를 동작 부위로 전달한다.
- 크기가 작고 정도가 좋아야 한다.
- 동특성이 좋고 강성이 커야 한다.
- 콤팩트한 구조와 단순한 구성이어야 한다.

② 로봇 엑추에이터
- 로봇의 팔과 다리를 구성하는 관절을 직진 또는 회전운동하는 구성원을 액추에이터 또는 모터라고 한다.
- 에너지의 종류에 따라 크게 전동식, 공압식/유압식으로 구분할 수 있다.

[서보모터]

③ 로봇용 센서

　㉠ 로봇과 그 주변 상황에 대한 정보를 감지하여 로봇제어기로 전달하는 기기 또는 트랜스듀서이다.

　㉡ 위치, 힘, 토크, 압력, 온도, 습도, 속도, 가속도, 진동과 같은 물리량을 결정하거나 계측하기 위하여 필요한 출력신호를 발생시킨다.

　㉢ 최근의 센서기술은 기계와 시스템 사이의 데이터 획득, 감시, 통신, 컴퓨터제어 등에 핵심적인 요소로 자리 잡았다.

　㉣ 로봇센서의 기능

　　• 작업물의 위치와 방향을 파악한다.

　　• 미지의 장애물을 식별해 낸다.

　　• 시스템의 오동작을 분석하고 판단한다.

　　• 자동화용 로봇의 경우 일관된 생산 품질을 보장한다.

　　• 작업물의 형상이나 치수의 변동을 발견한다.

④ 로봇 컴퓨터 제어시스템의 구성 4가지 : 기능은 보통의 메커트로닉스 시스템과 유사하다.

　㉠ 구동장치를 구동하여 도구에 운동을 전달하는 로봇 메커니즘

　㉡ 액추에이터(모터, 유압 실린더 및 밸브 등), 파워 소스(직류 전원 공급장치, 엔진, 펌프 등)

　㉢ 센서(모션 변수의 측정)

　㉣ 사용자 인터페이스 장치 및 다른 디바이스와 통신 기능을 가진 제어기(DSP 또는 마이크로프로세서)

⑤ 로봇용 모션 컨트롤러

　㉠ 응용 소프트웨어와 액추에이터 구동시스템 사이에서 맞춤형 어플리케이션을 효율적으로 구성할 수 있는 역할을 담당한다.

　㉡ 정밀 포지셔닝, 다축 동기화, 경로 추종 등의 솔루션을 제공하여 다양한 동작을 구현할 수 있도록 제공한다.

　㉢ 부하의 조건, 동적인 환경에 따라 제어 알고리즘이 동작하도록 피드백 정보가 필요하며, 상태 정보의 수집과 사용자 인터페이스를 위해 리밋 스위치 및 다양한 입출력 채널을 제공하고 있다.

⑥ 로봇 부속장치 : 로봇제어기의 부속장치로 로봇의 동작을 교시하고, 제어하는 데 사용하는 티치 펜던트와 모션 컨트롤러에 부가되는 디지털/아날로그 입출력 인터페이스 장치 등이 있다.

⑦ 로봇 소프트웨어 : 소프트웨어는 하드웨어와 함께 컴퓨터시스템의 주요 구성요소이다. 하드웨어와 소프트웨어가 함께 구성되어야 컴퓨터시스템이 존재하고 로봇시스템이 존재한다. 소프트웨어는 하드웨어의 상부에서 운영되는 것으로 표현된다.

2. 로봇 기능 분석을 위한 구조

로봇 구조는 입출력장치와 전송제어장치로 구성되어 있다.

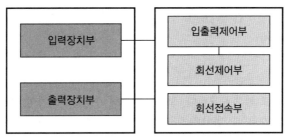

[로봇 내부 구성도]

(1) 입출력장치

① **입력장치** : 사용자가 입력한 정보를 로봇, 컴퓨터에서 처리 가능한 전기적인 신호 형태로 변환시키는 장치로 티치 펜던트, 키보드, 마우스 등이 있다.

② **출력장치** : 로봇, 컴퓨터로부터 출력된 데이터를 사용자가 볼 수 있도록 하는 장치로서 모니터, 플로터, 단말기 액정화면 등이 있다.

(2) 전송제어장치

① **회선접속부**(LIU ; Line Interface Unit) : 로봇용 단말기와 통신회선을 물리적으로 연결시켜 주며 단말장치의 전기신호와 전송회선상의 전송신호 간 상호 변·복조 역할을 수행한다.

② **회선제어부**(LCU ; Line Control Unit) : 회선 접속부로부터 출력된 데이터의 문자 조립, 직병렬 변환, 데이터 버퍼링, 데이터 오류 검출/정정 등의 기능을 수행한다.

③ **입출력제어부**(Input/Output Unit) : 입력장치로부터 나온 데이터를 회선제어부로 송신하거나 회선 제어부로부터 나온 데이터를 출력장치로 송신하는 등의 제어나 상태 감시 연락을 수행한다.

3. 로봇 시험

(1) 로봇의 성능을 시험하고 평가하는 과정은 기본적으로 계측과정이다. 존재하는 모든 물질 또는 대상은 특정한 양으로 결정하는 것이 계측(또는 측정)이다. 미리 정의한 표준과 피측정량 사이의 양적인 비교를 통해 이루어진다.

(2) 피측정량이라는 용어는 관찰되고 정량화되는 특정한 물리적 매개변수를 지칭하는 데 사용된다. 즉, 측정할 물리량(입력량)이다.

(3) 계측이란 단순히 측정하는 작업뿐만 아니라 특정된 데이터를 처리·분석하는 작업까지 포함한다. 즉, 계측된 데이터의 오차범위를 이해하고 실험 결과를 분석하여 공학적 원리나 유용한 자료로 가공하기 위한 신호처리 등의 실험적 기법에 대한 이해를 필요로 한다.

4. 시험 평가와 관련된 계측 기본 용어

(1) 오 차

① 측정된 결과와 측정되는 양의 참값과의 차로 정의되며, 모든 측정값에는 필연적으로 오차가 수반된다.

② 오차 = | 참값-측정값 |

(2) 불확실성

어떤 피측정량에 대해서도 참값은 모른다. 오차를 논의할 수 있고, 오차의 크기를 측정할 수 있지만 그 실제 크기는 결코 알 수 없다. 오차의 상한치를 추정하여 불확실도라고 한다. 흔히 말하는 오차는 주로 이 불확실성의 개념으로 사용되고 있다고 보면 된다.

(3) 정확도(Accuracy)

측정값과 참값의 차이이다.

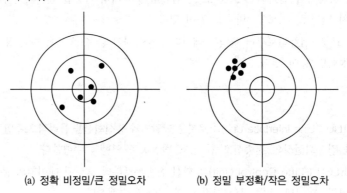

(a) 정확 비정밀/큰 정밀오차   (b) 정밀 부정확/작은 정밀오차

(4) 정밀도(Percision)

같은 양을 반복 측정하는 동안 구해진 측정치들의 차이이다.

① 최대 정밀오차=max{abs(평균치 - 측정치)}

② 정밀도$=\dfrac{S}{\overline{y}}$

여기서, 표본 평균 : $\overline{y}=\dfrac{1}{n}\displaystyle\sum_{i=1}^{n}y_i$

표본 표준편차 공식 : $S=\sqrt{\dfrac{\displaystyle\sum_{i=1}^{n}(y_i-\overline{y})^2}{n-1}}$

(5) 편이오차

측정값들이 참값으로부터 벗어난 정도이다.

(6) 정밀오차

측정값들 간의 흩어진 정도를 나타낸다.

(7) 감 도

입력되는 물리량의 변화에 대한 계측기의 출력 변화량의 비율을 나타내며, 입력-출력반응곡선에서 곡선의 기울기이다. 일반적으로 감도가 높은 계측기는 정밀한 측정에 유리하고, 감도가 낮은 계측기는 넓은 범위의 측정에 유리하다.

(8) 이력현상

측정값을 증가시키면서 측정하느냐 또는 감소시키면서 측정하느냐 하는 접근 방향에 따라서 측정값이 달라지는 현상이다. 기계적 마찰, 탄성변형, 자기효과, 그리고 열적효과에 의하여 발생한다.

(9) 보 정

주어진 입력량의 변화에 따른 계측기 출력량의 관계를 구하여 측정오차를 줄이고 계측기를 검증하는 작업이다. 보정을 위해서는 상호 비교하기 위한 비교 대상이 필요한데, 보통 오차의 범위가 알려져 있는 표준 계측기를 사용한다.

(10) 영점오차와 스팬오차

입력-출력반응곡선이 선형적으로 주어지는 경우, 원점과 기울기만 제대로 설정해 주면 된다. 원점이 영점에서 벗어나 있는 것을 영점오차 또는 Zero Offset이라고 하고, 기울기가 원래의 기울기에서 벗어나서 발생하는 오차를 스팬오차라고 한다.

5. 로봇 시험 체계

로봇 시험 체계는 로봇의 개발품 평가 시험, 상품 평가, 출하 시험으로 크게 구분할 수 있다.

(1) 로봇 개발품 평가 시험
① **시제품 시험** : 기능 시험, 성능 시험, 개발품 평가
② **신뢰성 시험** : 부품 평가 시험, 가속수명 시험, 내 환경성 시험
③ **적용 시험** : 로봇이 작업하는 시스템에 대한 적용성 평가

(2) 상품 평가
① **상품성 평가 시험** : 사용자 평가, 필드 테스트(Field Test)

(3) 출하 시험

Set-up 검사, 기능 검사, 연속운전 시험

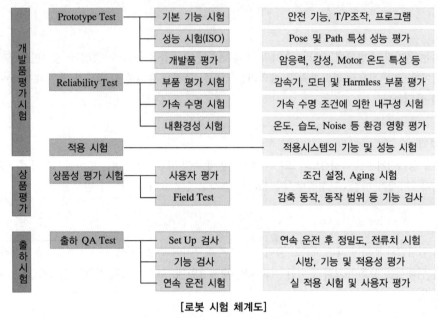

[로봇 시험 체계도]

6. 로봇 기능 시험

(1) 로봇 기능 시험항목은 로봇의 기본 기능 시험 및 각종 유틸리티 기능을 확인하는 것이다.

(2) 로봇 상호 결합(Interface) 관련 기능 확인과 교시 조작 설정에 따른 하드웨어 설정 기능 확인이 주요 항목이다.

(3) 각 항목에 대해 관련 표준과 자료에 의거하여 시험목적과 시험방법을 기술하고 체크리스트를 준비하여 시험 결과를 기재한다.

번 호	항 목	번 호	항 목
1	HOME 위치 이동	23	Error Logging 기능
2	LMOVE/JMOVE 동작	24	HERE 기능
3	소프트 리밋 영역 동작	25	교시 모드의 속도 지정 기능
4	원호 보간 동작	26	전체 출력신호 Off
5	DryRun 기능 확인	27	베터리 에러 체크
6	미러 기능	28	DO/DI 신호 출력 확인
7	ALIGN 기능	29	TP 신호 정의 기능
8	XYZ 이동	30	체크 섬 에러 체크
9	RPS 기능(1)-EXTCALL	31	PLC 기능(1)
10	Tool 보정 기능	32	로봇 설치 자세

번 호	항 목	번 호	항 목
11	베이스 좌표 이동 기능	33	외부 프로그램 호출
12	인코더 이상 체크 폭 기능	34	실 변수 설정 기능
13	교시 위치 설정 기능	35	수정/삽입 기능(일체형)
14	PC 프로그램 기동/정지	36	기대시간 강제 해제
15	Hold/Run 기능	37	각축 이동 기능
16	작동시간 관리 기능	38	정밀도 설정 기능
17	외부 I/O 기능	39	타이머 설정 기능
18	스텝 단위 실행 기능	40	메모리 영역 표시 기능
19	EMG Stop 편차 이상 체크 폭	41	Record 허가금지 기능
20	Check Mode 기능	42	시스템 스위치 기능
21	정전 복귀 기능	43	RPS 기능(2)-JUMP/END
22	CP Motion 확인 기능		

제 **2** 장 로봇 성능 및 신뢰성 시험

01 | 성능 시험하기

1. 성능 시험

(1) 성능 시험

① 성능 시험은 초기의 목적에 시스템 성능이 부합되는지에 대한 시험으로 모의환경 또는 실제환경에서 행해질 수 있다.

② 요구사항이 완전히 만족되었는지를 시험할 방법이 정의되어 있지 않은 상황에서 프로그램과 모듈을 비교해야 하는 경우, 이 시험은 상당히 어려운 작업이 될 수 있다.

③ 성능 시험을 준비할 때에는 로봇 성능 시험 방법에 대한 정의가 우선적으로 정의되어야 한다.

④ 산업용 로봇의 경우에는 자세 특성 시험, 경로 특성 시험, 최소 위치 정립시간 등을 시험할 수 있다.

자세(Pose) 특성 시험	경로(Path) 특성 시험
• 자세 정도/반복 정밀도 • 다방향 자세 편차 • 거리 정도/반복 정밀도 • 안정화 시간 • 오브슛 • 자세 편차	• 경로 정도/반복 정밀도 • 코너 링 특성 • 속도 정도/반복 정밀도

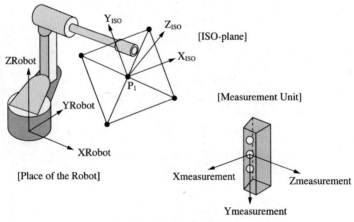

[로봇 성능 측정시스템 장치]

⑤ 이동 로봇의 경우

    ㉠ 속도 성능 시험 : 최대 속도 시험, 최대 가속도 시험, 최대 감속 시험 등

    ㉡ 비상 정지 성능 시험

    ㉢ 로봇 이동 안정도 시험 : 전방 정적 안정성 시험, 후방 정적 안정도 시험, 측방 정적 안정성 시험, 동적 안정성 시험, 외력 안정성 시험

    ㉣ 최대 전력 소비 모드와 이동에 관한 성능 시험 : 직선 경로 이동, 최소 회전 반경 이동, 원형 회전 이동, 경사면 주행 이동, 단차 승월 이동 등

    ㉤ 장애물 회피 성능 시험

    ㉥ 로봇 위치 성능 시험

(2) 성능 시험 계획

① 성능 시험 계획 단계는 시험의 목표를 달성하기 위해 필요한 활동 내역을 정의하는 단계로, 먼저 시험 전략을 수립해야 한다.

② 성능 시험 계획은 소프트웨어 개발 프로세스의 요구사항 분석의 마지막 단계에서 이루어지며, 사용자의 요구사항이 파악되는 시점에 개발시스템의 리스크 범위, 담당자 지정, 확보된 예산 등을 고려하여 향후 수행될 필요가 있는 테스트에 대한 전체 설계를 구상하는 활동이다.

(3) 이동 로봇의 이동 성능 시험 준비

① 기본 사양 결정

    ㉠ 이동 로봇 : 배터리 등 자체 동력원이 장착되어 있고 환경 인식 기능과 이동 기능을 갖고 있으며 사용자의 의도에 따라 자율 또는 반자율적으로 이동이 가능한 로봇

    ㉡ 최대 속도 시험 : 이동 로봇이 낼 수 있는 최대 속도를 측정하는 시험

    ㉢ 최대 가속 시험 : 이동 로봇이 정지 상태에서 최대 속도에 도달할 때까지의 시간과 속도를 측정하는 시험

    ㉣ 최대 감속 시험 : 이동 로봇이 최대 속도에서 정지 상태에 도달할 때까지의 시간과 속도를 측정하는 시험

    ㉤ 최대 전력 소비 모드 : 이동 로봇의 자율 이동 기능을 포함하여 여러 가지 작동 모드를 갖는 경우 단위시간당 전력 소비량이 최대가 되도록 작동하는 이동 로봇의 운행 모드

2. 이동 로봇 성능 시험하기

(1) 이동 로봇의 성능 시험을 준비한다.

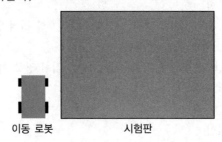

이동 로봇   시험판

① 이동 로봇의 성능 시험을 위한 시험판은 경질의 매끄러운 평면으로 되어야 하고, 수평한 곳에서 시험을 준비한다.

② 처음 시험을 시작하기 전에 이동 로봇 및 부착물은 적절한 시운전을 위해 최소 5분 동안 시운전 동작을 시킨다.

③ 이동 로봇과 그 부착된 부속품들은 시험이 수행될 때 정상 동작을 할 수 있도록 제작자의 지시사항에 따라 조립되어 사용되어야 하며, 이동 로봇에 부착하는 장비는 정상적으로 장착되어 있어야 한다.

④ 이동 로봇과 그 부속품의 질량을 측정하여 kg 단위로 표시한다.

⑤ 이동 로봇의 최소 회전 반경(r_{min})은 이동 로봇이 스스로 360° 회전할 수 있는 최소의 원통을 생각하고 그 반경을 측정한다.

⑥ 각각의 성능 시험 동안에 가속 또는 감속의 정도를 조절하는 제어시스템은 어느 경우에나 최고 감가속치를 낼 수 있도록 되어 있어야 한다.

⑦ 이동 로봇의 배터리는 제작자가 지정하는 방식에 의해 완전히 충전시켜야 하며, 시험 시작 전에 적어도 정격 용량의 75% 이상 충전되어 있어야 한다.

(2) 이동 로봇의 속도 성능을 시험한다.

① 정격 속도 시험방법

    ㉠ 이동 로봇의 직선 주행속도가 안정된 지점(가속 구간 이후 등속주행 구간)에서부터 5m 이상 떨어진 지점까지의 주행시간을 여러 번 측정한다.

    ㉡ 2개의 표점 사이를 정격속도로 주행시킨다. 2개의 표점을 지나는 시간을 기록하되 전방 진행 방향으로 2회, 반대 방향으로 2회 주행시킨다.

    ㉢ 두 표점 사이의 거리를 4회 주행시간의 평균치로 나눈다.

    ㉣ 계산 결과는 m/min 단위로 표기하며, 표점 사이의 거리와 시간의 정확도는 오차범위가 5%를 넘지 않도록 한다.

② 전방 최대 속도 시험방법

    ㉠ 이동 로봇을 최대 속도 상태에서 시험판으로 투입한 후 2개의 표점 사이를 최대 속도로 주행시킨다.

    ㉡ 2개의 목표점을 지나는 시간을 기록하며 전방 운행 방향으로 2회 주행하고, 반대 방향으로 2회 주행한다.

    ㉢ 이동로봇의 최대 속도는 두 목표점 사이의 거리를 4회 주행한 시간의 평균값으로 계산한다.

ㄹ 목표점 사이의 거리와 주행시간 측정의 정확도는 오차범위가 5%를 초과하지 않도록 하여야 한다. 계산결과는 m/min 단위로 표시한다.

③ **후방 최대 속도 시험방법** : 전방 최대 속도 시험방법에서 규정한 시험을 이동로봇의 후방 운행 최대 속도 측정 목적으로 실시한다.

(3) 이동 로봇의 이동 기능 특성을 시험한다.

① 이동형 로봇의 이동 기능 특성의 시험 방법에 대하여 KS B 6940(서비스 로봇의 이동 기능 특성 측정 방법-제2부 : 안정성 결정)를 중심으로 설명한다.

ㄱ 구동 바퀴 : 이동 로봇이 이동하기 위해 회전운동을 하는 바퀴로 이 규격에서는 2바퀴 굴림, 4바퀴 굴림을 대상으로 한다.

ㄴ 쏠림 각도 : 모든 바퀴의 상방향 힘이 0이 되는 수평면과 시험판의 각노이나. 모든 바퀴의 싱빙향 힘이 0이 되는 조건은 다음과 같다.
  • 바퀴 밑에 깔린 종이를 빼내는 방법
  • 바퀴가 들어 올려지는 것을 눈으로 확인하는 방법
  • 기타 힘을 감지할 수 있는 기구를 시용하는 방법 등

ㄷ 쏠림방지장치 : 이동 로봇의 어느 한계 이상의 쏠림을 방지하는 장치이다.

② 전방 정적 안정도 시험

ㄱ 이동 로봇이 경사면의 아래쪽 방향을 이동할 때 측정하며, 구동 바퀴수에 따라 다음과 같은 방법으로 전방 쏠림 각도를 측정한다.
  • 시험판을 수평으로 한다.
  • 그 위에 이동 로봇이 전면으로 향하도록 놓은 후 시험 평면을 기울인다.
  • 시험판의 회전축에 대하여 ±3°의 오차범위 내에서 이동 로봇의 바퀴축을 고정하도록 이동 로봇을 위치시킨다.
  • 시험판의 경사도를 차츰 높여서 쏠림 각도에 이르게 한다.

ㄴ 경사도의 상승이 너무 빠르면 실제 쏠림 각도와 차이가 발생할 수 있다.

ㄷ 이동 로봇과 시험장비 또는 실내 바닥과의 접촉이 적절하지 못해서 부정확한 시험 결과가 발생하지 않도록 주의해야 한다.

ㄹ 시험 도중에 이동로봇의 구조가 재현성을 가지고 변화하거나 비가역적으로 변화할 경우(예 타이어가 바퀴에서 벗겨지거나 이동 로봇이 부분적으로 휘어짐 등) 조치사항
  • 발생 상황을 기록하고 이것이 발생한 시점의 시험판의 각도를 보고서에 기록한다.
  • 시험을 끝낸다.

③ 후방 정적 안정도 시험

ㄱ 이동 로봇이 경사면의 위쪽 방향을 이동할 때 측정하며, 구동 바퀴수에 따라 후방 쏠림 각도를 측정한다.

ㄴ 시험방법은 전방 정적 안정도 시험과 동일하다.

④ 측방 정적 안정성 시험

ㄱ 이동 로봇의 내려가는 방향에서 좌측 및 우측 방향 모두에 대하여 실시하여야 한다.

ㄴ 본 시험은 위험할 수도 있으므로 적절한 안전대책을 강구하여 로봇 및 시험자를 보호하여야 한다.

ㄷ 뒷바퀴가 하나뿐이거나 2개의 뒷바퀴가 매우 근접해 있으면, 해당 이동 로봇은 앞바퀴 하나와 뒷바퀴 하나를 연결한 직선을 축으로 하여 쏠리게 된다. 이 경우 측방 정적 안정성 시험은 생략한다.

⑤ 외력 안정성 시험 : 일반 가정 및 공공장소 등과 같은 서비스 목적에 사용되는 500mm 이상의 높이를 갖는 이동 로봇에 외력이 가해졌을 때 안정성을 측정한다.

(4) 성능시험보고서를 작성한다.

① 성능 시험항목 및 시험 기준(KS 규격 등)

② 시험용으로 장비를 갖춘 이동 로봇의 사진

③ 이동 로봇의 크기, 무게 측정 결과

④ 회전 반경, 등판력 시험 결과

⑤ 속도·가속도 시험 결과, 비상 정지 시험 결과

⑥ 후방 주행속도를 측정할 수 없을 때에는 그 내용을 기재할 것

⑦ 시험에서 사용한 부하의 명세

02 신뢰성 시험하기

1. 신뢰성 시험

(1) 신뢰성 시험

① 신뢰성 시험의 정의

ㄱ 목적 : 잠재적 설계 문제를 가능한 한 빨리 발견하고 궁극적으로 시스템이 그 신뢰성 요구조건을 만족한다는 믿음을 주는 것

ㄴ 정의 : 아이템이 주어진 기간 동안 주어진 조건에서 요구 기능을 수행할 수 있는 가능성

ㄷ 조 건
  • 환경조건 : 자연환경(온도, 습도, 염분 등)
  • 사용조건 : 인위적인 환경(전압, 전류 등)

ㄹ 대상 : 소재, 부품, 완제품 시스템 등

ㅁ 절차 : 설계 조건 설정, 시험 계획 수립, 시험 실시, 시험 결과 해석, 평가

ㅂ 설계조건의 설정 : 목표치, 사용조건, 환경조건에 대한 파악을 포함

ㅅ 시험 계획 수립 : 시험 목적, 시험 방식, 시험항목, 시험조건, 시험설비 구비

◎ 시험 실시 후 : 시험 결과에 대한 해석과 평가 기반 통계 수치적 데이터 해석, 고장 물리적 해석, 신뢰성 평가 실시

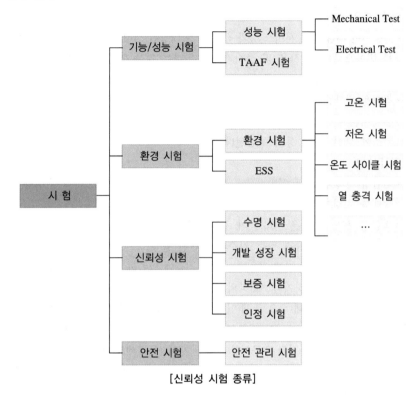

[신뢰성 시험 종류]

(2) 로봇 사용환경에 따른 신뢰성 평가

① 사용환경은 실내와 실외로 크게 나눌 수 있으며 세부적인 환경요인으로는 온도, 습도, 일조량, 압력, 강우, 분진 등이 있다.

② 로봇용 부품의 특성

　　㉠ 물리적 특성 : 비중, 수분 흡수율, 사용 가능 온도

　　㉡ 기계적 특성 : 인장강도, 항복점, 파단점, 충격강도, 좌굴강도, 탄성률 등

　　㉢ 열적 특성 : 연화점, 열변형 온도, 선팽창 계수, 열전도도 등

　　㉣ 전기적 특성 : 체적저항, 표면저항, 유전율, 유전정점, 유전파괴전압, 내트래킹 저항 등

　　㉤ 기타 특성 : 접착성, 마찰계수, 연소성, 안정성 등

③ 로봇 신뢰성 평가는 로봇의 사용환경을 고려하여 그에 적합한 평가가 수행되어야 한다.

　　㉠ 규격화된 평가 기준이 있는 경우에는 그에 맞춰 신뢰성 평가를 수행한다.

　　㉡ 규격화된 평가 기준이 마련되지 않는 경우에는 로봇의 사용환경을 고려하여 신뢰성 평가방법을 작성하고 이에 맞춰 신뢰성 평가를 수행해야 한다.

(3) 신뢰성 시험 관련 주요 인증

① 인증제도

㉠ 인증 개요

- 인증이란 제품 또는 서비스 등과 같은 평가 대상이 정해진 표준이나 기술규정 등에 적합하다는 평가를 받음으로써 그 사용 및 출하가 가능하다는 것을 입증하는 행위이다.
- 일반적으로 인증 또는 인증제도는 국제 규격 등에서 적합성 평가라는 용어로 포괄적으로 사용된다.
- 적합성 평가란 제품, 프로세스, 시스템, 사람 또는 기관 등에 대한 규정된 요구사항의 충족 여부를 실증하는 활동으로, 그 분야로 시험, 검사, 제품 인증, 경영시스템 인증, 자격 인증(사람의 특정 자격에 대한 인증) 등이 포함된다.

㉡ 적합성 평가

- 적합성 평가시스템은 일반적으로 적용 대상, 적합성 평가 활동 내용 및 활동 주체 등에 따라 다양한 형태를 지니게 된다.
- 적합성 평가시스템은 흔히 국제 규격 또는 기술시방서와 같은 규범 문서를 규정된 요구사항으로 이용하기 때문에 규격 또는 기준과 관련된 활동으로 보이기도 한다.
- 인증은 평가 대상이 그에 적용되는 평가 기준에 만족하는지 여부를 판단하기 위해 자격을 갖춘 자가 평가를 직접 수행하거나 제3자의 평가 결과를 근거로 입증하는 행위이다.
- 적합성 평가 체계 내 주요 주체(인정기관과 적합성 평가기관)의 활동을 용어로 구분하여 살펴보면, 규정된 요구사항에 대하여 적합성 평가기관이 적격한지를 공식적으로 실증하는 제3자 증명활동을 '인정'이라 하고, 규정된 요구사항에 대한 제품, 프로세스, 시스템, 사람 등의 적합 여부를 실증하는 제3자 증명활동을 포괄적으로 '인증'이라고 한다. 여기서 제3자란 적합성 평가 대상 및 그 대상에 대한 사용자와 독립적인 관계에 있는 자이다.
- 인정기관은 적합성 평가기관(시험소, 제품 인증기관, 경영시스템 인증기관, 자격 인증기관)이 국제 규격 또는 기준에 적합하게 운영되고 있는지를 평가하여 확인하고, 사후관리를 통하여 관리·감독함으로써 인증제도의 신뢰성을 유지하고 보장하는 역할을 수행한다.
- 일반적으로 인정기관에 대한 권한은 정부가 부여한다. 적합성 평가기관은 적합성 평가 대상(인정 대상이 되는 기관은 제외)에 대하여 국제 규격 또는 기준에 의하여 규정된 요구사항에 적합한지를 평가하고 실증해 주는 기관을 말한다.

② CE 인증

㉠ 개 요

- CE 인증제도는 유럽연합(EU ; European Union)의 통합 규격에 대한 강제 인증제도이다. CE 마킹을 한다는 의미는 EU 이사회 지침의 필수 요구사항에 대한 제품 적합성을 표시하는 것이며, 이는 유럽 공동체 법에 따라 제품에 관한 제반 평가 절차를 이행했음을 의미한다.
- 유럽 연합 내에서 유통되는 상품 중 소비자의 건강, 안전, 위생 및 환경보호 차원에서 위험이 될 수 있다고 판단되는 모든 제품에 적용되며, 이러한 대상 품목의 경우 CE 마크 부착은 강제 요구사항이며, 이를 어길 경우 유럽 내에서 유통이 금지된다.

ⓛ CE 인증 대상 제품 품목
- 저전압기기, 단순 압력용기, 완구류, 건축 자재, 전자파 관련 제품, 개인보호장비
- 비자동저울, 능동 삽입용 의료기기, 가스기기, 온수보일러, 민수용 폭약
- 의료기기, 방폭장비, 레저용 선박, 승강기, 압력기기, 기계류, 체외진단용 의료기기
- 무선 및 전기통신용 단말기, 승객 운송용 케이블 설치, 측정기구

③ UL 인증
ⓐ 개 요
- UL(Underwriters Laboratories Inc. : 미국보험안전협회 안전시험소)과 같은 시험기관은 직접 법령 등에 근거한 허가나 인증의 권한을 가지고 있지 않다.
- 미국에서 소비생활제품을 제조 혹은 판매함에 있어서 법적 규제에 의한 준수가 의무화되어 있는 강제 규격으로서는 '소비사세품안전위원회' 의해서 '소비지제품안전법'을 비롯한 소비자 보호를 목적으로 하는 5법령에 근거한 규격(강제)이 특정 품목에 대해서 제정되어 있다.
- 이러한 기준 적합 의무가 부과된 특정의 소비자 생활용품을 제외하고 일반에서는 소비 생활제품의 제조 또는 판매를 위한 요건이 되는 규칙이나 인증제도는 없고 민간 검사기관인 UL이 정한 각종 소비용품의 임의 규격이 제품의 안전성 확보나 소비자 보호에 중요한 역할을 수행하고 있다.
- 약 600 종류의 안전 규격이 UL에 의해서 개발·보급되고, 그것의 약 80%가 미국 국가 규격으로서 미국 규격협회(ANSI)에서 인가받고 있다.
- UL 인증 주요 대상 품목은 전기·전자기기 및 부품류, 기계·기구류, 건축자재 및 건설기기류, 소화용 기기류, 도난 방지 기기류, 선박용 제품류 등 1,400여개에 이른다.
- UL의 인증 취득은 강제사항이 아닌 임의사항이지만, 미국 내 소비자들의 UL 규격에 대한 신뢰성이 높이 평가되고 사실상 전기제품의 안전성을 상징하고 있기 때문에 대부분의 미국 내의 생산업자, 소비자, 수입업자들이 이 마크를 요구하고 있다.
- UL 규격은 실제로 미국에 수출하기 위해서는 반드시 필요한 강제 규격과 같다.

(4) 신뢰성 시험 계획
① 신뢰성 업무의 개요
ⓐ 신뢰도는 신뢰성의 정량적 표현으로서 신뢰도 함수를 사용하고 시스템, 기기 및 부품 등이 정해진 사용조건에서 목적하는 기간 동안 정해진 기능을 발휘할 확률로서, 고장 나지 않고 사용할 수 있는 확률을 통칭한다.
ⓑ 신뢰성을 나타내기 위해서는 제품의 사용조건 및 환경조건을 규정하고, 시간에 상당하는 측도(반복 횟수, 주행거리 등)에 대한 확률로 표현하고, 제품의 기능 혹은 고장을 명확하게 정의하여야 한다.
ⓒ 신뢰성 업무의 목적은 비용 절감의 효과적인 방법으로 신뢰성 있는 제품을 설계, 제조하는 것이다.
② 신뢰성 시험의 필요성
ⓐ 공급자 경영의 모든 수준은 자원의 적절한 배치를 통한 신뢰성의 목적과 부합되도록 위탁되어야 한다.
ⓑ 신뢰성과 맞물린 설계와 제조의 기여는 시스템 공학과정의 집적된 부분으로 고려되어야 한다.
ⓒ 제품은 의도된 사용환경과 타당한 고장 결과를 갖도록 설계되어야 한다.
ⓓ 설계의 신뢰성은 목적과 요구들을 획득하도록 보장하는 것을 입증하여야 한다.

ⓜ 시스템의 고장현상이 고도화, 복잡화, 대형화되어 고장이 빈번히 발생하고 있다.

ⓑ 시스템 혹은 제품이 가지고 있는 기능이 사용자 생활과 밀접한 관계를 갖게 되어 고장이나 결함으로 인해 발생하는 피해가 생활에 큰 영향을 미친다.

ⓢ 제품 개발주기가 짧아짐에 따라 다수의 관계자를 포함한 복잡한 기업 조직을 통해 예정대로 품질 보증을 확보하도록 요구되고 있다.

ⓞ 신기술 개발기간이 단축되고 신소재나 신제품이 출시되어 이에 대한 안정성이나 수명 등을 합리적으로 평가할 새로운 기술이 필요하다.

ⓩ 제품의 사용자가 제품을 사용할 때 경제성에 관심을 더 갖게 되고, 서비스나 보전비용을 포함한 수명주기비용에 대한 사고를 중요시한다.

ⓩ 고객 위주의 품질 정책에 따라 안전·환경문제 등이 기업의 제조물 책임을 가중시키고 이에 대처하기 위한 기술적 방어방법이 필요하다.

③ ISO 9001 품질경영시스템

ⓣ 21세기는 품질경영시대로서 국제적 인증시스템인 ISO 9001은 오늘날 세계 어디에서나 상거래에서 기본조건으로 요구되고 있다.

ⓛ 하지만 초기에 제정된 ISO 9001 규격은 제조 중심으로 설계되어 서비스 및 정보 부문 등 적용하기 어려운 점과 ISO 14000 등 타 규격과의 호환성 문제 등으로 인해 2000년 ISO/TC 176 위원회에서는 몇 가지의 변화를 포함한 새로운 ISO 9001 규격을 제시하여 품질인증시스템으로 시행 중이며, 변화된 내용은 다음과 같다.

- 제조업 중심의 규격에서 탈피하여 전 산업으로 확충
- 프로세스 모델을 기초로 하는 일반적 구조로의 전환
- 사용하기 간편하고 이해하기 쉬우며 명확한 용어 사용
- 기업 스스로의 자체 평가로의 활용이 가능하도록 설계
- ISO 9001과 ISO 9004의 일관된 체계
- ISO 14000 등 관련 규격과의 병용성 증대

ⓒ 이를 중심으로 새로이 제정된 ISO 9001은 품질경영시스템 요구사항인 ISO 9001과 기본사항, 용어(ISO 9000) 및 성과 개선지침(ISO 9004)으로 구성되었다. 지속적으로 규격이 보완되고 있으나 기본적 골격은 유지하고 규격의 내용은 다음과 같다.

- 최고경영자 역할의 중요성
- 교육 훈련의 유효성 평가
- 경영 자원의 관리
- 고객 만족
- 프로세스 어프로치
- 지속적 개선 및 지속적 개선에 필요한 ISO 9004의 부속서 A '자기평가지침'과 부속서 B '지속적 개선'의 제안

ㄹ ISO 9001은 제품, 서비스 품질 향상을 위한 품질경영시스템에 대한 요구사항이다. ISO 9004는 사업성과 개선을 위한 품질경영시스템지침이다.
- ISO 9004 성과 개선지침은 초우량 경영을 추구하는 품질경영시스템지침으로 만들어졌음을 기술하고 있다.
- 품질경영원칙 8가지
  - 고객 중심
  - 리더십
  - 전원 참여
  - 프로세스 접근
  - 경영에 대한 시스템 접근
  - 지속적 개선
  - 사실에 의한 의사결정
  - 공급자와의 상호 이익
- 품질경영시스템 요구사항의 구성
  - 적용범위
  - 인용 규격
  - 용어의 정의
  - 품질경영시스템
  - 경영 책임
  - 자원 관리
  - 제품 실현
  - 측정, 분석 및 개선

(5) 신뢰성 시험 계획

① 시험 관련 용어

㉠ 시험 : 로봇의 특성 또는 성질의 평가, 정량화 또는 구분하기 위하여 실시하는 시험

㉡ 적합 시험 : 로봇의 특성 또는 성질이 규정된 요구사항에 적합 여부를 판정하기 위한 시험

㉢ 결정 시험 : 로봇의 특성치 또는 성질을 결정하기 위한 시험으로 주로 제품의 사양서에 나와 있는 수치를 시험하는 것

㉣ 시험실 시험 : 규정되고 제어되는 조건에서 수행되는 적합 시험 또는 결정 시험으로 현장조건을 모의시험할 수도 있고 그렇지 않을 수도 있다.

㉤ 현장 시험 : 시험 시점에서의 운용, 환경, 보전 AC 측정조건들이 기록되는 현장에서 수행되는 적합 시험 또는 결정 시험

㉥ 내구성 시험 : 로봇의 성질이 구성된 스트레스의 적용과 기간 또는 반복 적용에 의하여 어떻게 영향을 받는가를 조사하기 위해 일정 기간 동안 실시되는 시험

ⓐ 가속 시험
  • 로봇의 스트레스 반응을 관측하는 기간을 단축하기 위하여 또는 주어진 기간 동안의 반응을 확대하기 위하여 기준조건에 규정된 스트레스를 초과하는 인가 스트레스 수준의 선정된 시험
  • 가속 시험이 타당성을 가지기 위해서는 근본적인 결함 모드, 고장 메커니즘 또는 그들의 상대적 관계를 변화시켜서는 안 된다.
ⓞ 단계 스트레스 : 로봇에 대해서 등간격으로 증가하는 여러 스트레스 수준을 순차적으로 적용하는 시험
ⓩ 시간 가속계수
  • 동일한 고장 메커니즘, 결함, 모드 및 상대적 관계들을 초래하는 2개의 서로 다른 스트레스 조건들의 집합에서 2개의 같은 크기의 표본으로부터 동일한, 정해진 수의 고장 또는 열화를 얻기 위해 필요한 기간들의 비율
  • 두 스트레스 조건들의 집합 중 하나는 기준 집합이어야 한다.
ⓧ 고장률 가속계수 : 규정된 기준시험조건에서의 고장률에 대한 가속시험조건에서의 고장률의 비로서, 두 고장률은 시험 아이템의 수명에서 동일한 기간에 적용한다.
ⓚ 고장 강도 가속계수 : 구간 시점에 수리된 로봇의 고정된 나이로 시작하는 주어진 지속기간의 어떤 구간에서 2개의 다른 스트레스 조건들의 집합에서 얻은 고장계수들의 비율
ⓣ 보전성 검증 : 로봇의 보전성 측도에 대한 요구사항이 달성되었는지를 확인하기 위하여 적용되는 절차이며, 절차는 적절한 데이터의 분석에서 보전성 검증까지를 포함할 수 있다.
ⓟ 보전성 실증 : 적합 시험으로 수행된 보전성 검증
ⓗ 관측 데이터
  • 직접 관찰에 의하여 얻어진 로봇 또는 과정에 관련된 값
  • 관련된 값은 사건, 시점, 기간 등이 있을 수 있다. 데이터를 기록할 때 모든 관련된 조건들과 기준들을 명시해야 한다.
ⓐ 시험 데이터 : 시험 중에 얻어진 관측 데이터
ⓑ 기준 데이터 : 일반적인 동의에 의하여 표준으로 또는 예측 및 관측 데이터와 비교를 위한 기초로 사용할 수 있는 데이터
ⓒ 고장 확률 밀도 함수[$f(t)$] : 단위 시간당 원 샘플의 몇 %가 임의 구간에서 고장 나는가를 나타낸 함수
ⓓ 고장률[순간 고장률, Failure Rate, $\lambda(t)$] : 단위시간당 구간 초기에 남아 있던 장비의 몇 %가 그 구간 내에서 고장 나는 비율 신뢰도 함수[$R(t)$]는 고장률 함수를 알아야 구할 수 있다. 따라서 제품의 신뢰도를 알기 위해서는 반드시 고장률 함수를 먼저 알아야 한다.

$$R(t) = \exp\left[-\int_0^t \lambda(t)dt\right]$$

ⓔ 평균 수명(Mean Life) : 평균 수명은 기대시간이므로 확률의 기댓값으로 표현된다. 고장 확률 밀도 함수나 신뢰도 함수를 통해 평균 수명을 계산한다.

$$E(t) = \int_0^t t \cdot f(t)dt = \int_0^\infty R(t)dt$$

ⓑ 온도 사이클 및 열 충격 시험 : 제어기 배선판을 고온, 저온 사이에서 반복해 온도 변화에 노출시킨 경우에 발생하는 수지, 도체의 내피로성을 평가하는 시험이다. 복수 시험조건을 설정하여 가속계수를 구하는 것으로 실사용 조건하에서의 수명을 예측할 수 있다.

- 장치 : 열충격시험(기상)장치, 프로파일용 온도기록계, 실체 현미경[육안 검사 시 사용(40배 정도)], 배선저항측정기

- 시험조건 : 일반적으로 T_g 이상 혹은 T_g 부근에서 수지의 물성이 변화하기 때문에 가속 시험 스트레스의 직선성이 없어진다. 따라서 사용재료 중 가장 낮은 T_g 온도의 −10℃ 이하를 시험조건의 상한 온도로 하는 것이 바람직하다. 부득이한 경우에도 시험의 최고 온도는 T_g까지로 한다.

  ※ T_g : 유리전이온도

- 표준 가속조건 : 표준적으로 다음 표의 표준 가속조건을 사용하는 것으로 한다. 저가속·고가속 조건에 관해서는 가속계수를 산출하기 위한 조건의 일례이다.

표준 예 : T_g 125℃인 경우

구 분	고가속 셀	표준 셀	저가속 셀
설정 온도(±5℃)	−40~115℃	−25~115℃	0~115℃
사이클	2cycle/h	2cycle/h	2cycle/h
온도 유지시간	300s 이상	300s 이상	300s 이상

ⓐ 85/85 시험 : 직접회로와 같은 전자 부품을 장시간 고습도 분위기 속에서 사용 및 보존하였을 경우의 내성을 평가하기 위한 것이다.

- 시험방법 : 온도와 습도를 장시간 유지할 수 있는 조에서 시험조건 85℃/85%, 시험시간 1,000h 기준으로 방치하여 꺼낸 후 최종 측정은 개별 규격으로 규정한 항목 및 조건에서 실시한다.

- 관련 규격 : JIS C 7022 B-5, KS C 6049 B-5, J정전기-22 A101, EIAJED-4701 B-121, B-122

② 신뢰성 시험 관련 장비

㉠ 오실로스코프(Oscilloscope)

- 오실로스코프는 관측하는 신호가 시간에 대하여 어떻게 변화하는가를 조사하는 것이 주목적이며, 시간에 따른 입력 전압의 변화를 화면에 출력하는 장치이다.

- 전기진동이나 펄스처럼 시간적 변화가 빠른 신호를 관측한다.

- 전자 빔을 피측신호에 비례하는 전기장으로 편향시키고 이것을 형광면에 충돌시켜 파형을 그리게 하여, 시간과 함께 급속히 변화하는 신호를 관측 또는 기록하는 장치의 일종이다.

- 고속 현상의 관측, 파형의 분석, 과도현상의 기록·관측 등 전기 계측의 분야에 사용한다.

- 많이 사용되는 측정

  - 전압의 측정 : 내장된 교정전압발생장치의 정확한 전압에 의해 브라운관면의 단위 눈금당 전압값을 정확히 교정해 두고 이것과 관측 전압의 파형을 비교하여 전압 값을 측정한다.

  - 시간 측정 : 스위프 속도는 가로축의 단위 길이당 시간으로 나타나므로 관측 파형상의 2점 간의 시간은 쉽게 측정할 수 있다.

  - 주파수 측정 : 관측 파형의 1주기 시간을 측정하면, 그 역수로 주파수를 구할 수 있다. 또 수평 편향판에 다른 표준신호발생기로부터 이미 알고 있는 정확한 주파수의 사인파신호를 가하고 수직 편향판에 피측사인파 신호전압을 가하면 주파수의 비율 및 위상차에 의해 리사주그림이라고 하는

특정한 도형이 얻어지며, 이것을 이용해 주파수를 구할 수 있다.

– 거리 측정 : 전기 펄스를 방출하여 그 반사파가 돌아오는 시간을 관측하면 전파속도로부터 거리를 측정할 수 있다.

ⓒ 항온항습체임버(열충격시험기)

- 열충격시험기는 시료에 가열과 냉각을 통하여 급격한 온도 변화를 만들어 주고, 그에 따른 열변형에 의해 시료의 손상 여부 정도를 시험하는 장비이다.
- 로봇시스템에서는 각종 제품 및 부품을 고온, 저온, 고습, 저습의 환경하에서 일부 전기적 스트레스를 가하면서 내구성 및 신뢰성 실험에 주로 사용한다.
- 온도 작동범위는 −65℃에서 150℃까지의 사용환경에서 안정적이고 정확하게 온도를 조절할 수 있어야 한다.
- 측정항목은 측정 대상물이 받는 온도 측정과 온도 변화에 의한 측정 대상물이 변화하는 변위 측정, Strain 측정 등이며 전자 기판의 경우 저항 측정 등을 한다.

ⓒ EFT 버스트 내성 시험기 : EFT를 전기적 빠른 과도현상이라고 하며 전기, 전자장비의 내성이 개폐 과도현상(유도부하의 방해, 릴레이 접점의 튀어 오름, 노이즈 등)으로부터 발생하는 것과 같은 형태의 과도 교란의 영향을 받을 때 그 장비의 내성을 테스트하기 위한 시험기이다.

ⓔ EDS(정전기 시뮬레이터)

- EDS는 정전기 발생기를 뜻한다. 즉, 고의로 정전기를 발생시켜서 로봇시스템 제품에 가함으로써 제품의 정전기에 대한 대응력을 보고자 하는 것이다.
- 규격에 의거하여 간접 방전, 직접 방전(접촉, 공기 중) 시험을 실시하며 접촉과 공기 중의 적용 기준은 손가락이 접촉될 수 있느냐 없느냐로 적용하는 것이 보통이다.
- 정전기를 대비한 회로가 구성되어 있지 않은 제품은 정전기 건으로 정전기를 맞으면 오동작하게 된다. 그러므로 제조사의 경우 이러한 보호회로를 갖추거나 부적합 발생 시 대책을 강구하여야 한다.
- 로봇 하드웨어에서는 규격에서 요구하는 정전기 시험을 필수적으로 하여야만 한다.

ⓜ 낙뢰시험기(서지 내성 테스터기)

- 낙뢰 또는 벼락은 번개와 천둥을 동반하는 급격한 방전현상이다. 뇌운에 의해 축적된 전하가 송전선을 타고 전자기기에 흘러가게 되면 전자제품에 치명적 영향을 미칠 수 있기 때문에 서지(뢰) 내성 시험이 필요하다.
- 즉, 낙뢰시험기는 낙뢰가 발생하였을 때 전자기기가 전기내성을 견딜 수 있는가를 측정하는 장비이다.
- 로봇 하드웨어에서는 규격에서 요구하는 서지 내성 시험을 필수적으로 하여야만 한다.

⓫ 가속수명시험기 : 항온항습체임버 기반의 가속수명시험기로서 각종 제품의 온습도 변화 및 진동 스트레스를 가하여 고장 분석을 수행한다.

⓪ 열화상 카메라 : 물체에서 방사되는 적외선 방사에너지를 검지기에 의해 검출하고, 물체의 방사온도를 전기신호로서 꺼내어 2차원의 가시상으로 표시하는 장치이다. 로봇시스템의 과열 부분을 적외선으로 촬영하여 분석할 수 있다.

(6) 정전기 신뢰성 시험하기

① 정전기 신뢰성 시험을 준비한다.

　㉠ 목적 : 제품이 제반환경조건을 인가하기 이전 상온·상습조건하에서 제품의 특성 및 제반 기능, 성능 만족 여부를 평가하기 위한 시험이다.

　㉡ 시험조건

　　• 일반조건 : Power On 조건, Operating 조건, 개발 담당자 입회

　　• 환경조건 : 상온·상습 상태

　　• 설비 및 기구

　　　– 시험 관련 계측장비류(예 주변 기기류, Tester)

　　　– Test 프로그램 및 JIG류

　　　– 기능, 성능 체크시트(평가기준, 평가방법, Test Jig, Test S/W)

　㉢ 시험방법

　　• 기능 평가

　　• 성능 평가

　　• S/W 평가

　　• 보호회로 평가

　　• 사용자 DC 입력 사용 제품은 역전압을 10분 이상 인가 및 동작, 파손 여부 확인

　　• H/W, S/W 안전, 보호 기능 확인(소프트웨어, 하드웨어, 기구적 방호 등)

　　• 제품 기구 설계도에 의한 기구 외관 검사 실시

　　• 사출물, 가공품 등의 조립성, A/S성 검토 : 사용자에 의해 탈착되는 사출 커버류 개폐 확인 및 견고성 확인(사용조건의 1.5배 토크 인가, 10회 이상 확인)

　　• 각종 라벨의 부착 여부 및 표기의 적정성 확인

　　　– 제품에 부착되는 라벨 확인

　　　– 포장 Box에 제시되는 라벨 확인

　　　– 적재 높이, 적재 방향, 취급주의, 제품명, Model명, 상호, 기타 확인

표기 내용	올바른 표기법
• 정격 전압 또는 정격 전압 범위 • 주파수 범위 • Phase : 단상 생략 가능 　삼상 : ϕ or Phase 필히 사용	• AC 200~240V, 60Hz • AC 200~240V, 50/60Hz • 3ϕ, AC 200~240V, 50/60Hz • 3Phase, AC 200~240V, 50/60Hz
정격 전류, 정격 소비 전력	A or mA, WATT
제조자명, 상표, Model명	***. 회사명
국적의 표기	Made In Korea
이중 절연인 경우, 이중 절연 Symbol 표기	
생산일자 표기(제조연월, Bar Code, Ser No등)	
기초 절연인 경우, 접지 Symbol 사용	

- 메모리 백업 기능 확인
  - 메모리 백업회로에 대한 유효 사용시간 제시 및 확인
  - 개발자의 사양에 의한 백업 전원 교환 및 이상 확인
  - 표시장치에 의한 백업 기능 확인[LED, 모니터(S/W), T/P]
  - 백업회로의 전압 저하에 대한 외부 출력 기능 제공 여부 확인
  - 메모리 백업 전원을 분리하고 가변 전압을 인가하여 전압 저하의 경고에 대한 확인
- 접지의 적정성 : 접지 색상(녹황색 사용), 고정부 페인팅 제거, 접지 스크루 사용, 접지 표시, 와이어 굵기 등 확인
- 포장재의 환경 친화성 검토 : 재전성, 재활용 여부, 사출물 재질 표기 확인
- 제품보증서의 제작, 삽입 여부

ㄹ) 판정 기준
- 기능 평가 체크시트의 개별 항목을 만족할 것 → 불만족 시 시험 중단 및 회송
- 성능 평가 체크시트의 개별 항목을 만족할 것 → 불만족 시 시험 중단 및 회송
- S/W 평가 체크시트의 개별 항목을 만족할 것 → 불만족 시 시험 중단 및 회송
- 보호회로 평가 체크시트의 개별 항목을 만족할 것 → 불만족 시 시험 중단 및 회송
- 사용자 DC 입력 제품에 역전압 인가 시 파손이 없을 것
- 각종 H/W 안전장치는 Normal Close 상태일 것(E-stop S/W)
- 기기와의 접촉, 마찰로 인해 인체에 상해를 입히지 않을 것(날카로운 모서리, 버 등이 없을 것)
- 사출물, 가공품의 틈새가 전면부 0.5mm 이내, 그 외 1mm 이내일 것
  - 분해, 조립이 용이하고 분해, 조립으로 인한 제품의 파손이 없을 것
  - 사용자에 의해 탈착되는 커버류의 파손 및 이탈이 없을 것
- 제품 라벨 표기 및 요구사항 준수 여부 확인 : 포장 박스 내 라벨 표기 및 요구사항 준수 여부 확인
- 메모리 백업 기능의 확인
  - 메모리 백업회로에 대한 유효 사용시간 제시 여부 확인
  - 개발자의 사양에 의한 백업 전원 교환 및 이상이 없을 것(메모리 크래시, 리셋, 동작 이상 등)
  - 표시장치에 의한 백업 기능 확인[LED, 모니터(S/W), T/P]
  - 백업회로의 전압 저하에 대한 외부 출력 기능이 있을 것
  - 전압 저하로 인한 경고 확인 및 동작 확인(메모리 크래시, 리셋, 동작 이상 등)

② 정전기 시험 성적서를 작성한다.
ㄱ) 적용 범위 : 이 규격은 *** 회사에서 생산되는 *** 제품, **** Model에 적용한다.
ㄴ) 시험 목적 : 이 시험은 정전기 내성이 당사의 품질보증과 관련된 지출 또는 사용자에게 손실을 주지 않도록 하기 위한 목적으로 실시된다. 이 시험의 조건은 인간과 장비의 설치 장소, 의자 등에 축적된 정전기적 Potential의 방전을 시뮬레이션하도록 되어 있다.
ㄷ) 시험설비 및 조건 : 장비 회사명, 모델명
ㄹ) 관련 표준
- 신제품 개발 및 품질 평가 업무 규칙
- 신뢰성 시험 업무 규칙
- 관련 국가 규격 및 해외 규격 : IEC 1000-4-2 정전기 Test Specification

ⓜ 용어의 정의
  • 배치 : 시험장비, 기준 접지면, 시험 시료의 상호 구성을 말한다.
  • 구성 : 제품의 시험 위치, 커넥션, 외부 장치나 기타 부속물과 연결하는 케이블의 종류
  • 정전기 내성 : Fail의 기준에 정해진 것 이상의 영향을 나타내지 않고 있으면서 정전기를 견딜 수 있는 피시험기의 능력
  • 접촉 방전 : 시험기에서 충전된 전극이 피시험기에 접근하여 발생기 안에 있는 S/W로 방전이 수행되는 시험방법으로. 여기에서 '접근'이란 접촉을 초래하는 것으로 이해할 수 있다. 따라서 방전은 피시험기 표면에서 아크의 발생 없이 행해진다.
  • 대기 방전 : 시험기의 충전된 전극이 시험기에 접근하여 스파크를 발생시킴으로써 방전시키는 시험방법이다. 이때 충전된 전극의 전위가 충분히 높을 때(약 3kV 이상) 피시험기의 아크가 발생한다.
  • 정전기 단계 레벨 : 제품에 가해도 불량을 유발하지 않는 최대 정전기 크기이다.
  • 불량 : 다음 중의 하나 또는 그 이상의 기능상 또는 사용상의 이상
    – 정상 동작을 회복시키기 위해 수리 요구
    – 동작 회복을 위해 오퍼레이팅 중지 요구
    – 사용자에게 인식된 가치 상실의 원인(예측할 수 없는 오동작 등)
    – 상온 기능/현상과 동일하지 않은 현상
  • 기준 접지면 : 시험 시료 아래에 놓여 시험 시료, 정전기 테스트 장비, 시험자, 보조 장비 등에 대한 전기적 기준점으로 사용되는 전도성 평판
ⓑ 시험조건
  • 시험 전압 레벨
    – 시험 전압 레벨은 가장 대표적인 설치환경 및 사용환경에 따라 선택한다. 어떤 종류의 재질들(예 나무, 콘크리트, 세라믹 등)은 레벨 2보다는 작은 레벨에서 시험해야 한다.

레 벨	접촉 방전(Contact Discharge), [kV]	기중 방전(Air Discharge), [kV]
1	2	2
2	4	4
3	6	6
4	8	8

    ⓐ 레벨 3단계까지는 동작에 아무런 이상이 없을 것(Soft/Hard Fail)
    ⓑ 레벨 4단계를 기준으로 함
    – 정전기 시험의 가장 중요한 시험요소는 방사 시 전류 변화의 비율이다. 즉, 축적된 전압의 크기, 방사 시 최대치의 전류와 상승시간이 여러 가지의 조합을 일으키며 이것이 영향을 미치는 중요 요소가 된다.
    – 정전기 시험 등급 선택 시 고려할 환경변수는 다음과 같다.

클래스	상대습도(%)	정전기 방지재	합성섬유 재료	최대전압(kV)
1	35	×	–	2
2	10	×	–	4
3	50	–	×	8
4	10	–	×	15

- 시험 시방 사양 : 시험 시료에 대한 시험장비로부터 충전된 시험용 프로브의 방사는 각 시험 전압에서 적어도 10회 이상 실시한다.
- 시험전압
  - 접촉 방전(CD ; Contact Discharge)
    ⓐ 시험은 1kV부터 시작한다. 1kV 단위로 8kV까지 증가시킨다.
    ⓑ 접촉 방전이 끝나면 대기 방전을 실시한다.
    ⓒ 방사는 각 전압/각 방사점에서 10회 이상 실시한다.
    ⓓ 프로브의 타입은 축을 사용한다.
  - 대기 방전(AD ; Air Discharge)
    ⓐ 시험은 5kV부터 시작한다. 1kV단위로 15kV까지 시험한다.
    ⓑ 프로브의 타입은 라운드를 사용한다.
- 시험장비 배치
  - 접 지
    ⓐ 정전기 시험장비의 복귀 접지는 시험 기준 접지에 직접 연결한다.
    ⓑ 시험기의 복귀 접지는 시험기 자체에 연결된 경우 1m 이내이다.
    ⓒ 테스트 프로브에 연결하는 경우 폭 20cm, 길이 2m의 연선이다.
    ⓓ 만약 1m보다 긴 복귀 접지가 필요할 경우 이를 보고서에 기록한다.
    ⓔ 제품의 전원 코드는 기준 접지면에 직접 연결되며 전원 코드의 남은 길이는 30~40cm의 다발로 묶는다.
  - 간격 : 연결된 피시험기는 기준 접지면의 중심에 놓아야 하며 기준 접지면의 각 측면이 최소 10cm 이상 큰 것이어야 한다.
  - 온도와 습도
    ⓐ 주위 온도 : 15~30℃
    ⓑ 주위 습도 : 30~60%RH. 습도는 특히 중대한 영향을 미칠 수 있는 요소이므로 30% 이하가 되어서는 안 된다.
  - 시험기 : 시험기 프로브의 R-C 네트워크값 : R330Ω, C150pF
  - 실제 배치 : 피시험기의 실제 배치는 최종 소비자가 실제 사용할 형태에서 가장 전형적인 것을 취하여 시험하며, 반복되는 시험에서 배치나 구성의 변경이 있지 않도록 한다.
- ⊗ 시료 : 피시험기의 구성은 실제 소비자가 사용하는 것과 같은 형태로 구성한다. 모니터, HDD, FDD, 모뎀, 시스템, 카메라 기타 주변 장치를 연결하고 실제 사용한다. 케이블의 길이는 최소 2m로 하고, 최대의 성능을 발휘할 수 있는 형태로 동작시킨다.
③ 정전기 시험을 실시한다.
  ㉠ 시험 절차를 확인하고 순서를 익힌다.
  ㉡ 정전기 시험기 매뉴얼을 보고 화면 선택 모드를 확인한다.
   - GUN(GUN 트리거) : 정전기 시험기 GUN을 손에 들고 사용할 때 선택
   - ESS(본체 트리거) : 고정대에 거치하여 사용할 때 선택
   - EXTERNAL(외부 트리거) : AUX 단자에서 전기적 신호를 입력할 때 선택

© 시험하고자 하는 시료(로봇)의 정전기 인가방법(직접/간접) 방식을 확인한다.

- **접촉 방전**
  - 피시험기를 연결방법에 의해 연결한다.
  - 피시험기의 전원을 켜고 시험기의 상태를 배치한다.
  - 피시험기에 접촉 방전의 1kV로부터 시험 전압을 정하여 시험한다.
  - 방전은 사용자와 접하는 피시험기의 접촉 부위, 즉 금속의 모든 부위, 돌출 부위를 선정한다.
  - 요구되는 방전 횟수를 선정한다(최소한 1Point당 10회 이상). … ⓐ
  - 각 방전 후 기능/성능의 이상 유무를 확인한다. … ⓑ
  - 시험기의 전압을 1kV 단위로 8kV까지 증가시키면서 위의 ⓐ, ⓑ를 반복한다.
  - 접촉 방전을 완료한 후에 대기 방전을 실시한다.
- **대기 방전**
  - 5kV에서부터 시험을 진행한다.
  - 요구되는 방전 횟수를 선정한다(최소한 1Point당 10회 이상).
  - 방전은 사용자와 접하는 피시험기의 접촉 부위, 즉 금속의 모든 부위, 돌출 부위를 선정한다.
  - 시험 전압을 순차적으로 1kV씩 올리면서 시험을 실시한다.
  - 피시험기에 가해지는 총방전 횟수는 최소한 200회(20Point) 이상이어야 한다.
  - 대기 방전 방식의 수평 방전 모드와 수직 방전(비금속) 모드 사용법을 익힌다.
    - ⓐ 수평 방전 모드는 GUN의 방전 팁을 테이블 알루미늄판에 대고 정전기를 인가한다.
    - ⓑ 수직 방전 모드는 로봇 시료 제품을 버티칼에 붙이고 버티칼 수직 중간 부분에 GUN 방전 팁을 대고 정전기를 인가한다.

직접 방전 방식		간접 방전 방식
접촉 방전(금속)	기중 방전(비금속)	대기 방전(복사장)
• 시험발생기의 전극을 시험품 또는 결합면에 접촉한 상태에서 방전	• 시험발생기의 충전된 전극을 시험품에 접근시켜 시험하는 방식	• 시험품에 인접한 결합면에 대한 방전
• 절연 코팅이 아닐 경우, 코팅 속에 꽂아서 방전	• 절연 코팅 • 정전기 박전 발생기의 전극은 가능한 한 신속히	• 시험품 부근 물체에 대한 인체 방전의 모의 시험 • 최소 10회 방전 실시 • 수평/수직 모두 시험

④ 다음 사항에 주의하며 위의 시험을 진행한다.

㉠ 고전압 위험 : 시험 방전 전압 자체는 치명적이지는 않지만 위험하다.

㉡ 이차 방전 주의 : 큰 시험 대상 제품은 예기치 않은 곳에서 고전압을 유도할 수 있다. 따라서 시험 중 방전하는 동안 제품에 손대지 않도록 한다.

㉢ 방전 타이밍 : 디지털 제품은 클럭이 변화하는 순간에 노이즈의 영향을 받는다. 따라서 방전 횟수가 많을수록 관련 노이즈 감도를 탐지할 확률이 높다.

㉣ 관찰되지 않은 결함 : 결함을 각 방전시간에 평가하기는 어렵다. 다음 단계로 넘어가기 전에 제품의 모든 기능을 주의 깊게 평가하여야 한다. 따라서 정전기 시험 종료 후 최소 24HR의 성능 평가 시험을 하여야 한다.

03 | 필드 테스트하기

1. 필드 테스트

(1) 필드 테스트의 필요성

① 개발자가 이상 행동들을 최대한 예측했다고 하더라도, 다양한 환경에서 다양한 성격의 사용자가 사용한다면 개발자가 고려하지 못했던 문제들이 발생될 수 있다.

② 개발자는 로봇시스템에 대한 아무런 사전 정보 없이 테스트 케이스를 개발해야 하지만 현실적으로는 로봇시스템의 기능을 미리 알고 있기에 매뉴얼을 크게 벗어나는 테스트 케이스를 만드는 것이 쉽지 않다.

③ 사전에 확인하지 못하고 로봇시스템 내에 숨어 있는 결함들을 발견하기 위하여 개발자와 테스트 전문가가 아닌 개발과정에 참여하지 않았던 사람들이 로봇시스템을 사용하면서 결함들을 발견하는 과정이 필요하다.

　㉠ 알파 테스트 : 조직 안에 있는 사용자가 로봇시스템을 직접 사용하면서 테스트해 보는 것

　㉡ 베타 테스트 : 조직 밖에 있는 사용자가 로봇시스템을 직접 사용하면서 테스트해 보는 것

(2) 알파 테스트

① 알파 테스트는 필드 테스트의 초기 단계에 해당된다. 로봇시스템이 개발되고 각종 테스트가 이루어지고 난 후 사용자에 의한 테스트가 필요하다.

② 알파 테스트는 조직 내에서 사용자를 모집하여 테스트를 수행한다. 그러나 조직 내에서 사용자를 모집할 때는 개발 중인 로봇시스템 사용자의 요구사항을 모르는 사람일수록 효과적이다.

③ 특히, 기능 매뉴얼에 대해서 모르는 상태에서 기능들을 직접 사용하면서 느끼는 여러 가지 불편사항이나 결점들을 발견하게 하는 것이 효과적이다.

④ 테스터에게 테스트를 수행하게 한 후 테스트 결과들을 어떻게 피드백 받을 것인지에 대해 고려하여야 한다. 테스터로부터 보고서를 받을 수도 있고, 로봇시스템 내에 로그를 기록할 수 있는 코드들을 추가할 수도 있다.

(3) 베타 테스트

① 알파 테스트는 조직 내부의 사용자를 이용하기 때문에 테스트 계획을 작성하거나 결과를 수집하기 쉽다. 그러나 알파 테스트는 아무리 로봇시스템에 대한 정보를 주지 않는다 하더라도 유사한 업무를 하는 사용자이기에 개발자의 관점에서 로봇시스템을 다룰 가능성이 조금이라도 존재하여 전혀 예측하지 못하는 이상행동을 만들어내지 못할 수도 있다.

② 베타 테스트는 완전히 로봇시스템의 개발방법에 대한 정보를 가지지 못한 일반인들을 대상으로 한다.

③ 개발되는 로봇시스템의 형태에 따른 베타 테스트의 형식

　㉠ 소프트웨어로만 구성되어 있는 경우

　　• 스마트폰 앱이나 내비게이션의 프로그램 업그레이드 버전과 같은 것이 이 분류에 해당된다.

　　• 먼저 베타 프로그램인 것을 불특정 다수의 사용자에게 밝히고, 웹 사이트로부터 다운로드하여 자동 설치하도록 하고, 프로그램을 사용해 보도록 하는 것이다.

- 프로그램을 사용한 후 온라인으로 사용 후기를 제출하게 하도록 유도하면 된다. 물론 필요하면 유무형의 인센티브를 제공하여 사용 후기를 제출할 수 있도록 독려할 수 있다.

ⓛ 움직일 수 있는 수준의 하드웨어인 경우
- 아두이노 보드나 마이크로컨트롤러 모듈 등과 같은 다양한 형태의 하드웨어가 여기에 해당된다.
- 베타 테스트를 수행할 테스터를 모집하는 것이 가장 중요한 문제이다.
- 테스터를 모집하는 방법은 다양할 수 있다. 예를 들어, 인터넷을 통하여 공개적으로 모집할 수 있고, 특정 기관(특히, 대학교나 고등학교 등)에 무료로 공급하여 사용해 보도록 할 수도 있다.
- 모집한 테스터에게 로봇시스템을 전달하고, 사용해 본 후 리포트를 제출하도록 하여야 한다. 보통 이러한 과정은 테스트료를 지급하여 진행하기도 한다.

ⓒ 설치되어 움직이기 어려운 시스템인 경우 : 화재감지시스템이나 로봇시스템 등이 여기에 해당된다. 이러한 시스템의 경우 실제 위치에 설치한 후 시범 운영기간을 설정하고, 해당 기간 동안 사용자가 시범적으로 사용하면서 나타나는 여러 가지 문제점들을 테스트 엔지니어가 발견하고 수정해 나간다.

ⓔ 전문가 그룹을 이용하여 테스트를 수행하는 경우
- 특정 로봇시스템의 경우 공개적으로 베타 테스터를 모집하는 것이 어렵거나 개발품에 대한 보안문제 등이 있을 수 있다. 이러한 경우, 전문가 그룹을 통하여 베타 테스트를 수행할 수 있다.
- 전문가들에게 무료로 로봇시스템을 제공하고, 시스템을 사용해 본 후 리포트를 제출하도록 하여야 한다.

2. 필드 테스트의 개요

(1) 필드 테스트 범위 정의
필드 테스트 방안을 기반으로 테스트 범위를 정의한다. 테스트 대상영역에 따라 테스트가 제외되는 경우 제외 범위와 제외 사유를 기술한다.

(2) 필드 테스트 착수 기순과 완료 기준 성의
필드 테스트를 시작하기 전에 완료 시점까지의 활동들과 테스트 활동이 종료되어야 할 시점을 정의한다.

(3) 필드 테스트 환경 정의 절차
① 필드 테스트 수행환경의 정의
② 필드 테스트 환경에 대한 하드웨어 및 소프트웨어 구성의 기술
③ 필드 테스트에 필요한 테스트 데이터 생성 및 유지 절차의 정의
④ 필요 자원과 일정의 정의 : 필드 테스트 자원은 하드웨어, 소프트웨어, 인력으로 구분하여 정의하며, 기존 보유 자원도 기술한다. 필드 테스트 일정은 테스트 단계의 주요 활동 및 시작/완료 일자를 정의한다.
⑤ 필드 테스트 리스크의 정의 : 필드 테스트 수행 시 고려되어야 할 사항과 위험요소를 기술한다.

⑥ 필드 테스트 결함 및 이슈 보고 절차의 정의 : 필드 테스트 과정에서 발견된 결함 및 이슈 보고 절차를 정의한다. 보고 절차에는 발견된 결함 기록, 관련자의 정보 공유, 결함을 해결하기 위한 절차가 포함된다.

⑦ 필드 테스트 계획서 작성 : 필드 테스트 단계별로 상위 단계의 작업을 기반으로 상세한 테스트 계획서를 작성한다.

⑧ 필드 테스트 계획서의 검토 : 필드 테스트 프로젝트 관리자 및 품질보증 담당자와 검토 및 협의를 수행한다.

⑨ 필드 테스트 계획서의 승인 : 필드 테스트 계획서가 프로젝트 및 제품의 품질을 보증할 수 있도록 작성되었는지 여부를 판단하고 작성된 테스트 계획에 대하여 승인을 요청한다.

단 계	단계별 수행 내용
테스트 계획	• 시스템의 요구사항 관련 자료 검토 • 테스트 상황/요구사항/데이터 식별 • 테스트 방법 정의 • 테스트 용이성 검토 • 테스트 환경 준비
테스트 설계	• 테스트 시나리오 결정 • 우선순위 선정 • 선행 테스트 분석 • 테스트 결과 비교
테스트 실행	• 테스트 수행 • 테스트 목표 달성 여부 확인 • 테스트 결과 정리
테스트 평가	• 테스트 결과물 평가 • 테스트 과정 평가

제3장 로봇 시제품 제작 및 통합

01 시장품 구매

1. 시장품의 정의

(1) 시장품

① 현장이나 실제 업무에서는 기성품, 완성품 등의 의미를 이미 시장에서 만들어져 판매되거나 규격화된 상품의 의미로 사용하고 있다.

② 기성품(Ready-made)의 사전적 의미는 이미 만들어져 있는 물품 또는 미리 일정한 규격대로 만들어 놓고 파는 물품이다.

③ 볼트와 너트 등처럼 규격화되어 산업현장 전반에서 사용되는 기성품들이 있고 모터, 자동차 등 제조 회사에서 특정 성능, 기능 등을 제시하여 일정한 규격으로 제작하는 물품 또한 기성품으로 생각할 수 있다.

(2) 가공품

① 가공품의 사전적 정의는 원자재나 반제품을 인공적으로 처리하여 만들어낸 물품이다.

② 석유를 정제하여 얻는 휘발유, 경유 등을 들 수 있으며, 일반적으로 기계공학에서 말하는 가공품은 철강재료, 비철재료 또는 고분자재료를 이용하여 CNC, 선반, 밀링 등의 공작기계로 제작한 물품이다.

③ 비슷한 의미로 사용되는 단어로는 주문품이 있으나 주문품은 특정한 틀이 정해져 있으며 그 범위 안에서 원하는 크기와 사양을 변경할 수 있다.

2. 구 매

(1) 일반적인 시장품의 구매과정은 구매 요구, 구매 계획, 견적, 발주, 계약, 납품, 대금 지급 등으로 크게 분류할 수 있으며, 구매방법에 따라 내자 구매, 외자 구매로 분류할 수 있고, 입찰을 통한 구매방법도 있다.

(2) 실제 구매 업무는 품질, 원가, 납기, 계약, 관련 법규, 규제 등 다양한 고려사항과 복잡한 프로세스를 가지고 있으며, 일반적으로 기업에는 구매 업무를 전담으로 하는 구매부서가 있다.

3. 선정된 시장품 구매 순서

(1) 선정된 시장품 견적을 조사한다.

　① 선정된 시장품 관련 업체를 조사한다.

　　㉠ 로봇을 제작하기 위해 선정된 각 부품 및 구성품들을 구매할 시장을 조사하고 필요한 정보를 수집, 분석한다.

　　㉡ 시장 조사의 목적은 공급업체의 과거 공급 실적, 유사 품목의 비교 등에 있다.

　　㉢ 관련업체 조사는 선정품을 제작하거나 유통, 수입하는 업체들을 카탈로그나 인터넷을 통하여 조사할 수 있다.

　　㉣ 일부 수입 품목들은 국내에 영업지점을 두지 않고 공급업체를 통하여 제품을 판매하는 경우도 있다.

　② 견적서를 요청한다.

　　㉠ 선정된 물품을 구매하기 위하여 공급업체와 직접 접촉하여 구매하고자 하는 물품의 견적을 요청하는 단계이다.

　　㉡ 일반적으로 견적서는 사업자 등록번호, 상호명, 대표자, 주소, 업태, 종목, 견적일자, 견적 유효기간, 예상 납기일, 품명, 규격, 단가, 공급가액, 세액, 담당자, 연락처 등의 항목으로 구성된다.

　　㉢ 견적서의 규정 및 특정 양식은 없으며 위와 같은 항목을 포함하여 작성한다. 특정 물품의 추가적인 제조가 필요하면 견적서에 노무비를 따로 추가하기도 한다.

(2) 구매조건을 검토한다.

　① 제조사에서 제조하여 판매까지 하는 가공품은 구매조건 검토, 즉 견적서 비교가 크게 의미 없으나 제조품, 국외 수입품은 가격 비교, 예상 납기일 검토가 필요하다.

　② 로봇 시제품 제작을 위한 구매에서 가격과 납기일을 고려할 시 주된 고려사항은 선정품 구매 예산범위와 납기 지연에 따른 일정 지체 등이 있다.

　③ 원가 추정 단계가 필요하며 견적서의 단가와 추정된 원가의 비교 및 검토가 필요하다.

　④ 보통 국내 제조품의 납기는 2~3주, 국외 수입품은 4주 이상이나 수입품의 재고가 있을 경우 납기가 줄어들기도 한다.

(3) 선정된 시장품의 대체품을 조사한다.

　선정된 시장품의 구매조건 검토 후 가격, 납기 등의 문제가 있을 시 동일한 사양의 대체 모델을 선정하고 구매조건을 검토한다.

(4) 최종 결정된 시장품을 구매한다.

　① 결정된 시장품의 구매를 위해 최종적으로 공급업체와 협상이 필요하며 협상 시 최종 납기일, 원가, 납품, 대금 지불방법 등을 협상할 수 있다. 이렇게 협상된 내용을 바탕으로 발주서를 작성한다.

　② 발주서는 특별한 표준 양식은 없으나 일반적으로 수신처, 발주처, 품명, 규격, 수량, 단가, 금액, 인도조건, 결제조건, 검수방법 등의 항목들을 포함한다.

③ 발주서를 발송한 후 공급자와 계약서를 통해 계약을 체결하게 되며 계약서에는 구매조건, 견적항목 등을 구체적으로 기재하고 분쟁을 야기할 수 있는 항목에서 분쟁 방지를 위하여 계약 내용을 명확히 하여야 한다.

02 가 공

1. 가공의 정의

(1) 가 공

① 기계가공으로서 금속, 세라믹, 고분자재료(플라스틱) 등의 반제품을 이용하여 원하는 형태의 제품으로 만드는 것을 의미하며, 가장 많이 사용되는 금속재료 기계가공에는 소성가공, 절삭가공, 용접, 열처리, 표면처리 등의 다양한 방법의 기계가공법이 있다.

② 원하는 형태의 제품으로 가공하기 위해 제품 설계를 하게 되며 설계를 바탕으로 도면을 작성한다.

③ 일반적으로 설계된 제품을 제작 및 가공하기 위해서는 각 단위별 부품의 제작도가 필요하며 전체적인 제작, 가공을 관리하기 위해서 계획도, 공정도 등을 작성한다.

2. 기계가공의 종류

(1) 소성가공

① 소성가공은 재료를 늘리거나 굽히는 등 재료의 형태를 변형시켜 제품을 만드는 가공방법이다. 재료의 항복응력 이상의 힘을 가하여 소성변형을 일으켜 제품의 형상을 만든다.

② 일반적인 소성가공법은 냉간가공과 열간가공으로 나눌 수 있다. 열간가공은 재료를 가열하여 변형이 쉽게 일어나도록 하는 가공법이며, 냉간가공은 상온 상태에서 재료를 변형시키는 가공방법이다.

③ 소성가공에서는 소성가공 후 열처리를 이용하여 제품의 경도, 탄성, 취성 등을 제어할 수 있으며 열처리 방법에는 뜨임, 담금질, 불림, 풀림 등이 있다.

　㉠ 단조 : 금속재료를 두드려 원하는 형태를 만드는 것을 단조라고 하며, 일반적인 산업현장에서 사용하는 프레스도 단조가공법이다. 단조가공을 하면 재료 결정의 미립화에 의하여 경도가 증가한다.

　㉡ 압연 : 금속재료를 회전하는 2개의 롤러 사이로 통과시켜 제품을 만드는 가공법으로 판재, 봉, 관 등의 제품을 가공할 때 사용하는 가공법이다. 단조와 같이 결정의 미립화에 의한 경도 증가가 발생한다.

　㉢ 압출 : 금속재료를 일정한 형태의 다이 구멍으로부터 밀어내어 단면적 형상이 일정하고 긴 제품을 만들 때 사용하는 가공법이다. 다이의 구멍 형태에 따라서 환봉, 각봉, 관 등과 같은 형태의 제품을 만들 수 있으며 재료를 밀어내기 위해 큰 힘이 필요하다.

　　㉣ 인발 : 일정한 크기의 금속재료를 다이 헤드를 통해 반대쪽으로 끌어내어 잡아 당겨 다이 구멍 형상의 선재로 가공하는 방법이다. 일반적으로 강선 또는 구리선을 뽑아낸다.

　　㉤ 전조 : 전조 다이에 금속재료를 끼우고 힘을 가하면서 다이를 왕복으로 움직이거나 회전시켜 가공하며 일반적으로 기어, 나사 등을 제작할 때 많이 사용한다.

(2) 절삭가공

절삭공구를 이용하여 원 재료를 깎아 내어 원하는 형태의 가공품으로 만드는 것을 의미하며, 일반적으로 회전식, 직선식 절삭공구를 많이 사용한다. 또 경도가 높은 입자의 분말 또는 숫돌로 표면을 갈아서 가공하는 연삭가공법도 절삭가공의 한 종류이다.

① **평삭가공** : 직선으로 절삭공구를 이송하거나 재료를 이송하여 원하는 형태의 평면을 가공하는 가공법이며 형삭반 또는 평삭반을 이용하여 가공한다. 일반적으로 좁고 긴 평면이나 홈을 가공할 때 쓰인다. 셰이퍼, 플레이너, 슬로터 등의 공작기계를 이용한다.

② **선삭가공** : 재료를 선반에 물려 선반을 회전시키고 절삭공구를 원하는 치수까지 이동시켜 절삭하는 가공방법이다. 일반적으로 원통, 원뿔 형태의 제품을 만들 때 사용한다.

③ **밀링가공** : 평삭가공과 같이 절삭공구를 수평으로 이동시켜 재료를 가공하나 여러 가지 형태의 밀링날을 이용하여 밀링날을 회전시켜 재료를 절삭하여 가공한다. 밀링머신으로 드릴링, 리밍, 태핑 등의 가공도 가능하다.

(3) 용 접

동종 또는 이종의 금속재료 및 제품을 접합하는 방법으로 재료를 직접 용융시키는 융접법과 고온과 고압을 이용하는 압접법이 있다. 일반적으로 많이 알고 있는 아크용접은 재료와 용접봉 사이에 전압을 걸어 아크를 발생시키고 이때 발생하는 열로 용접하는 방법이다.

3. 가공하기

(1) 작성된 도면을 보고 재료 및 가공방법과 후처리를 판단한다.

① 작성된 도면을 이용하여 도면에 작성된 내용을 파악한다.

　　㉠ 가공을 위해서는 제작도가 필요하다. 일반적으로 제작도는 부품도와 조립도가 필요하며 부품도는 제품의 부품을 제작하기 위해 명확한 치수, 부품 개수, 가공공차, 가공방법, 표면거칠기, 재질, 용접방법, 추가 요청사항 등과 부품명, 번호, 작성자 등의 사항도 포함한다.

　　㉡ 조립도는 각 부품의 조립된 상태를 보여 주며 조립방법과 순서를 나타낸다.

　　　• 재료, 요구사항 확인 : 부품 도면에 표시된 제작품의 재료를 확인하고 도면 작성자의 지시 또는 요구사항을 주석 등으로 확인하여 가공 시에 적용할 수 있도록 한다.

　　　• 부품 형상 및 치수 확인 : 실제 가공할 재료의 구매 또는 재고 확인을 위해 부품의 형상 및 치수를 확인하고, 부품도에 잘못된 치수 기입이 있는지 확인한다.

• 가공방법, 다듬질 및 표면거칠기 확인
  – 가공방법 판단 : 도면에 가공방법이 지시되어 있으면 그에 따른 가공방법을 선택하여 작업을 하게 되며 만약 지시가 없으면 도면을 해독하여 가공방법을 판단한다.

가공법	기 호
선 삭	L
테이퍼 선삭	LTP
절 단	LCT
라운딩	LRN
드릴링	D
리 밍	DR
태 핑	DT
보 링	B
밀 링	M
평 삭	P
형 삭	SH
호 빙	TCH
연 삭	G

다듬질 기호	표면거칠기 기호	다듬질 정도	거칠기
~	▽	매끄러운 자연면, 가공을 필요로 하지 않는 주조, 압연, 단조의 면 또는 주물의 요철을 제거하는 정도	
▽	$\overset{w}{\bigtriangledown}$	줄가공, 플레이너, 선반 및 그라인더에 의한 가공으로 그 흔적이 남을 정도의 거친 가공	35S, 50S, 70S, 100S
▽▽	$\overset{x}{\bigtriangledown}$	줄가공, 선삭 또는 그라인더에 의한 가공으로 그 흔적이 남지 않을 정도의 보통 가공	2S, 18S, 25S
▽▽▽	$\overset{y}{\bigtriangledown}$	줄가공, 선삭, 그라인더 또는 래핑 등에 의한 가공으로 그 흔적이 전혀 남지 않는 매우 매끈한 상급 가공면	1.5S, 3S, 6S
▽▽▽▽	$\overset{z}{\bigtriangledown}$	래핑, 버핑 등의 가공으로 광택이 나는 고급 다듬질 면	0.1S~0.2S, 0.4S, 0.8S

• 부품 가공 공차 및 오차 확인
  – 축, 홀 등을 가공하여 끼워 맞출 시 가공공차는 매우 중요하기 때문에 정확하게 확인이 필요하며, 특히 규격품과 같이 사용 및 조립될 경우 잘못된 공차로 인해 조립이 불가능할 수도 있으므로 주의하도록 한다.
  – 현실적으로 완벽하게 정확한 치수로 기계가공을 하는 것은 불가능하나 허용 가공오차를 두어 관리함으로써 제품의 품질을 일정하게 유지할 수 있도록 한다.
② 가공된 제품의 후처리법을 판단한다.
  ㉠ 기계가공 후 제품의 외관 및 성능을 향상시키기 위해 후처리를 실시한다. 제품의 내식성, 내마모성, 미관 등을 향상시키기 위하여 다양한 표면처리를 수행하게 되며, 많이 사용되는 표면처리의 방법은 도장, 도금, 침탄, 질화 등의 표면처리법을 사용한다.

ⓒ 가공품의 후처리는 금속재료의 성질과 용도, 단가, 요구사항에 따라 적절한 후처리법을 판단하여 선택해야 한다.

(2) 제작 원가를 추정한다.

① 절삭가공의 원가 추정

ㄱ 절삭가공 시 원가는 크게 재료비용, 가공비용으로 구분할 수 있으며 가공비용의 경우 준비시간, 비생산시간, 절삭시간의 합에 임률의 곱으로 산정한다.

ㄴ 절삭가공 원가 = 재료비 + 임률 × (준비시간 + 비생산시간 + 절삭시간)

ㄷ 재료비의 산정은 재료의 공급 단가에 의해 결정될 수 있으며 비중당 원가를 안다면 가공품의 체적을 계산하여 가격을 산정할 수도 있다.

ㄹ 준비시간은 선정된 절삭가공방법에 적합한 공작기계의 바이트, 절삭공구 장착 및 치공구 장착, 도면 입력 등 공작기계 작동 전 준비과정에 걸리는 시간이다.

ㅁ 비생산시간은 준비시간 이후 공작기계를 작동하나 직접적인 가공이 이루어지지 않는 시간이다. 예를 들면 재료의 탈착, 장착, 가공 부산물인 칩(Chip) 청소, 절삭유 공급 등의 시간으로 조금 더 정확히 추정할 경우 절삭공구의 이송시간을 포함한다.

ㅂ 절삭시간은 절삭공구에 의해 재료가 절삭되는 시간으로, 공작기계의 성능과 가공방법, 절삭속도, 절삭깊이 등의 절삭조건에 따라 달라진다.

ㅅ 임률은 공수당 지급되는 노무비의 금액으로 간단히 나타낼 수 있으나 노무비의 범위를 세세히 분류하면 직접 노무비, 간접 노무비, 경비(장비 감가상각비, 임대료, 수선비), 간접 경비 등을 포함한다.

(3) 자체 가공을 하거나 제작을 의뢰한다.

① 부품도를 통해서 재료 선정, 가공방법, 후처리법 등의 내용을 확인하고 원가 계산을 수행하였으면 실제 제품을 만들기 위해 부품을 가공하여야 한다.

② 제작 의뢰 시 기계가공업체를 선정하게 되며 선정 기준은 제작하려는 부품의 크기와 납기, 단가, 제품 가공성 등이다. 추가적으로 가공업체의 위치에 따라 운송비가 포함될 수 있으므로 위치도 고려한다.

03 입고 검사

1. 입고 검사

(1) 입고 검사

① 입고 검사는 품질관리의 한 부분으로서 물건을 인도받기 전 일련의 방법을 통해서 측정한 값이 판정 기준에 부합하는지를 확인하고 물건의 이상 유무를 판단하고 물품 인도의사를 결정하는 과정이다.

② 입고 검사를 위해서는 검사사양서에 의해 검사를 수행하게 되며 기계가공된 물품의 입고 검사는 자재 검사, 규격 검사, 용접 검사, 도장 검사 등으로 이루어지며 외관, 기능, 성능 등의 항목에 이상이 없는지 확인하는 단계이다.

2. 입고 검사의 종류

(1) 전수 검사

샘플링 검사에서 불합격되거나 초기 생산 제품 중 통계적 자료의 산출이 필요할 경우, 검사비용에 비해 기대효과가 더 큰 경우 실시한다.

(2) 샘플링 검사

검사 LOT부터 시료를 선별 채취하여 검사하고 그 결과를 LOT의 판정 기준과 대조하여 그 LOT 전체의 합격, 불합격을 판정하는 검사이다.

(3) 관리 검사

납품 품질 실적이 우수하거나 입고 검사로서의 합격, 불합격 판정을 효율적으로 관리하기 어려운 자재인 경우에 실시하며 승인원과 수량 등을 확인하여 관리 검사 표기를 한다.

(4) 체크 검사

체크 검사는 특정한 항목 검사에 대하여 LOT가 동일한 특성을 갖고 있어 소량만을 검사하여도 되는 경우에 적용한다.

3. 입고 검사방법

(1) 입고 검사 절차는 제품 및 회사마다 조금씩 차이가 있으나 ISO 9001인증 또는 그에 준하는 품질관리를 위해서는 구매품(가공품)에 대하여 검증하라고 규정되어 있다.

(2) 하지만 ISO 9001에서는 어떠한 형식으로 검사하라는 방법에 대한 언급이 없다. 이에 구매품(가공품)의 검증은 ISO 2859-1의 샘플링 검사규정을 많이 참조하여 수행된다.

4. 입고 검사하기

(1) 도면과 가공 제품의 일치 여부를 판단한다.

① 조립 도면을 통하여 각 부품의 형상을 확인하는 단계이다. 검사사양서에 포함된 형상 도면 및 조립 도면을 이용하여 일치 여부를 판단한다.

② 각 부품의 형상과 도면의 부품번호를 확인하여야 하며 단일 부품만 가공되어 입고된 것이 아니면 전체 구성품, 개수 등을 파악하여 가공 제품과 도면의 일치 여부를 판단하여야 한다.

(2) 가공 제품 치수 및 가공 상태를 확인한다.

가공 제품의 품질을 일정하게 유지함으로써 완성품의 품질 신뢰성을 확보할 수 있다.

① 치수 검사방법

㉠ 일반적인 치수 검사방법은 자, 버니어 캘리퍼스, 테이퍼 게이지 등을 이용하여 직접적으로 치수를 측정하는 치수 검사방법과 머신비전시스템을 이용한 치수 검사, 정밀한 측정 및 자유곡면 측정을 위한 3차원 측정기 등을 이용한 검사방법이 있다.

㉡ 보통의 경우 샘플을 채취하여 확인할 때 버니어 캘리퍼스, 테이퍼 게이지 등으로 치수를 측정하여 부품 도면과 실측 치수를 비교·확인하며, 머신비전시스템을 이용한 치수 검사는 대량 생산 자동화 생산라인에 적용되어 치수 검사 후 가공품을 출고하는 경우가 많다.

㉢ 3차원 측정기는 정밀한 부품 및 자유곡면의 치수 확인 등을 위한 용도와 역설계를 위하여 많이 사용된다. 3차원 측정기의 종류는 프로브(Probe)를 이용하는 접촉식 방법과 레이저, 비전 카메라 등을 이용하는 비접촉식 방법이 있다.

㉣ 공차의 이해

• 부품도에 작성된 치수는 호칭 치수라고도 하며 부품의 설계상 치수를 나타낸다. 실제 가공 시 호칭 치수에서 허용하는 오차 한계를 정하게 되어 있으며 이를 공차라고 한다.

• 공차관리를 엄격하게 함으로써 제품의 품질을 일정하게 유지하고 오차의 누적으로 발생하는 부품 호환, 조립성 등의 문제를 방지할 수 있다.

• 축을 끼워 넣는 끼워맞춤을 할 경우 억지끼워맞춤, 중간끼워맞춤, 헐거운 끼워맞춤 등 끼워맞춤 방식을 선정하고 KS 규격에 정해진 공차를 준수하여 가공한다.

ⓜ 치수 실측 : 구멍의 간격, 깊이, 탭의 피치, 부품의 두께, 곡률 등 검사해야 되는 부품의 부분에 맞는 게이지를 가공하여 특정 목적에 의해 사용된다.

② **표면거칠기 측정법** : 표면거칠기는 부품도에 다듬질 기호에 의해 지시되어 가공하며 사용 용도에 따라 표면거칠기를 다르게 한다. 표면거칠기는 부품의 내마모성, 미끌림, 매끄러움, 피로저항, 내부식성, 외관을 좌우하는 요소 중 하나이다. 또 정밀가공에서의 표면거칠기의 중요성은 공차관리와 같이 중요한 부분이다.

ㄱ 표면거칠기의 이해

- 표면거칠기는 가공 시 금속재료의 표면에 발생한 울퉁불퉁한 부분이다. 가공방법에 따라 표면거칠기는 다양하게 변화하며 완전한 평면으로 표면을 가공한다는 것은 불가능하다.
- 표면거칠기는 표면에 발생한 산과 골의 높이, 진폭 크기, 간격 등의 평균값을 이용하여 표시하며 이는 KS B ISO 4287의 방법에 따라 정의된 파라미터값을 이용하여 나타낸다.

ㄴ 촉침식 표면거칠기 측정기

- 표면거칠기를 측정하는 장비로써 실제 바늘과 같은 촉침을 부품 표면에서 이송시켜 표면의 굴곡을 측정하는 측정기이다.
- 촉침 및 스키드로 구성되어 있는 검출기, 검출기를 이송시키는 이송장치, 검출기의 신호를 증폭시키는 증폭기, 고역과 저역 필터, 지시장치, 기록장치 등으로 구성된다.
- 촉침은 공 모양 또는 4각추형의 끝을 가진 금속이 아닌 다이아몬드 또는 사파이어 재질이며, 이외에도 다양한 거칠기를 측정하기 위해서 특수한 모양의 촉침이 사용되기도 한다.
- 스키드는 촉침을 안내하는 역할을 하며 촉침은 스키드 내에서 상하 움직임을 하게 된다.
- 증폭기는 검출기에서 나온 신호를 확대하며 100~10만 배의 배율을 가지며 신호 증폭 시 잡음(노이즈) 신호가 많이 발생하면 정밀한 측정이 어렵기 때문에 증폭된 신호는 필터를 거쳐 원하는 파라미터를 구한다. 이 파라미터들을 이용하여 표면거칠기를 나타낸다.

③ 용접부 검사

ㄱ 용접부 기본 기호

- 용접부의 방향을 지시하기 위하여 용접기호에 실선 및 점선으로 방향을 표시하며 KS 규격에서 실선은 화살표 방향이 지시하는 면, 점선은 화살표의 반대 면으로 정의하고 있다.
- 다음 그림은 루트 길이가 1mm이고 개선각이 70°, 홈 깊이가 20mm인 V형 맞대기용접을 화살표 반대 방향에 작업할 것을 나타낸 것이다.

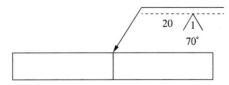

번 호	명 칭	그 림	기 호
1	돌출된 모서리를 가진 평판 사이의 맞대기용접/에지 플랜지형 용접(미국)/돌출된 모서리는 완전 용해		
2	평행(I형) 맞대기용접		
3	V형 맞대기용접		
4	일면 개선형 맞대기용접		
5	넓은 루트면이 있는 V형 맞대기용접		
6	넓은 루트면이 있는 한 면 개선형 맞대기용접		
7	U형 맞대기용접(평행면 또는 경사면)		
8	J형 맞대기용접		
9	이면용접		
10	필릿용접		
11	플러그용접 : 플러그 또는 슬롯용접(미국)		
12	점용접		

번 호	명 칭	그 림	기 호
13	심(Seam)용접		$\ominus$
14	개선각이 급격한 V형 맞대기용접		$\bigvee$
15	개선각이 급격한 일면 개선형 맞대기용접		$\bigvee$
16	가장자리(Edge)용접		|||
17	표면 육성		$\frown\frown$
18	표면(Surface) 접합부		=
19	경사 접합부		//
20	겹침 접합부		$\supset$

ⓛ 용접 불량
- 비드 외관 불량 : 용접 시 띠 형태로 생기는 용접자국을 비드라고 하는데 비드의 폭과 모양이 일정하지 않고 허용치를 넘으면 외관 불량이다.
- 스패터 : 용접 중 용접봉으로부터 튀어나온 금속 입자가 표면에 굳은 것으로, 도장 및 결합부에 영향을 준다.
- 크랙 : 용접 금속에 금이 발생한 불량이다.
- 크레이터 : 용접 비드에 움푹 팬 부분이 발생한 불량이다.
- 피트, 블로홀 : 피트는 용접 시 내부에서 발생된 가스가 표면으로 나와 작은 구멍이 생기는 현상이고, 블로홀은 내부에 가둬진 상태로 용접부가 굳어 발생하는 불량이다.
- 슬래그 혼입 : 용접봉의 피복재가 녹아 용접 금속 내부에 혼입되어 발생하는 불량이다.
- 언더컷 : 모재가 녹아 용착 금속에 채워지지 않고 홈이 발생하는 불량이다.
- 오버랩 : 용착 금속이 모재에 융합되지 않고 덮어서 발생하는 불량이다.
- 라멜라테어링 : 용접 수축에 의해 압연 강판 등이 두께 방향과 수직으로 박리 균열하는 불량이다.
- 용입 부족 : 용착 금속이 용접 중앙부까지 닿지 않아 완전히 채워지지 않고 홈으로 남아 발생하는 불량이다.

ⓒ 육안 검사
- 용접 검사 중 가장 기본적으로 수행할 수 있는 것은 비파괴 검사로서, 부품도에 표시된 용접부의 위치, 치수, 용접법에 대한 검사를 우선 수행하며, 후에 용접 불량에 대해 육안 검사를 실시한다.
- 용접 불량의 종류 중에서 육안 검사로 확인할 수 있는 항목은 비드 불량, 스패터, 외부 크랙, 피트, 크레이터, 언더컷, 용입 부족 등이 있다.
- 육안 검사 시 검사관에 따라 다른 판단을 할 수 있으므로 정량적 판단에는 좋지 않다.
- 육안 검사는 내부의 결함을 찾을 수 없으므로 신뢰성이 필요한 제품에서는 비파괴 검사를 수행하는 것이 좋다.

ⓔ 비파괴 검사
- 용접 검사의 종류로서 용접작업이 완료된 부품에 대해 검사할 때 사용하는 방법이다.
- 비파괴 검사는 대상물에 손상을 주지 않고 검사체의 상태, 구조 등을 확인하기 위한 검사이며, 기본적인 비파괴 검사의 원리는 외부의 물리적 에너지가 검사체에 작용하였을 시 에너지의 투과, 흡수, 산란, 반사 등의 현상을 이용하여 검사하는 방법이다.
- 표면탐상방법은 결함이 표면에 노출 또는 표면 근처에 있을 때 육안으로 관찰하기 어려운 표면 균열을 육안으로 관찰할 수 있도록 하는 검사방법이다.
- 체적탐상방법은 방사선 등을 내부로 투과시켜 내부 결함을 확인하는 방법이다.

검사방법	기본원리	검출 대상 및 적용	특 징
방사선 투과 검사 (RT)	투과성 방사선을 시험체에 조사하였을 때 투과 방사선의 강도의 변화, 즉 건전부와 결함부의 투과선량의 차에 의한 필름상의 농도차로부터 결함을 검출	용접부, 주조품 등의 대부분의 재료의 내외부 결함 검출	• 영구적인 기록 수단 • 모든 종류의 재료에 적용 가능 • 표면결함 및 내부결함 검출 가능 • 방사선 안전관리 요구
초음파 탐상 검사 (UT)	초음파가 음향임피던스가 다른 경계면에서 반사, 굴절하는 현상을 이용하여 대상의 내부에 존재하는 불연속을 탐지하는 기법	용접부, 주조품, 압연품, 단조품 등의 내부 결함 검출 및 두께 측정	• 결함의 위치 및 크기 추정 가능 • 표면 및 내부결함 탐상 가능 • 자동화 가능
자분 탐상 검사 (MT)	검사 대상을 자화시키면 불연속부에 누설자속이 형성되어 이 부위에 자분을 도포하면 자분이 집속됨	강자성체 재료의 표면 및 표면직하결함 검출	• 강자성체에만 적용 가능 • 장치 및 방법 단순 • 결함의 육안 식별 가능 • 비자성체에는 적용 불가 • 신속하고 저렴
침투 탐상 검사 (PT)	표면으로 열린 결함을 탐지하는 기법으로, 모세관현상에 의하여 침투액을 침투시킨 후 현상액을 적용하여 육안으로 식별	표면개구결함 검출	• 거의 모든 재료에 적용 가능 • 현장 적용이 용이, 제품의 크기 형상 등에 크게 제한을 받지 않음 • 장비 및 방법이 단순
와전류 탐상 검사 (ET)	전자유도에 의해 와전류를 발생하며, 시험체 표층부의 결함에 의해 발생한 와전류의 변화를 측정하여 결함을 탐지	파이프, 봉, 강판 등 전도체재료의 표면 또는 표면 근처의 결함 검출, 물성 측정	• 접촉탐상, 고속탐상, 자동탐상 • 각종 도체의 표면결함탐상 • 열교환기 튜브의 결함탐지
누설 검사 (LT)	암모니아, 할로겐, 헬륨 등의 기체 또는 물을 이용하여 누설을 확인하여 대상의 기밀성을 평가하는 검사	압력용기, 저장탱크, 파이프라인 등의 누설 탐지	• 관통된 불연속만 탐지 가능 • 최종 건전성 시험으로 주로 사용
음향 방출 검사 (AE)	하중을 받고 있는 재료의 결합부에서 방출되는 응력파를 수신하여 분석함으로써 결함의 위치 판정, 손상의 진전감시 등 동적 거동을 판단하는 검사방법	모든 재료에 적용하며 소성변형, 균열의 생성 및 진전감시 등 동적 거동 파악, 결합부의 취이 판정 및 재료의 특성평가에 이용	• 미시 균열의 성장 유무 • 회전체 이상진단 등의 감시기법 • 카이저효과 • 소성변형 및 전위를 위한 에너지 필요 • 불연속의 정적 거동은 탐지 불가
육안 검사 (VT)	인간의 육안을 이용하여 대상의 표면에 존재하는 결함이나 이상 유무를 판단하는 가장 기본적인 비파괴 시험법으로, 경우에 따라서 광학기기를 이용하여 관찰하기도 한다.	모든 비파괴 시험 대상제의 이상(결함의 유무, 형상의 변화, 광택의 이상이나 변질, 표면거칠기 등) 유무를 식별하며, 취약부의 선정에도 활용된다.	• 가장 기본적인 비파괴 시험 • 검사의 신뢰성 확보가 어려움 • 광섬유를 이용한 고정도의 내시경 검사 가능
적외선 검사 (IRT)	시험체 표층부에 존재하는 결함이나 접합이 불완전한 부분에서 방사된 적외선을 감지하고 적외선 에너지의 강도 변화량을 전기신호로 변환하여 결함부와 건전부의 온도 정보의 분포 패턴을 열화상으로 표시하여 결함 탐지	각종 재료 표면 결함의 고감도 검출, 철근콘크리트의 열화 진단, 강도 측정, CFRP 등 복합재료의 내부 결함 검출, 열탄성효과에 의한 응력 측정	• 표면 상태에 따라 방사율의 편차가 크기 때문에 결함 검출 시 편차가 생기지 않도록 배경 잡음, 전파 경로에서 흡수 산란의 영향을 제거할 필요가 있음
중성자 투과 검사 (NRT)	중성자가 직접적으로 필름을 감광시키지 않지만 변환자에 조사되어 방출되는 2차 방사선에 의하여 방사선투과사진을 얻는 기법	높은 원자번호를 갖는 두꺼운 재료의 검사에 이용하며, 핵연료봉과 같이 높은 방사성 물질의 결함 검사에 적용	• 방사선투과검사가 곤란한 검사 대상물에 적용(납과 같이 비중이 높은 재료에 적용)

(3) 가공품 또는 검사성적서를 토대로 합격·불합격을 판단한다.

① 검사성적서 : 표준화된 검사성적서는 없으나 일반적으로 검사성적서에 포함되는 내용은 품명, 규격, 검사
자, 검사항목(두께, 치수, 재질, 다듬질), 검사 방식, 측정값, 단위, 판정 등의 내용을 포함하게 되며
이외에도 의견 등을 남길 수 있다.

② 합격·불합격 판단 기준

㉠ 일반적으로는 부품도에 정의된 치수, 재질, 곡률, 용접법 등 부품도를 기준으로 작성된 검사시방서의
내용에 합격·불합격 판단 기준을 작성한다.

㉡ 합격·불합격 판단의 기준을 정할 시 기계가공으로 가공된 부품은 공차와 일정한 오차를 가지게 됨으
로 이를 고려하여 기준을 수립한다. 그러나 시방서나 특별한 지시가 없다면 일반적으로는 KS 규격에
준하도록 합격·불합격 판단 기준을 정하는 것이 좋다.

③ 샘플 검사를 이용한 합격·불합격 판단법

㉠ 소량의 단일 물품은 비교적 전수 검사가 쉽지만 다품종 대량 생산에서 항상 전수 검사를 실시하기에는
인력과 시간, 비용이 많이 발생한다. 이때 연속되는 공정에서 비슷한 공정의 단위를 묶어 로트라고
하며 하나의 로트에서 검사품 시료를 채취하여 부품의 합격·불합격을 판단하는 방법이다.

㉡ 로트별 합격품질한계(AQL) 지표형 샘플링 검사 개요

• 계수형 합격 판정 샘플링 검사이며, 품질지표서 AQL(합격품질한계)를 사용한다.

• 검사의 목적은 공급자에게는 합격·불합격의 여부를 이용해 공정/프로세스 평균을 적어도 AQL의
지정값과 같은 정도로 유지하고 소비자에게는 품질이 나쁜 로트의 합격 상한을 제공한다.

• 좋은 품질의 제품을 납품하는 공급자에게는 수월한 검사를 통해 품질 향상 및 유지의 의욕을 높이고,
나쁜 품질의 제품을 납품하는 공급자에게는 엄격한 검사를 통해 품질 지표의 평균과 비슷한 품질을
유지하도록 유도하기 위해 실시한다.

• 일반적으로 적용되는 AQL 지표형 샘플 검사는 최종 아이템, 부품 및 원자재, 작업, 재공품, 저장품,
보전작업, 데이터 또는 기록, 행정 절차에 적용할 수 있다.

04 로봇시스템 조립 및 통합하기

1. 로봇과 로봇시스템

(1) 1979년 미국로봇협회에서 제정한 제조업용 로봇의 정의는 '재료, 부품, 기구 등을 다루기 위해 고안된
재프로그래밍이 가능한 기계적 장치'로 서술되어 있다.

(2) 국제로봇연맹에 따르면 '고정 또는 움직이는 것으로서 산업자동화 분야에 사용되며 자동제어되고, 재프로그램이
가능한 다목적인 3축 또는 그 이상의 축을 가진 자동조정장치'라 정의하고 있다.

(3) 로봇시스템이란 로봇을 구동하기 위한 전반적인 설비를 지칭한다. 로봇시스템의 구성요소는 운동부, 제어부,
작업부 등으로 크게 나눌 수 있다.

2. 로봇의 분류

(1) 직각좌표형 로봇

① 직각좌표형 또는 직교 로봇이라고도 하며, 각 축의 운동부의 관절이 직선 형태로 이동하는 로봇이다.

② X, Y, Z의 축을 각각 제어하거나 조합을 이용하여 구동할 수 있으며, 각 축의 이동으로 작업부의 이동이 가능하나 직각좌표형 로봇의 구조에 의해 로봇의 작업 공간이 직육면체나 직사각형의 공간으로 된다.

③ 구조가 단순하며 정밀도가 우수하고 제어가 쉽다는 장점이 있다.

(2) 원통좌표형 로봇

① 원통좌표형 로봇은 2개의 직선 관절과 하나의 회전 관절을 가지는 로봇이다.

② 원통좌표형 로봇의 기본적인 형태는 기저 부분이 회전하는 회전 관절과 수직 방향으로 이동하는 직선 관절, 수평 방향으로 이동하는 직선 관절로 이루어져 있다.

③ 원통좌표형 로봇의 작업 공간은 회전축과 수직, 수평 방향 관절이 만나는 부분을 제외한 원통형이다.

④ 원통좌표형 로봇은 직각좌표형 로봇보다 큰 작업영역을 가지지만 반복 정밀도가 낮다.

(3) 수평관절형 로봇

① 수평관절형 로봇은 SCARA 로봇이라고도 하며, 2개의 회전 관절과 하나의 직선 관절을 가지고 있다.

② 기본적인 형태는 2개의 회전 관절의 회전 방향이 기저면과 수평하게 부착되고 끝단에 직선으로 이동하는 관절이 부착되어 있는 형태이다.

③ 수평관절형 로봇은 원통좌표형 로봇과 비슷한 형태의 작업 공간을 가지지만 작업 공간의 크기는 더 큰 영역을 가진다.

(4) 수직관절형 로봇

① 수직관절형 로봇은 3개의 회전 관절로 이루어져 있으며, 기본적인 형태는 기저 부분이 기저면과 수평하게 회전하는 회전 관절 하나와 기저면과 수직 방향이 되는 2개의 회전 관절로 이루어져 있다.

② 3개의 회전 관절을 이용하여 이론적으로 공간상 어떤 지점에도 도달할 수 있다.

③ 단순 로봇 크기만 비교하면 작업 공간이 가장 넓으며 고속작업도 가능하다.

④ 단지 회전 관절에 의한 기계적 강성이 상대적으로 다른 로봇보다 낮아 비슷한 크기의 로봇을 비교한다면 가반하중(로봇이 물건을 들어 올려 운반과 이동을 할 수 있는 무게)이 낮다.

(5) 극좌표형 로봇

① 극좌표형 로봇은 2개의 회전 관절과 하나의 직선 관절로 이루어져 있다.

② 관절의 구성은 SCARA 로봇과 동일하지만 관절의 회전 방향이 다르다.

③ 기본적인 형태는 기저면과 수평하게 회전하는 기저 부분의 회전 관절, 기저면과 수직하게 회전하는 회전 관절 그리고 수직한 회전 관절의 링크와 연결되어 있는 직선 관절로 이루어져 있다.

④ 현재는 수직관절형 로봇으로 대체되어 사용처가 한정적이다.

3. 조 립

(1) 조립이란 여러 부품을 하나의 구조물 제품으로 만드는 것을 의미한다.

(2) 부품의 개수가 적은 제품의 조립은 안내서나 지시서 없이도 조립이 가능하지만 단위의 부품을 조립하여 더 큰 단위의 부품을 만들고 또 다시 부품들을 조립하여 제품을 만들게 되는 복잡한 기계 조립에는 부품도, 조립도, 조립 기준서 등이 필요하다.

4. 모멘트와 우력

(1) 모멘트
① 모멘트는 한 점에 대하여 회전을 발생시키려는 힘으로, 크기는 작용하는 힘의 크기와 힘의 작용선에서 점까지의 수직거리의 곱으로 나타낸다.
② 산업현장이나 조립 시에 많이 사용되는 토크는 모멘트와 개념은 같다고 할 수 있으나 일반적으로 비틀림 모멘트를 토크라 칭한다.

(2) 우 력
① 힘이 일직선상에 놓이지 않고 크기가 같고 방향이 다른 한 쌍의 힘이다.
② 우력은 밸브를 돌리거나 볼트나 너트를 조이거나 풀 때 작용하는 힘으로, 힘의 크기는 우력의 크기에 우력 간의 거리를 곱하여 나타낸다.

(3) 나사의 조임
기계 부품의 조립 시 가장 많이 사용되는 조립방법 중 하나로 나사를 이용한 결합방법이 있다. 이때 나사에 작용하는 힘, 공구에 작용하는 힘, 재료의 특성, 나사의 크기 등을 고려하여 나사를 조일 때 규정토크를 정하게 된다.
① 토크와 조임력의 관계
㉠ 조임토크
$$T_f = T_s + T_w = KF_f d$$
여기서, T_s : 나사부토크
T_w : 자리면토크
F_f : 조임력
K : 토크계수

ⓒ 토크계수 : $K = \dfrac{1}{2d}\left(\dfrac{P}{\pi} + \dfrac{\mu_s d_2}{\cos\alpha} + \mu_w D_w\right)$

ⓒ 나사부토크(피치토크 + 나사면토크) : $T_s = \dfrac{F_f}{2}\left(\dfrac{P}{\pi} + \dfrac{\mu_s d_2}{\cos\alpha}\right)$

　여기서, P : 나사 피치

　　　　 μ_s : 나사면 마찰계수

　　　　 d_2 : 나사의 유효 지름

　　　　 F_f : 조임력

ⓔ 자리면토크 : $T_w = \dfrac{F_f}{2}(\mu_w D_w)$

　여기서, μ_w : 자리면 마찰계수

　　　　 D_w : 자리면의 마찰토크 등가지름

　　　　 F_f : 조임력

　※ 접촉 자리면이 둥근 고리 모양인 경우 : $D_w = \dfrac{2}{3} \times \dfrac{D_o^3 - D_i^3}{D_o^2 - D_i^2}$

ⓜ 피치토크 : 나사의 쐐기 작용에 의한 인장력 발생에 사용된 토크

ⓗ 나사면토크 : 나사의 마찰을 극복하는 데 사용된 토크

⓼ 자리면토크 : 자리면의 마찰을 극복하는 데 사용된 토크

② 조임 회전각과 조임력의 관계 : $\theta_f = 360\dfrac{F_f}{p}\left(\dfrac{1}{K_b} + \dfrac{1}{K_c}\right)$

　여기서, θ_f : 조임 회전각

　　　　 F_f : 조임력

　　　　 K_b : 볼트 인장 스프링 상수

　　　　 K_c : 피체결 부재계의 압축 스프링 상수

③ 항복조임토크 : $T_{fy} = K F_{fy} d$

　여기서, F_{fy} : 항복 조임 축력

④ 조임관리방법

조임 관리 방법	지표	조임의 영역	Q(참고치)
토크법	조임토크	탄성역	1.4~3
회전각법	조임 회전각	탄성역	1.5~3
		소성역	1.2
토크 기울기법	조임 회전각에 대한 조임 토크의 기울기	탄성한계	1.2

ⓐ 토크법의 특징

• 토크법은 조임토크와 조임력의 선형관계를 이용한 조임관리방법이다.

• 이 방법은 조임작업 시에 조임토크(T_f)를 관리하기 때문에 특수한 조임용 공구를 필요로 하지 않으며, 작업성이 우수하고 간편한 방법이다.

- 그러나 조임토크 90% 전후는 나사면 및 자리면의 마찰에 의하여 소비되기 때문에 초기 조임력의 편차는 조임작업 시의 마찰 특성의 관리 정도에 따라 크게 변화한다.

ⓛ 회전각법의 특징

- 회전각법은 볼트 머리부와 너트의 상대 회전각(조임 회전각 θ_f)을 지표로 하여 초기 조임력을 관리하는 방법으로 탄성역 조임과 소성역 조임의 양쪽에 사용할 수 있다.
- 탄성역 조임은 피체결 부재 및 볼트의 강성이 높은 경우에는 불리하다.
- 소성역 조임에서는 초기 조임력의 편차는 주로 조일 때의 볼트의 항복점 F_{fy}에 의존하고 회전각 오차의 영향을 받기 어렵고 그 볼트의 능력을 최대한으로 이용할 수 있다는 이점이 있으나, 볼트의 나사부 또는 원통부가 소성변형을 일으키기 때문에 볼트의 연신성이 작은 경우 및 볼트를 다시 사용하는 경우에는 주의를 요한다.
- 지나친 조임력에 의하여 피체결 부재에 형편이 좋지 못한 일이 발생할 우려가 있을 경우에는 사용하는 볼트의 항복점 및 인장강도의 상한치를 규정하여야 한다.

ⓒ 토크 기울기법의 특징

- 토크 기울기법 조임은 $\theta_f - F_f$ 곡선의 기울기를 검출하고 그 값의 변화를 지표로 하여 초기 조임력을 관리하는 방법으로, 보통은 그 볼트의 항복 조임축력(F_{fy})이 초기 조임력의 목표가 된다.
- 일반적으로 초기 조임력의 편차를 작게 하고, 그 볼트의 능력을 최대한으로 이용할 경우에 사용한다.
- 초기 조임력의 값을 관리하기 위해서는 소성역의 회전각법인 경우와 같이 볼트의 항복점 또는 내구력에 대하여 충분히 관리할 필요가 있다.
- 소성역의 회전각법 조임과 비교하여 볼트의 연신성 및 재사용성에 문제가 있는 경우는 적으나 조임 용구가 복잡해지는 것은 피할 수 없다.

5. 로봇시스템 조립하기

(1) 조립기준서 및 조립검사기준서를 작성한다.

① 조립기준서

ⓐ 조립기준서는 특정 인원이 아니라도 표준작업이 가능하도록 작성된 문서이다.

ⓛ 작은 시스템에서는 부품을 조립할 파트별 또는 모듈별로 분류하지 않고 부품을 한 번에 모아 조립하는 경우가 많으나, 복잡하거나 큰 시스템에서는 각 부품을 모듈별, 파트별로 분류하여 선 조립 후 모듈과 파트를 다시 분류하고 조립하여 제품을 만들어 내는 경우가 많다.

ⓒ 시스템의 크기, 복잡도에 의해 조립기준서의 필요도가 달라지지 않는다는 것을 염두에 두어야 한다.

ⓓ 조립기준서에 포함되는 내용은 표준작업표, 작업지시서, 작업요령서 등을 포함한다.

- 표준작업표 내용에는 사용되는 기계 및 라인의 구성, 작업 순서, 택트타임, 표준 등을 포함하고 있다.
- 작업지시서는 작업 시에 수행하여야 하는 작업들을 단위작업 내용으로 분류하고 각 작업마다 수행 방법을 상세히 적은 문서이다. 포함되는 내용에는 작업명, 관리번호, 도면번호, 표준시간, 단위작업 내용, 사용 부품, 공구, 계측기, 작업 주안점 등이 있다.

② 조립검사기준서

    ㉠ 조립검사기준서는 조립기준서를 바탕으로 작성되며 작업지시서에 의해 수행된 내용이 올바르게 수행
    되었는가를 검사하는 기준이 된다.

    ㉡ 조립검사기준서에는 검사품의 관리번호, 도면번호, 제품번호, 검사 내용, 불량 유무, 검사장비 등의
    내용이 포함되며 작업지시서의 지시 내용을 검사할 수 있도록 검사 내용을 정하도록 한다.

(2) 부품을 조립한다.

  ① 조립기준서 및 작업지시서 확인

    ㉠ 조립기준서에 의해 각 공정의 개요를 파악하고 작업지시서에 의해 작업을 수행하게 되므로 조립기준서
    의 사전 준비사항이나 안전 주의사항을 이해하고 작업을 준비해야 한다.

    ㉡ 작업지시서에서 지시된 공구와 부품들의 기준을 준수하며 임의의 조립 또는 기계 작동을 금해야 한다.

  ② **공구의 준비 및 사용법** : 작업지시서에 지시된 공구와 계측기 등을 준비하게 되며 각 공구의 사용법
  및 계측기의 사용법을 숙지하여야 한다.

  ③ **작업지시서 및 조립도를 이용한 조립** : 작업지시서 내의 조립도를 바탕으로 조립 순서를 인지하고 작업
  순서에 따라 작업을 수행할 수 있도록 한다.

(3) 로봇시스템을 조립한다.

  ① 로봇시스템의 조립은 시스템의 각 구성부의 조립과 구성부 간의 조립으로, 기계적 조립 이외에도 전기,
  통신 등의 조립 등이 있다.

  ② 로봇시스템의 조립을 위해서는 통합시스템 관리자와 각 구성부의 관리자의 협업이 필요하다.

(4) 검사성적서를 작성한다.

  조립검사기준서를 기준으로 하여 조립검사성적서를 작성한다. 조립검사성적서에는 검사품의 항목, 실시한
  검사방법, 검사 횟수, 측정 결과 등과 검사자, 검사일시 등의 내용이 포함되어야 한다.

제4과목 로봇 통합 및 시험

제1장 | 로봇 통합 및 기능 시험

01 조립작업의 5가지 원칙으로 틀린 것은?

① 부품 누락 또는 이품 조립의 방지

② 부품 체결력관리

③ 부품의 찍힘 방지

④ 부품의 공차관리

조립작업의 5가지 원칙 : 부품 누락 또는 이품 조립의 방지, 조립 부품의 청정도관리, 부품 체결력관리, 조립 방향과 위치 실수 방지, 부품의 찍힘 방지

02 부품의 조립작업 중 유의사항으로 틀린 것은?

① 전용포장용기와 부품을 보호하면서 운반할 수 있는 핸들링 기구를 사용하여야 찍힘을 방지할 수 있다.

② 조립현장에서는 조립 방향과 위치 실수 방지를 사전에 예방할 수 없다.

③ 부품 누락 및 이품 조립은 조립 공정에서 많이 나타나는 현상이다.

④ 체결력의 차이를 없애기 위하여 토크렌치나 자동체결기를 사용해야 한다.

조립현장에서 실수방지장치를 사용하면 조립 방향과 위치 실수를 사전에 예방할 수 있다.

03 조립용 공구의 종류에 해당하지 않는 것은?

① 토크렌치

② 니 퍼

③ 바이스 플라이어

④ 리 벳

리벳은 기계요소이다.

1 ④ 2 ② 3 ④ **Answer**

04 **조립용 공구의 플라이어류에 해당하지 않은 것은?**

① 롱 노즈 플라이어   ② 콤비네이션 플라이어

③ 드라이버   ④ 파이프렌치

대표적인 플라이어류는 콤비네이션 플라이어, 펜치, 니퍼, 롱 노즈 플라이어, 바이스 플라이어, 파이프렌치가 있다.

05 **기계요소의 종류에 해당하지 않는 것은?**

① 결합용 요소   ② 분해용 요소

③ 운동조정용 요소   ④ 관용 기계요소

기계요소에는 결합용 요소, 전동요소, 축계요소, 운동조정용 요소, 관용 기계요소가 있다.

06 **기계요소의 성향이 다른 것은?**

① 브레이크   ② 마찰차

③ 기 어   ④ 체 인

마찰차, 기어, 체인은 전동요소이다. 운동조정용 요소는 브레이크와 같은 제동요소와 스프링 관성차와 같은 완충요소가 포함된다.

07 **조립에 사용되는 결합방법으로 틀린 것은?**

① 파 넣음   ② 쐐 기

③ 나 사   ④ 베이어닛

파 넣음은 접합방법으로, 액상의 재료로 이미 꽂아 넣은 부품을 넣어 고정시키는 결합이다. 2개 부품의 차단과 고정, 절연 등으로 이용된다.

08 조립에서 분해 불가능한 조립방법에 해당하지 않는 것은?

① 파 넣음
② 접 착
③ 압축 결합
④ 베이어닛 결합

베이어닛 결합 : 서로 결합하려는 부품의 한쪽을 어떤 방향으로 이동하거나 회전해서 미리 만든 홈과 홈을 안내시키는 일과
스프링작용에 의해 결합을 하는 방식

09 조립도에서 확인해야 할 항목이 아닌 것은?

① 생산 수량과 납기 및 생산주기
② 치수공차
③ 제품을 구성하는 부품 명칭
④ 구조 및 작동

조립도에서 확인해야 할 항목에는 구조 및 작동, 조립 상태, 기준 치수, 제품을 구성하는 부품 명칭, 부품 수량, 생산 수량과
납기 및 생산주기가 있다.

10 부품도에서 확인해야 할 항목이 아닌 것은?

① 치수공차
② 형상 정밀도 및 표면거칠기
③ 부품 수량
④ 가공방법

부품 수량은 조립도에서 확인해야 할 항목이다.

8 ④ 9 ② 10 ③ ◀ **Answer**

11 헐거운 끼워맞춤인 경우 구멍의 최소허용치수에서 축의 최대허용치수를 뺀 값은?

① 최소 틈새
② 최대 틈새
③ 최소 죔새
④ 최대 죔새

헐거운 끼워맞춤은 구멍의 최소허용치수가 축의 최대허용치수보다 커 항상 틈새가 생기는 끼워맞춤으로, 구멍의 최소허용치수와 축의 최대허용치수의 차가 최소 틈새의 크기가 된다.

12 다음 중 항상 죔새가 생기는 끼워맞춤은?

① 헐거운 끼워맞춤
② 중간끼워맞춤
③ 억지끼워맞춤
④ 일반끼워맞춤

억지끼워맞춤 : 구멍의 최대허용치수가 축의 최소허용치수보다 작아 항상 죔새가 생기는 끼워맞춤

13 구멍의 치수가 $\varnothing 40^{+0.05}_{+0.02}$ 이고 축의 치수가 $\varnothing 40^{-0.03}_{-0.05}$ 인 경우의 끼워맞춤은?

① 헐거운 끼워맞춤
② 중간끼워맞춤
③ 억지끼워맞춤
④ 일반끼워맞춤

구멍의 최소허용치수(40.02)가 축의 최대허용치수(39.97)보다 크므로 헐거운 끼워맞춤이다.

14 구멍의 지름이 $\varnothing 40_0^{+0.05}$ 이고, 축의 지름이 $\varnothing 40_{+0.02}^{+0.04}$ 일 때 최대 죔새는 얼마인가?

① 0.01

② 0.02

③ 0.04

④ 0.05

최대 죔새＝축의 최대허용치수 − 구멍의 최소허용치수＝40.04 − 40＝0.04

15 억지끼워맞춤에서 최대 죔새를 구하는 방법은?

① 축의 최대허용치수 − 구멍의 최소허용치수

② 구멍의 최소허용치수 − 축의 최대허용치수

③ 구멍의 최대허용치수 − 축의 최소허용치수

④ 축의 최소허용치수 − 구멍의 최대허용치수

16 로봇 또는 로봇시스템의 안전한 운영과 설치를 위해 권고되는 준수사항이 아닌 것은?

① 위험성 평가

② 프로그램 관찰자에 대한 방호

③ 조작자 방호

④ 경고표시장치

프로그램 입력자에 대한 방호 : 로봇을 교시하는 사람은 로봇의 동작범위 안에 있기 때문에 이러한 실수는 사고를 유발할 수 있다.

17 로봇시스템의 안전한 운영과 설치를 위하여 준수해야 할 사항으로 틀린 것은?

① 어떤 경우라도 조작자의 신체 일부분이 로봇의 방호지역 안에 있어도 안전하다.

② 로봇과 로봇시스템 개발의 각 단계에서 위험성 평가는 수행되어야 한다.

③ 전형적인 경고표시장치는 지지대 둘레를 감싸는 체인 또는 로프, 경고등, 경고신호, 경고음을 말한다.

④ 시스템이 방대하고 복잡할 때는 부적절한 기능을 활성화시켜 사고를 유발시킬 수 있다.

로봇이 자동으로 작동할 때 모든 방호장비는 활성화되어 있어야 하며 어떤 경우라도 조작자의 신체 일부분이 로봇의 방호지역 안에 있어서는 안 된다.

18 로봇 기초 공사의 역할에 대한 설명으로 틀린 것은?

① 정밀도 유지

② 작업 용이

③ 진동 방지

④ 소음 방지

로봇 기초 공사의 역할과 순서

• 로봇을 필요한 위치 및 상태로 유지한다.

• 로봇의 정밀도를 유지한다.

• 로봇의 진동을 방지하고 외부로의 전파를 방지한다.

• 외부에서의 진동이 로봇에 전파하는 것을 차단한다.

• 해당 로봇을 사용하는 작업이 용이하도록 한다.

• 로부의 부수작업이 쉽고, 기초 공사 관련 설비 사용이 용이하도록 한다.

19 로봇 설치를 위한 기초에 필요한 조건으로 틀린 것은?

① 로봇 및 기초가 마찰 또는 회전하지 않도록 한다.

② 로봇 및 기초의 일부 또는 전체가 침전(침하)되지 않도록 한다.

③ 로봇의 정밀도 및 기능의 유지에 충분한 것이어야 한다.

④ 로봇 및 기초의 기울기가 충분하도록 한다.

로봇 및 기초가 기울거나 유동되지 않도록 한다.

20 로봇 통합을 위한 안전장치 준비 중 성격이 다른 것은?

① 비상 정지 버튼
② 재현성의 정확도
③ 제작자의 안전 및 보수지침 준수
④ 인터로크 기능

 해설

설계상의 안전대책에는 비상 정지 버튼, 로봇의 전자파 적합성, 재현성의 정확도, 제어기의 인터로크 기능 등이 있다.

21 로봇 통합을 위한 안전장치 준비 중 성격이 다른 것은?

① 설계상의 비상 정지 버튼
② 제작자의 지침에 따른 안전장치 설치
③ 제작자의 안전 및 보수지침 준수
④ 시동키를 항상 지정된 사람이 보관

 해설

로봇 사용자에 의해 적용되는 안전대책에는 제작자의 지침에 따른 안전장치 설치, 시동키를 항상 지정된 사람이 보관, 제작자의 안전 및 보수지침 준수 등이 있다.

22 로봇 통합을 위한 안전장치에 대한 설명으로 틀린 것은?

① 고객이 안전장치가 설치된 생산라인에서 로봇을 이용할 때는 안전장치를 따로 만들 필요가 없다.
② 한 위치에 영구 고정되어 연장 등의 도구를 통해서만 철거가 가능해야 한다.
③ 제어기는 안전장치의 공간 외부에 설치되어야 하며 오버로크 기능을 가져야 한다.
④ 시스템이 필요로 하는 어떠한 환경조건에 의해서도 감지장치의 작동이 영향을 받아서는 안 된다.

해설

인터로크는 안전장치가 닫힐 때까지 로봇시스템이 다음 작동이나 상태로 이행하지 않도록 하는 장치이다.

23 로봇현장 통합을 위한 시스템 내부 점검항목으로 적절하지 않은 것은?

① 전원 투입

② 외부 배선 및 안전회로 검토

③ 부분적 자동 운전

④ 에러 수정 및 이상 운전 테스트

부분적 수동 운전 : 각 설비를 한 동작씩 수동으로 진행시키면서 운전 상태를 확인한다. 보통 로봇시스템은 로봇과 이송, 분류 등의 작업을 수행하는 자동화된 부대장치들로 구성이 되는데, 이 단계에서 각각의 기능 및 동작 순서 등을 반드시 확인해야 한다.

24 설치된 제어반의 구조 및 설치환경을 로봇 설치 매뉴얼과 같은 관련 요령에 따라 점검할 때 점검사항에 해당하지 않는 것은?

① 유닛의 배치

② 커넥터의 고정

③ 모터의 속도

④ 나사 조임새

로봇시스템의 장착 상태 점검 시 확인해야 할 사항에는 유닛의 배치, 나사 조임새, 커넥터의 고정, 각종 설정 스위치 확인, 유닛 근처에 발열체나 전기적 노이즈 발생 원인이 없는지 확인 등이 있다.

25 로봇시스템의 세부 점검 중 잘못된 배선에 의한 피해를 최소화하기 위하여 확인해야 할 사항이 아닌 것은?

① PLC의 지시 램프 확인

② 동력 회로 Off 점검

③ 공기압, 유압에 의한 구동기기에 대한 안전조치

④ 안전상 문제가 있거나 기기 파손이 예상되는 부분의 배선 제거

해설

잘못된 배선에 의한 피해를 최소화하기 위하여 다음 사항을 확인한다.

• 동력회로 Off 점검

• 안전상 문제가 있거나 기기 파손이 예상되는 부분의 배선 제거

• 공기압, 유압에 의한 구동기기에 대한 안전조치

26 **로봇시스템의 외부 배선 및 안전회로 검토사항으로 옳지 않은 것은?**

① 우선 입출력 전원을 Off시킨다.

② 강제 On 기능에 의해 출력 소자들을 하나씩 점검한다.

③ 비상 정지 버튼, 비상 정지 와이어, 세이프티 플러그, 광전 스위치 등에 대하여 차례로 검토한다.

④ 각 구동기기의 안전장치에 모의적으로 과부하나 이상신호를 만들어 작동을 확인한다.

• 입출력 전원을 On시킨다.

• 입력 소자들을 하나씩 On시켜 로봇시스템의 동작 상태를 확인한다.

27 **로봇 구동계의 목적으로 옳은 것은?**

① 콤팩트한 구조와 단순한 구성이어야 한다.

② 동특성이 좋고 취성이 커야 한다.

③ 크기가 크고 정도가 좋아야 한다.

④ 모터의 토크와 속도의 전달률이 낮아야 한다.

로봇 구동계의 목적과 기능

• 동력 전달 : 모터의 토크와 속도를 동작 부위로 전달한다.

• 크기가 작고 정도가 좋아야 한다.

• 동특성이 좋고 강성이 커야 한다.

• 콤팩트한 구조와 단순한 구성이어야 한다.

28 **로봇센서의 기능으로 틀린 것은?**

① 작업물의 위치와 방향을 파악한다.

② 동력 전달을 부위별로 전달한다.

③ 시스템의 오동작을 분석하고 판단한다.

④ 작업물의 형상이나 치수의 변동을 발견한다.

동력 전달을 부위별로 전달하는 것은 로봇 구동계의 역할이다.

26 ① 27 ① 28 ② ▶**Answer**

29 **로봇 컴퓨터 제어시스템의 구성이 아닌 것은?**

① 로봇 메커니즘　　　　　　　　　② 액추에이터
③ 마이크로프로세서　　　　　　　　④ 컴플라이언스

컴플라이언스는 로봇의 말단장치의 종류 중의 하나이다.

30 **로봇용 모션 컨트롤러에 대한 설명으로 틀린 것은?**

① 맞춤형 어플리케이션을 효율적으로 구성할 수 있는 역할을 담당한다.
② 다양한 동작을 구현할 수 있도록 제공한다.
③ 리밋 스위치 및 다양한 입출력 채널을 제공하고 있다.
④ 로봇과 그 주변 상황에 대한 정보를 감지하여 로봇제어기로 전달한다.

로봇용 센서 : 로봇과 그 주변 상황에 대한 정보를 감지하여 로봇제어기로 전달하는 기기 또는 트랜스듀서

31 **로봇의 입력장치에 해당하지 않는 것은?**

① 티치 펜던트　　　　　　　　　　② 키보드
③ 단말기 액정화면　　　　　　　　④ 마우스

로봇, 컴퓨터로부터 출력된 데이터를 사용자가 볼 수 있도록 하는 장치로 모니터, 플로터, 단말기 액정화면 등이 있다.

32 **로봇의 전송제어장치에 해당하지 않은 것은?**

① 회선접속부　　　　　　　　　　② 회선제어부
③ 입출력접속부　　　　　　　　　④ 입출력제어부

로봇의 전송제어장치에는 회선접속, 회선제어부, 입출력제어부가 있다.

33 측정값과 참값의 차이를 가리키는 측정 용어는?

① 감 도　　　　　　　　　② 정확도
③ 오 차　　　　　　　　　④ 정밀도

오차 = |참값 − 측정값|

34 같은 양을 반복 측정하는 동안 구해진 측정치들의 차이를 가리키는 측정 용어는?

① 정밀도　　　　　　　　② 오 차
③ 보 정　　　　　　　　　④ 이력 현상

35 이력현상이 발생하는 이유로 틀린 것은?

① 기계적 마찰　　　　　　② 탄성변형
③ 열적 효과　　　　　　　④ 바우싱거 효과

이력현상 : 측정값을 증가시키면서 측정하느냐 또는 감소시키면서 측정하느냐 하는 접근 방향에 따라서 측정값이 달라지는 현상을 가리킨다. 기계적 마찰, 탄성변형, 자기효과, 그리고 열적 효과에 의하여 발생한다.

36 기울기가 원래의 기울기에서 벗어나서 발생하는 오차는?

① 스팬오차　　　　　　　② 영점오차
③ 편이오차　　　　　　　④ 정밀오차

원점이 영점에서 벗어나 있는 것을 영점오차라 하고, 기울기가 원래의 기울기에서 벗어나서 발생하는 오차를 스팬오차라고 한다.

37 로봇에 사용되는 센서의 감도가 9일 경우 입력값이 2V이면 출력값은?

① 4.5V ② 7V

③ 11V ④ 18V

$$감도 = \frac{Output}{Input}$$

$$9 = \frac{Output}{2V}$$

$$\therefore Output = 18V$$

38 다음 로봇의 위치 정밀도 측정값들의 표본에 대한 표본 표준편차는 약 얼마인가?

표본 구분	1	2	3	4
측정값	15	20	22	18

① 2.98 ② 3.12

③ 3.87 ④ 4.04

- 표본 평균 : $\bar{y} = \dfrac{1}{n}\displaystyle\sum_{i=1}^{n} y_i = \dfrac{15+20+22+18}{4} = 18.75$

- 표본 표준편차 : $S = \sqrt{\dfrac{\displaystyle\sum_{i=1}^{n}(y_i - \bar{y})^2}{n-1}} = \sqrt{\dfrac{(18.75-15)^2 + (18.75-20)^2 + (18.75-22)^2 + (18.75-18)^2}{4-1}} \fallingdotseq 2.98$

39 로봇 시험 체계 중 개발품 평가 시험에 해당하지 않는 것은?

① 연속 운전 시험

② 시제품 시험

③ 신뢰성 시험

④ 적용 시험

출하 시험에는 Set-up 검사, 기능 검사, 연속 운전 시험이 있다.

40 로봇 시험 체계에서 상품 평가에 해당하는 시험은?

① 상품성 평가 시험
② 시제품 시험
③ 신뢰성 시험
④ 적용 시험

②, ③, ④는 개발품 평가 시험에 해당한다.

41 온도, 습도, 노이즈 등 환경 영향 평가를 하는 로봇 시험 체계는?

① 부품 평가 시험
② 사용자 평가
③ 내환경성 시험
④ 기능 검사

내환경성 시험은 개발품 평가 시험 중 신뢰성 시험에 해당한다.

42 다음 설명에 해당하는 로봇 기능 시험은?

> 위급 정지 크기 및 형식, Display 속도, 키 문자 등이 ANSI에 규정된 설계치를 만족하는지 체크리스트에
> 의거하여 항목별 기능 검사

① Safety 기능
② Teach Pendant 기능
③ 프로그램 조작 기능
④ Robot Language 기능

시험 목적은 티치 펜던트 설계 규격 검사이다.

제2장 로봇 성능 및 신뢰성 시험

43 산업용 로봇의 성능 시험 내용 중 자세 특성에 해당하지 않는 것은?

① 거리 정도

② 속도 정도

③ 안정화 시간

④ 오브슛

 해설

자세(Pose) 특성 시험	경로(Path) 특성 시험
• 자세 정도/반복 정밀도 • 다방향 자세 편차 • 거리 정도/반복 정밀도 • 안정화 시간 • 오브슛 • 자세 편차	• 경로 정도/반복 정밀도 • 코너 링 특성 • 속도 정도/반복 정밀도

44 이동 로봇의 이동 안정도 시험을 하고자 할 때 적절하지 않은 것은?

① 전방 정적 안정성 시험

② 동적 안정성 시험

③ 상하 정적 안정성 시험

④ 외력 안정성 시험

 해설

로봇 이동 안정도 시험 : 전방 정적 안정성 시험, 후방 정적 안정도 시험, 측방 정적 안정성 시험, 동적 안정성 시험, 외력 안정성 시험

45 이동 로봇의 최대 전력 소비 모드와 이동에 관한 성능 시험을 하고자 할 때 적절하지 않은 것은?

① 직선 경로 이동

② 단차 승월 이동

③ 원형 회전 이동

④ 최대 회전 반경 이동

 해설

최대 전력 소비 모드와 이동에 관한 성능 시험 : 직선 경로 이동, 최소 회전 반경 이동, 원형 회전 이동, 경사면 주행 이동, 단차 승월 이동 등

46 이동 로봇의 이동 기능 특성 시험에 해당하지 않는 것은?

① 외력 안정성 시험
② 후방 정적 안정도 시험
③ 측방 정적 안정성 시험
④ 정격 속도 시험

정격 속도 시험은 이동 로봇의 속도 성능 시험이다. 이동 로봇의 이동 기능 특성 시험에는 전방 정적 안정도 시험, 후방 정적 안정도 시험, 측방 정적 안정성 시험, 외력 안정성 시험이 있다.

47 이동 로봇 이동 기능 특성의 시험을 안정성 결정 중심으로 하고자 할 때 고려사항으로 적합하지 않은 것은?

① 로봇의 무게
② 구동 바퀴
③ 쏠림 각도
④ 쏠림방지장치

안정성 결정 중심으로 이동 로봇의 이동 기능 특성을 시험할 때 고려사항으로는 구동 바퀴, 쏠림 각도, 쏠림방지장치가 있다.

48 이동로봇 성능시험보고서에 기록해야 할 사항으로 적합하지 않은 것은?

① 회전 반경, 등판력 시험 결과
② 이동로봇의 부품의 내구성 측정 결과
③ 시험에서 사용한 부하의 명세
④ 속도·가속도 시험 결과, 비상 정지 시험 결과

성능시험보고서 작성 시 기록해야 할 사항
• 성능 시험항목 및 시험 기준(KS 규격 등)
• 시험용으로 장비를 갖춘 이동 로봇의 사진
• 이동 로봇의 크기, 무게 측정 결과
• 회전 반경, 등판력 시험 결과
• 속도·가속도 시험 결과, 비상 정지 시험 결과
• 후방 주행속도를 측정할 수 없을 때에는 그 내용을 기재할 것
• 시험에서 사용한 부하의 명세

49 로봇의 신뢰성 시험의 절차로 옳은 것은?

> ㄱ. 설계 조건 설정
> ㄴ. 시험 계획 수립
> ㄷ. 시험 실시
> ㄹ. 시험 결과 해석
> ㅁ. 평가

① ㄴ - ㄱ - ㄷ - ㄹ - ㅁ
② ㄴ - ㄷ - ㄱ - ㄹ - ㅁ
③ ㄱ - ㄴ - ㄷ - ㄹ - ㅁ
④ ㄱ - ㄴ - ㄷ - ㅁ - ㄹ

50 로봇의 신뢰성 시험 중 성격이 다른 것은?

① 수명 시험
② 열 충격 시험
③ 보증 시험
④ 인정 시험

로봇의 신뢰성 시험 중 환경 시험에는 고온 시험, 저온 시험, 온도 사이클 시험, 열 충격 시험이 있다.

51 로봇 사용환경에 따른 신뢰성 평가를 할 때 설명이 틀린 것은?

① 로봇용 부품의 물리적 특성은 인장강도, 항복점, 파단점이 있다.
② 세부적인 환경 요인으로는 온도, 습도, 일조량, 압력, 강우, 분진이 있다.
③ 규격화된 평가 기준이 있는 경우에는 그에 맞춰 신뢰성 평가를 수행한다.
④ 사용 환경은 실내와 실외로 크게 나눌 수 있다.

• 기계적 특성 : 인장강도, 항복점, 파단점, 충격강도, 좌굴강도, 탄성률 등
• 물리적 특성 : 비중, 수분 흡수율, 사용 가능 온도

52 유럽 연합 내에서 유통되는 상품 중 소비자의 건강, 안전, 위생 및 환경 보호 차원에서 위험이 될 수 있다고 판단되는 모든 제품에 적용되는 인증은?

① CE

② UL

③ ISO

④ EU

53 로봇의 신뢰성 시험의 필요성에 대한 설명으로 틀린 것은?

① 제품은 의도된 사용환경과 타당한 고장 결과를 갖도록 설계되어야 한다.

② 시스템의 고장현상이 고도화, 단순화, 소형화되어 고장이 빈번히 발생하고 있다.

③ 사용자들은 서비스나 보전비용을 포함한 수명주기비용에 대한 사고를 중요시한다.

④ 신기술 개발기간이 단축되고 신소재나 신제품이 출시되어 이에 대한 안정성이나 수명 등을 합리적으로 평가할 새로운 기술이 필요하다.

시스템의 고장현상이 고도화, 복잡화, 대형화되어 고장이 빈번히 발생하고 있다.

54 로봇의 신뢰성 시험 관련 용어 설명으로 틀린 것은?

> ㄱ. 가속 시험 : 로봇에 대해서 등간격으로 증가하는 여러 스트레스 수준을 순차적으로 적용하는 시험
> ㄴ. 시험실 시험 : 규정되고 제어되는 조건에서 수행되는 적합 시험 또는 결정 시험
> ㄷ. 85/85 시험 : 직접 회로와 같은 전자 부품을 장시간 고습도 분위기 속에서 사용 및 보존하였을 경우의 내성을 평가하기 위한 시험

① ㄱ

② ㄱ, ㄴ

③ ㄴ, ㄷ

④ ㄱ, ㄴ, ㄷ

- 가속 시험 : 로봇의 스트레스 반응을 관측하는 기간을 단축하기 위하여 또는 주어진 기간 동안의 반응을 확대하기 위하여 기준조건에 규정된 스트레스를 초과하는 인가 스트레스 수준의 선정된 시험
- 단계 스트레스 : 로봇에 대해서 등간격으로 증가하는 여러 스트레스 수준을 순차적으로 적용하는 시험

55 로봇의 신뢰성 시험 관련 용어 설명으로 틀린 것은?

> ㄱ. 고장률 가속계수 : 규정된 기준시험조건에서의 고장률에 대한 가속시험조건에서의 고장률의 비
> ㄴ. 고장 강도 가속계수 : 구간 시점에 수리된 로봇의 고정된 나이로 시작하는 주어진 지속기간의 어떤 구간에서 1개의 스트레스 조건의 집합에서 얻은 고장계수들의 비율
> ㄷ. 시간 가속계수 : 동일한 결함 및 상대적 관계들을 초래하는 1개의 스트레스 조건 집합에서 같은 크기의 표본으로부터 동일한, 정해진 수의 고장 및 열화를 얻기 위해 필요한 기간들의 비율

① ㄱ
② ㄱ, ㄴ
③ ㄴ, ㄷ
④ ㄱ, ㄴ, ㄷ

• 고장 강도 가속계수 : 구간 시점에 수리된 로봇의 고정된 나이로 시작하는 주어진 지속기간의 어떤 구간에서 2개의 다른 스트레스 조건들의 집합에서 얻은 고장계수들의 비율
• 시간 가속계수 : 동일한 고장 메커니즘, 결함, 모드 및 상대적 관계들을 초래하는 2개의 서로 다른 스트레스 조건들의 집합에서 2개의 같은 크기의 표본으로부터 동일한, 정해진 수의 고장 또는 열화를 얻기 위해 필요한 기간들의 비율

56 제어기 배선판을 고온, 저온 사이에서 반복해 온도 변화에 노출시킨 경우에 발생하는 수지, 도체의 내피로성을 평가하는 시험은?

① 온도 사이클 및 열 충격 시험
② 85/85 시험
③ 내피로성 시험
④ 내구성 시험

온도 사이클 및 열 충격 시험 : 제어기 배선판을 고온, 저온 사이에서 반복해 온도 변화에 노출시킨 경우에 발생하는 수지, 도체의 내피로성을 평가하는 시험이다. 복수 시험조건을 설정하여 가속계수를 구하는 것으로 실사용 조건하에서의 수명을 예측할 수 있다.

57 로봇의 신뢰성 시험 관련 장비가 아닌 것은?

① 오실로스코프
② EDS
③ 열전대
④ 낙뢰시험기

열전대는 제베크효과를 이용하여 넓은 범위의 온도를 측정하기 위해 두 종류의 금속으로 만든 장치로 발전소, 제철소 등에서 온도를 측정하기 위해 사용한다. 내구성이 좋아 극한상황에서 많이 이용한다.

58 오실로스코프에서 주로 측정하는 방법이 아닌 것은?

① 온도 측정
② 시간 측정
③ 주파수 측정
④ 거리 측정

오실로스코프에서 많이 사용되는 측정은 전압, 시간, 주파수, 거리 측정이다.

59 시료에 가열과 냉각을 통하여 급격한 온도 변화를 만들어 주고, 그에 따른 열변형에 의해 시료의 손상 여부 정도를 시험하는 신뢰성 시험장비의 명칭은?

① 항온항습체임버
② EFT 버스트 내성 시험기
③ 정전기 시뮬레이터
④ 서지 내성 테스터기

항온항습체임버는 열충격시험기라고도 하며, 측정항목은 측정 대상물이 받는 온도 측정과 온도 변화에 의한 측정 대상물이 변화하는 변위 측정, Strain 측정 등이며 전자 기판의 경우 저항 측정 등을 한다.

60 서지 내성 테스터기의 설명으로 옳은 것은?

① 낙뢰가 발생하였을 때 전자기기가 전기내성을 견딜 수 있는가를 측정하는 장비이다.
② 고의로 정전기를 발생시켜서 로봇시스템 제품에 가함으로써 제품의 정전기에 대한 대응력을 보고자 하는 것이다.
③ 관측하는 신호가 시간에 대하여 어떻게 변화하는가를 조사하는 것이 주목적이다.
④ 물체에서 방사되는 적외선 방사에너지를 검지기에 의해 검출하고, 물체의 방사온도를 전기신호로서 꺼내어 2차원의 가시상으로 표시하는 장치이다.

② EDS
③ 오실로스코프
④ 열화상 카메라

61 정전기 신뢰성 시험 규격서를 만들 때 포함 항목이 아닌 것은?

① 목 적
② 시험방법
③ 용어의 정의
④ 판정 기준

정전기 신뢰성 시험 규격서에는 목적, 시험방법, 시험조건, 판정기준이 포함되어야 한다.

62 로봇의 정전기 신뢰성 시험 준비 중 성능 체크시트의 제시 사양에 의한 배치, 평가, 판정을 받지 않는 것은?

① 기능 평가
② H/W 평가
③ 성능 평가
④ 보호회로 평가

기능 평가, 성능 평가, S/W 평가, 보호회로 평가가 있다.

63 로봇의 신뢰성 시험 중 사용자에 의해 탈착되는 사출 커버류 개폐 확인 및 견고성 확인을 하고자 할 때 옳은 조건은?

① 사용조건의 1.0배 Torque 인가, 10회 이상 확인
② 사용조건의 1.0배 Torque 인가, 15회 이상 확인
③ 사용조건의 1.5배 Torque 인가, 10회 이상 확인
④ 사용조건의 1.5배 Torque 인가, 15회 이상 확인

64 로봇의 정전기 신뢰성 평가 중 라벨의 부착 여부 및 표기의 적정성을 확인하고자 할 때 적절하지 않은 것은?

① 이중 절연일 경우, 이중 절연 심볼 사용

② 수취인 국적 표기

③ 기초 절연일 경우, 접지 심볼 사용

④ 생산 일자 표기

신뢰성 평가 중 라벨에는 제조자명, 상표, 모델의 국적 표기를 한다.

표기 내용	올바른 표기법
• 정격 전압 또는 정격 전압 범위 • 주파수 범위 • Phase : 단상 생략 가능 　삼상 : ϕ or Phase 필히 사용	• AC 200~240V, 60Hz • AC 200~240V, 50/60Hz • 3ϕ, AC 200~240V, 50/60Hz • 3Phase, AC 200~240V, 50/60Hz
정격 전류, 정격 소비 전력	A or mA, WATT
제조자명, 상표, Model명	***. 회사명
국적의 표기	Made In Korea
이중 절연인 경우, 이중 절연 Symbol 표기	
생산일자 표기(제조연월, Bar Code, Ser No등)	
기초 절연인 경우, 접지 Symbol 사용	

65 로봇의 정전기 신뢰성 평가 중 제품 기구 설계도에 의한 기구 외관 검사를 실시할 때 합격 판정기준은?

① 사용자 DC 입력 제품에 역전압 인가 시 파손이 없을 것

② 제품 라벨 표기 및 요구 사항 준수 여부 확인

③ 기기와의 접촉, 마찰로 인해 인체에 상해를 입히지 않을 것

④ 메모리 백업 회로에 대한 유효 사용 시간 제시 여부 확인

기기와의 접촉, 마찰로 인해 인체에 상해를 입히지 않을 것(날카로운 모서리, 버 등이 없을 것)

66 로봇의 정전기 신뢰성 시험 성적서를 작성할 때 포함하지 않는 항목은?

① 관련 표준

② 적용 범위

③ 시험장비

④ 시험조건

정전기 신뢰성 시험 성적서에는 적용 범위, 관련 표준, 시험 목적, 용어의 정의, 시험 설비 및 조건이 포함되어야 한다.

67 정전기 시험 성적서를 작성할 때 다음 설명에 해당하는 용어는?

> Fail의 기준에 정해진 것 이상의 영향을 나타내지 않고 있으면서 정전기를 견딜 수 있는 피시험기의 능력

① 정전기 내성

② 접촉 방전

③ 대기 방전

④ 정전기 단계 레벨

② 접촉 방전 : 시험기에서 충전된 전극이 피시험기에 접근하여 발생기 안에 있는 S/W로 방전이 수행되는 시험방법으로, 여기에서 '접근'이란 접촉을 초래하는 것으로 이해할 수 있다. 따라서 방전은 피시험기 표면에서 아크의 발생 없이 행해진다.

③ 대기 방전 : 시험기의 충전된 전극이 시험기에 접근하여 스파크를 발생시킴으로써 방전시키는 시험방법이다. 이때 충전된 전극의 전위가 충분히 높을 때(약 3kV 이상) 피시험기의 아크가 발생한다.

④ 정전기 단계 레벨 : 제품에 가해도 불량을 유발하지 않는 최대 정전기 크기이다.

68 로봇의 정전기 시험의 접촉 방전의 기준 전압은?

① 2

② 4

③ 6

④ 8

레벨 4단계를 기준으로 한다.

69 로봇의 정전기 시험의 기중 방전의 기준 전압은?

① 2   ② 4

③ 6   ④ 8

레벨 4단계를 기준으로 한다.

70 로봇의 정전기 시험 전압 중 레벨 2보다 작은 레벨에서 해야 하는 재료 및 재질이 아닌 것은?

① 나 무   ② 철

③ 콘트리트   ④ 세라믹

어떤 종류의 재질들(예 나무, 콘크리트, 세라믹 등)은 레벨 2보다는 작은 레벨에서 시험해야 한다.

71 정전기 신뢰성 시험장비 배치 중 허용되지 않는 습도는?

① 20%   ② 30%

③ 50%   ④ 60%

습도는 특히 중대한 영향을 미칠 수 있는 요소이므로 30% 이하가 되어서는 안 된다.

72 로봇 신뢰성 시험을 위한 정전기 인가방법 중 대기 방전에 대한 설명으로 틀린 것은?

① 정전기 인가방법 중 간접 방식이다.

② 5kV에서부터 시험을 진행한다.

③ 시험 전압을 순차적으로 1kV씩 올리면서 시험을 실시한다.

④ 총방전 횟수는 최소한 100회(10Point) 이상이어야 한다.

피시험기에 가해지는 총방전 횟수는 최소한 200회(20Point) 이상이어야 한다.

73 필드 테스트의 알파 테스트에 대한 설명으로 틀린 것은?

① 조직 내에서 사용자를 모집하여 테스트를 수행한다.

② 개발 중인 로봇 시스템의 사용자의 요구사항을 모르는 사람일수록 효과적이다.

③ 기능 매뉴얼에 대해서 숙지한 상태에서 사용하면서 느끼는 여러 가지 불편사항이나 결점들을 발견하게 하는 것이 효과적이다.

④ 필드 테스트의 초기 단계에 해당된다.

기능 매뉴얼에 대해서 모르는 상태에서 기능들을 직접 사용하면서 느끼는 여러 가지 불편사항이나 결점들을 발견하게 하는 것이 효과적이다.

74 필드 테스트의 베타 테스트에 대한 설명으로 옳은 것은?

① 조직 내부의 사용자를 이용하기에 테스트 계획을 작성하거나 결과를 수집하기 쉽다.

② 완전히 로봇시스템의 개발 방법에 대한 정보를 가지지 못한 일반인들을 대상으로 한다.

③ 소프트웨어로만 구성되어 있는 경우 화재 감지 시스템이 해당한다.

④ 알파 테스트보다 전혀 예측하지 못하는 이상행동을 만들어내지 못한다.

알파 테스트는 조직 내부의 사용자를 이용하기 때문에 테스트 계획을 작성하거나 결과를 수집하기 쉽다. 그러나 알파 테스트는 아무리 로봇 시스템에 대한 정보를 주지 않는다 하더라도 유사한 업무를 하는 사용자이기에 개발자의 관점에서 로봇시스템을 다룰 가능성이 조금이라도 존재하여 전혀 예측하지 못하는 이상행동을 만들어내지 못할 수도 있다.

75 스마트폰의 앱을 베타 테스트하고자 할 때 옳은 것은?

① 사용해 본 후 리포트를 제출하도록 하여야 한다.

② 실제 위치에 설치를 하고 나서 시범 운영기간을 설정하고, 해당 기간 동안 나타나는 여러 가지 문제점들을 수정해 나간다.

③ 개발품에 대한 보안 문제 등으로 테스터를 모집하기 어렵다.

④ 불특정 다수의 사용자에게 밝히고, 웹 사이트로부터 다운로드하여 자동 설치하도록 하고, 프로그램을 사용하게 한다.

베타 테스트의 종류
• 움직일 수 있는 하드웨어인 경우
• 설치되어 움직이기 어려운 시스템인 경우
• 전문가 그룹을 이용하여 테스트를 수행하는 경우
• 소프트웨어로만 구성 되어 있는 경우

76 필드 테스트의 단계별 수행 내용 중 테스트 계획 단계에 해당하는 내용은?

① 테스트 환경 준비   ② 테스트 목표 달성 여부 확인
③ 테스트 과정 평가   ④ 선행 테스트 분석

단 계	단계별 수행 내용
테스트 계획	• 시스템의 요구사항 관련 자료 검토 • 테스트 상황/요구사항/데이터 식별 • 테스트 방법 정의 • 테스트 용이성 검토 • 테스트 환경 준비
테스트 설계	• 테스트 시나리오 결정 • 우선순위 선정 • 선행 테스트 분석 • 테스트 결과 비교
테스트 실행	• 테스트 수행 • 테스트 목표 달성 여부 확인 • 테스트 결과 정리
테스트 평가	• 테스트 결과물 평가 • 테스트 과정 평가

77 필드 테스트의 단계별 수행 내용 중 테스트 평가 단계에 해당하는 내용은?

① 테스트 수행   ② 테스트 과정 평가
③ 테스트 결과 정리   ④ 테스트 목표 달성 여부 확인

75 ④ 76 ① 77 ② **Answer**

제3장 로봇 시제품 제작 및 통합

78 업체에서 선정된 로봇 시제품을 구매하고자 할 때 옳은 순서는?

> ㄱ. 선정된 시장품 관련 업체를 조사한다.
> ㄴ. 최종 결정된 시장품을 구매한다.
> ㄷ. 선정된 시장품의 대체품을 조사한다.
> ㄹ. 구매조건을 검토한다.

① ㄱ - ㄹ - ㄷ - ㄴ
② ㄷ - ㄹ - ㄱ - ㄴ
③ ㄷ - ㄱ - ㄹ - ㄴ
④ ㄱ - ㄷ - ㄹ - ㄴ

79 열처리의 종류에 해당하지 않은 것은?

① 담금질
② 뜨 임
③ 풀 림
④ 하드페이싱

열처리방법에는 담금질, 뜨임, 풀림, 불림이 있다.

80 소성가공의 종류에 해당하지 않은 것은?

① 단 조
② 뜨 임
③ 압 연
④ 인 발

뜨임은 열처리방법이다.

81 **열처리의 설명으로 틀린 것은?**

① 담금질은 재료를 경도와 강도를 증가시킨다.

② 뜨임은 인성을 부여하고 내부응력을 제거한다.

③ 풀림은 재질을 연화하고 균일화시킨다.

④ 불림은 표준화 조직을 만들기 위해 서랭한다.

불림은 결정입자가 조대해진 강을 표준화 조직으로 만들기 위해 A_{cm} 점이나 A_3점 이상의 온도로 가열 후 공랭시킨다.

82 **절삭가공의 종류에 해당하지 않은 것은?**

① 평 삭   ② 선 삭

③ 전 조   ④ 밀 링

전조는 소성가공으로, 전조 다이에 금속재료를 끼우고 힘을 가하면서 다이를 왕복으로 움직이거나 회전시켜 가공하며 일반적으로 기어, 나사 등을 제작할 때 많이 사용한다.

83 **일반적으로 강선 또는 구리선을 뽑아내는 소성가공법은?**

① 압 연   ② 전 조

③ 단 조   ④ 인 발

인발 : 일정한 크기의 금속재료를 다이 헤드를 통해 반대쪽으로 끌어내어 잡아 당겨 다이 구멍 형상의 선재로 가공하는 방법이다. 일반적으로 강선 또는 구리선을 뽑아낸다.

84 직선으로 절삭공구를 이송하거나 재료를 이송하여 원하는 형태의 평면을 가공하는 공작기계가 아닌 것은?

① 선 반   ② 셰이퍼

③ 슬로터   ④ 플레이너

선반은 선삭가공법이다. ②, ③, ④는 평삭가공을 한다.

85 금속재료를 회전하는 2개의 롤러 사이로 통과시켜 제품을 만드는 소성가공법은?

① 단 조   ② 압 연

③ 전 조   ④ 압 출

압연 : 금속재료를 회전하는 2개의 롤러 사이로 통과시켜 제품을 만드는 가공법으로 판재, 봉, 관 등의 제품을 가공할 때 사용하는 가공법이다. 단조와 같이 결정의 미립화에 의한 경도 증가가 발생한다.

86 제거가공을 허용하지 않는다는 것을 지시하는 기호는?

① $\varnothing\!\!\!\diagdown$ ② $\overset{w}{\bigtriangledown}$

③ $\overset{x}{\bigtriangledown}$ ④ $\overset{y}{\bigtriangledown}$

87 입고 검사의 종류에 해당하지 않은 것은?

① 전수 검사   ② 샘플링 검사

③ 체크 검사   ④ 품질 검사

입고 검사의 종류에는 전수 검사, 샘플링 검사, 관리 검사, 체크 검사가 있다.

88 용접 결함의 종류에 해당하지 않은 것은?

① 치수 불량   ② 스패터

③ 크레이터   ④ 피 트

치수 불량은 주조에서 나타나는 결함이며 용접 결함으로 보기 어렵다.

89 용착 금속이 모재에 융합되지 않고 덮어서 발생하는 용접 결함은?

① 오버랩   ② 언더컷

③ 크 랙   ④ 용입 부족

90 로봇의 용접 부위를 검사 중 육안으로 볼 수 없는 결함은?

① 비드 불량   ② 블로홀

③ 스패터   ④ 언더컷

블로홀은 내부에 가둬진 상태로 용접부가 굳어 발생하는 불량이다. 육안 검사는 내부의 결함을 찾을 수 없으므로 신뢰성이 필요한 제품에서는 비파괴 검사를 수행하는 것이 좋다.

91 육안 검사의 설명으로 옳은 것은?

① 광학기기를 사용할 필요가 없다.

② 검사의 신뢰성 확보가 어렵다.

③ 대상의 내부에 존재하는 결함도 확인 가능하다.

④ 강자성체에만 적용된다.

인간의 육안을 이용하여 대상의 표면에 존재하는 결함이나 이상 유무를 판단하는 가장 기본적인 비파괴시험법이며, 경우에 따라서 광학기기를 이용하여 관찰하기도 한다.

88 ①   89 ①   90 ②   91 ②   ▶Answer

92 비파괴 검사의 설명으로 틀린 것은?

① 용접작업 전 사용될 부품에 대해 검사할 때 사용되는 방법이다.

② 대상물에 손상을 주지 않고 검사체의 상태, 구조 등을 확인한다.

③ 체적 탐상 방법은 방사선 등을 내부로 투과하여 내부의 결함을 확인하는 방법이다.

④ 표면 탐상 방법은 관찰하기 어려운 표면 균열을 육안으로 관찰할 수 있도록 하는 검사 방법이다.

비파괴 검사는 용접 검사의 종류로서 용접작업이 완료된 부품에 대해 검사할 때 사용하는 방법이다.

93 방사선투과 검사의 설명으로 틀린 것은?

① 재료의 내·외부 결함 검출이 가능하다.

② 영구적인 기록 수단이다.

③ 방사선 안전관리가 요구된다.

④ 강자성체에만 적용 가능하다.

방사선투과 검사는 모든 종류의 재료에 적용 가능하다.

94 자분탐상 검사의 설명으로 틀린 것은?

① 강자성체에만 적용 가능하다.

② 장치 및 방법이 단순하다.

③ 내부결함의 확인이 가능하다.

④ 신속하고 저렴하다.

자분탐상 검사는 결함의 육안 식별이 가능하다.

95 침투탐상 검사의 설명으로 틀린 것은?

① 비자성체에만 적용 가능하다.

② 제품의 크기에 제한을 받지 않는다.

③ 침투액으로 제품이 오염될 우려가 있다.

④ 장비 및 방법이 단순하다.

 해설

침투탐상 검사는 거의 모든 재료에 적용이 가능하다.

96 비자성체에 적용이 가능한 비파괴 검사로 틀린 것은?

① 방사선투과 검사

② 자분탐상 검사

③ 침투탐상 검사

④ 육안검사

 해설

자분탐상 검사는 강자성체에만 적용이 가능하다.

97 나사의 조임관리방법에 해당하지 않는 것은?

① 토크법

② 회전각법

③ 모멘트법

④ 토크 기울기법

 해설

나사의 조임 관리방법으로는 토크법, 회전각법, 토크 기울기법이 있다.

98 나사의 조임관리방법 중 탄성영역에서만 관리하는 방법은?

① 토크법
② 회전각법
③ 모멘트법
④ 토크기울기법

토크법은 조임토크와 조임력의 선형관계를 이용한 조임관리방법이다.

99 다음 조건을 보고 나사의 조임력(N)을 구하시오.

- 나사부토크 : 200N · m
- 자리면토크 : 600N · m
- 토크계수 : 0.1
- 나사의 호칭지름 : 4mm

① 1×10^5
② 1×10^6
③ 2×10^5
④ 2×10^6

$$T_f = T_s + T_w = KF_f d$$
$$(200+600)\text{N} \cdot \text{m} = 0.1 \times F_f \times 4\text{mm}$$
$$\therefore F_f = 2 \times 10^6 \text{N}$$

100 다음 조건을 보고 나사부토크(N · mm)를 구하시오.

- 나사 피치 : 2mm
- 나사면 마찰계수 : 0.2
- 나사의 유효지름 : 5mm
- 플랭크각 : 60°
- 조임력 : 3.14N

① 1.14
② 3.14
③ 4.14
④ 6.28

$$T_s = \frac{F_f}{2}\left(\frac{P}{\pi} + \frac{\mu_s d_2}{\cos\alpha}\right) = \frac{3.14\text{N}}{2}\left(\frac{2\text{mm}}{\pi} + \frac{0.2 \times 5\text{mm}}{\cos 60°}\right) \fallingdotseq 4.14\text{N} \cdot \text{mm}$$

101 다음 조건을 보고 나사의 자리면 토크(N · mm)를 구하시오.

> • 자리면 마찰계수 : 0.4
> • 자리면 평균지름 : 10mm
> • 조임력 : 70N

① 17.5   ② 35
③ 70   ④ 140

$$T_w = \frac{F_f}{2}(\mu_w D_w) = \frac{70\text{N}}{2}(0.4 \times 10\text{mm}) = 140\text{N} \cdot \text{mm}$$

102 조립기준서에 포함되는 작업지시서의 해당 항목이 아닌 것은?

① 작업명
② 작업 순서
③ 도면번호
④ 단위작업 내용

작업지시서는 작업 시에 수행하여야 하는 작업들을 단위작업 내용으로 분류하고 각 작업마다 수행방법을 상세히 적은 문서이다.
포함되는 내용에는 작업명, 관리번호, 도면번호, 표준시간, 단위작업 내용, 사용 부품, 공구, 계측기, 작업 주안점 등이 있다.

103 조립기준서에 포함되는 표준작업표의 해당 항목이 아닌 것은?

① 작업 주안점
② 기계 및 라인의 구성
③ 작업 순서
④ 택트타임

표준작업표에는 사용되는 기계 및 라인의 구성, 작업 순서, 택트타임, 표준 등을 포함하고 있다.

104 조립기준서에 포함되지 않은 것은?

① 표준작업표
② 작업지시서
③ 작업요령서
④ 안전점검표

105 조립검사기준서에 포함되지 않은 항목은?

① 검사 내용
② 불량 유무
③ 조립 순서
④ 검사 장비

 해설

조립검사기준서에는 검사품의 관리번호, 도면번호, 제품번호, 검사 내용, 불량 유무, 검사장비 등의 내용이 포함되며 작업지시서의 지시 내용을 검사할 수 있도록 검사 내용을 정하도록 한다.

106 조립검사성적서를 작성할 때 포함되는 항목이 아닌 것은?

① 검사품의 항목
② 검사 횟수
③ 측정과정
④ 실시한 검사방법

 해설

조립검사성적서에는 검사품의 항목, 실시한 검사방법, 검사 횟수, 측정 결과 등과 검사자, 검사일시 등의 내용이 포함되어야 한다.

여기서 멈출 거예요? 고지가 바로 눈앞에 있어요.
마지막 한 걸음까지 시대에듀가 함께할게요!

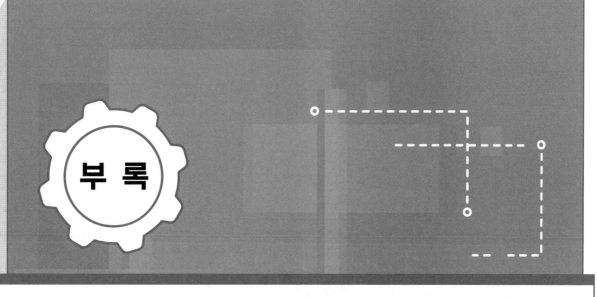

부 록

로봇기구개발기사
최종 모의고사 + 최근 기출문제

로봇기구개발기사

한권으로 끝내기

부 록

최종 모의고사

 로봇기구개발기사 한권으로 끝내기

01 **서비스 로봇의 특징에 대한 설명으로 틀린 것은?**

① 가장 큰 특징은 조작성이다.

② 상황에 반응하여 스스로 움지일 수 있어야 한다.

③ 기술적으로 가장 진보적인 수준이 요구된다.

④ 인간이나 장비에 서비스를 제공하는 자동 또는 반자동 로봇으로 정의한다.

해설

서비스 로봇의 가장 큰 특징은 자율성이다.

02 **로봇시스템의 대표적인 구성요소로 틀린 것은?**

① 로봇기구부   ② 로봇전원부

③ 로봇 하드웨어   ④ 로봇 소프트웨어

해설

로봇시스템은 로봇을 포함하여 기계, 장치 등의 조합을 통해 필요한 기능을 실현한 집합체로 로봇기구부, 로봇 하드웨어, 로봇 소프트웨어로 구성되어 있다.

03 **다음 보기와 같은 설명에 해당하는 로봇의 요구사항 분석의 방법은?**

> [보 기]
> 요구사항이 무엇인지 결정하기 위해 개발자가 고객 및 사용자와 대화하는 작업이다.

① 요구사항의 수집   ② 요구사항의 분석

③ 요구사항의 기록   ④ 요구사항의 계획

해설

• 요구사항의 분석 : 언급된 요구사항이 불명확하거나 불완전하거나 모호하거나 모순되는지를 결정하고 해결하는 것이다.

• 요구사항의 기록 : 요구사항은 자연 언어 문서, 유스 케이스, 사용자 스토리 또는 공정명세서와 같은 다양한 형식으로 문서화되어야 한다.

    1 ①   2 ②   3 ①

   최종 모의고사 **371**

04 전자부품 조립용 로봇시스템의 특성에 따른 주요 요구사항으로 가장 거리가 먼 것은?

① 고정형

② 작은 가반 하중

③ 빠른 속도

④ 장애물 탐지 및 회피

전자부품 조립용 로봇시스템은 산업현장에 설치할 수 있어야 하며, 취급하는 대상물의 중량이 작고, 작업속도가 매우 빨라야 하기 때문에 고정형, 작은 가반 하중, 빠른 속도 등과 같은 요구사항이 필요하다.

05 다음 (　) 안에 가장 적합한 픽 앤 플레이스(Pick & Place) 로봇의 요구사항은?

번 호	고객의 요구사항	요구사항 선정 결과
1	0.5kg 이하의 작업물을 집어야 한다.	(　　　　　)
2	사람과 충돌하지 않도록 하여야 한다.	
3	작업물을 지그에 올리는 데 소요되는 시간이 5초 이하여야 한다.	
4	공장 내의 설치 공간은 2×2m 이내여야 한다.	

① 선회반경

② 최대 속도

③ 가반 하중

④ 무게 이송 능력

• 번호 3 : 최대 속도

• 번호 4 : 작업반경 또는 선회반경

06 산업표준은 광공업품의 종류, 형상, 품질, 생산방법, 시험 · 검사 · 측정방법 및 산업활동과 관련된 서비스의 제공방법 · 절차 등을 통일하고, 단순화하기 위한 기준이다. 이를 크게 분류한 것에 해당하지 않은 것은?

① 참조표준

② 제품표준

③ 방법표준

④ 전달표준

참조표준이란 측정 데이터 및 정보의 정확도와 신뢰도를 과학적으로 분석 · 평가하여 공인된 것이다.

07 발명의 내용 파악, 선행기술 조사들을 통해 특허 여부를 판단하는 로봇시스템의 특허 출원 단계는?

① 방식 심사 　　　　　　　　② 출원 공개

③ 실체 심사 　　　　　　　　④ 특허 결정

- 방식 심사 : 출원의 주체, 법령이 정한 방식상 요건 등 절차의 흠결 유무 점검
- 출원 공개 : 특허 출원에 대하여 그 출원일로부터 1년 6월이 경과한 때 또는 출원인의 신청이 있는 때는 기술 내용을 공보에 게재하여 일반인에게 공개
- 특허 결정 : 심사 결과 거절 이유가 존재하지 않을 시에는 특허결정서를 출원인에게 통지

08 로봇기구 상세 설계 단계에서 고려해야 할 요소가 아닌 것은?

① 구조 역학 해석 　　　　　　② 상세 설계 평가

③ 상세 구조 설계 　　　　　　④ 정역학 평가

로봇기구 상세 설계 단계에는 세부 부품 설계 및 생산, 상세 구조 설계 및 부품도 작성, 동역학 해석, 구조 역학 해석, 상세 설계 평가가 있다.

09 특정한 방위를 갖고 공간에 위치할 수 있는 관절을 움직이는 산업용 로봇의 기본 구성 부품은?

① 제어기 　　　　　　　　　　② 말단장치

③ 머니퓰레이터 　　　　　　　④ 동력공급장치

인간의 팔과 유사한 동작을 제공하는 기계적인 장치이다. 주요 기능은 팔 끝에서 공구가 원하는 작업을 할 수 있도록 특별한 로봇의 동작을 제공한다.

10 다음 보기와 같은 설명에 해당하는 기업 차원에서 고려해야 할 제품과 생산 주기 단계는?

> [보 기]
> 고객이 제품을 받아들일 수 있도록 성능과 제품의 희귀성을 강조하면서 동시에 제품 변화의 속도도 빠르게 가져간다.

① 도입기 　　　　　　　　　　② 성장기

③ 성숙기 　　　　　　　　　　④ 쇠퇴기

도입기
- 제품은 낯설고 고객의 수용 정도도 낮고 판매도 저조하다.
- 제품 생명 주기의 초기 단계에서는 관리 차원에서 고객이 제품을 받아들일 수 있도록 성능과 제품의 희귀성을 강조하면서 동시에 제품 변화의 속도도 빠르게 가져간다.
- 생산량도 제한적이고 운영비용도 높고, 유연 생산과정이 적용되나 제조원가가 높다.

11 NAND 회로에서 2개의 입력포트가 있다. 1개의 출력포트가 0이 되기 위한 입력포트의 신호가 바르게 연결된 것은?

① 0 - 0　　　　　　　　　　　　　② 0 - 1

③ 1 - 0　　　　　　　　　　　　　④ 1 - 1

입력 포트 A와 B 모두 1일 때 0출력된다.

게이트	기호	의미	진리표			논리식
AND	A B ─Y	입력신호가 모두 1일 때 1출력	A 0 0 1 1	B 0 1 0 1	Y 0 0 0 1	$Y = A \cdot B$ $Y = AB$
OR	A B ─Y	입력신호 중 1개만 1이어도 1출력	A 0 0 1 1	B 0 1 0 1	Y 0 1 1 1	$Y = A + B$
NOT	A ─Y	입력된 정보를 반대로 변환하여 출력	A 0 1	Y 1 0		$Y = A'$ $Y = \overline{A}$
BUFFER	A ─Y	입력된 정보를 그대로 출력	A 0 1	Y 0 1		$Y = A$
NAND	A B ─Y	NOT+AND, 즉 AND의 부정	A 0 0 1 1	B 0 1 0 1	Y 1 1 1 0	$Y = \overline{A \cdot B}$ $Y = \overline{AB}$
NOR	A B ─Y	NOT+OR, 즉 OR의 부정	A 0 0 1 1	B 0 1 0 1	Y 1 0 0 0	$Y = \overline{A \cdot B}$
XOR	A B ─Y	입력신호가 모두 같으면 0, 한 개라도 틀리면 1출력	A 0 0 1 1	B 0 1 0 1	Y 0 1 1 0	$Y = A \oplus B$ $Y = \overline{A}B + A\overline{B}$
XNOR	A B ─Y	NOT+XOR, 즉 XOR의 부정	A 0 0 1 1	B 0 1 0 1	Y 1 0 0 1	$Y = A \odot B$ $Y = \overline{A \oplus B}$ $Y = AB + \overline{A}\overline{B}$

12 직류모터의 3요소에 해당하지 않은 것은?

① 계 자　　　　　　　　　　② 전기자

③ 브러시　　　　　　　　　　④ 정류자

- 계자 : 자속을 생성시켜 회전기의 동작에 필요한 자기장을 생성시킨다.
- 전기자 : 자기장 회로를 만드는 철심과 기전력을 유도한다.
- 정류자 : AC를 DC로 전환하며, 전기자와 함께 하나의 회전자에 일체형으로 구성되어 있다.

13 서보모터의 사양 선정 시 고려해야 할 요소가 아닌 것은?

① 위치결정의 정밀도

② 시스템의 외력에 따른 손실 등을 고려한 부하토크

③ 가감속 시 회생 부하율

④ 펄스 단위의 위치 이동량

펄스 단위의 위치 이동량은 스테핑 모터에 해당한다.

14 모션 제어시스템을 분석할 때 운전 방식, 제어의 범위, 제어 방식을 파악해야 하는 구성요소는?

① 제어의 규모　　　　　　　　② 제어의 복잡성

③ 안전성　　　　　　　　　　④ 설치 환경

제어시스템	제어의 규모	제어의 복잡성	안전성	설치 환경
단독시스템	제어 대상 입출력의 총숫자	운전 방식 제어의 범위 제어 방식	안전, 복전, 재기동, Interlock 등	온도, 습도, 진동, 노이즈 등
집중시스템				
분산시스템				
계층시스템				

출처 : LS산전 교육용 자료

15 A/D 변환회로에 의해 디지털신호로 바뀌어 선택회로에 입력되는데, 12Bit 분해능의 경우 디지털 변환 데이터값이 0~4000에 해당하지 않는 아날로그 입력값은?

① 0~5V

② 1~10V

③ 0~20mA

④ −10~10V

16 다음 보기와 같은 설명에 해당하는 센서 대상물로부터 정보량을 얻는 분야는?

[보 기]
길이, 각도, 변위, 유량, 유속, 속도, 가속도, 회전각, 회전수, 질량, 중량, 힘, 모멘트, 진공도, 입력, 음압, 소음, 주파수, 시간, 온도, 습도, 비열, 열량

① 기 계

② 전 기

③ 정 보

④ 습도 및 화학 분야

17 다음 보기와 같은 설명에 해당하는 부품은?

[보 기]
대부분의 산업용 로봇은 수 GHz 단위의 고속 연산을 수행하는 고가를 사용하지 않고 kHz~MHz 단위의 저속 연산이 가능한 저가 부품인 이것을 장착한다.

① CPU

② MPU

③ MCU

④ Flash Memory

MPU
• CPU에 비하여 저속으로 동작하는 작은 CPU로서 저비용의 소형 CPU이다.
• 대부분의 산업용 로봇은 수 GHz 단위의 고속 연산을 수행하는 고가의 CPU를 사용하지 않고, kHz~MHz 단위의 저속 연산이 가능한 저가 CPU인 MPU를 장착하는 경우가 많다.
• 주변 장치는 로봇의 역할에 따라 MPU, 메모리, 주변회로 등을 추가하여 장착한다.

18 로봇 MCU의 펌웨어가 실행되는 운영체제 중 non-OS에 대한 설명으로 틀린 것은?

① 로봇은 복잡한 상호작용이 없는 단순한 작업을 실행하는 경우가 많다.

② 펌웨어의 하드웨어 접근 및 처리속도가 가장 빠르다.

③ 타 로봇과 협력하지 않고 독자적으로 동작되기 힘들다.

④ MCU 플래시 메모리에 운영체제를 위한 별도의 보호된 공간을 사용하지 않는다.

XYZ축 이송 로봇, 라인 트레이서 등은 타 로봇과 협력하지 않고 독자적으로 동작되기 때문에 운영체제를 사용하지 않아도 무리가 없다.

19 공압 액추에이터의 설명으로 틀린 것은?

① 압축공기를 동력원으로 사용하여 직선운동, 회전운동의 기계적인 일을 수행하는 기기이다.

② 다른 액추에이터에 비해 구조가 간단하고 작동속도가 빠르다.

③ 압축공기를 이용하므로 멀리 떨어져 있는 기기제어에는 적합하다.

④ 공압식 액추에이터에는 공압실린더, 로터리 액추에이터, 공압모터 등이 있다.

• 압축공기를 동력원으로 사용하여 직선운동, 회전운동의 기계적인 일을 수행하는 기기이다.

• 다른 액추에이터에 비해 구조가 간단하고 작동속도가 빠르며 전기가 필요 없어 각종 사고에 대해 안전한 편이다.

• 압축공기를 이용하므로 멀리 떨어져 있는 기기제어에는 부적합하다.

• 공압식 액추에이터에는 공압실린더, 로터리 액추에이터, 공압모터 등이 있다.

20 어떤 로봇 기구장치의 액추에이터에 사용되는 유압실린더가 다음과 같은 조건일 때 피스톤에서 발생되는 유압은 약 몇 psi인가?

> • 피스톤의 지름 : 2inch
> • 유량 : 142inch^3/min
> • 행정 : 10inch
> • 피스톤에서 발생되는 힘 : 3,770lb

① 300

② 600

③ 1,200

④ 4,800

$$p = P \div \frac{\pi d^2}{4} = 3,770 \div \frac{\pi \times 4}{4} ≒ 1,200 \text{psi}$$

21 소형 전자 부품이나 기계 부품을 고속으로 정밀하게 조립하는 용도로 널리 사용되는 로봇은?

① 직각좌표형 로봇　　　　　　　　　② 원통좌표형 로봇

③ 수평관절형 로봇　　　　　　　　　④ 수직관절형 로봇

수평관절형 로봇 사용 분야
- 소형 부품 조립 및 핸들링
- 소형 부품의 장착과 탈착
- 일반적인 소형 부품 이송
- 정밀 검사

22 용접 및 도장작업 등에 가장 많이 사용되는 로봇은?

① 직각좌표형 로봇　　　　　　　　　② 원통좌표형 로봇

③ 수평관절형 로봇　　　　　　　　　④ 수직관절형 로봇

수직관절형 로봇 사용 분야
- 부품 조립, 핸들링, 장착과 탈착, 적재
- 용접(아크용접, 저항 점용접) 및 가공(연삭, 디버링)
- 도장 및 코팅, 정밀 검사 및 측정, 프레스 부품 이송

23 CAD를 이용한 로봇 형상을 기본 설계할 때 틀린 내용은?

① 우선 로봇의 주용도를 결정하고 주요 요구사항을 검토한다.

② 로봇의 형태 및 요구자유도와 부합하도록 관절을 구성한다.

③ 모터 배치, 감속기 종류와 감속비 선정 등을 만족하도록 관절을 구성한다.

④ 운동학적 요구조건을 만족하도록 관절을 구성한다.

관절 구성에 따라 작업영역, 관절의 속도, 가속도, 최대 속도 등 운동학적 해석을 하여 설계시방을 만족하는가 평가하며, 요구조건을 만족하도록 관절을 구성한다.

24 구조가 단순하고 강성이 약하여 반력이 작용하지 않는 소형 로봇의 팔 및 손목 구동에 사용되는 로봇기구 요소는?

① 볼나사   ② 하모닉 드라이브

③ RV 감속기   ④ 사이클로 감속기

- 볼나사(Ball Screw) : 모터의 회전운동을 직선운동으로 변환시켜 준다.
- RV 감속기 : 강성이 크고 정밀한 운동을 필요로 하는 곳에 사용되므로, 주로 소형 로봇 팔의 구동과 중·대형 로봇의 팔 및 손목 구동에 사용된다.
- 사이클로감속기 : RV 감속기와 유사한 곳에 사용된다.

25 로봇의 액추에이터로 가장 부적합한 것은?

① 스텝모터   ② 스크루 액추에이터

③ AC 서보모터   ④ 로터리 액추에이터

공압식이나 유압식은 압축장치를 필요로 하기 때문에 주로 산업용에서 사용된다. 대부분의 로봇 팔은 전동식 액추에이터로 구동된다. 로터리 액추에이터는 공압 액추에이터의 종류에 해당한다.

26 모터의 일반적인 선정조건 시 고려사항으로 틀린 것은?

① 운전 패턴   ② 부하토크

③ 전류 밀도   ④ 기계 정밀도

모터의 일반적인 선정조건
- 운전 패턴의 결정 : 운전거리, 운전속도, 운전시간, 가감속시간, 위치결정의 정밀도 등을 고려한 운전 패턴을 결정할 필요가 있다.
- 구동기구 시스템의 해석 : 감속기, 풀리, 볼 스크루, 롤러 등과 같은 기구시스템을 해석할 필요가 있다. 시스템의 외력, 마찰에 따른 손실 등을 고려한 부하토크를 계산하여야 한다.
- 평균 부하율이 선정된 서보모터의 연속 정격 범위 내에 있는지, 모터의 회전자 관성에 비하여 부하의 관성비가 적절한지 등을 검토해야 한다.
- 가감속의 운전토크가 선정된 서보모터의 최대 토크 범위 내에 있는지 가감속 시 희생부하율은 적정한지 검토되어야 한다.
- 기계시스템 전체의 기계 정밀도 및 운전능력이 고려되어야 한다.

27 로봇센서의 특징이 아닌 것은?

① 포지션 인코더의 분해능을 높이려면 인코더의 비트수를 낮게 할 필요가 있다.

② 태코제너레이터는 모터의 회전속도에 비례한 전압을 출력한다.

③ 비전센서는 이미지센서를 이용하여 사람의 시각을 대신한다.

④ 터치센서에 접촉할 경우 2개의 전극판이 붙게 되어 전류가 통하는 방식이다.

포지션 인코더는 모터와 일체로 조립된 것이 많다. 절위치 검출식과 상위치 검출식이 있다. 분해능을 높이려면 인코더의 비트수를 많게 할 필요가 있으며, 코드 플레이트 제작에 고도의 기술이 필요하다.

28 볼나사 선정 시 고려해야 할 요소가 아닌 것은?

① 축 길이 가선정 　　　　　② 축경 선정

③ 축 지지방법 선정 　　　　④ 축 재질 선정

볼나사 선정 시 축 재질은 크게 관련 없다.

29 볼나사의 설치 유형으로 틀린 것은?

① 고정-자유 　　　　　② 고정-지지

③ 고정-고정 　　　　　④ 자유-자유

볼나사의 설치 유형

• 고정-자유
 – 볼 스크루가 수직으로 사용할 경우, 축 스트로크가 짧을 경우에 사용한다.
 – 축 스트로크가 길거나 볼 스크루 강성이 약하면 휨 모멘트를 받기 쉽다.
 – 수직으로 사용하여 중력으로 인한 모멘트를 작게 받는 경우에 사용한다.

• 고정-지지
 – 반대편에 단순 베어링을 이용하여 지지만 한다.
 – 가장 보편적으로 사용하는 설치방법이고 안정성이 뛰어나다.

• 고정-고정
 – 양쪽을 모두 프로파일에 고정시키고 모터를 돌리는 경우이다.
 – 공작기계나 이송에 큰 힘이 들어갈 경우에 사용한다.

30 하모닉 드라이브의 형번 선정 절차에 해당하지 않는 것은?

① 출력축에 걸리는 평균 부하토크
② 감속비 결정
③ 허용 회전수
④ 입력 평균 속도

입력 평균 회전수, 입력 최고 회전수, 허용 회전수, 출력 평균 회전수, 평균 부하토크를 활용하여 하모닉 드라이브의 형번을 찾아 선정한다.

31 구름 베어링의 특징으로 틀린 것은?

① 마찰계수가 작아 발열이 크다.
② 규격화된 치수로 생산되어 교환이 쉽다.
③ 소음이 발생하기 쉽다.
④ 외부 충격을 흡수하는 능력이 작다.

구름 베어링은 구름 접촉을 하므로, 마찰계수가 작고 기동저항이 작으며 발열도 작다.

32 로봇기구 상세 설계 모델링의 부품 간섭을 확인할 때 틀린 것은?

① 부품의 상호 간섭을 체크한다.
② 역학 해석을 통해 치수를 변경한다.
③ 최종 부품의 사양을 선정한다.
④ 최종 사양을 도면 작성 시 소요명세서에 표시한다.

• 부품의 조립을 위한 간섭 체크 : 부품의 상세 도면을 작성하기 이전에 상세 모델링을 수행한 모델에서 부품의 상호 간섭을 체크할 필요가 있다. 모델에서 간섭 체크를 수행하여 부품을 조립할 때 간섭이 일어나는지를 사전에 확인해야 한다. 만약, 기본 동작을 수행하였을 때 간섭이 확인되면 치수 변경을 통해 간섭을 피해야 한다.
• 최종 부품 사양 선정 : 부품의 최종 도면을 작성하기 전에 최종 부품의 사양을 선정한다. 구동 모터나 베어링 등의 사양을 최종 선정하고 도면을 작성할 때 소요명세서에 표시한다.

33 다음 기하공차 중 성격이 다른 것은?

① 원통도
② 평행도
③ 직각도
④ 경사도

원통도는 모양공차이며, ②, ③, ④는 자세공차이다.

34 다음 보기와 같은 로봇 주행장치의 구동방식은?

> [보 기]
> 대관성 부하의 구동이 가능하며 감속비의 종류가 풍부하고 저속, 저진동에 유리하며 작은 공간을 필요로 한다. 구동 시 주의할 점으로는 백래시가 있다.

① 볼나사
② 벨 트
③ 래크와 피니언
④ 기 어

35 방호장치인 페일 세이프의 기능으로 틀린 것은?

① 로봇 및 관련 기기의 이상 시 외부에 알릴 수 있는 기능
② 접촉이나 진동 때문에 갑자기 작동 또는 복귀를 방지하는 기능
③ 로봇의 작동 구역 내 기타 출입 시 감지 및 자동 정지하는 기능
④ 제어장치의 이상을 검출하여 로봇을 자동으로 정지하는 기능

접촉이나 진동 때문에 갑자기 작동 또는 복귀를 방지하는 기능은 동력차단장치의 기능이다.

36 로봇의 기계 부품 제작, 검사 조립 등에서 작업을 능률적이며, 정밀도를 향상시키기 위하여 사용되는 보조장치의 역할로 틀린 것은?

① 공작물 위치결정　　　　　　　② 절삭공구의 안내
③ 작업 공정수 증가　　　　　　　④ 고정 안내

치공구
• 기계 부품의 제작, 검사 조립 등에서 작업을 능률적이며, 정밀도를 향상시키기 위하여 사용되는 보조장치이다.
• 제작에 사용되는 각종 지그와 고정구를 치공구라고 하며, 이는 공작물의 위치결정, 절삭공구의 안내, 고정의 역할을 하는 생산용 특수공구이다.
• 치공구 설계의 목적은 부품의 경제적인 생산에 도움이 될 수 있도록 특수공구, 기계 부착물 그리고 기타 다른 장치들을 장착해 내는 것이다.

37 로봇핸드의 요구사항으로 틀린 것은?

① 설계 시 로봇핸드의 무게 자체만 고려하여 설계하여야 한다.
② 다양한 대상물 혹은 대상 물품군을 잡고 이동하여 움직일 수 있어야 한다.
③ 충돌 및 대상물이 떨어지는 것을 방지할 수 있는 기능이 있어야 한다.
④ 로봇핸드의 설계는 최대한 간단하여야 한다.

설계 시 로봇핸드의 무게와 파지되는 제품의 무게를 고려하여 설계하여야 한다.

38 로봇핸드 선정 시 다음 조건을 보고 최대 가반중량으로 옳은 것은?

> • 로봇핸드 중량 : 60kg
> • 로봇 보디 중량 : 100kg
> • 설치대의 중량 : 5kg
> • 작업물의 중량 : 40kg

① 100kg　　　　　　　　　　② 105kg
③ 145kg　　　　　　　　　　④ 205kg

로봇핸드 혹은 툴 중량의 최대치(로 핸드 + 작업물 중량) ≤ 최대 가반 중량

39 **3개의 핑거를 이용하는 공유압 그리퍼 구동 방식의 특징은?**

① 손목 부분의 무게를 줄일 수 있고, 규격화되어 널리 사용된다.

② 원통형 물체를 축 방향으로 다룰 때 편리하며, 속이 빈 물체를 잡을 수 있다.

③ 구조는 간단하나 한쪽만 움직이기 때문에 물체를 잡고 놓는 과정에서 정밀도가 떨어진다.

④ 기어나 링크를 이용하는 것이 많으며, 정확하게 물체를 잡고 놓을 수 있다.

① 2개의 핑거를 이용하는 방식

③ 모터 1개로 하나의 핑거만 움직이는 방식

④ 모터 1개로 양쪽 핑거를 움직이는 방식

40 **공압계통 시스템의 구성요소의 성격이 다른 것은?**

① 실린더   ② 회전작동기

③ 공기모터   ④ 압축기

• 공기압 발생기 : 압축기, 탱크, 애프터 쿨러

• 작동부 : 실린더, 회전작동기, 공기모터

41 **로봇의 특이점(Singularities)에 대한 설명으로 틀린 것은?**

① 특이점 영역에서는 직교좌표계에서 1개 혹은 그 이상의 자유도를 잃게 된다.

② 특정 방향으로 직선 이동이 제한된다.

③ 2개 혹은 그 이상의 조인트 축 방향이 불일치할 때 발생한다.

④ 작업영역 부근에서 특이점이 형성된다고 한다.

특이점은 2개 혹은 그 이상의 조인트 축 방향이 일치할 때 발생한다.

42 로봇의 특이점(Singularities) 회피방법에 대한 설명으로 틀린 것은?

① 작업영역 부근 이동
② 툴 형상 설계
③ 작업 레이아웃 변경
④ 조인트 공간상의 경로로 이동

특이점 회피방법

• 특이점 구간에서도 로봇이 문제없이 움직이는 가장 쉬운 방법은 조인트 공간상의 경로로 이동하는 것이다. 시작 위치와 목표 위치가 모두 조인트 각도로 주어진다면, 특이점 문제에 마주하지 않을 것이다.
• 작업 특성상 로봇이 반드시 직선 경로로 이동해야 하는 경우에는 작업 레이아웃 변경 및 툴 형상 설계를 통해 특이점을 회피할 수 있다.

43 다음 그림과 같이 길이 $L = 0.1$m인 1자유도 로봇 링크 끝단에 수직으로 하중 $P = 600$N이 작용할 때, 최대 처짐량은 몇 mm인가?(단, 영계수 $E = 200$GPa이고, 단면 2차 모멘트 $I = 10^{-8}$m^{4}이다)

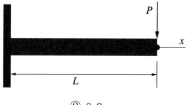

① 0.1
② 0.3
③ 0.5
④ 0.9

최대 처짐량 $= \dfrac{Pl^3}{3EI} = \dfrac{600\text{N} \times (0.1\text{m})^3}{3 \times 200 \times 10^9 \text{N/m}^2 \times 10^{-8}\text{m}^4} = 0.1 \times 10^{-3}\text{m} = 0.1\text{mm}$

44 다음 그림과 같은 *PRR* 3축 로봇의 D-H 파라미터 중 2번째 링크의 오프셋(d_2)은?(단, 그림에서 *로 표기된
양은 변수를 의미한다)

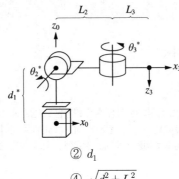

① 0

② d_1

③ $d_1 + L_2$

④ $\sqrt{d_1^2 + L_2^2}$

해설

- a : 2개의 연속적인 z축이 교차하기 위해 x축을 따라 이동해야 하는 거리(링크 길이)
- d : 2개의 연속적인 공통법선 사이(축의 교차)의 z축 위에서 이동해야 하는 거리(링크 간의 오프셋)
- 링크 길이(a_2) : 링크 2의 기준인 z_2에서 링크 3까지 z축을 따라 이동해야 하는 거리가 아닌 x축을 따라 $a_2(L_2)$ 만큼 이동해야
  한다.
- 링크 오프셋(d_2) : 0

45 다음 그림과 같은 *PRR* 3축 로봇의 D-H 파라미터 중 2번째 링크의 길이(a_2)는?(단, 그림에서 *로 표기된
양은 변수를 의미한다)

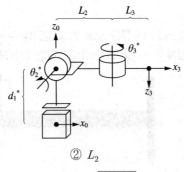

① 0

② L_2

③ $L_2 + L_3$

④ $\sqrt{d_1^2 + L_2^2}$

해설

- a : 2개의 연속적인 z축이 교차하기 위해 x축을 따라 이동해야 하는 거리(링크 길이)
- d : 2개의 연속적인 공통법선 사이(축의 교차)의 z축 위에서 이동해야 하는 거리(링크 간의 오프셋)
- 링크 2의 기준인 z_2에서 링크 3까지 x축을 따라 $a_2(L_2)$ 만큼 이동해야 한다.

46 로봇기구 구조 해석 절차 중 후처리 단계의 설명으로 틀린 것은?

① 유한요소 해석이 완료되면 결과를 검토하고 예측과 일치하는지를 확인한다.

② 변형된 형상을 검토하여 구조물의 거동이 타당한지를 확인한다.

③ 정확한 경계조건을 정의하고 과잉 구속되지 않도록 한다.

④ 모델상의 경계조건이나 하중조건 등 변형된 형상 확인만으로도 쉽게 찾아낼 수 있다.

 해설

정확한 경계조건을 정의하고, 과잉 구속되지 않도록 하는 것은 전처리의 경계조건 정의 절차에 해당한다.

47 공간에서의 위치, 속도, 가속도를 표현하는 좌표계 중 직교좌표계에서 점 $P(3, 2, 1)$의 x, y, z방향의 단위 벡터가 각각 i, j, k이라면 점 P의 위치 벡터 r을 식으로 표현한 것은?

① $r = 3i + 2j + 1k$

② $r = 3i + \dot{1}j + \ddot{2}k$

③ $r = \dot{1}i + \dot{2}j + \dot{3}k$

④ $r = \ddot{3}i + \ddot{2}j + \ddot{1}k$

 해설

$r = a_x i + b_y j + c_z k$

여기서, a_x, b_y, c_z는 기준좌표계상에서 본 점 P의 3개의 좌표들이다.

48 다음 그림과 같은 RRR 3축 로봇의 D-H 파라미터 중 3번째 링크의 길이(a_3)는?

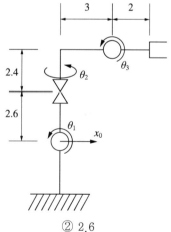

① 2.4

② 2.6

③ 3.0

④ 5.0

 해설

• a : 2개의 연속적인 z축이 교차하기 위해 x축을 따라 이동해야 하는 거리(링크 길이)

• 링크 2의 z축과 링크 3의 z축이 교차하면서 x축 위에서 이동해야 하는 거리는 링크 3까지의 수평거리를 더해야 한다. 링크 3의 $a_3 = 3$이다.

49 로봇의 형상에 맞는 정의된 로봇좌표계 내용으로 옳은 것은?

① 직교좌표형-RRR ② 원통형-RPP

③ 구형-PPR ④ 환관절형-PPP

로봇의 형상은 정의된 좌표계에 따라서 결정된다. 이동(병진)관절은 P로, 회전관절은 R로, 구형관절은 S로 표시된다. 로봇의 형상은 여러 개의 P와 R 그리고 S의 연속적인 배열로 구성된다.

- 직교좌표형(Cartesian)/직사각형(Rectangular)/기중기 형태-PPP

  이러한 형태의 로봇은 3개의 병진관절로 단말장치를 위치하게 하며, 추가적으로 단말장치의 방위를 잡는 회전관절들이 더 추가되기도 한다.

- 원통형(Cylindrial)-RPP

  원통형 좌표계의 로봇은 2개의 병진관절과 1개의 회전관절을 가지며, 추가적으로 부품의 방위를 잡는 회전관절들이 추가된다.

- 구형(Spherical)-RRP

  구좌표계 로봇은 1개의 병진관절과 부품의 회전을 위한 2개의 회전관절을 가지며 구좌표계를 따른다. 또한 회전을 위한 회전관절이 추가된다.

- 환관절형(Articulated)/인간형(Anthropomorphic)-RRR

  환관절형은 모두 회전관절로만 이루어져 있으며 인간의 팔과 매우 흡사하다. 이 형태가 산업용 로봇의 일반적인 형태이다.

50 유한요소법의 응용범위에 해당하지 않는 것은?

① 열 해석 ② 진동 해석

③ 전기화학 해석 ④ 생태계 해석

유한요소법의 응용범위

탄성변형, 응력 해석, 구조 해석, 진동 해석, 열 해석 및 열전달, 전자기학 해석, 다공성 물체 해석, 유체역학, 생태계 해석, 기후 예측이 있어 엔지니어링 분야에 골고루 쓰인다.

51 로봇이 직교-오일러의 관절 조합으로 구성되었을 때 ψ값은?

$$T = \begin{bmatrix} 1 & 1 & 1 & 1 \\ 1.732 & 1 & 1.732 & 1.732 \\ -1 & 1 & 1.414 & 3.464 \\ 0 & 0 & 0 & 1 \end{bmatrix}$$

① 0 ② 30°

③ 45° ④ 60°

$\tan\psi = \dfrac{\dfrac{o_z}{S\theta}}{-\dfrac{n_z}{S\theta}} = \dfrac{1}{1}$ 이므로 ψ=45°이다.

52 점 $P(5,4,2)^T$은 고정좌표계 $(\bar{n}, \bar{o}, \bar{a})$에 부착되고 다음에 표시되는 변환에 종속된다. 변환의 결과에 있는 기준 좌표계의 관련 점의 좌표는?

> 1. z축에 대하여 90°만큼 회전하고
> 2. [4,−3,7]만큼 이동해라.
> 3. y축에 대하여 90°만큼 회전한다.

① $P_{xyz} = Rot(z, 90)\, Trans(4, -3, 7)\, Rot(y, 90)\, P_{noa}$

② $P_{xyz} = Rot(y, 90)\, Trans(5, 4, 2)\, Rot(z, 90)\, P_{noa}$

③ $P_{xyz} = Rot(y, 90)\, Trans(4, -3, 7)\, Rot(z, 90)\, P_{noa}$

④ $P_{xyz} = Rot(z, 90)\, Trans(5, 4, 2)\, Rot(y, 90)\, P_{noa}$

53 다음 ( ) 안에 들어갈 로봇의 속성은?

> 로봇이 다른 속성을 유지할 수 있는 상황하에서 운송이 가능한 무게이다. 예를 들면 로봇의 최대 (   )은 규정된 (   )보다 훨씬 큰 무게이며, 최대 (   ) 상태에서는 정밀도가 더 떨어지게 되어 목적하는 경로로 이송이 어렵고 변위 또한 커진다. 로봇의 (   )은 로봇 자체의 무게에 비하여 매우 작다.

① 적재하중

② 도달범

③ 정밀성

④ 반복성

54 다음 그림에 해당하는 자유도는?

① 6 ② 5

③ 4 ④ 3

자유도, 즉 4개의 회전축을 갖는 로봇 팔이다. 문제의 그림에서 θ_1은 z_0축을 중심으로 x_0축과 x_1축이 이루는 각도이며, θ_2는 z_1축을 중심으로 x_1축과 x_2축이 이루는 각도이다. θ_3는 z_2축을 중심으로 x_2축과 x_3축이 이루는 각도이며, θ_4는 z_3축을 중심으로 x_3축과 x_4축이 이루는 각도이다.

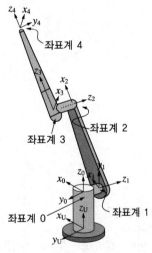

55 다음 그림과 같은 로봇 동력전달용 스크루가 나사로 된 칼라 C를 하향시키는 속도는 약 몇 m/s인가?(단,
θ =30°일 때 홈이 파진 팔(Arm)의 각속도는 0.417rad/s이다)

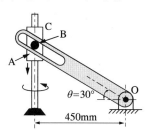

① 0.18   ② 0.21
③ 0.25   ④ 0.29

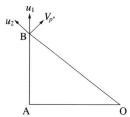

회전계에 대한 질점의 평면 운동

• $V_P = V_{P'} + V_{P/\wp}$

  여기서, V_P : 질점 P의 절대 운동(고정계인 OXY에 대한 운동)

  $V_{P'}$: 회전계 $\wp$에 속한 질점 P'의 운동(이 질점은 주어진 순간에 질점 P와 일치)

  $V_{P/\wp}$: 회전계 $\wp$에 대한 질점 P의 운동

• $V = r\omega$

  여기서, ω : 각속도

그림의 B를 P로 간주하면, $\overline{AP} = 0.45\tan30°(\text{mm})$, $\overline{OP} = \dfrac{0.45}{\cos30°}(\text{mm})$

• P'를 $\overline{AP}$에 일치하는 점, u_1을 $\overline{AP}$ 칼라를 따라가는 바깥 속도라 할 때

  $V_P = V_{P'} + u_1$, $V_{P'} = 0$(축의 고정)

• P''를 $\overline{OP}$에 일치하는 점, u_2를 $\overline{OP}$ 홈이 파진 팔을 따라가는 바깥 속도라 할 때

  $V_P = V_{P''} + u_2$

  ∴ y축 기준 $+\uparrow$: $u_1 = \dfrac{0.45}{\cos30°} \times 0.417 \times \cos30° + u_2\cos60°$ ··· ㉠

  x축 기준 $+\rightarrow$: $0 = \dfrac{0.45}{\cos30°} \times 0.417 \times \sin30° - u_2\sin60°$

  $u_2 = 0.417 \times 0.45\dfrac{\tan30°}{\sin60°}$ ················· ㉡

  ㉠식에 ㉡식을 대입하면 $u_1 ≒ 0.25\text{m/s}$

56 다음 그림과 같은 직육면체의 질량이 $m = 10\text{kg}$이고, 평행축 정리를 통해 $Z1$축의 I_{ZZ1}이 $1.225\text{kg} \cdot \text{m}^2$일 때 도심의 $Z0$축 질량관성모멘트 I_{ZZ0}는 몇 $\text{kg} \cdot \text{m}^2$인가?

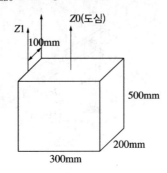

① 0.5

② 1

③ 1.5

④ 2

$$I_0 = I_1 - md^2 = 1.225\text{kg} \cdot \text{m}^2 - 10\text{kg} \times (0.15\text{m})^2 = 1\text{kg} \cdot \text{m}^2$$

여기서, I_0 : 도심의 $Z0$축 질량관성모멘트($= I_{ZZ0}$)

I_1 : $Z1$축의 질량관성모멘트($= I_{ZZ1}$)

57 다음 보기의 내용에 해당하는 로봇 기준좌표계는?

> [보 기]
> 로봇 손에 장착된 좌표계에서 상대적으로 운동하는 로봇 손의 운동을 정의한다. 로봇 손의 x', y', z' 좌표축은 이 지역좌표계(Local Frame)에서의 상대적인 손의 운동을 정의한다. 로봇이 어떤 물체에 접근하거나 멀어지려고 할 때 혹은 부품을 조립하고자 하는 곳에 있어 로봇이 프로그래밍하고자 할 때 매우 유용한 좌표계이다.

① 세계좌표계
② 기계좌표계
③ 도구상대좌표계
④ 관절기준좌표계

③ 도구상대좌표계(Tool Reference Frame)
   로봇 손에 장착된 좌표계에서 상대적으로 운동하는 로봇 손의 운동을 정의한다.

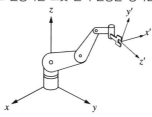

① 세계좌표계(World Reference Frame)
   세계좌표축은 보편적 좌표축이며 x, y, z축을 기준으로 정의된다. 이 경우 로봇 관절은 3개의 각 축을 따라 운동을 생성하기 위해서 연속적으로 움직인다. 이 좌표축에서는 팔이 어디에 있는지 상관없이 x축 양의 방향으로 움직임이 항상 x축의 양의 방향이다. 즉, 이 좌표축은 다른 물체에 대한 상대적인 로봇의 운동을 정의할 때 사용되며 로봇과 통신하는 다른 시스템이나 기계류를 정의하고 운동의 경로를 정의할 때 사용된다.

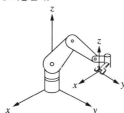

④ 관절기준좌표계(Joint Reference Frame)
   관절기준좌표축은 로봇의 모든 관절의 운동을 각각 정의하는 데 사용된다. 만일 로봇의 손을 특정한 위치로 이동할 때 로봇의 손이 목적하는 위치에 한 번에 직접 도달하게 하기 위해서 하나의 관절을 정의해야 한다. 이 경우 각 관절은 일일이 접근이 이루어져야 하며, 한 번에 단지 한 개의 관절이 움직인다. 관절의 형태(병진형, 회전형, 구형 관절)에 따라서 로봇 손의 운동은 다르다. 예를 들어, 회전관절인 경우 손은 관절의 축에서 정의되는 원을 따라서 운동하게 된다.

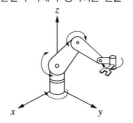

58 유한요소 해석(Finite Element Analysis)의 장점이 아닌 것은?

① 기하학적 형상, 하중 및 경계조건에 제한이 없다.

② 결과의 신뢰성 평가는 초보자의 경험이 부족해도 가능하다.

③ 물성치 및 거동의 비선형도 적용이 가능하다.

④ 여러 가지 복합재의 연속체에서도 해석이 가능하다.

해설

유한요소 해석의 장단점

• 장 점
  – 기하학적 형상, 하중 및 경계조건에 제한이 없다.
  – 여러 가지 복합재의 연속체에서도 해석이 가능하다.
  – 물성치 및 거동의 비선형도 적용이 가능하다.
  – 응력, 좌굴, 진동, 열, 유동 해석 등 공학의 모든 분야에 활용이 가능하다.

• 단 점
  – 초보자가 사용하기 쉽지만, 결과의 신뢰성 평가는 경험이 필요하다.
  – 국부응력 해석 시 일반적인 모델링이 어렵다.
  – 실제 구조물을 유한요소모델로 이상화시키기 위해서는 많은 경험과 지식이 필요하다.
  – 대형 구조물인 경우 컴퓨터의 성능에 많은 영향을 받는다.

59 축 설계 시 고려사항으로 가장 적합하지 않는 것은?

① 비틀림

② 내마모성

③ 내충격성

④ 방청성

해설

회전축의 재료는 동력 전달에 의한 비틀림이나 휨에 한 충분한 강도가 있어야 한다. 진동으로 발생하는 반복 하중에 대한 내피로성, 저널 등에 의한 마모에 대비한 내마모성, 충격 등에 대한 인성을 고려하여야 한다. 재료의 성질이 열처리 및 표면 경화를 하기 쉽고 충분한 경도를 낼 수 있어야 한다.

60 1차원 요소에 대한 재료 상수 및 유한요소 특성의 정의로 틀린 것은?

① 단면 형상
② 단면적
③ 관성 모멘트
④ 구조물의 두께

재료의 물성치를 정의하고, 1차원 요소의 경우는 단면 형상, 단면적, 관성 모멘트 등을 정의하고 2차원 요소의 경우는 구조물의
두께, 거동 특성(멤브레인 또는 셸) 등을 정의한다.

61 산업용 로봇의 성능 특성으로 가장 적절하지 않은 것은?

① 자세 특성 시험
② 최소 위치정립시간
③ 비상 정지 성능 시
④ 경로 특성 시험

산업용 로봇의 경우에는 자세 특성 시험, 경로 특성 시험, 최소 위치 정립 시간 등을 시험할 수 있다.

62 로봇의 사용 용도에 따른 분류로 맞지 않은 것은?

① 제조업용 로봇
② 개인서비스용 로봇
③ 협동 로봇
④ 전문서비스용 로봇

로봇은 사용 용도에 따라 제조업용 로봇, 전문서비스용 로봇, 개인서비스용 로봇으로 분류할 수 있다.

63 로봇 기능 시험을 실시하고 시험 결과를 성적서에 기입할 때 기입하지 않아도 되는 항목은?

① 미러 기능
② 프로그램 복사 기능
③ HERE 기능
④ PLC 기능

해설

번 호	항 목	번 호	항 목
1	HOME 위치 이동	23	Error Logging 기능
2	LMOVE/JMOVE 동작	24	HERE 기능
3	소프트 리밋 영역 동작	25	교시 모드의 속도 지정 기능
4	원호 보간 동작	26	전체 출력신호 OFF
5	DryRun 기능 확인	27	배터리 에러 체크
6	미러 기능	28	DO/DI 신호 출력 확인
7	ALIGN 기능	29	TP 신호 정의 기능
8	XYZ 이동	30	체크 섬 에러 체크
9	RPS기능(1)-EXTCALL	31	PLC 기능(1)
10	TOOL 보정기능	32	로봇 설치 자세
11	베이스 좌표 이동 기능	33	외부 프로그램 호출
12	인코더 이상 체크 폭 기능	34	실변수 설정 기능
13	교시 위치 설정 기능	35	수정/삽입 기능(일체형)
14	PC 프로그램 기동/정지	36	기대시간 강제 해제
15	Hold/Run 기능	37	각축 이동 기능
16	작동시간 관리 기능	38	정밀도 설정 기능
17	외부 I/O 기능	39	타이머 설정 기능
18	스텝 단위 실행 기능	40	메모리 영역 표시 기능
19	EMG Stop 편차 이상 체크 폭	41	Record 허가 금지 기능
20	Check Mode 기능	42	시스템 스위치 기능
21	정전 복귀 기능	43	RPS 기능(2)-JUMP/END
22	CP Motion 확인 기능		

63 ② Answer

64 **필드 테스트에서 수행하는 주요 검사내용은?**

① 가속수명 조건에 의한 내구성
② 감축 동작, 범위 동작 등 기능
③ 감속기, 모터의 부품
④ 포즈 및 경로 특성 성능

- 성능시험 : 포즈 및 경로 특성 성능
- 부품평가시험 : 감속기, 모터의 부품
- 가속수명시험 : 가속수명조건에 의한 내구성

65 **필드 테스트 수행 시 포함되는 내용이 아닌 것은?**

① 로봇 개발자가 직접 필드 테스트를 수행하지 않을 경우, 관련 테스트 요원에게 테스트 내용을 전달하여 테스트 업무를 관리한다.
② 저장된 로그 데이터, 덤프 데이터를 분석하여 기기의 오류현상을 파악한다.
③ 필드 테스트 결과 및 오류현상 보고서 자료를 분류하고, 추후 개발 기종 및 기기에 적용할 수 있는 사항에 대하여 정리한다.
④ 오류현상의 조치사항에 대하여 수정 후 보완된 결과를 작성한다.

오류현상의 조치사항에 대해 수정 후 보완된 결과를 작성하는 것은 필드 테스트 결과보고서 작성 단계에 해당한다.

66 **조립검사기준서에 포함되는 내용으로 가장 적절하지 않은 것은?**

① 관리번호　　　　　　　　　② 도면번호
③ 검사비용　　　　　　　　　④ 검사장비

조립검사기준서에는 검사품의 관리번호, 도면번호, 제품번호, 검사내용, 불량 유무, 검사장비 등의 내용이 포함되며 작업지시서의 지시내용을 검사할 수 있도록 검사내용을 정한다.

67 개인서비스용 로봇에 해당하지 않은 것은?

① 가정용 로봇   ② 극한 작업 로봇
③ 오락 로봇   ④ 교육용 로봇

전문서비스용 로봇은 공공서비스 로봇(안내, 도우미, 배달, 청소 로봇 등), 극한작업 로봇(재난 극복, 군사, 원전, 해양, 우주용 등) 사회 인프라 지원 등의 산업 지원 로봇이 해당된다.

68 로봇 조립 시 볼트를 조일 때 도면이나 사양에 규정된 정확한 힘을 필요로 하는 경우 사용되는 체결용 도구는?

① L렌치   ② 자동체결기
③ 오픈렌치   ④ 옵셋렌치

로봇을 구성하는 기본적인 기계 부품의 조립에 있어서 각각의 부품에는 그 특성에 따라 체결력이 정해져 있다. 일반 공구인 스패너, 몽키 등은 정확한 체결력을 측정할 수 없고 작업자의 감으로 측정하기 때문에 일관성이 없다. 체결력의 차이를 없애기 위하여 힘을 측정할 수 있는 공구인 토크렌치를 사용하거나 자동으로 조립이 되는 메커트로닉스 구조인 자동체결기를 적용하여 체결오차를 최소한으로 줄일 수 있도록 관리해야 한다.

69 조립 부품의 청정도 관리를 위해 필요한 조치로 틀린 것은?

① 조립품의 보관 장소 및 용기를 마련한다.
② 중요 부품이 아닌 조립품은 커버를 제거한다.
③ 조립 공장 바닥의 청결 상태를 점검한다.
④ 분진이 발생하는 요소를 관리한다.

로봇 조립 시 부품의 표면, 내면 등에 이물질이 묻어 있는 상태로 조립하면 치명적인 결과를 초래할 수 있다. 이러한 문제는 부품 제작 과정 중 세척 시에 발생하거나 조립 장소로 이동하거나 보관 중에 이물질이 들어가 발생하는 경우가 일반적이다.

70 로봇의 내환경 시험 중 정전기 시험을 할 때 공기 중 방전 시 1kV에 시작하여 최대 몇 kV까지 수행해야 하는가?

① 2

② 4

③ 8

④ 15

접촉 방전에는 2, 4, 6, 8kV가 있다.

71 이동로봇의 속도성능시험보고서를 작성할 내용으로 옳지 않은 것은?

① 비상 정지

② 회전반경

③ 최대 감속도

④ 하방 최대속도

이동로봇 속도성능시험보고서 작성내용 : 정격속도, 전방 최대 속도, 후방 최대 속도, 최대 가속도, 최대 감속도, 비상 정지, 회전반경

72 로봇의 안전 운용을 위해 설치한 방호장치의 분류로 틀린 것은?

① 기계적 제한장치

② 경고표시장치

③ 감응식 제한장치

④ 방책 인터로크장치

하나 이상의 방호장치를 사용하여 로봇의 동작범위와 관련된 위험요인으로부터 사람을 보호해야 한다. 방호장치의 종류에는 단순 기구 프레임에서 센서를 이용한 전자식 시스템 등 다양한 장치가 있다. 대표적인 장치는 다음과 같다.
• 기계적 제한장치
• 비기계적인 제한장치
• 감응식 방호장치
• 방책 인터로크장치

73 자동화 생산제조현장이나 로봇시스템에 많이 사용되는 램프 색 중 노란색의 의미는?

① 정상 동작   ② 위험 경고 상황

③ 대기 상황   ④ 마무리 동작

자동화 생산제조현장이나 로봇시스템에 많이 사용되는 타워램프는 빨간색, 노란색, 초록색으로 구성되며, 시스템의 운전 상황을 램프 불빛으로 확인할 수 있다. 초록색 램프는 정상 동작 상황, 빨간색 램프는 위험 경고 상황, 노란색 램프는 대기 상황을 나타낸다.

74 로봇의 구조에 의한 분류에 해당하는 것은?

① 직각관절형 로봇   ② 원통관절형 로봇

③ 수직관절형 로봇   ④ 수평좌표형 로봇

직각좌표형, 원통좌표형, 수직관절형, 수평관절형 로봇이 있다.

75 로봇의 신뢰성 시험 결과 단계에서 진행하는 내용이 아닌 것은?

① 환경조건 파악

② 신뢰성 평가

③ 고장 물리적 해석

④ 통계 수치적 데이터 해석

시험을 실시하게 되면 시험 결과에 대한 해석과 평가로 통계 수치적 데이터 해석과 고장 물리적 해석, 신뢰성 평가 등이 이루어진다.

76 로봇시스템의 유지보수를 위한 세부 점검사항으로 틀린 것은?

① 배선 및 전원
② 부분적 자동 운전
③ 외부 배선 및 안전회로 검토
④ 로봇시스템의 장착 상태

 해설

로봇시스템의 세부 점검사항으로는 로봇시스템의 장착 상태, 배선 및 전원, 절연 내압전원 투입, 외부 배선 및 안전 회로 검토, 부분적 수동 운전, 자동 운전, 에러 수정 및 이상 운전 테스트, 보존용 프로그램 작성이 있다.

77 로봇시스템의 유지보수를 위한 세부 점검사항 중 전원 투입 후 해야 할 일은?

① 동력 회로 OFF 점검
② 공기압, 유압에 의한 구동기기에 대한 안전조치를 취한다.
③ 입출력 모듈의 표시램프에 의한 PLC 동작 상태 확인
④ 안전상 문제가 있거나 기기 파손이 예상되는 부분의 배선 제거

 해설

전원 투입 후 다음 사항을 검토한다.
• PLC의 지시 램프 확인(CPU, Memory, Power 등)
• 입출력 모듈의 표시램프에 의한 PLC 동작 상태 확인
• PLC의 전원전압 및 입출력 회로의 전압 체크

78 로봇의 사용되는 센서의 입력값이 3V, 출력값이 6V일 경우 센서의 감도(Sensitivity)는?

① 2
② 3
③ 6
④ 18

 해설

감도는 입력신호의 변화에 따라 출력신호의 변화가 얼마나 되는지를 보여 주는 지표로, 선형성을 가지는 전달함수의 기울기이다.

$$감도 = \frac{\text{Output}}{\text{Input}} = \frac{6V}{3V} = 2$$

79 다음 로봇의 위치정밀도 측정값들의 표본에 대한 표본 표준편차는 약 얼마인가?

표본 구분	1	2	3	4	5	6
측정값	20	19	18	16	17	21

① 1.65   ② 1.87

③ 2.01   ④ 2.23

• 표본 평균

$$\bar{y} = \frac{1}{n}\sum_{i=1}^{n} y_i = \frac{20+19+18+16+17+21}{6} = 18.5$$

• 표본 표준편차

$$S = \sqrt{\frac{\sum_{i=1}^{n}(y_i - \bar{y})^2}{n-1}}$$

$$= \sqrt{\frac{(18.5-20)^2 + (18.5-19)^2 + (18.5-18)^2 + (18.5-16)^2 + (18.5-17)^2 + (18.5-21)^2}{6-1}}$$

$$\fallingdotseq 1.87$$

80 로봇의 전기설비의 사고 유형이 아닌 것은?

① 지 락   ② 접촉 불량

③ 화 상   ④ 과열의 용단

해설

• 로봇 전기설비의 고장 유형에는 누전, 지락, 단락, 과전류, 접촉 불량, 기기 소손, 과열의 용단(녹아서 끊어짐) 등이 있다.
• 로봇 전기설비의 고장원인은 기기의 제작 및 시공 시 결함, 보수 결함, 자연 열화, 과부하, 고조파, 물이나 눈의 침입, 낙뢰에 의한 서지, 소동물의 침입, 전기기기의 오동작 및 부동작, 작업자의 과실 등이 있다.
• 로봇 전기시설에 의한 재해는 감전, 화재, 화상, 폭발 위험, 전원 공급 중단 및 전기설비 고장으로 인한 재산상의 피해 등으로 발생한다.

제1과목 **로봇기구 사양 설계**

01 로봇 제품 개발 기획 시 로봇시스템에서 반드시 구현되어야 할 필수작업과 동작 등을 정의함으로써 설명되는 요구사항은?

① 고객 요구사항

② 기능적 요구사항

③ 성능적 요구사항

④ 비기능적 요구사항

요구사항의 종류
- 고객 요구사항 : 시스템의 목적, 주어진 환경과 제한조건, 변경의 유효성과 적합성의 관점에서 시스템의 기대사항을 정의하는 사실 및 가정을 서술한 것이다.
- 기능적 요구사항 : 반드시 구현되어야 할 필수적인 작업과 동작 등을 정의함으로써 어떤 기능이 구현되어야 하는지를 설명한다.
- 비기능적 요구사항 : 특정 기능보다는 전체 시스템의 동작을 평가하는 척도를 정의한다.
- 성능적 요구사항 : 어떤 기능이 동작해야 하는 한계를 정의한다. 이는 보통 자료의 양이나 질, 동작의 적시성과 민첩성 등의 척도로 기술된다.

02 팔레트에 10개의 직사각 실린더형의 팩 부품이 있다. 작업 대상물에는 직사각 홀이 10개 있고, 홀의 방향은 5개씩 쌍을 이뤄 다른 방향으로 배치되어 있다. 팩을 홀에 조립하는 작업을 수행하고자 할 때 말단장치에 추가적인 자유도를 제공하지 않을 경우 조립작업을 완성할 수 없는 로봇은?

① 스카라 로봇

② 수직다관절 로봇

③ 원통좌표형 로봇

④ 직각좌표형 로봇

직각좌표형 로봇은 전후, 좌우, 상하와 같이 직각 교차하는 세 축 방향의 동작을 조합하여 작업용 핸드의 위치를 결정하는 산업용 로봇이다. 직선 이동은 간단한 제어로 가능하며 위치 반복 정밀도가 우수하나 회전기능이 없어 다른 방향 조립에 제한이 있다.

03 광공업품의 종류, 형상, 품질, 생산방법, 시험-검사-측정방법 및 산업활동과 관련된 서비스의 제공 절차·방법·
체계·평가방법 등을 통일하고 단순화하기 위한 것은?

① 측정표준

② 참조표준

③ 산업표준

④ 국제표준

산업표준

• 광공업품의 종류, 형상, 품질, 생산방법, 시험·검사·측정방법 및 산업활동과 관련된 서비스의 제공방법·절차 등을 통일하고,
단순화하기 위한 기준이다.

• 한국산업표준(KS ; Korean industrial Standards)은 산업표준화법에 의거하여 산업표준심의회의 심의를 거쳐 국가기술표준원장
및 소관부처의 장이 고시함으로써 확정되는 국가표준으로, 약칭하여 KS로 표시한다.

04 MCU에 대한 설명으로 틀린 것은?

① 내장형 운영체제는 지원하는 MCU의 종류를 상세히 명기한다.

② 사용하는 센서의 신호통신방식을 고려하여 MCU를 선정한다.

③ 대표적인 운영체제인 WinCE, Linux, iOS 등은 실시간 운영체제이다.

④ 로봇의 액추에이터를 구동하기 위한 드라이버의 사양을 고려하여 MCU를 선정한다.

대표적인 실시간 운영체제로는 MicroC/OS-II, OSEK/VDX, QNX, VRTX, VxWorks, WinCE, RTLinux, TI-RTOS 등이 있다.

05 열전대의 특징으로 틀린 것은?

① 내열성이 높고 기계적인 강도가 우수하다.

② 열기전력이 낮고 특성의 불균형이 작다.

③ 넓은 온도영역에서 안정하고 수명이 길다.

④ 내식성이 우수하고 가스에 대해 안전성이 양호하다.

2종의 금속선 양단을 접합하여 양단의 온도가 서로 다르면 이 2종의 금속 사이에 전류가 흐른다. 이 전류로 2접점 간의 온도차를
알 수 있다. 열전대는 이 열전기현상을 이용하여 온도를 측정하는 장치로, 열기전력이 높다.

3 ③　4 ③　5 ② ◀ Answer

06 이동로봇의 이동성능시험 중 로봇이 정지 상태에서 최대 속도에 도달할 때까지의 시간과 속도를 측정하는 시험은?

① 최대 가속시험
② 최대 감속시험
③ 최대 속도시험
④ 최대 전력소비모드시험

07 로봇기구 개발 단계에서 고려할 가용 자원요소가 아닌 것은?

① 개발비용
② 개발 인력
③ 유지보수
④ FEM 해석 툴

유지보수는 로봇기구 개발 후에 고려해야 할 사항이다.

08 공기압모터의 용량을 결정할 때 주의사항으로 적절하지 않은 것은?

① 단방향 또는 양방향 유무를 결정한다.
② 공기압모터 선정 시 실제 사용하는 공기압력의 90~100% 토크출력곡선에서 결정한다.
③ 공기압모터에 감속기를 붙여 시동토크를 개선할 것인지, 저속토크형 공기압모터를 사용할 것인지 결정한다.
④ 공기압을 차단하여도 모터가 순간 정지하지 못하므로 이를 정지시킬 때 혹은 안전상의 이유로 브레이크 사용 유무를 결정한다.

공기압모터의 용량을 결정할 때에는 실제로 사용하는 공기압력의 70~80%의 토크와 출력곡선에서 선택한다. 또한 공기 소비율은 최대 출력의 70~80% 정도일 때가 가장 좋으므로 이 회전수 영역에서 사용하도록 설정한다.

09 로봇 손목에 있는 3개의 방위축에 해당하지 않는 것은?

① 요(Yaw)
② 롤(Roll)
③ 축(Joint)
④ 피치(Pitch)

3개의 방위축에는 롤(Roll), 피치(Pitch), 요(Yaw)가 있다.

10 아크용접용 로봇의 사용과 가장 거리가 먼 산업 분야는?

① 조선산업용 로봇
② 자동차산업용 로봇
③ 전기 및 전자산업용 로봇
④ 반도체, 디스플레이 산업용 로봇

반도체, 디스플레이 산업용 로봇에는 핸들링용, 이적재용, 이동형 로봇이 있다.

11 AND 회로에서 2개의 입력포트가 있다. 1개의 출력포트가 1이 되기 위한 입력포트의 신호가 바르게 연결된 것은?

① 0 - 0

② 0 - 1

③ 1 - 0

④ 1 - 1

해설

입력포트 A와 B가 모두 1일 때 1출력된다.

게이트	기 호	의 미	진리표			논리식
AND	A B Y	입력신호가 모두 1일 때 1출력	A B Y 0 0 0 0 1 0 1 0 0 1 1 1			$Y = A \cdot B$ $Y = AB$
OR	A B Y	입력신호 중 1개만 1이어도 1출력	A B Y 0 0 0 0 1 1 1 0 1 1 1 1			$Y = A + B$
NOT	A Y	입력된 정보를 반대로 변환하여 출력	A Y 0 1 1 0			$Y = A'$ $Y = \overline{A}$
BUFFER	A Y	입력된 정보를 그대로 출력	A Y 0 0 1 1			$Y = A$
NAND	A B Y	NOT+AND, 즉 AND의 부정	A B Y 0 0 1 0 1 1 1 0 1 1 1 0			$Y = \overline{A \cdot B}$ $Y = \overline{AB}$
NOR	A B Y	NOT+OR, 즉 OR의 부정	A B Y 0 0 1 0 1 0 1 0 0 1 1 0			$Y = \overline{A \cdot B}$
XOR	A B Y	입력신호가 모두 같으면 0, 한 개라도 틀리면 1출력	A B Y 0 0 0 0 1 1 1 0 1 1 1 0			$Y = A \oplus B$ $Y = \overline{A}B + A\overline{B}$
XNOR	A B Y	NOT+XOR, 즉 XOR의 부정	A B Y 0 0 1 0 1 0 1 0 0 1 1 1			$Y = A \odot B$ $Y = \overline{A \oplus B}$ $Y = AB + \overline{A}\overline{B}$

12 특정한 항목 검사에 대하여 LOT가 동일한 특성을 갖고 있어 소량만을 검사하여도 되는 경우에 적용하는 입고
검사방법은?

① 관리 검사   ② 전수 검사

③ 체크 검사   ④ 샘플링 검사

① 관리 검사 : 납품 품질 실적이 우수하거나 입고 검사로서의 합격, 불합격 판정을 효율적으로 관리하기 어려운 자재인 경우에
실시하며 승인원과 수량 등을 확인하여 관리 검사 표기를 한다.

② 전수 검사 : 샘플링 검사에서 불합격되거나 초기 생산 제품 중 통계적 자료의 산출이 필요할 경우, 검사비용에 비해 기대효과가
더 큰 경우 실시한다.

④ 샘플링 검사 : 검사 LOT부터 시료를 선별 채취하여 검사하고 그 결과를 LOT의 판정기준과 대조하여 그 LOT 전체의 합격,
불합격을 판정하는 검사이다.

13 서보제어의 한 부분으로 위치와 속도를 제어하는 기술로 통상 특정 프로파일(삼각, 사다리꼴 또는 S-곡선)을
추종하도록 하는 제어기술은?

① 모션제어   ② PWM제어

③ 인버터제어   ④ ON-OFF제어

② PWM제어 : 펄스의 폭을 조정하여 부하에 전력의 크기를 조절하는 방식

③ 인버터제어 : 교류전동기(AC MOTOR)를 이용하여 인버터 출력전압과 주파수를 바꿈으로써 가감속의 제어를 하는 방식

④ ON-OFF제어 : 자동제어방식 중 가장 간단한 방법으로, 목표값에 도달하기 위해 제어 조작량을 ON-OFF하는 방식

14 로봇의 비상 정지 기능에 대한 설명으로 틀린 것은?

① 비상 정지 누름 버튼 스위치를 조작 시 빠르고 확실하게 정지되어야 한다.

② 작업자가 작업 위치를 떠나지 않고 조작할 수 있는 위치에 설정한다.

③ 비상 정지 누름 버튼 스위치는 작업자가 쉽게 확인 조작 가능하도록 적색으로 한다.

④ 비상 정지 기능을 작동한 후 자동으로 복귀하거나 작업자가 상황에 따라 임의로 복귀시킨다.

비상 정지를 위한 5원칙

• 규정 준수 : 해당 업계와 지역의 표준을 확인하고, 이에 맞춰 안전한 작업환경을 조성해야 한다.

• 프로세스 보호 : 위급상황 시 비상 정지도 중요하지만, 실수 혹은 우발적인 조기 스톱 활성화 역시 경계해야 할 요소이다.

• 페일 세이프 : 비상 정지를 눌렀지만 기계가 멈추지 않고 계속 동작하는 상황은 장치 손상 등에 의해 벌어질 수 있는 일로, 스톱장치는 손상 방지를 위한 안전기능을 탑재하고 있지 않기 때문에 반드시 페일 세이프 기능을 확인해야 한다.

• 올바른 배치 : 완벽한 스톱시스템을 갖췄더라도 작업자가 이를 찾을 수 없다면, 유명무실한 결과를 얻을 수밖에 없다. 이것이 표준에서 눈에 잘 띄는 빨간색 버튼과 노란색 명판을 명시한 이유이다. 색만큼 중요한 요소는 모양과 배치이다. 스톱 버튼은 29~60mm의 지름 중에서 선택할 수 있으며, 설치를 위해서 패널에 16~30mm의 구멍이 요구된다. 이와 더불어 최대 4개의 접점을 구성하는 접점 블록도 패널 뒤쪽 공간을 필요로 한다. 얇은 패널에 맞추기 위해서는 20mm 이하의 짧은 보디의 모델이 유용하다.

• 재설정 : 스톱장치가 잠금 가능한 기능의 일부로 제공되는 경우, 키 잠금장치 등으로 사용자의 무단 재설정을 방지하는 것이 권장된다.

15 로봇의 개발 유효성을 검토할 때 제품 설계과정에서 고려해야 할 설계변수로 가장 거리가 먼 것은?

① 품 질 　　　　② 안전문제

③ 기능과 성능 　　　　④ 감가삼각비용

기업에서 고려할 차원으로 제품 1개를 만드는 제조비용을 결정하기 위해서는 공장 및 설비의 감가상각비용, 공구비용, 개발비용, 재고비용, 보험비용 등 회계상의 간접비용이 포함되어야 한다.

16 다음 설명에 대한 기본 설계 단계는?

로봇의 형태 및 요구자유도와 부합하도록 개략적으로 관절을 구성한다. 관절 구성에 따라 작업영역, 관절의 속도, 가속도, 최대 속도 등 운동학적 해석을 하여 설계시방을 만족하는지 평가하며, 요구조건을 만족하도록 관절을 구성한다.

① 역학 해석
② 동역학적 해석
③ 기본 설계 평가
④ 관절 구성과 운동학적 해석 및 평가

해설
① 역학 해석 : 설계된 로봇 암 및 베이스들의 구조물에 대해서는 구조 해석 패키지를 통해 구조 해석을 수행하여 구조물의 응력이 소재의 인장강도를 고려한 설계기준치를 만족하는지 검증한다.
② 동역학적 해석 : 각 관절에 부가되는 반력과 소요토크를 계산하기 이하여 듀티사이클(Duty Cycle)을 사용조건과 유사하게 정한다.
③ 기본 설계 평가 : 기본 설계된 로봇의 시방이 설계시방에 만족하는지 평가하고 선정된 주요 부품의 용량과 특성이 적합한 것인지를 검토하여 평가를 완료하고 기본 조립도를 완성한다.

17 어떤 로봇 기구장치의 액추에이터에 사용되는 유압실린더가 다음과 같은 조건일 때 피스톤에서 발생되는 힘은 약 몇 lb인가?

• 피스톤의 지름 : 2inch
• 유압압력 : 1,200psi
• 유량 : 142inch³/min
• 행정 : 10inch

① 1,230
② 2,450
③ 3,770
④ 4,350

해설

$$P = \frac{\pi d^2}{4} \times p = \frac{\pi \times 4}{4} \times 1,200 \fallingdotseq 3,770 \text{lb}$$

18 다음 중 픽 앤 플레이스 로봇에 대한 주요 요구사항과 가장 거리가 먼 것은?

① 가반하중
② 작업물 인식률
③ 경사등판능력
④ 파지(Pick) 시 대상 종류

경사등판능력은 이동로봇에 적합하다.

19 그리퍼 또는 용접용 핸드 등과 같은 로봇 핸드가 부착되는 곳의 명칭은?

① 링크(Link)
② 피치(Pitch)
③ 조인트(Joint)
④ 말단장치(End Effector)

엔드이펙터의 구분
• 물체를 잡기 위한 파지의 기능을 하는 것으로, 이러한 기능을 하는 것을 로봇 핸드 혹은 그리퍼라고 한다.
• 산업적으로 필요한 기능, 예를 들면 용접, 절단, 드릴링, 도장, 계측 등의 작업을 수행하기 위한 공구로 공정공구 혹은 생산공구이다.
• 특수한 분야의 결합 혹은 핀의 삽입을 목적으로 제작되어 센서가 포함된 말단장치로, 이를 컴플라이언스라고 한다.

20 1Mbps의 펄스 지령으로 1회전에 17bit = 131,072펄스인 모터를 구동하는 경우, 허용되는 최대 회전수(rpm)는 약 얼마인가?

① 914
② 458
③ 1,828
④ 9,140

로터리 인코더가 정상적으로 전기적인 신호를 출력하기 위한 최대 회전수로, 이는 통상 인코더의 최대 응답주파수와 분해능에 의해 결정된다.

$$최대 \ 응답회전수(rpm) = \frac{최대 \ 응답주파수}{분해능} \times 60 = \frac{1 \times 10^6}{131,072} \times 60 ≒ 458$$

제2과목 | 로봇기구 설계

21 홀과 같은 구멍에 특수한 핀을 삽입하여 조립을 전용으로 하는 로봇에서 로봇 손목과 말단장치 사이를 끼워 맞추기 위한 센서 또는 기구는?

① 치공구

② 컴플라이언스

③ 플렉스 커플링

④ 엔드이펙터 인터페이스

22 로봇 엔드이펙터 어댑터에 대한 설명으로 틀린 것은?

① 기계식 인터페이스에는 원형 플랜지형과 샤프트형이 있다.

② 로봇 엔드이펙터 어댑터 중 기계식 인터페이스가 가장 많이 사용된다.

③ 기계식 인터페이스의 제작방법은 호환성을 위하여 KS 규격으로 제정되어 있다.

④ 샤프트형 메커니컬 인터페이스 호칭에는 피치원 지름, 나사 구멍수, 나사의 길이 등이 기입된다.

 해설

원형 플랜지형은 한국산업표준 KS B ISO 9409-1에 준하여 제작하며, 메커니컬 인터페이스 호칭에는 피치원 지름, 나사 구멍수, 나사의 길이 등이 기입된다.

23 로봇 설치를 위한 기초 볼트의 종류가 아닌 것은?

① J형   ② L형

③ K형   ④ JA형

해설

기초 볼트 형식에는 J형, L형, JA형, LA형 등이 있다.

     21 ② 22 ④ 23 ③ ◀ **Answer**

24 로봇 신규요소 부품 설계 중 회전축 설계 시 고려사항과 가장 거리가 먼 것은?

① 축의 강도

② 축의 고유 진동

③ 축의 윤활방법

④ 축의 하중에 의한 변형도의 한계치

축 설계 시 고려사항

- 작용하는 하중에 의하여 축이 파괴되지 않도록 충분한 강도를 가져야 한다.
- 축에 작용하는 하중에 의한 변형도가 일정 한계치를 초과하지 않도록 한다. 굽힘 모멘트를 받는 축은 축 처짐으로, 비틀림 모멘트를 받는 축은 비틀림 각으로 제한한다.
- 축의 고유 진동에 따른 위험속도를 충분히 벗어난 속도에서 운전하도록 설계하여야 한다. 진폭을 낮추고자 하면 평형잡이를 하여야 한다.

25 주로 외계센서(External State Sensor)로 사용되는 것은?

① 리졸버

② 태코미터

③ 초음파센서

④ 옵티컬 인코더

외계센서는 대상으로 하는 물체나 환경에 관한 물리량을 계측하고 또 그것에 의해 대상을 인식하는 기능을 가진 것으로서, 예를 들어, 로봇 자체의 위치 계측과 대상의 존재 확인 및 위치, 방향, 속도 등의 계측, 그리고 대상 물체의 식별을 통한 인식의 수행이 그 역할이 된다. 종류로는 시각센서, 거리센서, 근접센서, 힘센서, 접촉각센서, 압각센서, 미끄럼각센서, 청각센서, 온도센서, 가스센서, 방사선센서가 있다.

26 진원도, 평면도, 원통도 등을 포함하는 공차의 분류는?

① 모양공차

② 위치공차

③ 자세공차

④ 흔들림공차

모양공차에는 진직도, 평면도, 진원도, 원통도, 선의 윤곽도, 면의 윤곽도가 있다.

27 로봇의 가반하중에 대한 식으로 맞는 것은?

① 작업물 중량 = 가반하중

② 작업물 중량 ≥ 가반하중

③ 작업물 중량 + 로봇 핸드 중량 ≤ 가반하중

④ 작업물 줄양 + 로봇 핸드 중량 ≥ 가반하중

 해설

• 로봇 핸드 + 작업물 중량 ≤ 최대 가반 중량

• 로봇 핸드 + 작업물 중량의 관성 모멘트 ≤ 최대 허용 관성 모멘트

28 액추에이터가 아닌 것은?

① 유압실린더

② AC 서보모터

③ 공기압 실린더

④ 하모닉 드라이브

 해설

로봇기구 요소로 하모닉 드라이브는 구조가 단순하고 강성이 약해 반력이 작용하지 않는 소형 로봇의 팔 및 손목 구동에 사용된다.

29 부하속도가 5,000mm/min인 로봇에서 리드가 5mm인 볼 스크루를 선정하고자 할 때 모터의 회전속도는 몇 rpm인가?

① 1,000

② 2,000

③ 2,500

④ 25,000

 해설

리드 선정식을 이용한다.

$$l = \frac{V_{max}}{N_{max}}$$

여기서, l : 리드

V_{max} : 선단 최고 속도

N_{max} : 모터 최고 회전수

$$\therefore N_{max} = \frac{V_{max}}{l} = \frac{5,000}{5} = 1,000\text{rpm}$$

30 부품자재명세서(BOM ; Bill Of Material)에서 확인할 수 없는 사항은?

① 제품의 수명

② 제품의 설계방식

③ 제품 생산에 필요한 부품

④ 생산 및 수급 일정 등에 대한 계획

부품자재명세서란 특정 제품의 구성에 있어서 어떤 부품으로 구성되는지에 대한 정보와 그 부품 간의 연관성을 나타내는 문서이다. 제품의 설계방식, 제품 생산에 필요한 부품, 제품의 원가 및 원산지, 생산 및 수급 일정 등에 대한 계획을 세울 수 있는 장점이 있다.

31 수평면상에서 2개의 회전축에 따라 회전하고, 끝단은 선형적으로 움직이는 로봇은?

① 극좌표형 로봇

② 수직관절형 로봇

③ 수평관절형 로봇

④ 원통좌표형 로봇

수평관절형 로봇

• SCARA 로봇이라고도 하며, 2개의 회전 관절과 하나의 직선 관절을 가지고 있다.

• 기본적인 형태는 2개의 회전 관절의 회전 방향이 기저면과 수평하게 부착되고 끝단에 직선으로 이동하는 관절이 부착되어 있는 형태이다.

• 직각좌표형 로봇, 원통좌표형 로봇과 비슷한 형태의 작업 공간을 가지지만 작업 공간의 크기는 더 큰 영역을 가진다.

32 CAD를 통한 로봇의 외관 디자인 설계요소에 해당하지 않은 것은?

① 관절 구성

② 관절의 속도

③ 모터의 배치

④ 동력전달기구

CAD를 이용한 로봇 형상의 기본 설계

• 개략적인 구조물 설계 및 배선 구조 검토

• 모터의 배치, 모터의 종류, 용량 가선정

• 동력전달기구, 방법 등 결정

• 감속기의 종류와 감속비, 용량 가선정

• 로봇 암의 크기 가선정

33 2개의 다른 회전체(모터 축, 볼나사 등)를 연결하여 동력을 전달하는 요소 부품은?

① 캠

② 커플링

③ 타이밍 벨트

④ 리니어 가이드

회전력을 전달하는 기계요소로는 축, 베어링, 커플링, 클러치 등이 있다.

34 부품 도면에 포함된 요소 부품 리스트 작성 시 표시되는 항목이 아닌 것은?

① 부품공차

② 부품 명칭

③ 부품 수량

④ 부품 재료

부품공차는 부품 리스트에 작성하지 않는다.

35 로봇을 평면에 설치할 때에 대한 설명으로 틀린 것은?

① 로봇의 접지는 용접장비와 함께 사용하지 않는다.

② 로봇의 비상정지용 스위치는 조작반 이외에도 설치되어야 한다.

③ 용접을 목적으로 로봇을 사용하는 경우 기초 플레이트를 접지선과 연결한다.

④ 평탄한 강판 위에 로봇을 설치할 때, 기초 플레이트는 최대 강도가 정지 상태의 로봇 하중을 견딜 수 있는 것으로 한다.

평탄한 강판 위에 로봇을 설치할 때 보통의 기초 플레이트는 로봇 움직임을 견딜 수 있도록 설치되어야 한다.

36 산업용 로봇의 기본요소에 해당하는 것을 모두 고른 것은?

> ㄱ. 제어기   ㄴ. 머니퓰레이터
> ㄷ. 말단장치   ㄹ. 동력공급장치

① ㄱ   ② ㄱ, ㄴ
③ ㄱ, ㄴ, ㄷ   ④ ㄱ, ㄴ, ㄷ, ㄹ

37 용접/절단용 토치의 구성 부품이 아닌 것은?

① 전 극   ② 가스노즐
③ 공기밸브   ④ 와이어 공급기

용접 토치 혹은 절단용 토치의 부품으로는 가스노즐, 가스렌즈, 온도계, 절연체, 콜릿 본체, 입구압력, 접촉 팁, 열 차폐장치, 냉각액, 팁 어댑터, 콜릿, 보호가스, 네크, 전극, 플라스마 가스, 토치 본체, 백 캡(짧은 것), 와이어 공급기, 손잡이, 백 캡(긴 것), 토치, 케이블-호스 어셈블리, 플라스마 팁, 조정장치, 본체 하우징, 가스분배기, 금속 튜브, 손 차폐장치, 가스 확산기(디퓨저), 구리 블록, 가스렌즈 필터, 유량계가 있다.

38 영구적인 조립부에 적용되며 강압입으로 조립되는 부품의 끼워맞춤 공차로 적당한 것은?

① H6/r5   ② H6/f6
③ H6/g5   ④ H6/h5

억지끼워맞춤을 설명하고 있으며 ②, ③, ④는 헐거운 끼워맞춤에 해당한다.

 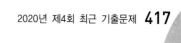

39 강구중심경이 35mm인 볼 스크루의 최대 허용 회전수는?

① 1,000   ② 1,750

③ 2,000   ④ 3,500

 해설

볼 스크루의 강구중심경

$$D \leq \frac{70,000}{N_2}$$

$$\therefore\ N_2 \leq \frac{70,000}{35} = 2,000$$

40 로봇기구를 설계하기 위해 솔리드모델링을 사용할 때의 장점으로 틀린 것은?

① 간섭 체크가 용이하다.

② 은선 제거가 가능하다.

③ 부피, 밀도 등 물리적 성질의 계산이 가능하다.

④ 2차원 데이터에 비해 정보량이 적어 처리속도가 빠르다.

 해설

• 단면도 작성을 할 수 있다.
• 정확한 형상을 파악할 수 있다.
• 데이터 구조가 복잡하다.
• 컴퓨터 메모리를 많이 차지한다.

제3과목 **로봇기구 해석**

41 로봇의 특이점(Singularities)에 대한 설명으로 틀린 것은?

① 관절속도의 어떠한 조합으로도 구현할 수 없는 말단부속도가 존재한다.

② 로봇의 말단장치가 갈 수 없는 위치이다.

③ 관절속도의 갑작스런 변화가 발생한다.

④ 위험한 지점으로 로봇 경로 계획 시 회피해야 한다.

특이점은 로봇이 불편해하는 포즈라고 할 수 있다. 작업영역 내에서 로봇의 말단장치는 거의 모든 위치에 도달할 수 있지만, 모든 위치에서 모든 자세를 표현할 수 있는 것은 아니다. 예를 들어, **로봇 임**을 쭉 뻗어 작업영역의 경계에 위치할 때 엔드이펙티가 밖을 향하는 자세는 가능하지만 안쪽을 향하는 자세를 취하기는 어렵다.

42 산업용 로봇의 회전 조인트에 사용할 수 없는 모터는?

① RC모터

② 스텝모터

③ 리니어모터

④ AC 서보모터

리니어모터는 직선운동을 한다.

43 강체로 연결된 두 개의 진자로 모델링되는 시스템의 자유도는?

① 1자유도

② 2자유도

③ 3자유도

④ 4자유도

44 다음 그림과 같이 길이 $L = 0.3$m인 1자유도 로봇 링크 끝단에 수직으로 하중 $P = 200$N이 작용할 때, 최대 처짐량은 몇 mm인가?(단, 영계수 $E = 200$GPa이고, 단면 2차 모멘트 $I = 10^{-8}$m^{4}이다)

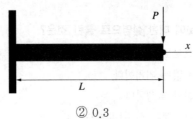

① 0.1

② 0.3

③ 0.5

④ 0.9

최대 처짐량 $= \dfrac{Pl^3}{3EI} = \dfrac{200\text{N} \times (0.3\text{m})^3}{3 \times 200 \times 10^9 \text{N/m}^2 \times 10^{-8}\text{m}^4} = 0.9 \times 10^{-3}\text{m} = 0.9\,\text{mm}$

45 로봇기구 구조 해석 절차 중 해석 결과인 변형과 응력을 확인하여 적정성을 검토하는 단계는?

① 전처리

② 후처리

③ 솔버 실행

④ 경계조건 정의

후처리
• 유한요소해석이 완료되면 결과를 검토하고 예측과 일치하는지를 확인한다.
• 변형된 형상을 검토하여 구조물의 거동이 타당한지를 확인한다.
• 모델상의 오류나 부적절한 가정(경계조건이나 하중조건 등) 등은 변형된 형상 확인만으로도 쉽게 찾아낼 수 있다.

46 다음 그림과 같은 PRR 3축 로봇의 D-H 파라미터 중 1번째 링크의 길이(a_1)는?(단, 그림에서 *로 표기된 양은 변수를 의미한다)

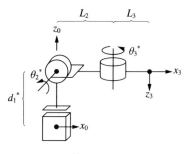

① 0

② d_1

③ $d_1 + L_2$

④ $\sqrt{d_1^2 + L_2^2}$

• a : 2개의 연속적인 z축이 교차하기 위해 x축을 따라 이동해야 하는 거리
• d_1은 링크 1의 기준인 x_0에서 링크 2까지 x축을 따라 이동해야 하는 거리가 아닌 z축을 따라 가야 한다(관절 간의 오프셋).
※ 회전운동은 R, 병진운동은 P 또는 T를 사용한다.

47 다음 그림과 같은 RP 형태의 머니퓰레이터에 대한 DH테이블의 빈칸 A, B에 들어갈 내용은?

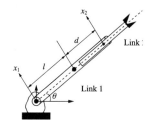

	l_i	α_{i-1}	d_i	θ_i
1	0	0	0	A
2	0	90	B	0

① A : θ, B : l

② A : θ, B : $l+d$

③ A : $\theta+90°$, B : l

④ A : $\theta+90°$, B : $l+d$

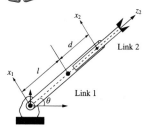

공간에서의 위치, 속도, 가속도를 표현하는 좌표계 중 직교좌표계에서 점 $P(x, y, z)$의 x, y, z 방향의 단위 벡터가 각각 i, j, k이라면 점 P의 위치벡터 r을 식으로 표현한 것은?

① $r = xi + yj + zk$

② $r = xi + \dot{y}j + \ddot{z}k$

③ $r = \dot{x}i + \dot{y}j + \dot{z}k$

④ $r = \ddot{x}i + \ddot{y}j + \ddot{z}k$

해설

$r = a_x i + b_y j + c_z k$

여기서 a_x, b_y, c_z 는 기준좌표계상에서 본 점 P의 3개의 좌표들이다.

49 다음 그림과 같은 RRR 3축 로봇의 D-H 파라미터 중 2번째 링크의 오프셋(d_2)은?

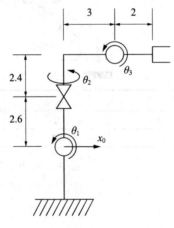

① 2.4

② 2.6

③ 3.0

④ 5.0

해설

- d : 2개의 연속적인 공통법선 사이(축의 교차)의 z축 위에서 이동해야 하는 거리
- 링크 2의 z축과 링크 1의 z축이 교차하면서 z축 위에서 이동해야 하는 거리는 링크 3까지의 높이를 더해야 한다. 링크 1의 $d_1 = 0$이다.

50 고정된 머니퓰레이터를 동력학 모델링할 때의 특징으로 틀린 것은?

① Lower-pair 조인트를 갖는다.

② 각 조인트의 모든 자유도가 구동된다.

③ 고정된 물체를 잡았을 때 폐-체인을 갖는다.

④ 각 조인트의 일부 자유도만이 위치와 속도센서를 갖는다.

해설

각 조인트의 모든 자유도의 구동되는 만큼 위치, 속도센서가 감지를 해야 한다.

51 직교좌표계에서 P점의 좌표가 $P(x,\ y,\ z) = (1,\ 1,\ 1)$라면 이 직교좌표를 극좌표로 나타낸 것은?

① $(\sqrt{2},\ 45°,\ 35.26°)$ ② $(\sqrt{2},\ 45°,\ 54.74°)$

③ $(\sqrt{3},\ 30°,\ 35.26°)$ ④ $(\sqrt{3},\ 45°,\ 54.74°)$

52 다음 그림과 같은 평면운동을 하는 2축 로봇에서 각 링크의 길이가 $l_1 = 0.4$m, $l_2 = 0.6$m이고, 각 관절의 각도가 $\theta_1 = \dfrac{\pi}{2}, \theta_2 = \dfrac{\pi}{2}$일 때, 말단부가 $F_x = 10$N, $F_y = 5$N의 힘을 내기 위한 각 관절토크 (τ_1, τ_2)는 몇 N·m인가?

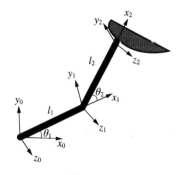

① $\tau_1 = -7,\ \tau_2 = -3$ ② $\tau_1 = -5,\ \tau_2 = -5$

③ $\tau_1 = -4,\ \tau_2 = -8$ ④ $\tau_1 = -6,\ \tau_2 = -4$

해설

링크 1의 경우 90°로 수직 방향이고, 링크 2의 경우 180°로 음의 방향이다.

• 링크 1 끝단의 토크 : $-F_x \times l_1 - F_y \times l_2 = -10$N $\times 0.4$m $- 5$N $\times 0.6$m $= -7$N·m

• 링크 2 끝단의 토크 : $-F_y \times l_2 = -5$N $\times 0.6$m $= -3$N·m

53 탄성계수(영계수, Young's Modulus)에 대한 설명으로 맞은 것은?

① 응력과 변형률 사이의 관계를 나타내는 계수이다.

② 단위 면적당 작용하중으로 나눈 계수이다.

③ 시험 전 소재 길이를 시험 전 길이로 나눈 계수이다.

④ 3차원의 응력 상태를 단축응력 상태에 상당시킨 계수이다.

해설

고체 역학에서 재료의 강성도(Stiffness)를 나타내는 값이다. 탄성계수는 응력과 변형도의 비율로 정의된다.

54 다음 설명 중 ( ) 안에 들어갈 용어를 나열한 것은?

> 로봇 운동에 있어서 위치 변환에 대한 수학적 표현은 순수 (   )과 한 축에 대한 순수 (   ) 혹은
> 두 가지 조합으로 나타낸다.

① 이동, 회전   ② 회전, 대칭

③ 이동, 복사   ④ 대칭, 이동

해설

로봇운동은 병진(이동)운동과 회전운동의 조합으로 나타낸다. 병진(이동)운동은 T 또는 P, 회전운동은 R로 표현한다.

55 다음 그림과 같은 로봇 동력전달용 스크루가 나사로 된 칼라(Collar) C를 0.25m/s로 하향시키는 속도로 회전하고, $\theta = 30°$일 때 홈이 파진 팔(Arm)의 각속도는 약 몇 rad/s인가?

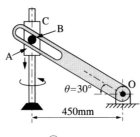

① 0.312

② 0.217

③ 0.417

④ 0.512

해설

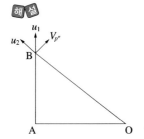

회전계에 대한 질점의 평면 운동

• $V_P = V_{P'} + V_{P/\wp}$

  여기서, V_P : 질점 P의 절대 운동(고정계인 OXY에 대한 운동)

  $V_{P'}$: 회전계 $\wp$에 속한 질점 P'의 운동(이 질점은 주어진 순간에 질점 P와 일치)

  $V_{P/\wp}$: 회전계 $\wp$에 대한 질점 P의 운동

• $V = r\omega$

  여기서, ω : 각속도

그림의 B를 P로 간주하면, $\overline{AP} = 0.45\tan30°\text{(mm)}$, $\overline{OP} = \dfrac{0.45}{\cos30°}\text{(mm)}$

• P'를 $\overline{AP}$에 일치하는 점, u_1을 $\overline{AP}$ 칼리를 띠라기는 비깥 속도리 할 때

  $V_P = V_{P'} + u_1$, $V_{P'} = 0$(축의 고정), $u_1 = 0.25\text{m/s}$

• P''를 $\overline{OP}$에 일치하는 점, u_2를 $\overline{OP}$ 홈이 파진 팔을 따라가는 바깥 속도라 할 때

  $V_P = V_{P''} + u_2$

∴ y축 기준 $+\uparrow$: $0.25 = \dfrac{0.45}{\cos30°} \times \omega_{OP} \times \cos30° + u_2\cos60°$ … ㉠

  x축 기준 $+\rightarrow$: $0 = \dfrac{0.45}{\cos30°} \times \omega_{OP} \times \sin30° - u_2\sin60°$

  $u_2 = \omega_{OP} \times 0.45\dfrac{\tan30°}{\sin60°}$ ················· ㉡

  ㉠식에 ㉡식을 대입하면 $\dfrac{0.25}{0.45} = \left(1 + \dfrac{\tan30°}{\tan60°}\right) \times \omega_{OP}$, $\omega_{OP} \fallingdotseq 0.417\text{rad/s}$

56 다음 그림과 같은 직육면체의 질량이 $m = 10$kg이고, 도심의 $Z0$축 질량관성모멘트가 $I_{ZZ0} = 1$kg · m²일 때 $Z1$축의 I_{ZZ1}은 몇 kg · m²인가?

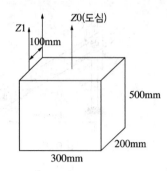

① 1.125

② 1.225

③ 1.325

④ 1.425

$I_1 = I_0 + md^2 = 1$kg · m² $+ 10$kg $\times (0.15$m$)^2 = 1.225$kg · m²

여기서, I_1 : $Z1$축의 질량관성모멘트$(= I_{ZZ1})$

I_0 : 도심의 $Z0$축 질량관성모멘트$(= I_{ZZ0})$

57 다음 ( ) 안에 알맞은 것은?

> 물체를 조작하는 쪽의 로봇은 물체에 임의 위치와 자세를 실현하기 위해 적어도 ( )개의 관절이 필요하다.

① 2

② 4

③ 6

④ 8

보통 3~5의 자유도를 가지는 것이 보편적이지만 x, y, z축의 이동, 회전이 가능한 자유도는 6이다.

58 여러 개의 링크와 관절로 이루어진 로봇기구를 해석 및 설계할 때 기구학, 동역학 해석과 비교하여 유한요소해석 (Finite Element Analysis)을 통해 파악하기 용이한 정보가 아닌 것은?

① 고유 진동수

② 감가속 토크

③ 로봇기구 강성

④ 링크 최대 응력

59 축 설계 시 고려사항이 아닌 것은?

① 작용하는 하중에 의하여 축이 파괴되지 않도록 충분한 강도를 가져야 한다.

② 축에 작용하는 하중에 의한 변형도가 일정 한계치를 초과하지 않도록 한다.

③ 진폭을 낮추고자 하면 평형잡이를 하여야 한다.

④ 굽힘 모멘트를 받는 축은 비틀림 각으로 제한한다.

해설

축에 작용하는 하중에 의한 변형도가 일정 한계치를 초과하지 않도록 한다. 굽힘 모멘트를 받는 축은 축 처짐으로, 비틀림 모멘트를
받는 축은 비틀림 각으로 제한한다.

60 구조물을 체결하는 볼트 등을 모델링할 때 볼트의 모양에 상관없이 볼트가 갖는 강성만을 구현할 때 많이
사용되는 유한요소의 종류는?

① 강체요소   ② 1차원 요소

③ 2차원 요소   ④ 스프링요소

해설

① 강체요소 : 주변 구조물과 비교하여 상대적으로 강성이 매우 큰 구조물을 모델링할 때 주로 사용한다.

② 1차원 요소 : 길이가 길면서 축 하중만을 지지하거나 전단력과 굽힘하중을 동시에 지지하는 구조물의 모델링에 주로 사용한다.

③ 2차원 요소 : 얇은 판 모양 구조물의 모델링에 주로 사용한다.

제4과목 로봇 통합 및 시험

61 다음 중 기동토크가 크고, 회전속도 및 토크 특성에 있어 입력전압 대비 선형성이 가장 우수한 모터는?

① AC모터   ② 스텝모터

③ BLDC모터   ④ 공기압모터

BLDC 서보모터

• DC 서보모터에서 정류자를 없앤 것이 BLDC모터(Brushless DC Motor)이다.

• DC모터는 브러시에 의해서 정류가 이루어지지만, 브러시가 없는 BLDC모터는 전기적인 방법으로 정류를 한다.

• 브러시에서 발생하는 소음이 없으며 브러시를 교환할 필요도 없다.

• 기동토크가 크고, 회전속도 및 토크 특성이 인가전압에 선형적인 장점이 있다. 브러시에서 발생하는 불꽃이나 잡음이 없고 고속 구동이 가능하다.

62 로봇시스템의 신뢰성 시험 평가 중 사용자에 의해 탈착되는 사출 커버류 개폐 확인 및 견고성 확인의 조건으로 옳은 것은?

① 사용조건의 1배 토크를 인가하고, 5회 이상 확인

② 사용조건의 1배 토크를 인가하고, 15회 이상 확인

③ 사용조건의 1.5배 토크를 인가하고, 10회 이상 확인

④ 사용조건의 2.5배 토크를 인가하고, 5회 이상 확인

63 로봇 기능시험을 실시하고 시험 결과를 성적서에 기입할 때 성적서에 기입하지 않아도 되는 항목은?

① 미러 기능
② POSE 동작
③ HOME 위치 이동
④ 소프트 리밋 영역 동작

번 호	항 목	번 호	항 목
1	HOME 위치 이동	23	Error Logging 기능
2	LMOVE/JMOVE 동작	24	HERE 기능
3	소프트 리밋 영역 동작	25	교시 모드의 속도 지정 기능
4	위초 보간 동작	26	전체 출력신호 OFF
5	DryRun 기능 확인	27	배터리 에러 체크
6	미러 기능	28	DO/DI 신호 출력 확인
7	ALIGN 기능	29	TP 신호정의 기능
8	XYZ 이동	30	체크 섬 에러 체크
9	RPS 기능(1)-EXTCALL	31	PLC 기능(1)
10	TOOL 보정 기능	32	로봇 설치 자세
11	베이스 좌표 이동 기능	33	외부 프로그램 호출
12	인코더 이상 체크 폭 기능	34	실변수 설정 기능
13	교시 위치 설정 기능	35	수정/삽입 기능(일체형)
14	PC 프로그램 기동/정지	36	기대시간 강제 해제
15	Hold/Run 기능	37	각축 이동 기능
16	작동 시간 관리 기능	38	정밀도 설정 기능
17	외부 I/O 기능	39	타이머 설정 기능
18	스텝 단위 실행 기능	40	메모리 영역 표시 기능
19	EMG Stop 편차 이상 체크 폭	41	Record 허가 금지 기능
20	Check Mode 기능	42	시스템 스위치 기능
21	정전 복귀 기능	43	RP3 기능(2)-JUMP/END
22	CP Motion 확인 기능		

64 필드 테스트의 단계별 수행 내용 중 테스트 설계 단계에 해당하는 내용은?

① 테스트 실행
② 선행 테스트 분석
③ 테스트 결과 정리
④ 테스트 과정 평가

단 계	단계별 수행 내용
테스트 설계	• 테스트 시나리오 결정 • 우선순위 선정 • 선행 테스트 분석 • 테스트 결과 비교

65 필드 테스트 결과보고서 작성 시 포함되는 내용이 아닌 것은?

① 오류현상의 조치사항에 대하여 수정 후 보완된 결과를 작성한다.
② 기기에 저장된 로그, 덤프 데이터에 의해 기기의 오류현상을 파악할 수 있는 분석보고서를 작성한다.
③ 오류현상을 보완할 수 있는 프로그램을 작성하고, 재현 테스트를 통해 확인 후 수정된 로봇 프로그램을 배포한다.
④ 알파 테스트 및 베타 테스트를 위하여 내·외부의 필드 테스트 고객을 확보하고, 이를 테스트 계획에 반영한다.

알파 테스트 및 베타 테스트를 위하여 내·외부의 필드 테스트 고객을 확보하고, 이를 테스트 계획에 반영하는 것은 테스트 계획 단계에 해당한다.

66 조립검사성적서에 포함되어야 하는 항목이 아닌 것은?

① 검사 횟수
② 검사품의 항목
③ 조립 소요비용
④ 실시한 검사방법

조립검사성적서에는 검사품의 항목, 실시한 검사방법, 검사 횟수, 측정 결과 등과 검사자, 검사 일시 등의 내용이 포함되어야 한다.

67 도장용 로봇시스템의 주요 구성요소가 아닌 것은?

① 오일 부스
② 디버링장치
③ 도료 공급장치
④ 슬러지 고형화처리장치

디버링 : 버(Burr)를 제거한다는 뜻이다. 절단을 비롯한 거의 모든 가공공정은 가공 후 버가 필연적으로 발생할 수밖에 없다. 버 발생 부분이 개방된 부분이면 직접 제거 또는 바렐연마의 방법으로 제거가 가능하나 파이프와 같이 갇힌 공간일 경우는 별도의 장치를 통하여 버를 외부로 끌어내 제거해 주어야 한다. 특히 의료용으로 쓰이는 미세 파이프의 경우는 버 제거의 중요성은 매우 중요한 공정이다.

68 로봇 조립 시 볼트를 조일 때 도면이나 사양에 규정된 정확한 힘을 필요로 하는 경우에 사용되는 체결용 도구는?

① L렌치
② 토크렌치
③ 오픈렌치
④ 옵셋렌치

부품 체결력 관리 : 로봇을 구성하는 기본적인 기계 부품의 조립에 있어서 각각의 부품에는 그 특성에 따라 체결력이 정해져 있다. 일반 공구인 스패너, 몽키 등은 정확한 체결력을 측정할 수 없어 작업자의 감으로 측정하기 때문에 일관성이 없다. 체결력의 차이를 없애기 위하여 힘을 측정할 수 있는 공구인 토크렌치를 사용하거나 자동으로 조립되는 메커트로닉스 구조인 자동체결기를 적용하여 체결오차를 최소한으로 줄일 수 있도록 관리해야 한다.

69 필드 테스트에 대한 설명으로 틀린 것은?

① 알파 테스트는 필드 테스트의 초기 단계에 해당된다.
② 베타 테스트는 로봇시스템 개발방법에 대한 정보를 많이 가진 전문가들을 대상으로 한다.
③ 조직 안에 있는 사용자가 로봇시스템을 직접 사용하면서 테스트해 보는 것을 알파 테스트라고 한다.
④ 조직 밖에 있는 사용자가 로봇시스템을 직접 사용하면서 테스트해 보는 것을 베타 테스트라고 한다.

베타 테스트는 완전히 로봇시스템의 개발방법에 대한 정보를 가지지 못한 일반인들을 대상으로 한다.

70 로봇의 내환경 시험 중 정전기 시험을 할 때 접촉 방전 시 1kV에 시작하여 최대 몇 kV까지 수행해야 하는가?

① 4 　　　　　　　　　　② 6

③ 8 　　　　　　　　　　④ 10

접촉 방전에는 2, 4, 6, 8kV가 있다.

71 다음 중 이동로봇의 속도성능시험이 아닌 것은?

① 정격속도시험

② 전방 최대 속도시험

③ 후방 최대 속도시험

④ 전방 정적 안정도시험

전방 정적 안정도시험은 로봇 이동 안정도시험에 해당한다.

72 국제규격(ISO 9283)에 따라 로봇의 자세 정밀도(Pose Accuracy)를 측정하고자 할 때 지정하여야 하는 로봇의 위치(측정점)수는?

① 4 　　　　　　　　　　② 5

③ 6 　　　　　　　　　　④ 7

포즈 정확도는 지령 포즈와 지령 포즈로 같은 방향에서 접근할 때의 도달 포즈의 평균과 편차이다. 이를 측정하기 위해서는 큐브 박스가 필요하다. 큐브 박스는 측정하고자 하는 로봇 동작 영역 내에 위치하는 정사각형 박스라고 생각하면 된다. 로봇에 정격부하를 장착하고 속도는 100%, 50%, 10% 조건에 대해서 측정을 하게 되어 있고, 모션은 P1-P2-P3-P4-P5를 연속해서 30Cycle 반복하도록 되어 있다. 포즈 정밀도도 이와 같은 방법으로 측정할 수 있다.

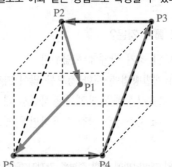

73 다음 중 이동로봇 성능시험보고서에 기록해야 할 사항으로 가장 거리가 먼 것은?

① 성능 시험항목 및 시험기준
② 이동로봇의 내구성 측정 결과
③ 이동로봇의 크기, 무게 측정 결과
④ 시험용으로 장비를 갖춘 이동로봇의 사진

이동로봇 성능시험보고서에는 최소한 다음 사항이 기록되어야 한다.
• 성능 시험항목 및 시험기준(KS규격 등)
• 시험용으로 장비를 갖춘 이동로봇의 사진
• 이동로봇의 크기, 무게 측정 결과
• 회전반경, 등판력 시험 결과
• 속도·가속도 시험 결과, 비상 정지 시험 결과
• 후방 주행속도를 측정할 수 없을 때에는 그 내용을 기재할 것
• 시험에서 사용한 부하의 명세

74 로봇의 구조에 의한 분류에 해당하지 않는 것은?

① 직각좌표형 로봇
② 원통좌표형 로봇
③ 수직좌표형 로봇
④ 수평관절형 로봇

직각좌표형, 원통좌표형, 수직관절형, 수평관절형 로봇이 있다.

75 로봇 신뢰성 시험 중 내환경 시험에 해당하는 시험이 아닌 것은?

① 수명 시험
② 열충격 시험
③ 고온/저온 시험
④ 온도 사이클 시험

온도 사이클 및 열충격 시험 : 제어기 배선판을 고온, 저온 사이에서 반복해 온도 변화에 노출시킨 경우에 발생하는 수지, 도체의 내피로성을 평가하는 시험이다. 복수 시험조건을 설정하여 가속계수를 구하는 것으로 실사용 조건하에서의 수명을 예측할 수 있다.

76 로봇 통합 상태를 확인하고 점검하기 위하여 실시하는 하드웨어시스템의 시운전 순서로 옳은 것은?

> ㄱ. 육안으로 전체 통합 상태를 다시 검토한다.
> ㄴ. 전원 투입 후 RUN 동작 전 외부기기와 배선 상태를 확인한다.
> ㄷ. 절연 내압 측정 및 전원 전압을 확인한 후 전원 투입한다.
> ㄹ. 부분적으로 수동 운전을 단계적으로 실시한다.
> ㅁ. 최종 에러 체크를 한다.
> ㅂ. 프로그램을 로봇시스템에 탑재하여 실제 부하에서 시운전한다.

① ㄱ - ㄴ - ㄷ - ㄹ - ㅂ - ㅁ
② ㄱ - ㄷ - ㄴ - ㄹ - ㅂ - ㅁ
③ ㄱ - ㅁ - ㄷ - ㄴ - ㄹ - ㅂ
④ ㅁ - ㄱ - ㄷ - ㄴ - ㄹ - ㅂ

77 KS B ISO 9283 규격에 따른 산업용 로봇 성능시험 중 경로 특성 시험에 해당하는 항목은?

① 오브 숫　　　　　　　　　② 안정화 시간
③ 코너링 특성　　　　　　　④ 다방향 자세편차

 해설

자세(Pose) 특성 시험	경로(Path) 특성 시험
• 자세 정도/반복 정밀도 • 다방향 자세편차 • 거리 정도/반복 정밀도 • 안정화 시간 • 오브 숫 • 자세편차	• 경로 정도/반복 정밀도 • 코너링 특성 • 속도 정도/반복 정밀도

78 로봇에 사용되는 센서의 감도(Sensitivity)가 3일 경우 출력값이 6V이면 입력값은?

① 2V　　　　　　　　　　　② 2.5V
③ 3V　　　　　　　　　　　④ 3.5V

 해설

감도는 입력신호의 변화에 따라 출력신호의 변화가 얼마나 되는지를 보여 주는 지표로, 선형성을 가지는 전달함수의 기울기이다.

감도 $= \dfrac{\text{Output}}{\text{Input}}$

$3 = \dfrac{6V}{\text{Input}}$

∴ Input = 2V

79 다음 로봇의 위치 정밀도 측정값들의 표본에 대한 표본 표준편차는 약 얼마인가?

표본 구분	1	2	3	4	5	6
측정값	20	24	18	16	21	22

① 2.17

② 2.86

③ 3.88

④ 5.83

• 표본 평균

$$\bar{y} = \frac{1}{n} \sum_{i=1}^{n} y_i = \frac{20+24+18+16+21+22}{6} \fallingdotseq 20.17$$

• 표본 표준편차

$$S = \sqrt{\frac{\sum_{i=1}^{n}(y_i - \bar{y})^2}{n-1}}$$

$$= \sqrt{\frac{(20.17-20)^2+(20.17-24)^2+(20.17-18)^2+(20.17-16)^2+(20.17-21)^2+(20.17-22)^2}{6-1}}$$

$$\fallingdotseq 2.86$$

80 로봇의 기능 시험항목이 아닌 것은?

① 외부 I/O 기능

② 원점 복귀 기능

③ 진동 감쇠 기능

④ T/P 기능

진동 감쇠 기능은 로봇 요소 부품의 고려사항이다.

제1과목 로봇기구 사양설계

01 CE 인증에 대한 설명으로 틀린 것은?

① CE 인증제도는 유럽연합의 통합 규격에 대한 인증제도이다.

② 전기 및 통신 외 전 분야에 대한 표준 제정은 유럽표준화위원회에 위임하였다.

③ 전기 분야의 보건 및 안전요건에 대한 표준 제정은 유럽전기통신표준연구소에 위임하였다.

④ 유럽연합 내에서 유통되는 상품 중 소비자의 건강, 안전, 위생 및 환경보호 차원에서 위험이 될 수 있다고 판단되는 모든 제품에 적용한다.

해설

• 전기 분야 : 유럽전기기기술위원회

• 정보통신 분야 : 유럽전기통신표준연구소

• 전기 및 통신 외 전 분야* : 유럽표준화위원회
  *기계, 건축 자재, 의료, 우주, 정보처리, 환경, 운송, 에너지, 수질 분야 등

02 로봇기구 개발기획서 작성 단계 업무에 대한 설명으로 틀린 것은?

① 로봇 기계요소 설계를 한다.

② 국내외 경쟁 제품과 기술 동향에 대해 작성한다.

③ 로봇 개발을 통한 회사 수익 개선에 대해 작성한다.

④ 가용자원의 활용방안과 투자 수익률에 대해 고려한다.

해설

로봇 기계요소 설계는 3단계인 상세 설계에 해당한다.

03 로봇 제어기에 사용하는 프로세스의 경로제어프로그래밍에 사용되는 보간법이 아닌 것은?

① 관절보간법
② 직선보간법
③ 원형보간법
④ 역회전보간법

로봇 머니퓰레이터는 작업장의 어떤 지점에서 다른 지점으로 이동하는 데 있어서 4가지 종류의 운동을 할 수 있다.

• 비틀림 회전 : 가장 단순한 운동유형을 나타낸다. 로봇은 어떤 지점에서 다른 지점으로 이동하도록 명령을 받으며, 여기에서 머니퓰레이터의 각 축은 설정된 속도로 최초의 지점에서 요구되는 최종 목적지까지 이동한다.

• 관절보간 : 로봇 제어기가 각 관절이 명령된 속도로 목적지에 도착하는 데 걸리는 시간을 계산하도록 요구한다. 그때 이들 값 중에서 최대 시간을 선택하고, 그것을 다른 축들에 대한 소요시간으로서 사용한다. 비틀림 회전운동에 비하여 이점은 관절이 낮은 속도로 구동되며 로봇의 유지보수가 훨씬 용이하다.

• 직선보간 : 말단장치의 끝단이 직교좌표계에서 정의된 직선경로를 따라 이동한다. 이러한 운동 유형은 직교좌표형 로봇을 제외하고 제어기가 수행해야 할 계산의 양이 많고 제어기의 빠른 성능이 요구된다. 아크 용접, 구멍에 핀의 삽입, 직선경로에 따라 물류 배치와 같은 응용에 매우 유용하다.

• 원호보간 : 로봇 제어기가 3개의 지정된 위치들의 최솟값에 기반을 둔 작업장의 원호상의 점들을 정의하는 것이 필요하다. 로봇에 의한 이동은 실제로 짧은 직선 세그먼트들로 이루어져 있다. 그러므로 원호보간은 원의 선형 근삿값을 만들어 내고, 수동으로 또는 티치펜던트기법보다 오히려 프로그래밍 언어를 더욱 더 용이하게 사용하고 있다.

04 다음 안정성 여유에 대한 설명 중 ( ) 안에 들어갈 내용으로 옳은 것은?

> 시스템모델의 불확실성에 대해서 안정한 정도를 나타내는 상대적 지표인 안정성 여유는 이득 여유와 위상 여유로 표시한다. 바람직한 안정성 여유는 이득 여유 (A) 이상, 위상 여유 (B)이다.

① A : 12dB, B : 15~45°
② A : 1.5dB, B : 30~60°
③ A : 6dB, B : 30~60°
④ A : 36dB, B : 120~180°

• 안정도 여유 : 안정하다면 얼마나 안정한가를 나타낸다. 수학적 모델과 실제 플랜트 간의 모델링오차로 척도를 나타내는데, 즉 모델 불확실성에 기인한다. 주로 나이퀴스트 선도를 안정도 여유 평가에 사용한다.

• 이득 여유, 위상 여유 : 제어시스템의 안정도 여유성(안정도 비교 평가 등)을 보장하는 정도를 나타내는데, 즉 이득 및 위상이 변화될 수 있는 최대 허용범위라고 할 수 있다. 이득과 위상은 주로 주파수 응답 특성을 대상으로 하지만 시간 응답 특성(과도응답, 정상상태오차)과도 밀접한 관계가 있다.

 – 이득 여유(Gain Margin) : 개루프 전달함수의 위상은 그대로이고, 이득만 변할 때 폐루프 전달함수의 안정성을 유지할 수 있는 최대 이득 변화이다(보통 6dB 이상).

 – 위상 여유(Phase Margin) : 개루프 전달함수의 이득은 그대로이고, 위상만 변할 때 폐루프 전달함수의 안정성을 유지할 수 있는 최대 위상 변화이다(보통 30~60°).

05 속도제어가 쉽고 위치결정 오차가 누적되지 않으며, 감속기 없이 저속으로 회전하는 것이 가능한 모터는?

① 스텝모터

② AC 서보모터

③ DC 서보모터

④ BLDC 서보모터

스텝모터

• 브러시가 없는 모터 중의 하나로 서보모터와 같은 복잡한 제어가 없어도 서보모터처럼 속도를 제어할 수 있으며, 인코더 같은 회전 위치센서가 없어도 회전 위치의 제어도 가능하기 때문에 널리 이용된다.

• 개회로제어 방식을 활용하는 데 회전각의 검출을 위한 별도의 센서가 필요 없어서 장치 구성이 간단하다.

• 펄스신호의 주파수에 비례하여 회전속도를 얻을 수 있으므로 속도제어가 쉽고 초미세의 스텝각 회전을 할 수 있으며 위치결정 오차가 누적되지 않는다.

• 저속에서 토크가 떨어지지 않기 때문에 감속기 없이 저속으로 회전하는 것이 가능하다.

• 같은 무게의 모터로 발생시킬 수 있는 토크가 작다. 스텝모터에서는 스텝 사이의 진동이 발생하기 때문에 비교적 소음이 많고 고속 회전이 어려우며, 상대적으로 무겁고 용량의 모터가 생산되지 않는다.

06 로봇 전기설비의 절연저항 측정에 대한 설명으로 틀린 것은?

① 측정을 위해 정전시킨 후에 측정한다.

② 반도체 소자를 포함하는 전자회로는 분해 후에 측정한다.

③ 절연저항은 측정 시 날씨, 온도, 습도, 오손 정도 등에 영향을 받는다.

④ 절연저항계는 회로가 충전 상태일 때 측정이 가능하다.

해설

• 절연저항을 측정하는 도체는 전기가 차단된 상태에서 측정해야 하므로 반드시 메인 차단기를 꺼야 한다. 회로가 방전 상태여야 한다.

• 절연저항은 측정 시 순간적으로 1,000V 이상 가압하므로 정밀 전기 부품이나 전자 부품이 연결되어 있으면 부품이 손상되거나 고장 난다.

• 절연저항 측정 후 고압의 전기가 코일이나 도체에 남아 있으므로 반드시 도체 내의 잔류 전기를 방전시켜야 한다.

07 모션제어기의 PLC 선정 시 고려사항으로 틀린 것은?

① I/O 접점은 대규모 시스템의 경우 50% 이상 여유를 둔다.

② 제어프로그램의 용량은 최대 입출력 점수에 비례한다.

③ 데이터 메모리는 휘발성 영역과 불휘발성 영역을 검토할 필요가 있다.

④ 주변 기기의 종류 및 사용상의 편리성, 소프트웨어의 개발 상태 등을 검토해야 한다.

 해설

대규모 시스템의 경우 10~20%의 여유를 둔다.

08 비전센서에 대한 설명으로 틀린 것은?

① 사람의 시각을 대신할 수 있는 센서이다.

② 초음파를 발생시켜 거리나 두께, 움직임 등을 검출한다.

③ 사용되는 소자에 따라 CCD와 CMOS로 구분된다.

④ 렌즈를 통해 수집된 빛을 전기적 신호로 변환한다.

 해설

카메라의 이미지센서는 빛을 전기적 신호로 변환하는 기능을 하는데, 렌즈를 통하여 수집된 반사광이 이미지센서의 전기신호로 변환된다. 이러한 이미지센서를 이용하여 사람의 시각을 대신할 수 있는 센서가 비전센서이다.

• CCD 센서 : 고집적화가 가능하나 제조 단가가 비싸다는 단점이 있다.

• CMOS 센서 : CCD 방식에 비하여 전력 소비가 작고 가격이 저렴하다는 이점 때문에 휴대폰 카메라를 비롯하여 로봇 분야에서도 널리 사용되고 있다.

09 로봇기구의 개념 설계 단계에서 검토해야 할 사항이 아닌 것은?

① 기구 설계 목표 정의 및 설계 개념 정립

② 기술적 타당성, 기술적 추이 적합성 평가

③ 기구 설계 사양 검토 및 설계시방서 작성

④ 제품 개발 방향 정립, 개발 제품의 레이아웃 및 이미지 작성

 해설

개발 기획 단계

㉠ 시장 조사를 통한 시장환경 및 매출 계획

㉡ 고객 니즈 체계 및 니즈 충족 방안

㉢ 제품 콘셉트 및 세일즈 포인트

㉣ 제품 개발 방향 정립, 개발 제품의 레이아웃 및 이미지

㉤ 개발 제품의 사양과 성능 목표

㉥ 원가 계획, 일정 계획, 개발 인력 및 개발비 투입 계획

㉦ 제품 개발계획서 및 시행품의서

10 볼 스크루를 사용하여 다음과 같은 사양으로 구동할 때 발생하는 부하토크는 약 몇 N · m인가?

> • 부하속도 : 15m/min
> • 부하 질량 : 100kg
> • 볼 스크루 리드 : 0.005m
> • 마찰계수 : 0.2
> • 효율 : 0.9(90%)
> • 감속비 : 1

① 0.056

② 0.173

③ 0.256

④ 0.356

• 외부 하중에 의한 마찰토크

$$T_f = \frac{F_a l}{2\pi\eta} A(\text{N} \cdot \text{m})$$

여기서, F_a : 축 방향 하중(N)

l : 리드(m)

η : 볼 스크루 효율(0.9)

A : 감속비

• 축 방향 하중(F_a) $= \mu mg = 0.2 \times 100 \times 9.8 = 196$N

여기서, μ : 안내면의 마찰계수

m : 반송 질량(kg)

$\therefore T_f = \dfrac{196\text{N} \times 0.005\text{m}}{2 \times \pi \times 0.9} \fallingdotseq 0.173$N · m

11 다음 그림과 같은 좌표형 로봇의 한 축에 대한 하드웨어에서 A에 들어갈 하드웨어 구성요소로 적절한 것은?

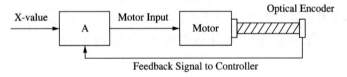

① 센 서

② 컨트롤러

③ 액추에이터

④ 머니퓰레이터

컨트롤러가 입력값을 받아 센서, 액추에이터, 머니퓰레이터의 동작이 출력이 된다.

12 로봇 개발 기획 계획서를 작성하기 위한 업무수행 순서로 가장 적절한 것은?

> ㄱ. 목표 성능 결정
> ㄴ. 시장 조사 및 분석
> ㄷ. 특허 조사 및 분석
> ㄹ. 표준 체계 조사
> ㅁ. 기술 동향 및 필요 기술 조사
> ㅂ. 개념 및 개발 필요성 정의

① ㄴ → ㅂ → ㄹ → ㅁ → ㄷ → ㄱ
② ㄴ → ㄷ → ㅂ → ㄹ → ㅁ → ㄱ
③ ㅂ → ㄴ → ㄷ → ㄹ → ㅁ → ㄱ
④ ㅂ → ㄹ → ㄷ → ㄴ → ㅁ → ㄱ

13 로봇 적용 대상 작업 분석 시 고려사항이 아닌 것은?

① 작업 공정
② 작업 순서
③ 작업 종류
④ 작업자의 능력

작업 분석이란 공정을 구성하고 있는 개개의 작업에 대한 작업방법을 분석하는 것으로, 작업자의 능력과는 거리가 멀다.

14 다음 중 사용자나 수요자의 목적을 수행하기 위하여 로봇시스템 개발 시 주요 요구사항으로 가장 거리가 먼 것은?

① 로봇의 속도
② 로봇의 종류
③ 로봇의 가반하중
④ 로봇의 에너지 사용효율

요구사항이란 시스템 개발 분야에서 고객이나 사용자의 목적을 수행하기 위하여 기획서상에 명시된 시스템이 반드시 수행해야 할 조건이나 능력이다. 로봇시스템 개발 시 로봇의 속도 조절을 통해 안전자의 안전 확보 및 정확도를 구현한다. 물건을 들어 올려 운반할 수 있는 가반하중을 고려하여 작업물의 종류와 용도에 따라 로봇의 종류를 정한다. 요구사항의 형태에는 가반하중, 작업물 인식률, 파지 대상 종류, 위치 정밀도, 사이클 타임, 무게이송능력, 경사등판능력 등이 있다. 에너지 사용효율은 시스템 개발 시 우선순위와 거리가 멀다.

15 **직류 정류자 모터의 토크를 크게 하는 방법으로 맞는 것은?**

① 고정자의 자속밀도를 높인다.

② 전기자의 회전반경을 줄인다.

③ 코일변을 짧게 하거나 권수를 줄인다.

④ 전원전압을 낮춰서 전류를 크게 한다.

직류 정류자 모터의 토크를 크게 하는 방법
• 고정자의 자속밀도를 높인다.
• 전기자의 회전반경을 크게 한다.
• 코일변을 짧게 하거나 권수를 높게 한다.
• 전원전압을 높여서 전류를 크게 한다.

16 **제조 공정에서 적합한 로봇을 선택하는 데 영향을 미치는 요소가 아닌 것은?**

① 경제성

② 안정성

③ 일반성

④ 동적특성과 수행능력

제조 공정에 적합한 로봇을 선택할 때 경제성, 안정성, 동적특성과 수행능력을 고려해야 한다. 각 제조공정마다 필요한 특성을 고려하여 로봇을 선택하므로 전체에 두루 해당하는 성질인 일반성은 로봇 선택 시 영향을 미치지 않는다.

17 로봇센서에 대한 설명으로 틀린 것은?

① 로봇의 회전각 검출에 주로 사용되는 센서는 인코더이다.

② 로봇의 분해능이나 정밀도는 센서의 분해능이나 성능과 관계가 있다.

③ 인크리멘털 인코더는 전원 중단 또는 복구 후 초기 위치를 다시 검출해야 하는 단점이 있다.

④ 절대 인코더는 회전원판의 원주상에 일정 간격으로 배열된 슬롯의 수를 카운트하여 회전각을 산출한다.

해설

- 절대 인코더 : 전원 상태와 무관하게 항상 절대 위치값을 유지할 수 있다. 회전원판에 광학적으로 이진부호화된 위치코드를 스캐닝함으로써 가능하다. 따라서 전원이 공급되지 않는 상태에서 위치 이동이 발생해도 전원 투입 후 곧바로 현재의 위치 정보를 확인할 수 있다.
- 인크리멘털 인코더 : 회전원판의 원주상에 일정 간격으로 배열된 슬롯의 수를 광학적으로 카운트하여 회전각을 산출한다. 따라서 절대 위치를 측정할 수 없으며 기점으로부터 상대적인 위치만 측정한다. 또한 전원 중단 및 복구 후 초기 위치를 다시 검출해야 하는 단점이 있다.

18 복잡한 로봇제어시스템을 효과적으로 표시할 수 있는 시각적인 표현법으로, 시스템의 구조를 개념적으로 분명하게 나타낼 뿐만 아니라 모의실험을 수행할 수 있는 제어기설계에 효과적으로 사용되고 있는 것은?

① 모델링(Modeling)

② 블록선도(Block Diagram)

③ 평형점(Equilibrium Point)

④ 비선형 시스템(Nonlinear System)

해설

블록선도는 자동제어계 내에서 신호가 전달되는 모양을 알기 쉽게 일정한 형식을 그림으로 그려 나타낸 선도이다. 구성요소는 전달요소(전달함수), 화살표, 가산점, 인출점으로 되어 있다.

- 전달요소 : 입력을 받아 출력으로 변환시키는 요소
- 화살표 : 신호의 흐름 방향
- 가산점 : 어떤 신호가 가산되는 지점
- 인출점 : 단위 피드백 제어계와 같은 형태에서 신호가 인출되는 지점

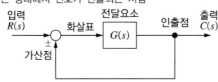

19 다음 그림은 산업용 로봇의 작업 공간에 대한 관계를 보여 준다. 어떤 머니퓰레이터의 작업 공간인가?

Side View

Top View

① 구형(Spherical)

② 원통형(Cylindrical)

③ 수평다관절형(SCARA)

④ 수직다관절형(Anthropomorphic)

구형 머니퓰레이터는 수직다관절형 머니퓰레이터와 유사한 점이 많지만 팔꿈치 관절이 직선관절로 대치되었다. 따라서 회전반경은 구형으로 같을 수 있으나 수직다관절형 머니퓰레이터의 회전관절들로 인하여 Side View에서 하나의 원호로 되지 않고 관절들의 조합으로 인하여 여러 개의 원호를 그릴 수 있다.

20 다음 국제표준화기구에서 정의하는 산업용 로봇(Industrial Robot)에 대한 설명 중 (   ) 안에 들어갈 숫자는?

> 산업용 로봇은 자동적으로 제어되고 프로그램을 수정할 수 있으며, (   )개 이상의 축을 갖는 다목적 머니퓰레이터(Manipulator)이다.

① 1   ② 2

③ 3   ④ 4

국제표준화기구는 산업용 로봇을 자동적으로 제어되고 재프로그램할 수 있으며, 3개 이상의 축을 갖는 다목적 머니퓰레이터로 정의하고 있다.

제2과목 **로봇기구 설계**

21 볼 스크루를 한쪽 고정, 한쪽 지지 형태로 사용하고자 한다. 다음과 같은 조건일 때 볼 스크루 시스템의 강성은 약 몇 N/mm인가?

- 볼 스크루 길이 : 1,800mm
- 볼 스크루 단면적 : 710mm^2
- 영률 : 2.1×10^5N/mm^2
- 너트의 강성 : 730,000N/mm
- 지지 베어링의 강성 : 346,000N/mm
- 브래킷 및 베어링 하우징부의 강성은 충분히 크다고 가정한다.

① 51,000 ② 61,200

③ 71,400 ④ 81,600

- 볼 스크루 강성

$$\frac{1}{K} = \frac{1}{K_s} + \frac{1}{K_N} + \frac{1}{K_B}$$

  여기서, K_s : 스크루축 강성(N/μm)

  K_N : 너트 강성(N/μm)

  K_B : 지지축 베어링 강성(N/μm)

- 스크루축 강성(고정-고정 이외)

$$K_s = \frac{AE}{L} \times 10^{-3}(\text{N}/\mu\text{m}) = \frac{710\text{mm}^2 \times 2.1 \times 10^5 \text{N/mm}^2}{1,800\text{mm}} \times 10^{-3} \fallingdotseq 82.833\text{N}/\mu\text{m}$$

  여기서, A : 볼 스크루 단면적(mm^2)

  E : 탄성 변형계수

  L : 취부 간의 거리(mm)

$$\therefore \frac{1}{K} = \frac{1}{82.833\text{N}/\mu\text{m}} + \frac{1}{730\text{N}/\mu\text{m}} + \frac{1}{346\text{N}/\mu\text{m}}$$

  $K \fallingdotseq 61.228$N/μm $\fallingdotseq 61,228$N/mm

22 다음 중 개념 설계 단계에서 외관 형상 디자인을 위한 고려사항으로 가장 거리가 먼 것은?

① 배선 구조 검토

② 모터의 배치 검토

③ 부품의 공차 설계

④ 동력 전달 구조에 대한 가선정

부품의 공차 설계는 상세 설계 단계이다. ①, ②, ④는 기본 설계 단계이다.

기본 설계 단계

㉠ 개략적인 관절 구성과 운동학적 해석 및 평가

㉡ 개략적인 구조 설계 : 운동학적 요구 조건을 만족하도록 관절이 구성되면 모터의 배치, 모터의 종류 및 용량 가선정, 동력 전달기구 및 방법 등 결정, 감속기의 종류와 감속비 및 용량 가선정, 로봇암의 크기 가선정, 배선 구조 등을 개략적으로 설계한다.

㉢ 질량 특성 계산

㉣ 동역학적 해석

㉤ 역학 해석

㉥ 주요 부품 선정

㉦ 기본 설계 평가

23 마찰계수가 작고 기동저항 및 발열이 작으며 규격화된 치수로 생산되어 교환이 쉽고 사용이 용이한 베어링은?

① 구름 베어링

② 저널 베어링

③ 미끄럼 베어링

④ 오일리스 베어링

구름 베어링의 특징

• 기동마찰이 작고, 동마찰과의 차이도 더욱 작다.

• 국제적으로 표준화, 규격화가 이루어져 있으므로 호환성이 있고 교환 사용이 가능하다.

• 베어링의 주변 구조를 간략하게 할 수 있고 보수·점검이 용이하다.

• 일반적으로 경방향 하중과 축방향 하중을 동시에 받을 수가 있다.

• 고온도, 저온도에서의 사용이 비교적 용이하다.

24 다음 그림은 수직관절로봇 설치를 위한 설치대이다. 로봇을 콘크리트 바닥에 설치하는 데 사용하는 볼트와 명칭으로 옳은 것은?

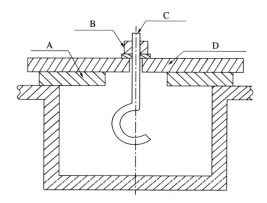

① B : 둥근머리 볼트
② B : 접시머리 볼트
③ C : 렌치 볼트
④ C : 기초 볼트

해설
• B : 너트와 와셔
• C : 기초 볼트

25 2~3개의 서로 직교하는 회전축으로 로봇의 자세(Orientation) 변화를 담당하는 부분은?

① 로봇팔
② 어댑터
③ 로봇손목
④ 말단장치

해설
로봇팔은 머니퓰레이터(링크, 축)로 로봇손목은 관절(조인트)로 판단할 수 있다.
관절의 종류에는 회전관절, 프리즘관절, 원통관절, 평면관절, 나사관절, 구형관절 등이 있어 로봇의 자세 변화를 담당한다.

26 다음 공유압 기호의 명칭으로 옳은 것은?

① 유압펌프
② 유압모터
③ 공기압펌프
④ 공기압모터

유압모터	공기압모터

27 다음과 같은 특징을 가지는 로봇은?

• 소형 부품을 고속으로 조립하는 작업에 사용
• 로봇 말단부에 여러 개의 링크가 연결되어 구동됨
• 링크의 질량이 상대적으로 작아서 타 로봇에 비해 상대적으로 빠른 동작이 가능

① 병렬로봇
② 수직다관절 로봇
③ 수평다관절 로봇
④ 직교좌표형 로봇

병렬로봇
• 주로 소형 부품을 고속으로 조립하는 곳에 사용된다.
• 천장에 베이스가 설치되고 링크가 가늘고 긴 특징을 가지고 있다.
• 전면에는 넓은 공간이 확보되나 로봇을 지지하기 위한 벽면과 천장에 큰 구조물이 필요하다.
• 링크의 질량이 타 로봇에 비해 매우 작아 상대적으로 빠른 동작이 가능하므로 고속을 요구하는 작업에 적합하다.
• 무거운 하중을 취급하기에는 부적합하지만, 얇고 가벼우며 작은 부품 조립에 사용된다.

28 PLC의 주변기기와 Link 관계를 검토할 때 고려사항이 아닌 것은?

① I/O 접점수
② Option Card
③ 프로그램 메모리
④ 엔드이펙터 사양

PLC 주변기기와 링크 관계 검토 시 고려사항
• I/O 접점수에 대해 검토한다.
• Memory 용량에 대해 검토한다.
• 프로그램 수행 기능에 대해 검토한다.
• 옵션 카드를 선정한다.
• 주변기기를 선정한다.
• 내환경성을 검토한다.

29 다음 중 모양공차가 아닌 것은?

① 진직도
② 진원도
③ 직각도
④ 평면도

모양공차
• 진직도
• 평면도
• 진원도
• 원통도
• 선의 윤곽도
• 면의 윤곽도

30 다음 보기 중 로봇용 감속기 선정 시 고려사항을 모두 고른 것은?

> ㄱ. 회전량
> ㄴ. 백래시
> ㄷ. 강 성

① ㄱ, ㄴ
② ㄴ, ㄷ
③ ㄱ, ㄷ
④ ㄱ, ㄴ, ㄷ

로봇용 감속기 선정 시 성능 검증을 위한 고려사항으로는 감속기의 백래시, 강성, 효율, 각도, 전달오차 등이 있다.

31 볼 스크루의 축을 회전시켰을 때 너트가 이동하는 거리의 정밀도를 나타내는 기준으로 옳은 것은?

① 데이텀   ② 리드오차

③ 모양공차   ④ 나사곡경

 해설

리드오차 : 호칭 리드와 실제 리드의 차이값이다. 너트가 축방향으로 이동하면 호칭 리드보다는 실제 리드값이 리드값으로 작용한다.
결국 유효길이(너트의 이동거리)가 길어지면 이 값에 대한 오차값은 더욱 커진다.

32 로봇을 이용한 볼트 조립 공정에서 필요한 사용토크가 100kg$_f$ · cm이고, 감속비가 20인 감속기가 사용될 경우 로봇 구동모터의 토크(kg$_f$ · cm)는 얼마인가?

① 5   ② 50

③ 200   ④ 2,000

 해설

맞물린 기어에서의 일은 같다.

$$W_1 = W_2$$

$$T_1 \cdot w_1 = T_2 \cdot w_2$$

$$\therefore \ T_2 = T_1 \times \frac{w_1}{w_2} = 100kg_f \cdot cm \times \frac{1}{20} = 5kg_f \cdot cm$$

여기서, $\dfrac{w_1}{w_2} = \dfrac{N_1}{N_2} = \dfrac{1}{i} = \dfrac{1}{20}$

33 크기가 작고, 강성이 약해 반력이 작용하지 않는 소형 로봇의 팔 및 손목 구동에 적합한 기구요소는?

① 볼 스크루

② RV 감속기

③ 하모닉 드라이브

④ 사이클로 감속기

하모닉 드라이브의 특징

• 복잡한 기구적 구조 없이 고속 감속비가 가능하다.
• 고감속비에도 불구하고 조립이 간단하고 부품이 3개뿐이다.
• 백래시가 매우 작다.
• 고위치 정밀도, 회전 정밀도를 얻을 수 있다.
• 같은 토크용량, 속비 대비 소형, 경량화가 가능하다.
• 정숙하며 진동도 극히 작다.

34 서보모터에 사용되는 제어방식은?

① Open Loop

② Closed Loop

③ Feedforward Loop

④ Semi-closed Loop

서보모터는 폐쇄회로, 스텝모터는 개방회로를 사용한다.

35 나음 보기 중 기계식 그리퍼에 대한 설명으로 적절한 것을 모두 고른 것은?

> ㄱ. 진공을 이용해서 물체를 잡는다.
> ㄴ. 그리퍼의 운동을 위한 동력원이 필요하다.
> ㄷ. 자석에서 발생하는 자기장을 이용하여 물체를 잡는다.
> ㄹ. 집게라고 불리는 기계적 손가락 구조로 물체를 잡는다.

① ㄱ, ㄴ

② ㄱ, ㄷ

③ ㄴ, ㄷ

④ ㄴ, ㄹ

• 기계식 구동 로봇 핸드 혹은 기계식 그리퍼란 2개 이상의 집게 혹은 손가락 모양의 링크기구를 이용하여 접촉 가압함으로써 우리가 원하는 작업 대상물을 잡는 방식으로 동력원이 필요하다.
• 링크 구조를 이용하여 쉽게 만들 수 있으나 유리나 종이와 같은 대상물의 파손 및 변형이 쉽고 부드러운 재료에서는 사용하기 어렵다는 단점이 있다.

36 볼 스크루(Ball Screw)의 특징으로 옳지 않은 것은?

① 미끄럼 나사에 비해 구동토크가 크다.

② 시동토크 또는 작동토크의 변동이 작다.

③ 예압으로 백래시(Backlash)를 작게 할 수 있다.

④ 스틱슬립을 일으키지 않으므로 미세 이동이 가능하다.

해설

볼 스크루는 나사축과 너트 사이에서 볼이 구름운동을 하기 때문에 높은 효율이 얻어지며 종래의 미끄럼 나사에 비하여 구동토크가 1/3 이하이다.

볼 스크루의 특징

• 시동토크, 작동토크의 변동이 작다.
• 높은 정밀도를 오래 유지한다.
• 먼지에 의한 마모가 작다.
• 윤활이 그다지 필요 없다.
• 백래시를 작게 할 수 있다.
• 고속회전 시 소음이 생긴다.
• 자동 체결이 곤란하다.
• 피치를 작게 하기 힘들다.

37 로봇 주행장치 중 직선 주행이 불가능한 구동방식은?

① 벨트 구동

② 4절 링크 구동

③ 볼 스크루 구동

④ 래크와 피니언 구동

해설

4절 링크는 왕복 원호운동으로 회전운동을 한다.

38 다음 그림과 같이 구동되는 로봇은?

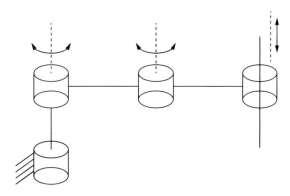

① 구좌표형 로봇

② 수직관절형 로봇

③ 수평관절형 로봇

④ 직교좌표형 로봇

RRP(회전-회전-이동)의 구동 방식은 수평관절형 로봇(SCARA)이다.

39 로봇의 액추에이터로 사용하기에 적합하지 않은 것은?

① 서보모터

② 볼 스크루

③ 직접구동모터

④ 공기압 실린더

전기모터(DC모터, AC모터, 스텝모터, 서보모터), 공기압 실린더, 솔레노이드 등이 있다.

40 다음 보기 중 로봇의 엔드이펙터에 대한 설명으로 적합한 것을 모두 고른 것은?

> ㄱ. 가공작업을 수행하는 가공공구로 사용될 수 있다.
> ㄴ. 작업 대상물을 이송할 수 있는 그리퍼로 사용될 수 있다.
> ㄷ. 물체를 잡거나 특수한 작업을 위한 로봇의 작업에 사용된다.
> ㄹ. 다양한 기구로 구성되어 있으며 별도의 액추에이터를 필요로 하지 않는다.

① ㄱ

② ㄱ, ㄴ

③ ㄱ, ㄴ, ㄷ

④ ㄱ, ㄴ, ㄷ, ㄹ

엔드이펙터는 다양한 기구로 구성되어 있으며 액추에이터를 통해 작업에 사용된다.

제3과목 로봇기구 해석

41 다음과 같은 단순 기어열을 나타낸 식의 변수에 대한 설명으로 틀린 것은?

$$i = \frac{N_3}{N_1} \cdot \frac{N_2}{N_3} = \frac{N_2}{N_1} = \frac{D_2}{D_1} = \frac{Z_1}{Z_2}$$

① Z는 잇수이다.
② N은 회전 각속도이다.
③ D는 피치원 지름이다.
④ 하첨자 1은 종동축이다.

하첨자 1은 원동축이다. 원동축은 동력을 직접적으로 전달하는 축이고, 종동축은 원동축에서 직접 전달받지 못하는 곳에 원동축의 동력을 전달하기 위해 설치된다.

42 뉴턴 오일러 동역학에서 회전력(모멘트)을 이용한 뉴턴의 운동법칙은?

① 제0법칙　　　　　　　　　② 제1법칙
③ 제2법칙　　　　　　　　　④ 제3법칙

질량 m의 물체에 힘 F가 작용하여 그 물체에 a의 가속도가 발생한다고 할 때 뉴턴의 제2법칙을 적용하면,
$F = ma = m\dfrac{V_2 - V_1}{dt}$ 이므로 $Fdt = m(V_2 - V_1)$가 된다. 이 식을 운동량 방정식이라 하고, 좌항을 역적(임펄스, 충격량), 우항을 운동량(모멘텀)이라고 한다.

43 좌표계 A를 z축 기준으로 45°만큼 회전하고, 원점에서 x, y, z축으로 각각 3, 2, 5만큼 이동한 좌표계를 B라고 할 때, 좌표계 A에 대한 B의 동차변환행렬은?

① $\begin{bmatrix} 1/\sqrt{2} & -1\sqrt{2} & 0 & 3 \\ 1/\sqrt{2} & 1\sqrt{2} & 0 & 2 \\ 0 & 0 & 1 & 5 \\ 0 & 0 & 0 & 1 \end{bmatrix}$

② $\begin{bmatrix} 1/\sqrt{2} & 0 & -1/\sqrt{2} & 3 \\ 0 & 1 & 0 & 2 \\ 1/\sqrt{2} & 0 & 1 & 5 \\ 0 & 0 & 0 & 1 \end{bmatrix}$

③ $\begin{bmatrix} 3 & 1/\sqrt{2} & 0 & -1/\sqrt{2} \\ 2 & 0 & 1 & 0 \\ 5 & 1/\sqrt{2} & 0 & 1/\sqrt{2} \\ 0 & 0 & 0 & 1 \end{bmatrix}$

④ $\begin{bmatrix} 1 & 0 & 0 & 3 \\ 0 & 1/\sqrt{2} & 1/\sqrt{2} & 2 \\ 0 & 1/\sqrt{2} & -1\sqrt{2} & 5 \\ 0 & 0 & 0 & 1 \end{bmatrix}$

해설

기준좌표계의 원점에 위치한 국부좌표계가 기준좌표계 각 z축에 대한 $\theta(45°)$만큼 회전한다고 가정한다.

$Rot(z, \theta) = \begin{bmatrix} C\theta & -S\theta & 0 \\ S\theta & C\theta & 0 \\ 0 & 0 & 1 \end{bmatrix}$ 가 되며 (3, 2, 5)만큼 이동하였다.

이를 4×4 행렬인 $\begin{bmatrix} \text{Rotation} & \text{Translation} \\ (3\times3) & (3\times1) \\ 0 & 1 \\ (1\times3) & (1\times1) \end{bmatrix}$ 로 바꿔 주면 다음과 같다.

$^A_B T = \begin{bmatrix} C\theta & -S\theta & 0 & 3 \\ S\theta & C\theta & 0 & 2 \\ 0 & 0 & 1 & 5 \\ 0 & 0 & 0 & 1 \end{bmatrix} = \begin{bmatrix} \cos45° & -\sin45° & 0 & 3 \\ \sin45° & \cos45° & 0 & 2 \\ 0 & 0 & 1 & 5 \\ 0 & 0 & 0 & 1 \end{bmatrix}$

44 다음 그림과 같이 {A}계를 기준으로 전위된 {B}계의 균질변환행렬 ^A_BT는 무엇인가?

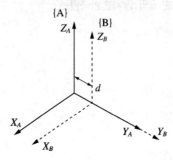

① $\begin{bmatrix} 1 & 0 & 0 & d \\ 0 & 1 & 0 & 0 \\ 0 & 0 & 1 & 0 \\ 0 & 0 & 0 & 1 \end{bmatrix}$

② $\begin{bmatrix} 1 & 0 & 0 & 0 \\ 0 & 1 & 0 & d \\ 0 & 0 & 1 & 0 \\ 0 & 0 & 0 & 1 \end{bmatrix}$

③ $\begin{bmatrix} 1 & 0 & 0 & 0 \\ 0 & 1 & 0 & 0 \\ 0 & 0 & 1 & d \\ 0 & 0 & 0 & 1 \end{bmatrix}$

④ $\begin{bmatrix} 1 & 0 & 0 & 0 \\ 0 & 1 & 0 & 0 \\ 0 & 0 & 1 & 0 \\ 0 & 0 & 0 & d \end{bmatrix}$

해설

물체가 회전하지 않고, 순수 이동만 한다면 변환행렬을 다음과 같이 단순화할 수 있다.

$$T = \begin{bmatrix} 1 & 0 & 0 & d_x \\ 0 & 1 & 0 & d_y \\ 0 & 0 & 1 & d_z \\ 0 & 0 & 0 & 1 \end{bmatrix} = \begin{bmatrix} \text{Rotation} & \text{Translation} \\ (3 \times 3) & (3 \times 1) \\ & \\ 0 & 1 \\ (1 \times 3) & (1 \times 1) \end{bmatrix}$$

여기서 (0, d, 0)을 이동하였으므로, $^A_BT = \begin{bmatrix} 1 & 0 & 0 & 0 \\ 0 & 1 & 0 & d \\ 0 & 0 & 1 & 0 \\ 0 & 0 & 0 & 1 \end{bmatrix}$가 된다.

45 자유도(DOF ; Degree Of Freedom)에 대한 설명으로 맞는 것은?

① 물체가 움직일 수 있는 무한의 공간을 의미한다.

② 해석 시 사용되는 시간과 공간의 자유를 의미한다.

③ 설계 해석 시 사용되는 하드웨어와 소프트웨어의 사용 영역을 의미한다.

④ 어떠한 물체가 움직이는 형상을 표현하는 데 필요한 최소한의 좌표수를 의미한다.

Grubler's Formula는 로봇 메커니즘에 링크와 조인트들이 여러 개 있을 때 자유도를 쉽게 구할 수 있는 공식이다.

$M = 3(L-1) - 2J_1 - J_2$

여기서, L : 모든 링크의 개수(바닥도 1개의 링크로 추가한다)

J_1 : 1자유도의 조인트들의 개수

J_2 : 2자유도의 조인트들의 개수

46 다음 그림과 같은 PRR 3축 로봇의 D-H 파라미터 중 2번째 링크의 길이(a_2)는?(단, 그림에서 *로 표기된 양은 변수를 의미한다)

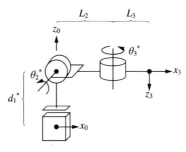

① 0

② L_2

③ $L_2 + d_1$

④ $\sqrt{L_2^2 + d_1^2}$

- a : 2개의 연속적인 z축이 교차하기 위해 x축을 따라 이동해야 하는 거리이다.
- 링크 1의 z축과 링크 2의 z축이 교차하면서 x축 위에서 이동해야 하는 거리는 링크 2까지의 수평 거리를 더해야 한다.

47 다음 보기 중 4개의 조인트를 이용하여 로봇을 구성할 때 회전자유도가 6개 이상 포함되어 있는 조인트의 구성은?(단, Cylindrical Joint, Planar Joint, Universal Joint, Spherical Joint는 한 개의 조인트에서 가능한 운동자유도가 모두 허용되어 있다)

> 가. Revolute Joint
> 나. Prismatic Joint
> 다. Cylindrical Joint
> 라. Planar Joint
> 마. Universal Joint
> 바. Spherical Joint

① 가, 나, 다, 바
② 나, 다, 라, 마
③ 가, 나, 라, 마
④ 나, 다, 마, 바

해설

- 각형 관절(1-DOF) : 단일 축을 따라 선형운동만 허용하는 관절이다.
- 회전관절(1-DOF) : 단일 축에 대한 회전동작만 허용하는 관절이다.
- 원통형 조인트(2-DOF) : 프리즘 조인트와 회전 조인트의 조합으로, 축을 따라 선형 모션과 해당 축을 중심으로 회전만 허용한다.
- 구면 조인트(3-DOF) : 두 개의 본체가 공통 지점에서 연결된 상태를 유지하여 선형 변환을 방지한다. 그러나 모든 축에 대한 회전은 허용한다.
- 평면관절(3-DOF) : 평면에 대한 변환 및 이 평면에 수직인 축에 대한 회전만 허용하는 관절이다. 이 유형의 관절은 평평한 표면에 놓인 안정적인 물체에 의해 생성된다.
- 나사 쌍(1-DOF) : 볼트의 너트와 같은 나선형 경로에 대한 모션을 제한하는 조인트로, 평행이동과 회전이 모두 발생하지만 나선을 따라 위치하는 자유도만 존재하도록 결합된다.

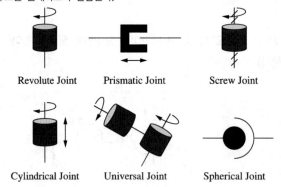

| Revolute Joint | Prismatic Joint | Screw Joint |

| Cylindrical Joint | Universal Joint | Spherical Joint |

48 미끄럼 베어링의 특징으로 틀린 것은?

① 고온에서 윤활유의 점도가 감소한다.

② 기동토크는 유막 형성이 늦은 경우에 크다.

③ 유막에 의한 감쇠력이 우수하여 충격 흡수력이 크다.

④ 운전속도는 공진속도를 초과하여 운전할 수 없다.

미끄럼 베어링은 공진속도를 초과하여 운전할 수 있다.

49 역기구학에 대한 설명으로 틀린 것은?

① 역기구학의 해는 항상 유일하다.

② 로봇의 형태에 따라 다른 해가 도출된다.

③ 로봇의 기하학적 형상을 이용하여 도출이 가능하다.

④ 로봇 말단장치(End Effector)의 목표 포즈를 구현하기 위해 필요한 관절 변수값을 계산하는 과정이다.

주어진 엔드이펙터의 위치로부터 각각 관절 각도의 해는 무수히 많을 수도, 존재하지 않을 수도 있다.

50 로봇 말단부의 작업영역 해석 결과가 다음 그림과 같은 형태인 로봇은?

① 스카라 로봇   ② 극좌표형 로봇

③ 직교좌표 로봇   ④ 수직다관절 로봇

원통형 로봇의 작업영역과 유사해 보이지만 스카라 로봇은 *RRP*로 움직인다. 관절의 회전운동을 통해 작업반경을 정하고, 높이는 머니퓰레이터의 병진운동으로 가능하다.

51 다음 그림과 같은 원통의 도심 $Z0$ 및 $Z1$, $Z2$축에서 구한 질량관성모멘트를 각각 I_{ZZ0}, I_{ZZ1}, I_{ZZ2}라 할 때 크기를 바르게 나타낸 것은?

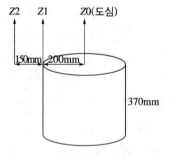

① $I_{ZZ0} > I_{ZZ1} = I_{ZZ2}$ ② $I_{ZZ0} < I_{ZZ1} = I_{ZZ2}$

③ $I_{ZZ0} < I_{ZZ1} < I_{ZZ2}$ ④ $I_{ZZ0} > I_{ZZ1} > I_{ZZ2}$

질량관성모멘트의 평행축 정리 공식 $I_1 = I_0 + md^2$을 이용하면 도심과 거리가 멀수록 크기가 더 커지는 것을 확인할 수 있다.

52 다음 그림은 평면응력 상태를 나타낸 것으로, 이때의 평면응력과 평면변형률 사이의 관계식은?(단, Z방향의 응력은 없고, E : 탄성계수, ν : 푸아송비이다)

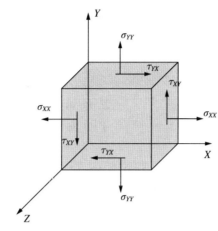

① $\begin{pmatrix} \sigma_{XX} \\ \sigma_{YY} \\ \tau_{XY} \end{pmatrix} = \dfrac{E}{1-\nu^2} \begin{pmatrix} 1 & \nu & 0 \\ \nu & 1 & 0 \\ 0 & 0 & \dfrac{1-\nu}{2} \end{pmatrix} \begin{pmatrix} \varepsilon_{XX} \\ \varepsilon_{YY} \\ \gamma_{XY} \end{pmatrix}$

② $\begin{pmatrix} \sigma_{XX} \\ \sigma_{YY} \\ \tau_{XY} \end{pmatrix} = \dfrac{E}{1-\nu} \begin{pmatrix} 1 & \nu & 0 \\ \nu & 1 & 0 \\ 0 & 0 & \dfrac{1-\nu}{2} \end{pmatrix} \begin{pmatrix} \varepsilon_{XX} \\ \varepsilon_{YY} \\ \gamma_{XY} \end{pmatrix}$

③ $\begin{pmatrix} \sigma_{XX} \\ \sigma_{YY} \\ \tau_{XY} \end{pmatrix} = \dfrac{E}{1-\nu^2} \begin{pmatrix} 1 & \nu & 0 \\ \nu & 1 & 0 \\ 0 & 0 & 1-\nu \end{pmatrix} \begin{pmatrix} \varepsilon_{XX} \\ \varepsilon_{YY} \\ \gamma_{XY} \end{pmatrix}$

④ $\begin{pmatrix} \sigma_{XX} \\ \sigma_{YY} \\ \tau_{XY} \end{pmatrix} = \dfrac{E}{1-\nu} \begin{pmatrix} 1 & \nu & 0 \\ \nu & 1 & 0 \\ 0 & 0 & \dfrac{1+\nu}{2} \end{pmatrix} \begin{pmatrix} \varepsilon_{XX} \\ \varepsilon_{YY} \\ \gamma_{XY} \end{pmatrix}$

등방성재료에 대한 훅의 법칙을 대입한다.

• X축에서의 응력

$$\sigma_{XX} = \frac{\sigma_{XX}}{E}$$

$$\varepsilon_{YY} = -\nu\varepsilon_{XX}$$

$$\gamma_{XY} = \gamma_{YX} = 0$$

• Y축에서의 응력

$$\sigma_{YY} = \frac{\sigma_{YY}}{E}$$

$$\varepsilon_{XX} = -\nu\varepsilon_{YY}$$

$$\gamma_{XY} = \gamma_{YX} = 0$$

• 전단탄성계수(G)

$$G = \frac{E}{2(1+\nu)}$$

• 푸아송비

$$\nu = -\frac{\varepsilon_{가로}}{\varepsilon_{세로}}$$

53 다음 그림과 같이 질량이 $m = 10$kg인 물체에 힘 $F = 200$N을 가했을 때 발생하는 가속도(a)는 약 몇 m/s²인가?(단, 마찰계수 $\mu = 0.2$이고, 중력가속도 $g = 9.8$m/s²로 계산한다)

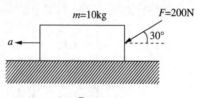

① 11.36

② 13.36

③ 15.36

④ 17.36

물체에 작용하는 힘 중에서 실제 물체를 미는 힘(F)은 F_x 방향인 $F\cos 30°$만 작용한다. 그러나 물체에 작용하는 마찰력 $f = \mu N$이 존재해 마찰력만큼 더 큰 힘을 전달해 주어야 하므로 다음과 같은 식이 성립된다.

$F_x - f = ma$

여기서, $f = \mu(mg + F\sin 30°) = 0.2(10\text{kg} \times 9.8\text{m/s}^2 + 200\text{kg} \cdot \text{m/s}^2 \times \sin 30°) = 39.6\text{kg} \cdot \text{m/s}^2$

$\therefore a = \dfrac{F_x - f}{m} = \dfrac{200\cos 30°\text{kg} \cdot \text{m/s}^2 - 39.6\text{kg} \cdot \text{m/s}^2}{10\text{kg}} \fallingdotseq 13.36\text{m/s}^2$

54 다음 그림과 같은 링크 슬라이드 기구의 위치에서 막대 AB가 $\omega_{AB} = 3$rad/s의 각속도로 시계 방향으로 회전할 경우 순간속도 중심을 이용하여 구한 현 위치에서의 막대 BC의 각속도와 슬라이더 C의 속도는?

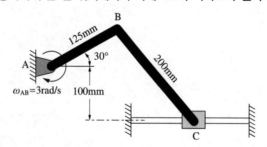

① $\omega_{BC} = 2.79$rad/s, $V_C = 450$mm/s($\rightarrow$)

② $\omega_{BC} = 2.79$rad/s, $V_C = 640$mm/s($\rightarrow$)

③ $\omega_{BC} = 3.65$rad/s, $V_C = 450$mm/s($\rightarrow$)

④ $\omega_{BC} = 3.65$rad/s, $V_C = 640$mm/s($\rightarrow$)

해설

회전운동의 순간중심

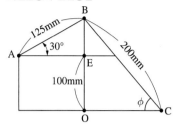

점 B의 속도와 점 C의 속도 방향을 알고 있으므로, 회전운동의 순간중심으로 찾을 수 있다.

$\omega_{AB} = 3 \text{rad/s}$, $\theta = 30°$, $\overline{AB} = 125\text{mm}$, $\overline{BC} = 200\text{mm}$

$\overline{BO} = 125\sin 30° + 100 = 162.5\text{mm}$

$\phi = \sin^{-1}\left(\dfrac{\overline{BO}}{200}\right) = 54.34°$

• 막대 AB의 운동

$V_B = \overline{AB} \times \omega_{AB} = 125 \times 3 = 375\text{mm/s}$

• 막대 BC의 운동

먼저 절대속도 V_B와 V_C에 수직인 선을 그려 순간중심 D의 위치를 찾는다. $\phi = 54.34°$ 이고 $\overline{BC} = 200\text{mm}$ 이므로, 삼각형 BCD로부터 다음을 구한다.

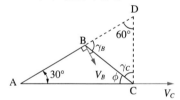

$\gamma_C = 90 - \phi = 35.66°$, $\gamma_B = 180 - 60 - \gamma_C = 84.34°$

$\dfrac{\overline{BD}}{\sin 35.66°} = \dfrac{\overline{CD}}{\sin 84.34°} = \dfrac{200}{\sin 60°}$

$\overline{BD} = 134.6\text{mm}$, $\overline{CD} = 229.8\text{mm}$

막대 BC는 점 D를 중심으로 회전하는 것과 같으므로

- $V_B - \overline{BD} \times \omega_{BC}$

$\omega_{BC} = \dfrac{V_B}{\overline{BD}} = \dfrac{375}{134.6} = 2.79\text{rad/s}$

- $V_C = \overline{CD} \times \omega_{BC} = 229.8 \times 2.79 ≒ 640\text{mm/s}$

55 다음 그림과 같은 로봇의 자유도는?(단, P, U, S, R은 각각 직진 조인트(Prismatic Joint), 유니버설 조인트 (Universal Joint), 볼 조인트(Spherical Joint), 회전 조인트(Revolute Joint)를 의미한다)

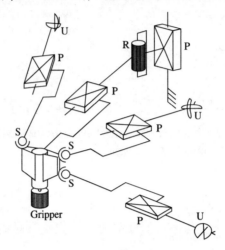

① 1자유도
② 2자유도
③ 3자유도
④ 4자유도

Grubler's Formula는 로봇 메커니즘에 링크와 조인트들이 여러 개 있을 때 자유도를 쉽게 구할 수 있는 공식이다.

$M = 3(L-1) - 2J_1 - J_2$

여기서, L : 모든 링크의 개수(바닥도 1개의 링크로 추가한다)

J_1 : 1자유도의 조인트들의 개수

J_2 : 2자유도의 조인트들의 개수

L은 조인트를 연결하는 선처럼 보이는 링크의 개수와 바닥면을 더하면 10개가 나오며, J_1은 알파벳이 쓰인 조인트 개수를 세면 12개가 나온다.

∴ $M = 3(10-1) - 2 \times 12 = 3$

56 다음 유한요소 중 차원이 다른 요소는?

① 셸(Shell)

② 보(Beam)

③ 플레이트(Plate)

④ 멤브레인(Membrane)

1차원 요소에는 세로대, 프레임의 캡, 보강재, 보 등이 있다.

57 로봇의 경로 작업 해석을 위하여 다음 그림과 같은 3차 다항식 기반의 큐빅 경로를 설계하고자 한다. 초기 위치 $t_0 = 0$, $\theta_0 = 0$에서 출발하여 도착 위치 $t_f = 10s$, $\theta_f = 4rad$에서 멈추는 경로일 때 5초에서 조인트의 최대 속도는?

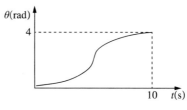

① 0.4rad/s
② 0.5rad/s
③ 0.6rad/s
④ 0.7rad/s

58 다음 설명 중 ( ) 안에 들어갈 단어는?

> 유한요소법에서 물체의 변형거동을 근사하여 표현하기 위해서 먼저 (A)라 불리는 함수들을 선형적으로 조합하고 이 함수들의 크기를 결정해야 한다. 각 유한요소에 국한되어 있는 이 함수를 (B)라 한다.

① A : 보간함수, B : 변위함수
② A : 변위함수, B : 보간함수
③ A : 보간함수, B : 기저함수
④ A : 기저함수, B : 보간함수

유한요소법은 대상이 되는 물체의 영역을 유한개의 요소라고 하는 작은 영역들로 나누어 현상의 답을 근사적으로 구하는 방법이다. 수치해석기법은 그 현상을 지배하는 법칙과 조건들을 수학적인 표현으로 모델링하고 근사해를 구하기 위해 답을 보간함수의 조합으로 표현하고 각 기저함수의 크기를 계산한다. 수치해석기법은 기본적으로 수학적인 표현을 기저함수의 계수를 계산하기 위한 행렬방정식으로 전환한다. 즉, 유한요소법에서는 기저함수를 효과적이고 체계적으로 정의하기 위하여 대상이 되는 물체의 공간상의 영역을 유한요소라고 하는 작은 영역들로 나눈다.

59 로봇 구조해석의 기본적인 유한요소 중 3차원 요소에 대한 설명으로 맞는 것은?

① 얇은 판 모양 구조물의 모델링에 주로 사용된다.

② 두꺼운 판이나 고체 형태의 구조물을 모델링할 때 사용한다.

③ 주변 구조물과 비교하여 상대적으로 매우 강성이 큰 구조물을 모델링할 때 주로 사용한다.

④ 길이가 길면서 축 하중만을 지지하거나 전단력과 굽힘하중을 동시에 지지하는 구조물의 모델링에 주로 사용한다.

① 2차원 요소

③ 강체요소

④ 1차원 요소

60 로봇 핸드가 들어 올려야 할 대상물의 무게가 20kg_f이고, 진공 흡착판의 유효 면적이 1,000mm^{2}일 때 진공 흡착판의 부압은 몇 kg_f/mm^{2}인가?(단, 안전계수는 2이다)

① 0.01

② 0.02

③ 0.03

④ 0.04

안전계수 $S = \dfrac{\sigma_u}{\sigma_a}$ 식을 이용한다.

여기서, S : 안전계수

σ_u : 기준강도

σ_a : 허용응력

$\therefore \ \sigma_u = S \times \sigma_a = 2 \times 0.02 \text{kg}_f/\text{mm}^2 = 0.04 \text{kg}_f/\text{mm}^2$

※ $F = \sigma_a \times A$에 따르면, $\sigma_a = \dfrac{20 \text{kg}_f}{1,000 \text{mm}^2} = 0.02 \text{kg}_f/\text{mm}^2$ 이다.

제4과목 | 로봇 통합 및 시험

61 로봇 신뢰성 시험의 설계조건 설정에 해당하지 않는 항목은?

① 목표치

② 구동오차

③ 사용조건

④ 환경조건

- 목적 : 잠재적 설계 문제를 가능한 한 빨리 발견하고 궁극적으로 시스템이 그 신뢰성 요구조건을 만족한다는 믿음을 주는 것
- 정의 : 이 아이템이 주어진 기간 동안 주어진 조건에서 요구 기능을 수행할 수 있는 가능성
- 조 건
  - 환경조건 : 자연환경(온도, 습도, 염분 등)
  - 사용조건 : 인위적인 환경(전압, 전류 등)

62 로봇 부품자재리스트(BOM)의 용어 정의가 틀린 것은?

① Unit of Measure : 부품 혹은 반조립 부품의 개별 단위

② Parent : 반조립 혹은 완성 제품을 구성하는 부품 혹은 소재

③ Raw Material : 부품자재명세서상에 최하위 레벨의 구성 부품

④ QPA(Quantity Per Assembly) : 상위 부품을 구성하는 하위 부품의 수량

용 어	정 의
레벨(Level)	제품 구성상의 위치 : 최상위의 위치인 경우 0으로 표현
QPA(Quantity Per Assembly)	상위 부품을 구성하는 하위 부품의 수량
Parent	특정 부품이 조립되어 나타나는 반조립 혹은 완성 제품
Component	반조립 혹은 완성 제품을 구성하는 부품 혹은 소재
Raw Material	BOM상에 최하위 레벨의 구성 부품
부품 번호(Part Number)	부품관리를 위해 표시하는 부품 고유 코드
부품명(Part Name)	부품 혹은 반조립 부품을 지칭하는 명칭 혹은 이름
스펙(Spec)	각 부품 혹은 반제품의 세부 내역 혹은 요구사항
Revision	부품의 개정 혹은 변화된 내역
Unit of Measure	부품 혹은 반조립 부품의 개별 단위
소요량	제품 완성을 위해 필요한 부품의 수량
Location No.	부품의 장착 위치에 대한 코드

63 다음 설명에 해당하는 산업용 로봇은?

> 로봇 내부와 외부가 밀폐되어 있고 모터 과열 등을 통한 불꽃의 폭발 방지를 위해 방폭구조로 되어 있다.

① 핸들링용 로봇　　　　　　　　　② 가공용 로봇
③ 용접용 로봇　　　　　　　　　　④ 도장용 로봇

 해설

도장용 로봇은 도장 공정을 자동으로 수행하기 위한 로봇으로, 자동차의 외관이나 선박의 선체 외벽을 도장하는 데에 사용한다. 일반적인 도장용 로봇의 공구에는 스프레이건이 부착되어 있고, 외부로부터 페인트 혹은 도료가 공급되며, 동시에 이를 분사시킬 수 있는 고압의 공기 또는 가스가 입력된다. 도장 로봇의 도장용 Tool의 무게는 무겁지 않으며 10kg 이내의 가반하중을 갖는다. 도장용 로봇은 빠르고 자유롭게 움직일 수 있도록 손목의 구조가 간단하고 단순해야 한다. 또한 밀폐된 장소에서 진행하며, 화기 혹은 불꽃과 멀리 떨어져 작업을 수행해야 하기 때문에 모터부가 방폭구조로 되어 있다.

64 로봇의 스트레스 반응을 관측하는 기간을 단축하기 위하여 기준조건에 규정된 수치를 초과하는 스트레스를 로봇에 가하는 시험은?

① 가속시험　　　　　　　　　　　② 기능시험
③ 성능시험　　　　　　　　　　　④ 필드시험

 해설

가속시험(신뢰성 시험 관련 용어)
• 로봇의 스트레스 반응을 관측하는 기간을 단축하기 위하여 또는 주어진 기간 동안의 반응을 확대하기 위하여 기준조건에 규정된 스트레스를 초과하는 인가 스트레스 수준의 선정된 시험이다.
• 가속시험이 타당성을 갖기 위해서는 근본적인 결함모드, 고장 메커니즘 또는 그들의 상대적 관계를 변화시켜서는 안 된다.

65 이동로봇의 성능시험보고서 작성 시 기록하여야 하는 항목이 아닌 것은?

① 고객요구정의서
② 회전반경, 등판력 시험 결과
③ 성능 시험항목 및 시험기준
④ 이동로봇의 크기, 무게 측정 결과

 해설

성능시험보고서 작성 시 기록해야 할 사항
• 성능 시험항목 및 시험기준(KS규격 등)
• 시험용으로 장비를 갖춘 이동로봇의 사진
• 이동로봇의 크기, 무게 측정 결과
• 회전반경, 등판력 시험 결과
• 속도·가속도 시험 결과, 비상 정지 시험 결과
• 후방 주행 속도를 측정할 수 없을 때에는 그 내용을 기재할 것
• 시험에서 사용한 부하의 명세

66 로봇 신뢰성 시험검사규격서에 포함되지 않는 항목은?

① 사용 계측기

② 시료 채취방법

③ 평가자 체크리스트

④ 검사방법 및 판정기준

사용 계측기는 검사 부속서에 있다. 검사규격서는 특정 물품을 검사할 때 검사를 위한 기준을 기록해 놓은 것이다. 주로 검사항목을 기록하며 품질기준이나 검사의 횟수, 부적합품 처리기준 등을 기록하는 것으로, 동일한 기준으로 검사를 실시하기 위하여 마련하는 기준안이다.

• 적용범위

• 관련 표준

• LOT 번호의 형성 및 검사 단위체

• 검사항목, 방식 및 조건

• 시료 채취방법

• 시험 · 검사방법 및 설비

• 판정기준

• LOT 처리

• 검사결과의 기록 보관 및 활용

67 로봇의 필드 테스트에 대한 설명으로 틀린 것은?

① 필드 테스트는 조직 밖의 외부 사용자를 대상으로 실시하는 과정도 필요하다.

② 로봇 개발품에 대한 보안 문제가 있는 경우에는 필드 테스트를 반드시 생략해야 한다.

③ 필드 테스트 대상이 현장에 설치되어 움직이기 어려운 경우 현장 사용자가 시범 운영을 통해 테스트를 진행할 수 있다.

④ 필드 테스트 대상이 로봇 소프트웨어인 경우 사용자에게 웹 사이트를 통해서 다운로드 받아 사용하도록 하고 사용 후기를 작성하도록 하여 테스트 실시가 가능하다.

특정 로봇시스템의 경우 공개적으로 베타테스터를 모집하는 것이 어려울 수도 있다. 예를 들어, 개발품에 대한 보안 문제 등이 발생할 수 있는데 이러한 경우, 전문가 그룹을 통하여 베타 테스트를 수행할 수 있다.

68 로봇 조립 공정도의 순서를 바르게 나열한 것은?

```
ㄱ. 4축 구동부와 Wrist(5, 6축 구동부) 조립
ㄴ. 5축 구동부 조립
ㄷ. 6축 구동부 조립
ㄹ. 배선작업
```

① ㄱ → ㄴ → ㄷ → ㄹ
② ㄴ → ㄱ → ㄷ → ㄹ
③ ㄴ → ㄷ → ㄱ → ㄹ
④ ㄴ → ㄷ → ㄹ → ㄱ

해설

예를 들어, 6축 로봇을 조립할 시 구동부 부위별 조립을 진행한 후 전체 조립을 진행해야 한다. 배선작업은 조립이 완료된 후에 공간을 파악하여 구동에 방해되지 않도록 마무리 지어야 한다.

69 이동로봇의 속도성능시험에 대한 설명으로 틀린 것은?

① 속도성능시험 시 최대 속도는 직선 구간에서 결정한다.
② 전방 최대 속도시험은 목표점 사이 거리와 주행시간 측정 정확도의 오차범위가 10%를 초과하지 않도록 하여야 한다.
③ 속도성능시험 시 필요에 따라 지정된 크기와 하중의 물체를 지정된 로봇 내 위치에 적재하여 시험할 수 있다.
④ 정격속도시험방법은 이동로봇의 직선 주행속도가 안정된 지점(가속 구간 이후 등속 주행 구간)에서부터 5m 이상 떨어진 지점까지의 주행시간을 여러 번 측정한다.

해설

전방 최대 속도시험방법
• 이동로봇을 최대 속도 상태에서 시험판으로 투입한 후 2개의 표점 사이를 최대 속도로 주행시킨다.
• 2개의 목표점을 지나는 시간을 기록하며 전방 운행 방향으로 2회 주행하고, 반대 방향으로 2회 주행한다.
• 이동로봇의 최대 속도는 두 목표점 사이의 거리를 4회 주행한 시간의 평균값으로 계산한다.
• 목표점 사이의 거리와 주행시간 측정의 정확도는 오차범위가 5%를 초과하지 않도록 하여야 한다. 계산결과는 m/min 단위로 표시한다.

70 국제규격 ANSI RIA R15.06 및 산업용 로봇의 제작 및 안전기준에 따라 로봇 또는 로봇시스템을 안전하게 운영, 설치하기 위해서 작업자가 로봇을 교시하는 동안 로봇 TCP(Tool Center Point)의 기준 제한속도는 최대 몇 mm/s를 초과하지 않아야 하는가?

① 150

② 200

③ 250

④ 300

산업용 로봇의 공구중심점의 최대 속도가 250mm/s 이하로 최대 속도가 낮은 로봇으로만 구성된 산업용 로봇 셀은 안전검사 대상에서 제외한다.

• 250mm/s : 로봇의 교시 등에 사용되는 수동운전모드에서 사용할 수 있는 최대 속도

• TCP(공구 중심점) : 산업용 로봇의 머니퓰레이터 끝단부의 말단장치가 부착되는 면에 설정된 기계접속좌표계를 기준으로 설정된 점

71 로봇의 교시점 재현 정도에 대한 신뢰성 시험으로 6회 측정하여 얻은 측정값에 대한 표준편차는 약 얼마인가?

측정 순서	1	2	3	4	5	6
측정값	0.3	0.55	0.15	0.48	0.25	0.37

① 0.135

② 0.168

③ 0.188

④ 0.208

• 평균값

$$\bar{x} = \frac{1}{n}\sum_{i=1}^{n} x_i = \frac{0.3+0.55+0.15+0.48+0.25+0.37}{6} = 0.35$$

• 표준편차

$$S = \sqrt{\frac{\sum_{i=1}^{n}(x_i - \bar{x})^2}{n}}$$

$$= \sqrt{\frac{(0.3-0.35)^2+(0.55-0.35)^2+(0.15-0.35)^2+(0.48-0.35)^2+(0.25-0.35)^2+(0.37-0.35)^2}{6}}$$

$$\fallingdotseq 0.135$$

※ 표본 표준편차 공식과 다르다.

72 로봇 필드 테스트 결과보고서 작성에 대한 설명으로 틀린 것은?

① 프로그램 오류를 수정하여 재배포한다.

② 내환경과 신뢰성 관련 분석보고서를 작성한다.

③ 오류현상에 대하여 수정 후 보완된 결과를 작성한다.

④ 기기에 저장된 로그, 덤프 데이터에 의해 기기의 오류현상을 파악할 수 있는 분석보고서를 작성한다.

• 기기에 저장된 로그, 덤프 데이터에 의해 기기의 오류현상을 파악할 수 있는 분석보고서를 작성한다.

• 오류현상을 보완할 수 있는 프로그램을 작성하고, 재현 테스트를 통해 확인한 후 수정된 로봇프로그램을 배포한다.

• 오류현상의 조치사항에 대하여 수정 후 보완된 결과를 작성한다.

73 서비스 로봇의 이동 기능 특성 측정방법에 대한 KS표준은?

① KS B 6940
② KS B ISO 9283
③ KS B ISO 13482
④ KS B IEC 62929

자율이동 로봇의 이동 기능 특성의 성능 시험방법은 KS B 6939(서비스 로봇의 이동 기능 특성 측정방법-제1부 : 기본 사양 결정)를 기준으로 설명한다.

74 로봇의 프로그램 조작 기능시험의 항목이 아닌 것은?

① 시스템 제어 기능
② 교시 및 수정 기능
③ 외부 I/O 제어 기능
④ 위치 드리프트 기능

번 호	항 목	번 호	항 목
1	HOME 위치 이동	23	Error Logging 기능
2	LMOVE/JMOVE 동작	24	HERE 기능
3	소프트 리밋 영역 동작	25	교시 모드의 속도 지정 기능
4	원호 보간 동작	26	전체 출력신호 OFF
5	DryRun 기능 확인	27	베터리 에러 체크
6	미러 기능	28	DO/DI 신호 출력 확인
7	ALIGN 기능	29	TP 신호 정의 기능
8	XYZ 이동	30	체크 섬 에러 체크
9	RPS기능(1)-EXTCALL	31	PLC 기능(1)
10	TOOL 보정 기능	32	로봇 설치 자세
11	베이스 좌표 이동 기능	33	외부 프로그램 호출
12	인코더 이상 체크 폭 기능	34	실 변수 설정 기능
13	교시 위치 설정 기능	35	수정/삽입 기능(일체형)
14	PC 프로그램 기동/정지	36	기대시간 강제 해제
15	Hold/Run 기능	37	각축 이동 기능
16	작동 시간 관리 기능	38	정밀도 설정 기능
17	외부 I/O 기능	39	타이머 설정 기능
18	스텝 단위 실행 기능	40	메모리 영역 표시 기능
19	EMG Stop 편차 이상 체크 폭	41	Record 허가 금지 기능
20	Check Mode 기능	42	시스템 스위치 기능
21	정전 복귀 기능	43	RPS 기능(2)-JUMP/END
22	CP Motion 확인 기능		

75 **다음 개발품 평가 시험 중 시제품(Prototype) 시험으로 가장 적절하지 않은 것은?**

① 성능 시험
② 개발품 평가
③ 기본 기능 시험
④ 대량 생산 시험

로봇 개발품 평가 시험
• 시제품 시험 : 기능시험, 성능시험, 개발품 평가
• 신뢰성 시험 : 부품평가시험, 가속수명시험, 내환경성 시험
• 적용시험 : 로봇이 작업하는 시스템에의 적용성 평가

76 **로봇기능 시험항목이 아닌 것은?**

① 자세 편차 기능
② 정밀도 설정 기능
③ 타이머 설정 기능
④ 티칭 펜던트 조작 기능

자세(Pose) 특성 시험	경로(Path) 특성 시험
• 자세 정도/반복 정밀도 • 다방향 자세 편차 • 거리 정도/반복 정밀도 • 안정화 시간 • 오브슛 • 자세 편차	• 경로 정도/ 반복 정밀도 • 코너 링 특성 • 속도 정도/반복 정밀도

77 **이동로봇의 정격속도시험방법 중 표점 사이의 거리와 시간의 정확도는 최대 몇 %의 오차범위를 넘지 않아야 하는가?**

① 1
② 3
③ 5
④ 10

정격속도시험방법
• 이동로봇의 직선 주행속도가 안정된 지점(가속 구간 이후 등속주행 구간)에서부터 5m 이상 떨어진 지점까지의 주행시간을 여러 번 측정한다.
• 2개의 표점 사이를 정격 속도로 주행시킨다. 2개의 표점을 지나는 시간을 기록하되 전방 진행 방향으로 2회, 반대 방향으로 2회 주행시킨다.
• 두 표점 사이의 거리를 4회 주행시간의 평균치로 나눈다.
• 계산 결과는 m/min 단위로 표기하며, 표점 사이의 거리와 시간의 정확도는 오차범위가 5%를 넘지 않도록 한다.

78 이동로봇의 성능시험계획을 위한 시험 전략을 수립할 때 사용자 요구사항 도출 프로젝트 계획서 작성에 필요하지 않은 자료는?

① 시험 전략 가이드라인

② 프로젝트 개발계획서

③ 프로젝트 요구명세서

④ 프로젝트 개발시험 완료보고서

착수기준	입력물
사용자 요구사항 도출 프로젝트 계획서 작성	고객요구정의서(명세서)
	프로젝트 개발계획서
	시험 전략 가이드라인
	총괄 성능시험계획서

79 기계 조립 시 발생하는 우력에 대한 설명으로 가장 적절한 것은?

① 한 점에 대하여 회전을 발생시키려는 힘이다.

② 힘의 크기는 힘이 수평축과 이루는 각도에 비례한다.

③ 힘이 일직선상에 놓이지 않으면 크기가 같고 방향이 다른 한 쌍의 힘을 말한다.

④ 작용하는 힘의 크기와 힘의 작용선에서 힘을 구하는 점까지 수평 거리의 곱으로 나타낼 수 있다.

해설

우 력

• 힘이 일직선상에 놓이지 않고 크기가 같고 방향이 다른 한 쌍의 힘이다.

• 우력은 밸브를 돌리거나 볼트나 너트를 조이거나 풀 때 작용하는 힘으로 힘의 크기는 우력의 크기에 우력간의 거리를 곱하여 나타낸다.

80 이동로봇 성능시험 측정항목 중 최대 가속시험에 대한 설명으로 맞는 것은?

① 단위시간당 이동로봇의 속도를 측정하는 시험이다.

② 이동로봇이 낼 수 있는 최대 속도를 측정하는 시험이다.

③ 이동로봇이 최대 속도에서 정지 상태에 도달할 때까지 시간과 속도를 측정하는 시험이다.

④ 이동 로봇이 정지 상태에서 최대 속도에 도달할 때까지 시간과 속도를 측정하는 시험이다.

해설

• 최대 전력 소비모드 : 이동로봇의 자율이동 기능을 포함하여 여러 가지 작동모드를 갖는 경우, 단위시간당 전력 소비량이 최대가 되도록 작동하는 이동로봇의 운행모드

• 최대 속도시험 : 이동로봇이 낼 수 있는 최대 속도를 측정하는 시험

• 최대 감속시험 : 이동로봇이 최대 속도에서 정지 상태에 도달할 때까지 시간과 속도를 측정하는 시험

여기서 멈출 거예요? 고지가 바로 눈앞에 있어요.
마지막 한 걸음까지 시대에듀가 함께할게요!

참 / 고 / 문 / 헌

김종형, 박영제, 심재홍, 이춘영, 임성수(2015). **로봇실무개론.** 한국로봇산업진흥원.

손정현, 김현희, 박영환, 이경창, 하경남(2018). **로봇 기구 개념 설계 및 요소 부품 설계.** 한국직업능력개발원.

손정현, 김현희, 박영환, 이경창, 하경남(2018). **로봇 기구 개발 기획.** 한국직업능력개발원.

손정현, 김현희, 박영환, 이경창, 하경남(2018). **로봇 기구 상세 설계.** 한국직업능력개발원.

손정현, 김현희, 박영환, 이경창, 하경남(2018). **로봇 기구 제작도 작성.** 한국직업능력개발원.

손정현, 김현희, 박영환, 이경창, 하경남(2018). **로봇 기구 주변 장치 설계.** 한국직업능력개발원.

손정현, 김현희, 박영환, 이경창, 하경남(2018). **로봇 기구 해석.** 한국직업능력개발원.

손정현, 김현희, 박영환, 이경창, 하경남(2018). **로봇 성능 및 신뢰성 시험.** 한국직업능력개발원.

손정현, 김현희, 박영환, 이경창, 하경남(2018). **로봇 시스템 사양 설계.** 한국직업능력개발원.

손정현, 김현희, 박영환, 이경창, 하경남(2018). **로봇 시제품 제작 및 통합.** 한국직업능력개발원.

손정현, 김현희, 박영환, 이경창, 하경남(2018). **로봇 엔드이펙터 설계.** 한국직업능력개발원.

손정현, 김현희, 박영환, 이경창, 하경남(2018). **로봇 운용 및 유지보수.** 한국직업능력개발원.

손정현, 김현희, 박영환, 이경창, 하경남(2018). **로봇 통합 및 기능 시험.** 한국직업능력개발원.

Niku(2010). *Introduction To Robotics: Analysis, Control, Appl Ications Analysis, Control, Applications.* John Wiley & Sons Inc.

John J. Craig(2021). **로보틱스 입문.** 텍스트북스(TextBook).

좋은 책을 만드는 길
독자님과 함께하겠습니다.

도서나 동영상에 궁금한 점, 아쉬운 점, 만족스러운 점이
있으시다면 어떤 의견이라도 말씀해 주세요.
시대고시기획은 독자님의 의견을 모아 더 좋은 책으로 보답하겠습니다.

www.sidaegosi.com

로봇기구개발기사 한권으로 끝내기

초 판 발 행	2022년 02월 10일 (인쇄 2021년 11월 18일)
발 행 인	박영일
책 임 편 집	이해욱
편 저	안준기
편 집 진 행	윤진영, 최영
표 지 디 자 인	권은경, 길전홍선
편 집 디 자 인	심혜림, 박진아
발 행 처	(주)시대고시기획
출 판 등 록	제10-1521호
주 소	서울시 마포구 큰우물로 75 [도화동 538 성지 B/D] 9F
전 화	1600-3600
팩 스	02-701-8823
홈 페 이 지	www.sidaegosi.com
I S B N	979-11-383-1256-1(13550)
정 가	30,000원

국가기술자격검정답안지

번호	①	②	③	④
1	①	②	③	④
2	①	②	③	④
3	①	②	③	④
4	①	②	③	④
5	①	②	③	④
6	①	②	③	④
7	①	②	③	④
8	①	②	③	④
9	①	②	③	④
10	①	②	③	④
11	①	②	③	④
12	①	②	③	④
13	①	②	③	④
14	①	②	③	④
15	①	②	③	④
16	①	②	③	④
17	①	②	③	④
18	①	②	③	④
19	①	②	③	④
20	①	②	③	④

번호	①	②	③	④
21	①	②	③	④
22	①	②	③	④
23	①	②	③	④
24	①	②	③	④
25	①	②	③	④
26	①	②	③	④
27	①	②	③	④
28	①	②	③	④
29	①	②	③	④
30	①	②	③	④
31	①	②	③	④
32	①	②	③	④
33	①	②	③	④
34	①	②	③	④
35	①	②	③	④
36	①	②	③	④
37	①	②	③	④
38	①	②	③	④
39	①	②	③	④
40	①	②	③	④

번호	①	②	③	④
41	①	②	③	④
42	①	②	③	④
43	①	②	③	④
44	①	②	③	④
45	①	②	③	④
46	①	②	③	④
47	①	②	③	④
48	①	②	③	④
49	①	②	③	④
50	①	②	③	④
51	①	②	③	④
52	①	②	③	④
53	①	②	③	④
54	①	②	③	④
55	①	②	③	④
56	①	②	③	④
57	①	②	③	④
58	①	②	③	④
59	①	②	③	④
60	①	②	③	④

번호	①	②	③	④
61	①	②	③	④
62	①	②	③	④
63	①	②	③	④
64	①	②	③	④
65	①	②	③	④
66	①	②	③	④
67	①	②	③	④
68	①	②	③	④
69	①	②	③	④
70	①	②	③	④
71	①	②	③	④
72	①	②	③	④
73	①	②	③	④
74	①	②	③	④
75	①	②	③	④
76	①	②	③	④
77	①	②	③	④
78	①	②	③	④
79	①	②	③	④
80	①	②	③	④

번호	①	②	③	④
81	①	②	③	④
82	①	②	③	④
83	①	②	③	④
84	①	②	③	④
85	①	②	③	④
86	①	②	③	④
87	①	②	③	④
88	①	②	③	④
89	①	②	③	④
90	①	②	③	④
91	①	②	③	④
92	①	②	③	④
93	①	②	③	④
94	①	②	③	④
95	①	②	③	④
96	①	②	③	④
97	①	②	③	④
98	①	②	③	④
99	①	②	③	④
100	①	②	③	④

번호	①	②	③	④
101	①	②	③	④
102	①	②	③	④
103	①	②	③	④
104	①	②	③	④
105	①	②	③	④
106	①	②	③	④
107	①	②	③	④
108	①	②	③	④
109	①	②	③	④
110	①	②	③	④
111	①	②	③	④
112	①	②	③	④
113	①	②	③	④
114	①	②	③	④
115	①	②	③	④
116	①	②	③	④
117	①	②	③	④
118	①	②	③	④
119	①	②	③	④
120	①	②	③	④

번호	①	②	③	④
121	①	②	③	④
122	①	②	③	④
123	①	②	③	④
124	①	②	③	④
125	①	②	③	④

※ 본 답안지는 마킹연습용 모의 답안지입니다.

수험자 유의사항

1. 시험 중에는 통신기기(휴대전화·소형 무전기 등) 및 전자기기(초소형 카메라 등)를 소지하거나 사용할 수 없습니다.

2. 부정행위 예방을 위해 시험문제지에도 수험번호와 성명을 반드시 기재하시기 바랍니다.

3. 시험시간이 종료되면 즉시 답안작성을 멈춰야 하며, 종료시간 이후 계속 답안을 작성하거나 감독위원의 답안카드 제출지시에 불응할 때에는 당해 시험이 무효처리 됩니다.

4. 기타 감독위원의 정당한 지시에 불응하여 타 수험자의 시험에 방해가 될 경우 퇴실조치 될 수 있습니다.

답안카드 작성 시 유의사항

1. 답안카드 기재·마킹 시에는 반드시 검정색 사인펜을 사용해야 합니다.

2. 답안카드를 잘못 작성했을 시에는 카드를 교체하거나 수정테이프를 사용하여 수정할 수 있습니다.
   그러나 불완전한 수정처리로 인해 발생하는 전산자동판독불가 등 불이익은 수험자의 귀책사유입니다.
   - 수정테이프 이외의 수정액, 스티커 등은 사용 불가
   - 답안카드 왼쪽(성명·수험번호 등)을 제외한 '답안란' 만 수정테이프로 수정 가능

3. 성명란은 수험자 본인의 성명을 정자체로 기재합니다.

4. 해당차수(교시)시험을 기재하고 해당 란에 마킹합니다.

5. 시험문제지 형별기재란은 시험문제지 형별을 기재하고, 우측 형별마킹란은 해당 형별을 마킹합니다.

6. 수험번호란은 숫자로 기재하고 이래 해당번호에 마킹합니다.

7. 시험문제지 형별 및 수험번호 등 마킹착오로 인한 불이익은 전적으로 수험자의 귀책사유입니다.

8. 감독위원의 날인이 없는 답안카드는 무효처리 됩니다.

9. 상단과 우측의 검은색 띠(▮▮▮) 부분은 낙서를 금지합니다.

부정행위 처리규정

시험 중 다음과 같은 행위를 하는 자는 당해 시험을 무효처리하고 자격별 관련 규정에 따라 일정기간 동안 시험에 응시할 수 있는 자격을 정지합니다.

1. 시험과 관련된 대화, 답안카드 교환, 다른 수험자의 답안·문제지를 보고 답안 작성, 대리시험을 치르거나 치르게 하는 행위, 시험문제 내용과 관련된 물건을 휴대하거나 이를 주고받는 행위

2. 시험장 내외로부터 도움을 받아 답안을 작성하는 행위, 공인어학성적 및 응시자격서류를 허위기재하여 제출하는 행위

3. 통신기기(휴대전화)·소형 무전기 등) 및 전자기기(초소형 카메라 등)를 휴대하거나 사용하는 행위

4. 다른 수험자와 성명 및 수험번호를 바꾸어 작성·제출하는 행위

5. 기타 부정 또는 불공정한 방법으로 시험을 치르는 행위